U0219023

汽车技术
创新与研究
系列丛书

移动源污染排放控制技术与应用

主　编　李振国　李　洧　颜　燕
副主编　杨正军　邵元凯　闫　峰　王懋譞
参　编　任晓宁　吴撼明　李凯祥　严祖正
　　　　周冰洁　张　利　刘　习　刘亚涛
　　　　沈　姝　张晓帆　董安琪　尹硕尧

机械工业出版社
CHINA MACHINE PRESS

本书的编著出版凝练了移动源污染排放控制技术国家工程实验室多年的技术成果，希望能够尽可能地将有关移动源污染排放控制技术和法规进行全面而系统的介绍，为读者提供与此相关的研究热点和前沿技术的专门论述。本书共分10章，内容包括移动源污染及排放控制概论、移动源国内外排放标准现状、移动源排放污染物的生成机理及影响因素、移动源污染排放测试技术、移动源发动机的排放特性、移动源发动机机内净化技术、移动源后处理净化技术、移动源替代燃料发动机排放控制技术、移动源挥发性有机物排放控制技术和移动源典型排放污染控制技术案例。

本书主要面向汽车、内燃机、化学工程、环境工程等专业的研究生和科研人员，也可供从事移动源行业的工程技术人员参考。

图书在版编目（CIP）数据

移动源污染排放控制技术与应用 / 李振国，李淯，颜燕主编 .—北京：机械工业出版社，2024.5

（汽车技术创新与研究系列丛书）

ISBN 978-7-111-75952-2

Ⅰ.①移… Ⅱ.①李… ②李… ③颜… Ⅲ.①移动污染源－污染防治－研究－中国 Ⅳ.① X501

中国国家版本馆 CIP 数据核字（2024）第 107540 号

机械工业出版社（北京市百万庄大街 22 号 邮政编码 100037）

策划编辑：王 婕 责任编辑：王 婕

责任校对：王小童 张 薇 封面设计：张 静

责任印制：邓 博

北京盛通数码印刷有限公司印刷

2024 年 8 月第 1 版第 1 次印刷

184mm × 260mm · 17.5 印张 · 2 插页 · 423 千字

标准书号：ISBN 978-7-111-75952-2

定价：169.90 元

电话服务

客服电话：010-88361066

010-88379833

010-68326294

网络服务

机 工 官 网：www.cmpbook.com

机 工 官 博：weibo.com/cmp1952

金 书 网：www.golden-book.com

机工教育服务网：www.cmpedu.com

序一

移动源污染已成为我国大中城市空气污染的重要来源，是造成细颗粒物、光化学烟雾污染的重要原因，机动车污染防治的紧迫性日益凸显。我国集中了大气污染防治方面的科研力量，国家科技部、国家自然科学基金委员会涉及多项重点研发计划和大气重污染成因与治理攻关项目，支撑了大气防治科研攻关工作。为解决机动车污染防治支撑管理问题、技术问题、道路交通控制问题，我们提出了“车、油、路”综合控制体系，不仅使油品质量得到了大幅度提升，也使汽车排放的尾气更加清洁。在机动车污染控制方面，最初主要是加强汽油车污染治理，之后对重型柴油车逐步进行污染控制，尤其对重型柴油车实施氮氧化物和颗粒物排放的协同控制。

从“十三五”时期坚决打好污染防治攻坚战，到“十四五”时期深入打好污染防治攻坚战，意味着污染防治攻坚战层次更深、领域更广，要求也更高。围绕国家深入推进移动源污染治理和空气质量持续改善的目标，中国汽车技术研究中心牵头建设了移动源污染排放控制技术国家工程实验室（简称“移动源国家工程实验室”）。作为我国移动源污染排放控制技术领域唯一的国家级实验室，移动源国家工程实验室以移动源尾气排放控制技术为主线，聚焦国家重大战略和重大工程需求，强化重大核心技术攻关和成果转化应用，持续提升实验室的创新能力，为全面提高我国移动源污染排放控制行业的整体技术水平和国际影响力做出了巨大贡献。

《移动源污染排放控制技术与应用》的编写出版凝练了移动源污国家工程实验室多年的技术成果，希望这本书能够尽可能地将有关移动源污染控制技术进行全面而系统的介绍。这本书围绕移动源污染物的法规要求、污染物生成机理及影响因素、污染物测试评价技术、机内控制技术、排放后处理技术、替代燃料和非常规污染物控制、典型案例的顺序形成了移动源污染排放技术系统的内容梳理和编著，既有详细的理论知识，也有技术成果的图例展示和产业应用情况介绍，无论是研究人员还是工程技术人员都能从中了解到最新的理论知识和技术成果。这本书的出版对于移动源污染深化治理、排放控制技术的创新等各方面都具有参考价值和借鉴意义。

中国工程院院士

序二

根据《中国移动源环境管理年报（2022）》，2021年，全国机动车保有量达到3.95亿辆，全国机动车四项污染物排放总量为1557.7万t。其中，一氧化碳（CO）、碳氢化合物（HC）、氮氧化物（NO_x）和颗粒物排放量（PM）分别为768.3万t、200.4万t、582.1万t和6.9万t。根据《中国移动源环境管理年报（2023）》，2022年，全国机动车保有量达到4.17亿辆，全国汽车CO、HC、NO_x和PM排放量分别为669.0万t、172.6万t、515.9万t和5.0万t。随着汽车和非道路机械保有量的不断增长，移动源排放污染问题越来越突出。针对国家对大气环境持续改善的要求，结合“十四五”规划中“减污降碳协同增效”与“碳达峰碳中和”的国家重大战略需求，推进汽车行业减污降碳协同增效、促进经济社会发展全面绿色转型、实现生态环境质量改善由量变到质变，是我国汽车行业“十四五”期间的工作重点。

作为汽车行业的全价值链第三方服务机构，中国汽车技术研究中心（简称“中汽中心”）在发展理念、发展模式、实践行动上积极响应国家重大战略需求，持续推进和引领我国汽车工业的绿色低碳发展，积极参与重大科技创新平台建设，大力推进智能、绿色、低碳等技术的研发应用，坚定不移推进绿色发展，持续不断为治理环境污染提供技术支撑。为了进一步提升我国移动源污染排放控制行业的整体技术水平和市场竞争能力，2016年，中汽中心牵头联合中国环境科学研究院、清华大学、中船重工第七一一研究所、潍柴动力股份有限公司等18家国内优势科研院所、高校及行业领军企业，建设了移动源污染排放控制技术国家工程实验室（简称“移动源国家工程实验室”），2019年正式投入使用。移动源国家工程实验室瞄准多项节能减排关键“卡脖子”技术开展科研攻关，实现了从基础理论到关键材料，从催化单元到系统集成技术的全技术链条创新，多项成果的应用有效提高了国内自主企业的市场竞争力，补齐了我国移动源排放后处理产业链条的缺失环节，推动了我国移动源排放控制技术进步及产业发展。

《移动源污染排放控制技术与应用》的编写和出版总结了移动源国家工程实验室多年的技术成果，结合科技界和产业界近年来的最新科研成果，为读者提供了移动源领域相关的法规要求、污染物的生成机理、控制技术、检测评价技术等。无论是科研人员、工程技术人员和在读研究生都能从书中了解到移动源污染控制领域的研究热点和前沿技术。希望这本书的出版能够助力移动源产业的节能减排，为祖国的青山绿水，为祖国的产业创新，为祖国的繁荣富强贡献力量！

中国环境保护产业协会机动车船污染防治专业委员会副主任委员/秘书长

前言

移动源带来的大气污染主要分为道路车辆污染源和非道路污染源两类。根据《中国移动源环境管理年报（2023）》，移动源污染已成为我国空气污染的重要来源，是大中城市和重点区域大气污染的症结所在。我国国民经济和社会发展进入第十四个五年规划，移动源的污染排放控制面临严峻的挑战。因此，了解移动源排放控制关键技术和标准法规，紧跟满足新标准排放控制技术发展路线的最新进展和实施节点，将是打赢“蓝天保卫战”、贯彻我国《“十四五”节能减排综合工作方案》的重要基础和保障。

作者所在的中国汽车技术研究中心有限公司（简称“中汽中心”）作为汽车行业的全价值链第三方服务机构，积极响应国家重大战略需求，持续推进和引领我国移动源行业的绿色低碳发展，持续不断为治理移动源污染提供技术支撑。为了进一步提升我国移动源污染排放控制行业的整体技术水平和国际竞争能力，2016年，中汽中心牵头联合中国环境科学研究院、清华大学、中船重工第七一一研究所、潍柴动力股份有限公司等18家国内优势科研院所、高校及行业领军企业，建设移动源污染排放控制技术国家工程实验室（简称“移动源国家工程实验室”），2019年正式投入使用。移动源国家工程实验室瞄准多项节能减排关键“卡脖子”技术开展科研攻关，实现了从基础理论到关键材料，从移动源后处理催化单元到系统集成的全技术链条贯通，多项成果的应用有效提高了国内自主企业相关产品的市场竞争力，有效补齐了我国排放后处理产业链条的缺失环节，强化薄弱环节，增强了整个产业链的牢固性和可持续发展性，加速了我国移动源排放控制技术进步及产业发展，为保障产业安全增添了重要一笔。

本书的编写和出版凝练了移动源污国家工程实验室多年的技术成果，希望能够尽可能地将有关移动源污染排放控制技术和法规进行全面而系统的介绍，为读者提供与此相关的研究热点和前沿技术的专门论述。本书共分10章，内容包括移动源污染及排放控制概论、移动源国内外排放标准现状、移动源排放污染物的生成机理及影响因素、移动源污染排放测试技术、移动源发动机的排放特性、移动源发动机机内净化技术、移动源后处理净化技术、移动源替代燃料发动机排放控制技术、移动源挥发性有机物排放控制技术和移动源典型排放污染控制技术案例等。本书主要面向汽车、内燃机、化学工程、环境工程等专业的研究生和科研人员，也可作为从事移动源行业的工程技术人员参考。

本书由李振国、李洧和颜燕任主编。杨正军和邵元凯编写第1章，闫峰编写第2章，任晓宁编写第3章，吴撼明编写第4章，沈姝、张晓帆和严祖正编写第5章，王懋譞编写第6章，张利、董安琪编写第7章，周冰洁、尹硕尧编写第8章，刘习、刘亚涛编写第9章，李凯祥编写第10章。本书引用了近年来国内外企业、研究机构、大专院校的试验研究资料、学术论文、专著和专利，在此谨向这些文献的作者表示衷心的感谢。

本书的出版得到国家重点研发计划项目《在用机动车高污染成因诊断与治理关键技术研发及示范》、天津市重点研发计划项目《柴油车污染综合管控应用技术研究》、生态环境部重大专项和中国汽车技术研究中心重点指南类项目《柴油车超低排放后处理电控关键技术开发与应用》等科研项目的支持。在此表示感谢。

鉴于编者知识和水平有限，书中疏漏和不妥之处在所难免，谨请各位读者批评指正。

编　者

目 录

第1章 移动源污染及排放控制概论

移动源是移动式空气污染源的简称，主要包括排放大气污染物的交通工具和非道路机械，例如汽车、飞机、船舶、非道路工程机械、农用机械等，其排放的主要污染物有氮氧化物、硫氧化物、一氧化碳、碳氢化合物、铅化物、黑烟等。按照工作场景分类，移动源可以分为道路源和非道路源两类，其中道路源包括汽车、摩托车、三轮汽车等；非道路源分为非道路移动机械、船舶、铁路内燃机车、飞机等。按照燃料类型分类，移动源车辆主要包括以汽油、柴油、天然气、液化石油气为燃料的内燃机车辆，以及以甲醇、乙醇、生物质柴油等作为替代性燃料的内燃机车辆，包括双燃料、氢燃料车辆以及混合动力车辆和电动车辆。按照技术特征分类，移动源又可以分为轻型汽车、重型汽车、摩托车、轻便摩托车、三轮汽车、非道路工程机械、农业机械等。需要注意的是，目前不同法规标准对机动车、船舶的分类方法是不一致的，我国与欧美等国家对不同类型车辆的定义也有差异。

移动源产生的污染主要来自四方面：①内燃机燃烧产生的废气（通常被称为尾气）排放到环境空气中所导致的污染；②燃料蒸发后排放到环境空气中导致的污染；③因制动片、轮胎等转动部件摩擦和磨损而产生的颗粒物排放到环境空气中导致的污染；④噪声、光、电磁辐射等污染。本书讨论的主要是包含前三种污染形式的移动源污染。

根据中华人民共和国生态环境部发布的《中国移动源环境管理年报（2022）》，截至2021年底，全国机动车保有量达到3.95亿辆，汽车保有量达到3.02亿辆。2021年，全国机动车四项污染物[一氧化碳（carbonic oxide，CO）、碳氢化合物（hydrocarbon，HC）、氮氧化物（nitrogen oxide，NO_x）、颗粒物（particulate matter，PM）]排放总量为1557.7万t。根据《中国移动源环境管理年报（2023）》，2022年，全国机动车保有量达到4.17亿辆，全国汽车CO、HC、NO_x、PM排放量分别为669.0万t、172.6万t、515.9万t、5.0万t。汽车是污染物排放总量的主要贡献者，其排放的四项污染物占排放总量的90%以上。柴油车NO_x排放量在汽车NO_x排放总量的占比超过80%，PM占比超过90%；汽油车CO排放量在汽车排放总量的占比超80%，HC占比超70%[1]。随着机动车保有量的迅速增加和城市化进程的加快，中国一些大城市的大气污染类型正在由煤烟型向混合型或机动车污染型转化，机动车尾气排放已经成为主要城市的重要污染源。

移动源污染排放控制技术主要包括机内净化技术、机外净化技术（也称排放后处理技术）以及提高燃料品质三大方面。我们在研究如何降低和减少移动源污染物排放的同时，也在致力于开发“零污染”的新能源和“零排放”的新型机动车和移动机械，通过不同途径来减少机动车等移动源的污染物排放。但是所有减排目标的达成都需要相关技术的持续进步和有效应用作为支撑，这也是本书想要介绍的主要内容。

1.1 移动源污染

1.1.1 汽油车污染

中国目前已建成全球规模最大、品类和配套最完整的汽车产业体系，特别是自中国加入世界贸易组织（world trade organization，WTO）后的 20 多年来，随着经济社会的飞速发展和逐步深入的城镇化、工业化进程，汽车产销量逐年攀升。2009 年，中国汽车产销量分别为 1379.10 万辆和 1364.48 万辆，中国汽车产销量首次超越美国，跃居全球第一。中国 2022 年汽车销售量达 2686.4 万辆。

与汽车产销量紧密关联的是我国逐年增加的机动车保有量，根据中华人民共和国生态环境部发布的《中国移动源环境管理年报（2022）》[2]，截至 2021 年底，全国机动车保有量达到 3.95 亿辆，比 2020 年增长 6.2%，汽车保有量达到 3.02 亿辆，其中北京、成都、重庆的汽车保有量超过 500 万辆，全国有 70 个城市的汽车保有量超过百万辆，主要是以汽油为燃料的乘用车。移动源污染主要包括汽油车、柴油车、船舶及非道路机械污染，其中 2021 年全国汽油车 CO、HC 和 NO_x 排放量分别为 567.3 万 t、138.8 万 t 和 28.6 万 t，占汽车排放总量的 81.8%、76.2% 和 5.0%，如图 1-1 所示。汽油车尾气排放和蒸发排放的污染物已经成为影响大中型城市区域大气环境质量的重要因素。

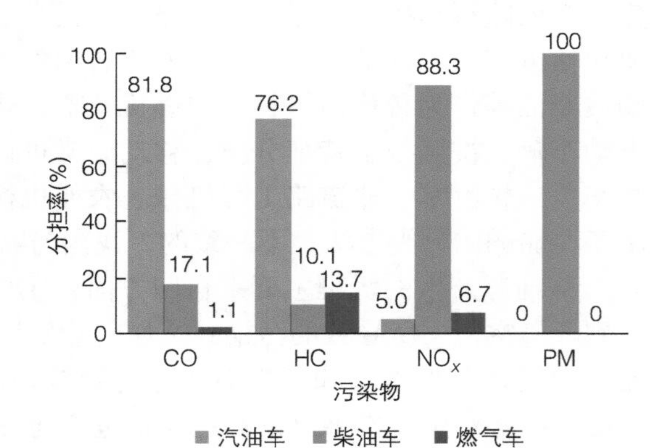

图 1-1 中国 2021 年不同燃料类型汽车的污染物排放量分担率

相关研究表明，汽油车在运行过程当中，尾气中除了 CO 和 NO_x 等常规污染物之外还存在大量具有较高生物毒性和环境危害性的挥发性有机物（volatile organic compounds，VOCs），主要包括烷烃、芳香烃、醛酮等挥发性含氧有机物（oxygenated volatile organic compounds，OVOCs）、烯炔烃和卤代烃等。随着排放标准的升级，虽然排放总量呈下降趋势，但是芳香烃和醛酮类化合物在尾气当中的比例却呈现上升趋势[3]。由于 VOCs 是导致大气中臭氧（ozone，O_3）和二次颗粒物生成的重要前体物，所以在大中型城市中，由汽油车排放的 VOCs 成分是导致区域大气环境臭氧和灰霾污染的重要因素之一。

1.1.2 柴油车污染

随着我国环保政策的不断加严、基础设施建设投资加大和货运物流需求的提升，老旧排放标准车辆加速淘汰，重型货车产销量增加。根据《中国汽车产业发展年报（2021）》《中国汽车产业发展年报（2022）》，中国 2020 年汽车销售量为 2531 万辆，2021 年增长到 2627 万辆，其中 2020 年重型货车销售 162.3 万辆（主要是重型柴油车），同比增长 38.2%[2, 5]。根据

《中国移动源环境管理年报（2021）》《中国移动源环境管理年报（2022）》，截至2020年底，全国机动车保有量为3.72亿辆，汽车保有量为2.81亿辆；截至2021年底，全国机动车保有量达3.95亿辆，汽车保有量达3.02亿辆，其中柴油车超过2100万辆，约占机动车保有量的6.6%。

2020年全国柴油车CO、HC、NO_x和PM排放量分别为124.9万t、19.6万t、544.9万t和6.4万t。2021年的数据为118.7万t（CO）、18.3万t（HC）、502.1万t（NO_x）和6.4万t（PM），分别占汽车相应污染物排放总量的17.1%、10.1%、88.3%和99%以上[1, 4]。柴油车虽然在机动车总保有量当中占比较低，但是却贡献了绝大部分的氮氧化物和颗粒物排放，其造成的环境污染问题不容小视，未来针对柴油车，特别是柴油货车的污染治理仍然任重道远。

1.1.3　船舶及非道路机械污染

非道路移动源主要包括工程机械、农业机械、小型通用机械、船舶、飞机、铁路机车等。近年来，随着我国产业转型升级，加大了对以燃煤电厂和工业窑炉为代表的固定源，以及以汽车为代表的移动源的污染防治力度，并取得了较好的防治效果，非道路移动源污染排放逐渐凸显。以船舶、工程机械、农用机械为代表的非道路移动源排放对区域空气质量的影响已不容忽视。2020年，全国非道路移动源二氧化硫（sulfur dioxide，SO_2），HC、NO_x和PM排放分别为16.3万t、42.5万t、478.2万t和23.7万t；其中，工程机械、农业机械、船舶、铁路内燃机车和飞机排放的NO_x分别占非道路移动源排放总量的31.3%、34.9%、29.9%、2.6%和1.3%；排放的HC分别占非道路移动源排放总量的28.2%、48.0%、21.2%、1.7%和0.9%；排放的PM分别占非道路移动源排放总量的32.5%、38.8%、25.7%、2.1%和0.9%[5]。2021年，非道路移动源排放SO_2、HC、NO_x、PM分别为16.8万t、42.9万t、478.9万t和23.4万t；NO_x排放量接近于机动车，其中，工程机械、农业机械、船舶、铁路内燃机车、飞机排放的NO_x分别占非道路移动源排放总量的30.0%、34.9%、30.9%、2.8%和1.4%[1]。相比于道路车辆，船舶、工程机械和农业机械等非道路移动源的排放标准相对滞后，先进的排放控制技术应用水平较低，所以其造成的环境污染问题愈加凸显，未来强化非道路移动机械和船舶环保监管，推进排放标准的升级和实施，切实削减其污染排放总量将是我国乃至世界范围内面临的重要课题。

1.2　移动源排放的主要污染物及其危害性

1.2.1　一氧化碳

汽车、船舶等移动源尾气中的CO是燃料燃烧的中间产物，主要是在局部缺氧或低温条件下，由于燃料不能完全燃烧而产生的。当发动机载荷过大、慢速行驶或空档运转时，燃料不能充分燃烧，废气中CO的含量会明显增加。CO无色、无臭、无味，熔点为−205℃，沸点为−191.5℃，难溶于水，不易液化和固化。化学性质上，CO既有还原性，又有氧化性，易燃易爆；同时具有毒性，较高浓度时能使人出现不同程度中毒症状，危害人体的脑、心、肝、肾、肺及其他组织，人吸入最低致死浓度为5000ppm㊀（5min）。由于

㊀ ppm是浓度单位，百万分之一。

CO 和血液中有输氧能力的血红蛋白（hemoglobin，Hb）的亲和力比 O_2 和 Hb 的亲和力大 200~300 倍，因而 CO 能很快和 Hb 结合形成碳氧血红素蛋白（CO-Hb），使血液的输氧能力大大降低。高浓度的 CO 会引起人体生理和病理上的变化，使心脏、大脑等重要器官严重缺氧，引起头晕、恶心、头痛等症状，严重时会导致死亡。

1.2.2 碳氢化合物

HC 也称烃，包括未燃和未完全燃烧的燃油、润滑油及其裂解产物和部分氧化物。汽车等移动源排放的碳氢化合物主要来源于燃油蒸发排放和尾气排放。在环境科学领域，机动车等移动源排放的碳氢化合物主要指的是 VOCs。根据世界卫生组织的定义，VOCs 是在常温下，沸点 50 ~ 260℃的各种有机化合物的总称。在我国，VOCs 是指常温下饱和蒸汽压 >70Pa、常压下沸点在 260℃以下的有机化合物，或在 20℃条件下，蒸汽压≥ 10Pa 且具有挥发性的全部有机化合物。通常分为非甲烷碳氢化合物（non-methane hydrocarbons，NMHC）、含氧有机化合物、卤代烃、含氮有机化合物、含硫有机化合物等几大类。按化学结构，VOCs 可分为烷烃（直链烷烃和环烷烃）、烯烃、炔烃、苯系物、醇类、醛类、醚类、酮类、酸类、酯类、卤代烃及其他，共 12 类物种。

我国汽油车尾气源谱中烷烃占 29.08% ~ 43.32%、芳香烃占 21.33% ~ 39.12%、烯烃占 17.70% ~ 27.92%、炔烃占 2.21%~5.88%[6]；我国汽油车尾气排放的特点是烯烃比例高于外国同期水平[7-12]。我国汽油车尾气源谱中重要特征物种所占比例较相似，如异戊烷约占 6%、乙烯约占 10%、乙炔约占 4%、甲苯约占 10% 等。除了 NMHCs，大量研究表明汽车尾气中也排放出较多的醛酮化合物等不完全燃烧的产物。而近年来随着乙醇、甲醇汽油和生物质柴油等含氧有机物燃油的使用，使醛酮化合物成了汽车尾气中更为突出的一类化合物，甲醛、乙醛、丙酮、丙醛是这些醛酮化合物的主要组分[13-16]。近年来，虽然我国油品质量有很大改善，但与国外油品相比，我国汽油仍呈现高烯烃含量的特点，这是由于我国石油加工行业普遍使用催化裂化、催化重整等工艺所导致的[6]。

饱和烃一般危害不大，但是不饱和烃却有很大的危害性。甲烷气体无毒性但其温室效应却是二氧化碳的 25 倍。2018 年 4 月 2 日，美国能源部劳伦斯伯克利国家实验室的研究人员，利用俄克拉荷马州南大平原观测站十年来获得的对地球大气的综合观测数据，首次证明了甲烷导致地球表面温室效应不断增加。乙烯、丙烯和乙炔主要会对植物造成伤害。苯是无色类似汽油味的气体，可引起食欲不振、体重减轻、易倦、头晕、头痛、呕吐、失眠、黏膜出血等症状，也可引起血液变化，红细胞减少，出现贫血，还可导致白血病。而甲醛、丙烯醛等醛类气体也会对眼、呼吸道和皮肤有强刺激作用，超过一定浓度，会引起头晕、恶心、红细胞减少、贫血和急性中毒。特别应当引起注意的是带更多环的多环芳香烃，如强致癌物苯并芘和硝基烯。同时，烃类成分还是引起光化学烟雾的重要物质。

大多数 VOCs 有毒，对人体健康的影响主要是刺激眼睛和呼吸道，使皮肤过敏，使人产生头痛、咽痛与乏力，其中还包含了很多致癌物质。如尾气中的某些苯、多环芳烃、芳香胺、醛和亚硝胺等有害物质对机体有致癌作用；某些芳香胺、醛、卤代烷烃及其衍生物等有诱变作用。挥发性有机物在阳光照射下，与大气中的氮氧化合物、碳氢化合物与氧化剂发生光化学反应，生成光化学烟雾，危害人体健康和作物生长；光化学烟雾的主要成分是臭氧、过氧乙酰硝酸酯、醛类及酮类等。它们刺激人类的眼睛和呼吸系统，危害人类的

身体健康且危害作物的生长。

1.2.3　氮氧化物

氮氧化物主要包含一氧化氮（nitrogen oxide，NO）、二氧化氮（nitrogen dioxide，NO_2）和氧化亚氮（nitrous oxide，N_2O）等。汽车尾气中氮氧化物的排放量取决于气缸内燃烧温度、燃烧时间和空燃比等因素。燃烧过程排放的氮氧化物中95%以上是NO和NO_2，N_2O只占少量。目前国六排放标准当中对一氧化氮和二氧化氮的排放限值已经较为严苛，但对氧化亚氮还没有限值要求。但相关研究表明，尾气在经过排放后处理系统后会额外产生一部分的氧化亚氮。

NO是无色无味气体，只有轻度刺激性，毒性不大，高浓度时会造成中枢神经的轻度障碍，NO可被氧化成NO_2。NO与血液中的血红素的结合能力比CO还强。NO_2是一种红棕色气体，对呼吸道有强烈的刺激作用，对人体影响较大。NO_2吸入人体后和血液中血红素蛋白Hb结合，使血液输氧能力下降，会损害心脏、肝、肾等器官。同时，NO_2还是产生酸雨、引起气候变化和产生雾霾的主要因素之一。另外，HC和NO_x在大气环境中受强烈太阳光紫外线照射后，会生成新的污染物——光化学烟雾。氧化亚氮俗称“笑气”，是一种麻醉性气体，曾经广泛被应用于医学手术中。但“笑气”进入血液后会导致人体缺氧，长期吸食可能引起高血压、晕厥，甚至心脏病发作。此外，长期接触此类气体还可引起贫血及中枢神经系统损害等。氧化亚氮既是一种消耗臭氧层的气体，也是一种强效的温室气体（greenhouse gas，GHG），其全球变暖潜能值（global warming potential，GWP）是二氧化碳（CO_2）的近300倍。尽管N_2O长期以来被认为是燃烧的副产物，但直到20世纪80年代在轻型汽油车上引入三元催化剂（three way catalyst，TWC），N_2O才被认为是一种值得关注的污染物。研究发现这些含贵金属的催化剂会显著增加N_2O排放。排放后处理系统当中的催化剂类型、温度、空燃比、空速和其他因素对N_2O的排放均有影响。2000年以后，随着柴油机颗粒捕集器（diesel particulate filter，DPF）、贫燃氮氧化物捕集器（lean NO_x trap，LNT）和选择性催化还原（selective catalytic reduction，SCR）装置等催化控制装置的广泛应用来控制PM和NO_x，柴油发动机和车辆的N_2O排放成为学术圈和产业界关注的焦点。未来在下一阶段排放标准当中可能会增加对氧化亚氮的排放限值[17]。

1.2.4　颗粒物

汽车等移动源排放的颗粒物主要分为尾气颗粒物和制动片、轮胎磨损等非尾气颗粒物两大类。柴油机颗粒捕集器（DPF）和汽油机颗粒捕集器（gasoline particulate filter，GPF）分别是降低柴油机和汽油机尾气颗粒物排放，改善柴油机和汽油机尾气污染最有效的装置之一，但是DPF和GPF工作一段时间后会引起排气背压升高、油耗增加、动力性和经济性下降等问题，需要定期对其进行氧化再生，再生期间其颗粒物排放水平会明显升高。而车辆在制动过程中制动片磨损产生的颗粒物及行驶过程中轮胎与地面摩擦产生的颗粒物排放则是包括纯电动汽车在内的所有种类车辆所共有的。

内燃机产生的颗粒物按粒径的大小主要分为三种：核态（粒径 <50nm）、积聚态（粒径为50～1000nm）、粗粒子（粒径 >1000nm）。其中排气的超细微粒由核态和积聚态构成，对雾霾的产生有重要影响。发动机的高速运行需要燃料在发动机气缸内不断燃烧做功，在这个不断燃烧的过程中很容易产生一些挥发性有机成分、固态碳颗粒、高温摩擦产生的金属碎屑以及硫酸盐等物质，这些物质在发动机气缸内由于高温高压环境通过成核作用形成核态颗粒物。微粒形成的机理复杂，目前微粒生成过程一般认为是由多步多途径组成，包括初始微粒形成、成核和凝结等。其中，初始微粒由燃料分子的氧化和裂解产物组成，而二次微粒主要由硫酸盐以及未完全燃烧形成的半挥发性有机物成核生成。核态微粒主要由有机物和硫份所构成，它主要是半挥发性组分在稀释过程中发生成核和凝结等动力学作用形成的二次微粒，同时也包括少量的固体碳和金属组分。积聚态微粒则主要是由碳微粒聚集成团并凝结部分 HC、硫酸盐和半挥发组分形成 [18]。

电动车辆被认为是解决当前交通领域空气污染的重要途径之一。但相关研究发现当前电动车比同等车型的内燃机车重约 24%，同时，有研究证明车重和非尾气排放 PM 之间存在正相关关系。电动车排放的非尾气 PM10 排放量与普通传统汽车相同，PM2.5 排放量略低于传统燃油车，平均排放量比传统燃油车少 1% ~ 3%；非尾气排放占交通源 PM10、PM2.5 排放量的 90% 和 85% 以上，未来随着汽车重量的增加，这一比例可能还会增加 [19]。

微粒对人体健康的影响，取决于微粒的浓度和其在空气中暴露的时间。研究数据表明，因上呼吸道感染、心脏病、支气管炎、气喘、肺炎、肺气肿等疾病到医院就诊人数的增加与大气中微粒物浓度的增加是相关的。粒径越小，越不易沉积，长期漂浮在大气中容易被吸入体内，而且容易深入肺部。例如，近些年引起公众广泛关注的直径≤ 2.5μm 的颗粒物（PM2.5）就对人类的身体造成危害，有可能增加肺癌、心血管病、呼吸道疾病、基因突变等情况发生的概率。粒径越小，粉尘比表面积越大，物理、化学活性越高，加剧了生理效应的发生和发展。此外，微粒的表面可以吸附空气中的各种有害气体及其他污染物，从而成为它们的载体，如可以承载强致癌物质苯并芘及细菌等。

1.2.5 硫化物

汽车排气中的硫氧化合物的含量与燃料中的含硫量有关。一般来说，柴油机排放的硫氧化合物比汽油机排放的硫氧化合物偏多。但随着我国石油精炼技术的进步以及油品的升级，燃油当中的硫含量已经处于较低水平（＜10ppm），道路车辆、非道路机械及使用低硫油的内河航运船舶所排放的硫化物已经大大削减。但是以高硫含量的重油为主要燃料的远洋大型船舶所排放的硫化物总量仍然惊人，是未来需要重点关注的领域。

硫氧化合物对发动机使用的催化转化装置有破坏，即使少量的硫氧化合物堆积在催化剂表面，也会导致催化剂劣化或者中毒，进而降低催化剂的使用寿命。硫氧化合物还可与大气中的水蒸气结合生成酸雾，达到一定积聚量后便形成酸雨，使水土酸化，破坏植物的生长。

1.2.6 二次污染物

汽车尾气中的 NO_x 和 VOCs 等一次污染物经过光化学反应会产生臭氧等二次污染物。臭氧，是氧气的一种同素异形体，化学式是 O_3，式量47.998，具有强氧化性，淡蓝色气体，液态为深蓝色，固态为紫黑色。臭氧的气味类似鱼腥味，但当浓度过高时，气味类似于氯气。臭氧的来源分为自然源和人为源，其中自然源的臭氧主要指平流层的下传，人为源的臭氧主要是由 NO_x 和 VOCs 经过一系列复杂的非线性光化学反应生成的。在晴天、紫外线

辐射强的条件下，NO_2 等发生光解生成 NO 和氧原子，氧原子与氧反应生成臭氧。臭氧是强氧化剂，在洁净大气中，O_3 与 NO 反应生成为 NO_2，而臭氧分解为氧气，上述反应的存在使臭氧在大气中达到一种平衡状态，不会造成臭氧累积。当空气中存在大量 VOCs 等污染物时，VOCs 等产生的自由基与 NO 反应生成 NO_2，此反应与臭氧和一氧化氮的反应形成竞争，不断取代消耗二氧化氮光解产生的 NO、H_2O、RO_2、H、OH，引起了 NO 向 NO_2 转化，使上述动态平衡遭到破坏，导致臭氧逐渐累积，达到污染浓度级别[20]。

臭氧等二次污染物混合所形成的有害浅蓝色烟雾称为光化学烟雾。光化学烟雾多发生在阳光强烈的夏秋季节，随着光化学反应的不断进行，反应生成物不断蓄积，光化学烟雾的浓度不断升高。当遇到低温或不利于扩散的气象条件时，烟雾会积聚不散，造成大气污染事件。光化学烟雾对人体最突出的危害是刺激眼睛和上呼吸道黏膜，引起眼睛红肿和喉炎，这可能与产生的醛类等二次污染物的刺激有关。过氧乙酰硝酸酯又称过氧乙酰硝酸盐，是光化学烟雾的主要组分，为强氧化剂，常温下为气体，易分解生成硝酸甲酯（methyl nitrate，CH_3ONO_2）、NO_2、硝酸（hydrogen nitrate，HNO_3）等。发生在 20 世纪 40—60 年代的美国洛杉矶光化学烟雾事件是世界有名的公害事件之一。该事件导致远离洛杉矶市 100km 以外的海拔 2000m 高山上的大片松林枯死，柑橘减产。仅 1950—1951 年，美国因大气污染造成的损失就达 15 亿美元。1955 年，因呼吸系统衰竭死亡的 65 岁以上的老人达 400 多人；1970 年，约有 75% 以上的市民患上了红眼病。

光化学烟雾对人体的另一些危害则与臭氧浓度有关。长时间直接接触高浓度臭氧的人容易出现疲乏、咳嗽、胸闷胸痛、皮肤起皱、恶心头痛、脉搏加速、记忆力衰退、视力下降等症状。臭氧也会使植物叶子变黄甚至枯萎，对植物造成损害，甚至造成农林植物的减产、经济效益下降等。

1.3　移动源排放控制技术的发展过程

与中国交通运输行业快速发展相对应，中国的汽油车、柴油车、船舶和非道路工程机械等移动污染源排放标准也经历了同样的快速发展期。自 2001 年至今，经过 20 多年的发展，中国目前已经形成了完善的汽车排放标准体系，并且重型柴油车排放标准处于世界先进水平[22]。随着排放标准的不断升级，移动源的排放限值也逐步加严，以重型柴油车排放标准为例（表 1-1），标准的每一次升级，污染物排放限值平均降低 30% ~ 50%。与重型柴油车第一阶段标准相比，第六阶段标准 NO_x 排放限值加严了 95%，PM 排放限值加严了 97%。

排放标准的快速升级和实施离不开相关减排技术的支撑。除了提高燃油品质之外，针对汽车、船舶、非道路工程机械等以内燃机为主要动力的移动污染源，其尾气排放控制技术主要分为机内净化技术和机外净化技术（也称为排放后处理技术）两大类。机内净化技术主要通过优化燃烧室结构、改进进气系统和供油系统等方式来改善内燃机的缸内燃烧状况，从而达到减小燃油消耗、充分燃烧、降低污染物排放的目的。机外净化则是通过在发动机排气口后端安装催化净化、物理过滤等装置的方式，将尾气中的污染物过滤出来或者转化为无害的成分后再排放到大气当中。但是无论如何提升技术，燃料的燃烧总会产生一定的污染物，所以机内净化只能一定程度地减轻移动源污染排放，并不能根本上解决问题，因此机外净化技术，也就是排放后处理技术是解决移动源污染排放的关键途径。

表 1-1　中国重型柴油车各阶段排放标准的污染物排放限值

排放阶段	项目							
	工况	CO/（g/kW·h）	HC/（g/kW·h）	NMHC①/（g/kW·h）	NO_x/（g/kW·h）	PM/（g/kW·h）	PN②/（#/kW·h）	$NH_3$③（ppm）
国一	—	4.9	1.23	—	9	0.4	—	—
国二	—	4	1.1	—	7	0.15	—	—
国三	ESC	2.1	0.66	—	5	0.1	—	—
	ETC	0.78	—	1.6	5	0.16	—	—
国四	ESC	1.5	0.46	—	3.5	0.02	—	—
	ETC	0.55	—	1.1	3.5	0.03	—	—
国五	ESC	1.5	0.46	—	2	0.02	—	—
	ETC	0.55	—	1.1	2	0.03	—	—
国六	WHSC	1.5	0.13	—	0.4	0.01	8×10^{11}	10
	WHTC	4	0.16	—	0.46	0.01	6×10^{11}	10

① 非甲烷碳氢化合物（non-methane hydrocarbons，NMHC）。
② 颗粒物数量（number of particulate matter，PN）。
③ 氨气（ammonia，NH_3）。

1.3.1　汽油车污染排放控制技术

汽油车的机内净化技术经过近 30 年的发展，主要包括电控燃油喷射技术、可变气门正时技术、进气系统改进技术、燃烧系统优化技术、排气再循环技术等 5 种。电控燃油喷射系统利用各种传感器检测发动机的工作状态，经控制系统的判断和计算，使发动机在不同工况下均能获得合适的空燃比混合气；发动机可变气门正时技术原理是根据发动机的运行情况，调整进气或排气量和气门开闭时长、角度，使进入的空气量达到最佳，提高燃烧效率、减少燃料消耗，降低污染物排放；通过对进气系统的改进，可以形成尽可能均匀的混合气，其对冷起动的排放控制具有重要意义。此外，增压技术可提高发动机的效率，降低排放和油耗，是节油减排的重要技术手段；不同的燃烧室形状对发动机的性能影响巨大，通过对燃烧系统的优化，使其尽可能紧凑，优化火花塞位置，缩短火焰传播距离，同时采用高能点火系统、增加火花塞数量、延长火花持续时间等措施达到强化燃烧、加速燃烧的目的，从而提高汽油的燃烧效率，减少烃类化合物的排放；排气再循环技术则是通过把发动机排出的部分废气再送回进气系统，并与新鲜混合气一起再次进入气缸参与燃烧。由于废气中含有大量的二氧化碳，二氧化碳不参与燃烧却具有较高的热容，能够吸收缸内燃烧产生的部分热量，降低混合气的最高燃烧温度，从而抑制氮氧化物的生成和排放。

汽油车排放后处理技术的核心是以三元催化器 TWC 为代表的尾气净化催化剂和汽油车颗粒捕集器。三元催化器是从 20 世纪 70 年代投入使用的汽油车氧化型催化剂发展起来的。由于 20 世纪 70 年代欧美的汽车尾气排放法规只限制一氧化碳和碳氢化合物的排放，所以当时的排放后处理装置主要采用氧化型的贵金属或者贱金属催化剂，将一氧化碳和碳氢化合物氧化为无害的二氧化碳和水。由于贵金属催化剂的催化活性远高于贱金属催化剂，并具有较高的耐久性，因此以铂、钯为主要活性成分的氧化型催化剂渐渐成为主流。随着排放法规对氮氧化物排放的限制，20 世纪 80 年代中期又出现了以铂、钯、铑为主要活性成分的新一代尾气净化催化剂，由于该新型催化剂能够同时净化尾气当中的一氧化碳、碳氢化合物、氮氧化物等三种有害成分，故成为三元催化剂或者三效催化剂。由于能够有效控制汽油车尾气当中的三种气态污染物的排放水平，时至今日，三元催化剂仍然是汽油车排放后处理系统的核心。

2016年，中华人民共和国环境保护部与国家质量监督检验检疫总局联合颁布GB 18352.6—2016《轻型汽车污染物排放限值及测量方法（中国第六阶段）》。其中，法规要求PM限值低于0.003g/km。为了适应法规新的要求，控制尾气当中的颗粒物排放，在原有的排放后处理系统当中增加GPF势在必行。其原理是通过对相邻孔道前后交替封堵，迫使进入孔道的废气从壁面穿过，对尾气当中的颗粒物会产生碰撞吸附、惯性拦截、扩散拦截、重力沉降等作用，最终实现物理过滤和截留，对颗粒物的净化效率可达90%以上。决定GPF性能的关键技术是过滤材料。过滤材料的过滤能力、机械强度、热稳定性、散热能力等物理性能直接影响到GPF的结构设计，从而影响GPF的过滤效率、排气背压、使用寿命等指标。目前广泛使用的GPF是以堇青石、碳化硅陶瓷为主要材质的蜂窝状过滤单元。

1.3.2 柴油车污染排放控制技术

柴油车尾气当中的污染物主要有四种，分别为CO、HC、NO_x和PM。其中机内净化技术主要包括改进发动机的进气系统（例如涡轮增压技术、增压中冷技术、EGR等）和供油系统（例如电控喷油泵技术、高压共轨技术等）。机内净化技术受限于“trade-off规则”，不能同时降低尾气当中的PM和NO_x。排放后处理技术则主要包括用于脱除尾气当中CO和HC的柴油车氧化型催化器（diesel oxidation catalyst，DOC），用于脱除尾气当中PM的柴油机颗粒捕集器，用于脱除尾气当中NO_x的选择性催化还原装置，以及用于防止氨泄漏的氨催化氧化单元（ammonia selective catalyst，ASC）。

柴油车DOC的主要作用是将尾气当中的CO和HC催化氧化成CO_2和H_2O，另一方面还可以将尾气当中的NO氧化成NO_2，从而有助于后端的选择性催化单元发生快速SCR反应[27,28]，提高对NO_x的转化效率，同时DOC还可以氧化掉一部分可溶性有机成分（soluble organic fractions，SOF），从而降低尾气当中的颗粒物排放[29]。DOC由壳体、衬垫、催化剂涂层和催化剂基体组成，其中催化剂涂层是核心。催化剂基体一般为流通式蜂窝结构，有堇青石陶瓷、碳化硅或者金属合金等材质，催化剂涂覆在基体上，催化剂由第一涂层和第二涂层组成，第一涂层一般主要由γ-Al_2O_3、铈锆固溶体和沸石分子筛等具有大比表面积和高储氧能力的复合金属氧化物材料组成；第二涂层，也就是主要活性组分由铂（Pt）、钯（Pd）等贵金属及活性助剂组成。贵金属是目前应用最广泛的活性组分，但由于催化剂需要长期暴露在高温环境下，容易发生热烧结从而导致失活，所以需要加入助剂来提高催化剂的抗高温老化能力，常用的助剂有稀土氧化物、氧化钡、二氧化硅、氧化锆等。在柴油车氧化型催化器上发生的主要化学反应如下：

$$2CO+O_2 \longrightarrow 2CO_2 \tag{1-1}$$

$$H_xC_y+(y+x/4)O_2 \longrightarrow yCO_2+(x/2)H_2O \tag{1-2}$$

$$2NO+O_2 \longrightarrow 2NO_2 \tag{1-3}$$

$$C+O_2 \longrightarrow CO_2 \tag{1-4}$$

柴油车 DPF 是目前用于控制尾气颗粒物排放最有效的装置，与 GPF 类似，其原理是通过对相邻孔道前后交替封堵，迫使进入孔道的废气从壁面穿过，对尾气中的颗粒物产生碰撞吸附、惯性拦截、扩散拦截、重力沉降等作用，最终实现物理过滤和截留[30]，如图 1-2 所示。DPF 的核心是壁流式蜂窝陶瓷滤芯，由于 DPF 的使用环境恶劣，存在较大的温度波动，所以制备 DPF 的材质必须具备良好的抗热震性能、抗高温烧蚀性能和机械强度，其材质有堇青石、碳化硅、钛酸铝等[31-32]。目前国内商用 DPF 的材质主要是堇青石和碳化硅两种。随着被过滤下来的颗粒物的积存，陶瓷滤芯孔道壁面上的微孔会逐渐堵塞和覆盖，导致排气阻力增大，影响发动机的正常工作，因此必须定期清除。清除 DPF 当中积存的颗粒物的行为叫作 DPF 的再生，进行 DPF 再生的方法有主动再生和被动再生两种。主动再生是通过外加能量的方式提高排气温度（例如燃油后喷和电加热等），实现 DPF 中沉积颗粒物的燃烧再生，通常主动再生时 DPF 的温度会高达 600℃以上，主动再生会增加车辆的燃料 / 能量消耗，缩短 DPF 的使用寿命；被动再生的原理是通过在 DPF 陶瓷滤芯上涂覆氧化型催化剂涂层的方式，使催化剂均匀分散在陶瓷滤芯孔道内表面并直接与孔道中积存的碳烟颗粒接触，形成气 - 固 - 固多相反应体系，降低碳烟颗粒的氧化反应活化能和平衡点温度，实现对碳烟颗粒的低温可持续性氧化。这种涂覆了氧化型催化剂涂层的 DPF 简称 cDPF（catalyzed diesel particulate filter）。被动再生能够在较低温度下持续减少 DPF 当中积存的颗粒物，因此能够有效降低主动再生的频率、延长 DPF 的使用寿命，但是被动再生往往不彻底，往往还需要结合主动再生方式实现 DPF 的彻底再生，所以主动再生电控系统 +cDPF 组合是目前解决柴油车尾气颗粒物排放问题的主流技术路线[33]。cDPF 催化剂涂层的主要活性成分是铂（Pt）、钯（Pd）、铑（Rh）等贵金属，由于贵金属价格昂贵且容易高温烧结和硫中毒，与 DOC 催化剂类似，为了降低贵金属的用量并提高催化剂涂层的抗烧结和抗硫性，商用 cDPF 会在陶瓷载体表面先涂覆氧化铝并添加过渡金属元素、稀土元素等助剂作为第一涂层，然后再涂覆贵金属。与 DOC 催化剂相比，cDPF 催化剂涂层的贵金属含量要低很多，一般只有 DOC 催化剂的 10%～20%。

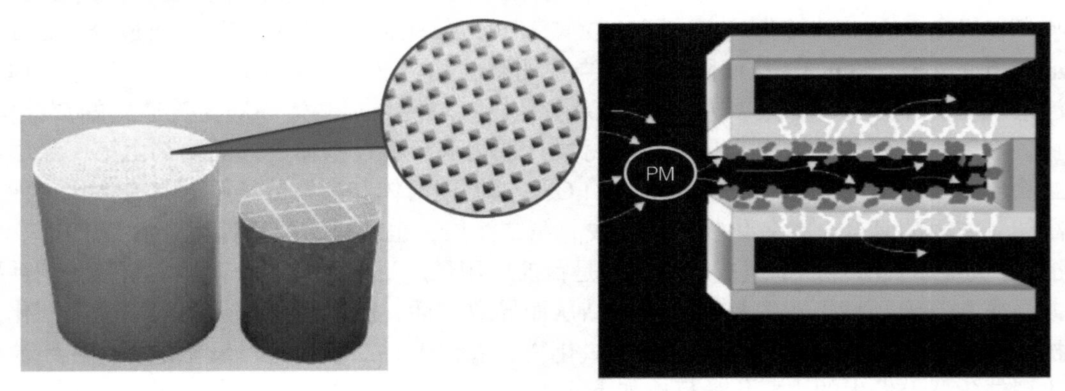

图 1-2　壁流式 DPF 的结构示意图

SCR 技术是解决柴油车 NO_x 排放问题的关键，目前广泛应用的重型柴油车 SCR 系统一般由 SCR 催化单元、尿素喷射系统和电控单元三部分组成。SCR 催化单元的结构与 DOC 类似，也是由壳体、衬垫和涂覆了 SCR 催化剂的直通式蜂窝陶瓷基体构成。SCR 反应的原理是以 CO、HC 或者 NH_3 作为还原剂，在催化剂的作用下与尾气中的 NO_x 发生反应，生成无害的氮气（nitrogen，N_2）。然而，由于柴油车尾气中 CO 和 HC 的含量很低并且不可控，无法实现 NO_x 的有效还原，所以需要外加还原剂。目前应用最广泛的就是以 32.5% 的尿素溶液作为还原剂，尿素喷射系统设置在 SCR 催化单元的上游，喷射的尿素在高温下分解生成氨气从而为下游的 SCR 反应提供还原剂。由于随着发动机运行工况的变化，尾气当中的 NO_x 浓度一直在变化，若是尿素喷射量不足会导致没有充足的还原剂来保证 NO_x 的充分还原，若是尿素喷射量过多又会导致氨气过量并排放到大气中形成氨泄漏。因此需要电控单元根据发动机的工况变化和尾气中的 NO_x 浓度，动态控制尿素喷射量，在尽量不造成氨泄漏的情况下保证 SCR 反应的充分进行。在柴油车 SCR 单元上发生的主要反应有：

$$4NH_3+4NO+O_2 \longrightarrow 4N_2+6H_2O \qquad (1\text{-}5)$$

$$2NH_3+NO_2+NO \longrightarrow 2N_2+3H_2O \qquad (1\text{-}6)$$

$$4NH_3+3NO_2 \longrightarrow 3.5N_2+6H_2O \qquad (1\text{-}7)$$

其中，式（1-5）为标准 SCR 反应；式（1-6）为快速 SCR 反应；式（1-7）为 NO_2-SCR 反应或慢速 SCR 反应。大部分情况下在 SCR 单元当中发生的是标准 SCR 反应，只有当尾气当中的 NO 和 NO_2 的浓度比例为 1：1 时才发生快速 SCR 反应，快速 SCR 反应可以提高 SCR 单元对氮氧化物的转化效率。

从国四、国五阶段广泛应用的钒钨钛系 SCR 催化剂（V_2O_5-WO_3-TiO_2）以及 Cu-ZSM-5 SCR 催化剂，到目前国六阶段广泛应用的 Cu-SSZ-13 分子筛 SCR 催化剂，柴油车尾气净化 SCR 催化剂已发展了三代。钒钨钛催化剂最早应用于固定源燃煤电厂的脱硝，在 2005 年被引入重型柴油车后处理系统中，凭借其在富氧条件下表现出较好的 NO_x 脱除效率和良好的抗硫中毒性能，钒钨钛催化剂得到了广泛应用，并成为适用于柴油车国四、国五阶段的主流商用 NH_3-SCR 催化剂。钒钨钛催化剂在 600 ~ 650℃的高温下，会因为 TiO_2 的相变和活性中心 V_2O_5 的聚集造成催化剂结构的破坏，从而导致催化剂失活。此外，钒钨钛催化剂的活性温度窗口较窄，仅在 300 ~ 400℃的温度区间具有较高的 NO_x 转化率，随着排放法规升级，NO_x 排放限值进一步加严，其较差的低温催化活性无法满足国六阶段对发动机冷起动阶段的 NO_x 排放控制要求。更重要的是 V_2O_5 具有生物毒性，其熔点只有 690℃，700℃以上显著挥发，具有潜在的环境和健康危害风险 [34, 35]。

Cu-ZSM-5 催化剂是将过渡金属铜离子 Cu^{2+} 负载到 ZSM-5 分子筛上的一种环境友好型催化剂，与钒钨钛催化剂相比，Cu-ZSM-5 催化剂不仅具有更宽的温度窗口和更高的 NO_x 转化效率，热稳定性能也有所提高。Cu-ZSM-5 催化剂也作为欧 V 阶段的主流商用 NH_3-SCR 催化剂在欧洲国家得到了应用。但是 Cu-ZSM-5 催化剂水热稳定性和抗 HC 中毒性能较差 [36]。

菱沸石（CHA）结构分子筛是一种八元环小孔分子筛（孔径 <0.5nm），负载铜离子的 Cu-CHA 催化剂凭借其卓越的 SCR 催化活性、水热稳定性、N_2 选择性和抗 HC 中毒性能得到了广泛的关注，Cu-CHA 催化剂主要包括 Cu-SSZ-13 和 Cu-SAPO-34 两种。Cu-SAPO-34 在低温下（<100℃）的水热稳定较差，在发动机冷起动时容易因骨架坍塌而失效。近 10 年来，Cu-SSZ-13 作为 Cu-CHA 催化剂的典型代表被广泛而深入地研究，由于优越的性能被作为国六阶段的主流柴油车用 NH_3-SCR 催化剂投入商业应用。

综上所述，在国四阶段，柴油车 SCR 使用的主要是钒钨钛系催化剂；国五阶段大部分是钒钨钛系催化剂，少部分是 Cu-ZSM-5 催化剂；国六阶段，主流技术路线是负载了铜离子的 CHA 结构小孔分子筛 SCR 催化剂 Cu-SSZ-13。在实际操作过程中，为了保证 SCR 对 NO_x 保持较高的转化效率，往往会适度地过量喷射尿素。由于国六排标准当中规定柴油车尾气当中氨气的浓度不能超过 10ppm，所以还需要在 SCR 装置后面再加装 ASC，将过量的氨气转化为无害的氮气。在 ASC 上发生的氨氧化反应主要有：

$$4NH_3+3O_2 \longrightarrow 2N_2+6H_2O \quad (1\text{-}8)$$

$$2NH_3+2O_2 \longrightarrow N_2O+3H_2O \quad (1\text{-}9)$$

$$4NH_3+5O_2 \longrightarrow 4NO+6H_2O \quad (1\text{-}10)$$

$$4NH_3+7O_2 \longrightarrow 4NO_2+6H_2O \quad (1\text{-}11)$$

其中，式（1-8）是期望发生的化学反应，而式（1-9）~ 式（1-11）则是有害的副反应，所以对 ASC 催化剂性能的评价，不仅要看催化剂对氨气的转化效率，还要看它按照期望的反应路径把氨气转化成氮气的能力，即氮气选择性。但是 ASC 催化剂对氨气的氧化效率和氮气选择性却存在矛盾[37]。氨气的氧化效率与催化剂的氧化性直接相关，催化剂氧化性越强，对氨气的氧化效率越高，但是随着催化剂氧化性的增强，氮气选择性却呈下降趋势。

ASC 催化剂的发展可分为三个阶段：第一阶段主要分为贵金属催化剂和非贵金属催化剂两种。贵金属催化剂的氨氧化活性高，但是氮气选择性差，特别是高温阶段（> 350℃），主要代表为 Pt/Al_2O_3 催化剂。贵金属除了铂（Pt）之外，也有将钯（Pd）、铑（Rh）、银（Ag）、铱（Ir）、钌（Ru）等贵金属元素作为 ASC 催化剂主要成分的研究[38-42]；非贵金属催化剂的氨氧化活性较低，特别是低温段，但是氮气选择性好。非贵金属 ASC 催化剂主要包括过渡金属元素催化剂和复合金属氧化物催化剂，其中过渡金属元素包括铜、锰、镍、锌、钴、钒等，复合金属氧化物催化剂则包括钙钛矿型、尖晶石型以及简单复合氧化物型等[43]。第二阶段是兼顾氨氧化效率和氮气选择性的贵金属 - 非贵金属复合型催化剂。第三阶段是复合结构双功能 ASC 催化剂。其核心点在于，催化剂涂层为双层结构，内层为具有氨氧化活性的贵金属催化剂，外层则为 SCR 催化剂，通过双层涂覆的方式达到提高氮气选择性的目的。研究发现，贵金属 +SCR 双层结构 ASC 催化剂的两个涂层之间实现了积极的相互作用，氨气在贵金属催化剂涂层上产生的 NO_x 和 N_2O 等副产物会再次扩散到外层的 SCR 催化剂当中，然后与尾气当中的氨气发生选择性催化还原反应生产无害的氮气，从而提高了整个 ASC 单元的氮气选择性[44]。目前国六柴油车后处理系统普遍应用的就是双层 ASC 催化剂，如图 1-3 所示。

排放法规的升级有力促进了中国重型柴油车排放控制技术的进步和实际应用。国一和国二阶段，主要通过改进发动机的进气系统来降低尾气排放当中的污染物浓度，引入了涡轮增压和增压中冷技术；国三阶段，又在原有基础上改进了喷油系统，引入了电控喷油泵和高压共轨技术，通过提高喷油精确度和雾化程度来优化缸内燃烧过程，从而降低尾气排放；从国四开始，为了满足日渐严苛的排放法规，单纯改进发动机本体的机内净化技术

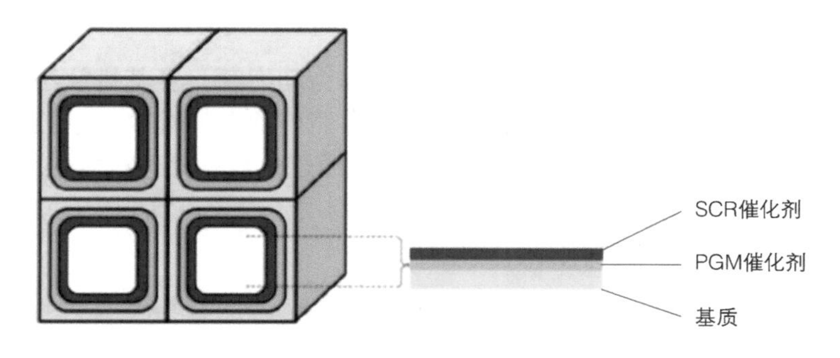

图 1-3 典型的双层 ASC 催化剂结构示意图

已经无法满足排放要求了，所以又引入了排放后处理技术，具体的技术路线有两种：①通过提高缸内燃烧温度降低尾气当中的 PM，然后结合 SCR 技术降低原机排放当中高浓度的 NO_x；②通过 EGR 技术降低原机排放当中的 NO_x，结合 DPF 技术，降低尾气当中的 PM。国五阶段，与国四阶段相比主要是将 NO_x 的排放限值由 3.5g/kW・h 降低到 2g/kW・h。由于国四阶段的排放控制技术路线仍有一定潜力，出于成本考虑，所采取的技术路线基本没有改变，只在原有基础上进行了机内燃烧和后处理装置的进一步优化，例如提高柴油喷射压力和增大 SCR 催化器的体积[45]。

国六法规发布和实施后，由于污染物排放限值在国五标准的基础上大幅降低，并且增加了颗粒物数量 PN 和氨泄漏限制要求，为了满足更严苛的法规限值，必须在原有的排放控制技术基础上进行大幅升级改进，并结合多种污染物排放控制手段，这也意味着对各种后处理技术的性能、不同后处理单元的耦合，以及后处理与整车的系统集成提出了更高要求[46]。满足国六排放法规的主流技术路线有两条：①排气再循环路线；②高效 SCR 路线。路线①主要通过 EGR 将发动机的原排 NO_x 降低到 5g/kW・h 以下，这样后处理系统特别是 SCR 的减排压力会更小一些，其尿素喷射控制相对简单，尿素消耗量少，对 SCR 催化剂的转化效率要求也相对较低，DPF 一般采取主动再生方式。但是由于 EGR 阀较高的故障率会增加使用和维护成本，并且较高的 EGR 率会增加燃油消耗。路线②不采用 EGR 技术，发动机的原排往往在 8g/kW・h 以上，这就意味着后处理系统的 NO_x 转化效率必须高达 97% 以上才能满足国六标准当中对 NO_x 排放限值的要求，这大大提高了对 SCR 催化剂性能和尿素喷射控制精度的要求，并且尿素消耗量相对较大，但是发动机的油耗与路线①相比会有所降低。对于中国市场而言，由于柴油价格相对较贵，而尿素价格相对便宜，所以路线②是目前各整车厂普遍采用的技术路线。但无论采用哪种技术路线，排放后处理系统当中都包含 DOC、DPF、SCR 和 ASC 四个基本单元，如图 1-4 所示。

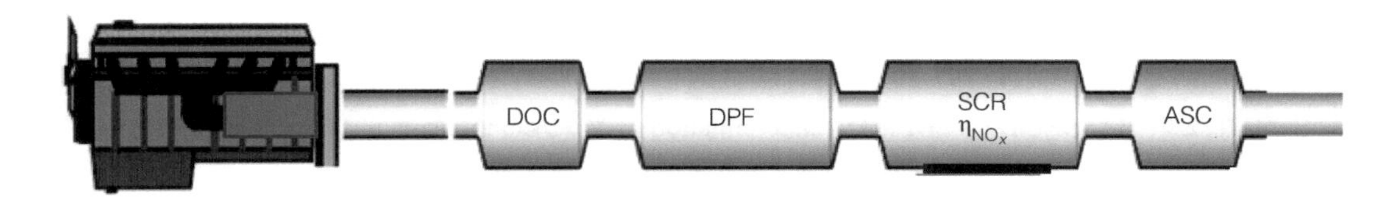

图 1-4 典型国六重型柴油车后处理系统

1.3.3 船舶及非道路机械污染排放控制技术

由于船舶及非道路工程机械主要采用柴油机作为动力源，且其排放法规的制定和实施落后于重型柴油车，故其排放控制技术发展主要参照柴油车的排放控制技术。除改善燃油质量、提高发动机技术降低原机排放以外，主要也通过排放后处理技术进行尾气排放控制。相关后处理技术主要包括 DOC、DPF 和 SCR，分别用于净化尾气当中的一氧化碳 / 碳氢化合物、颗粒物和氮氧化物等有害成分。

1.4 本章结语

本章简要介绍了汽油车、柴油车、船舶及非道路工程机械等移动污染源的污染现状，主要污染物的种类和危害，并简要阐述了主要的移动源排放控制技术手段及其发展脉络。希望以提纲挈领的方式让读者对移动源污染的现状和危害、相关排放控制技术的发展和应用有一个全局性的认识。

参 考 文 献

[1] 中华人民共和国生态环境部 . 中国移动源环境管理年报 [R/OL]. (2022-12-07)[2024-02-14]. https: //www. https: //www.mee.gov.cn/hjzl/sthjzk/ydyhjgl/202212/t20221207_1007111.shtml

[2] 中华人民共和国工业和信息化部 . 中国汽车产业发展年报 [R/OL]. (2022-09-16)[2024-02-14]. https: //baike.baidu.com/item/2022%E4%B8%96%E7%95%8C%E6%99%BA%E8%83%BD%E7%BD%91%E8%81%94%E6%B1%BD%E8%BD%A6%E5%A4%A7%E4%BC%9A/61870696?fr=aladdin.

[3] 李文石，袁自冰，邵敏，等 . 珠江三角洲轻型汽油车挥发性有机物排放研究 [J]. 环境科学学报，2019, 39(1): 243-251.

[4] 中华人民共和国生态环境部 . 中国移动源环境管理年报 [R/OL]. (2021-09-10)[2024-02-14]. https: //www.mee.gov.cn/hjzl/sthjzk/ydyhjgl/202109/t20210910_920787.shtml

[5] 中华人民共和国工业和信息化部 . 中国汽车产业发展年报 [R/OL]. (2021-08-26)[2024-02-14]. https: //www.miit.gov.cn/jgsj/zbys/gzdt/art/2021/art_5c256f1ea6864fd9b391929ee5de57a8.html.

[6] 莫梓伟，邵敏，陆思华 . 中国挥发性有机物 (VOCs) 排放源成分谱研究进展 [J]. 环境科学学报，2014, 34(9): 2179-2189.

[7] SCHEFF P A, WADDEN R A, BATES B A, et al.Source fingerprints for receptor modeling of volatile organics[J]. Journal of the Air Pollution Control Association, 1989, 39(4) : 469-478.

[8] SCHEFF P A, WADDEN R A. Receptor modeling of volatile organiccompounds.1.Emission inventory and validation[J].Environmental Science and Technology, 1993, 27(4) : 617-625.

[9] DUFFY B L, NELSON P F, YE Y, et al. Speciated hydrocarbon profiles and calculated reactivities of exhaust and evaporative emissions from 82 in-use light-duty Australian vehicles [J]. Atmospheric Environment, 1999, 33(2) : 291-307.

[10] SCHMITZ T, HASSEL D, WEBER F J.Determination of VOC components in the exhaust of gasoline and diesel passenger cars[J]. Atmospheric Environment, 2000, 34(27) : 4639-4647.

[11] WATSON J G, CHOW J C, FUJITA E M. Review of volatile organic compound source apportionment by chemical mass balance[J]. Atmospheric Environment, 2001, 35(9) : 1567-1584.

[12] SCHAUER J J, KLEEMAN M J, CASS G R, et al.Measurement of emissions from air pollution sources.5. C1-C32 organic compounds from gasoline-powered motor vehicles[J]. Environmental Science & Technology, 2002, 36(6) : 1169-1180.

[13] GROSJEAN D, GROSJEAN E, GERTLER A W. On-road emissions of carbonyls from light-duty and heavy-duty vehicles[J]. Environmental Science & Technology, 2001, 35(1) : 45-53.

[14] BAN-WEISS G A, MCLAUGHLIN J P, HARLEY R A.Carbonyl and nitrogen dioxide emissions from gasoline- and diesel-powered motor vehicles[J]. Environmental Science & Technology, 2008, 42 (11) : 3944-3950.

[15] PANG X B, SHI X Y, MU Y J, et al. Characteristics of carbonyl compounds emission from a diesel-engine using biodiesel-ethanoldiesel as fuel[J]. Atmospheric Environment, 2006, 40(36) : 7057-70.

[16] ZHAO H, GE Y S, HAO C X, et al.Carbonyl compound emissions from passenger cars fueled with methanol /gasoline blends[J]. Science of the Total Environment, 2010, 408(17) : 3607-3613.

[17] HOEKMAN S K. Review of Nitrous Oxide (N_2O) Emissions from Motor Vehicles[J]. SAE INTERNATIONAL JOURNAL OF FUELS AND LUBRICANTS, 2020, 13 (1): 79-98.

[18] 高南军 . 汽车尾气排放对雾霾的影响及降低颗粒物排放的策略 [J]. 内燃机与配件 , 2021, 17: 47-51.

[19] 卢康 , 张道德 , 潘伟 , 等 . 电动汽车非尾气颗粒物的排放研究综述 [J]. 当代化工研究 , 2021, 21: 96-98.

[20] 罗雄标 . 臭氧污染物来源与控制 [J]. 资源节约与环保 , 2015, 8: 137-137.

[21] 徐怡珊 , 文小明 , 苗国斌 , 等 . 臭氧污染及防治对策 [J]. 中国环保产业 , 2018, 6: 35-38.

[22] 危红媛 , 周华 , 颜燕 , 等 . 我国重型柴油车排放标准的发展历程 [J]. 小型内燃机与车辆技术 , 2020, 6: 79-87.

[23] 国家环境保护总局 . 车用压燃式发动机排气污染物排放限值及测量方法 : GB 17691—2001[S]. 北京 : 中国环境科学出版社 , 2001.

[24] 国家环境保护总局 . 车用压燃式、气体燃料点燃式发动机与汽车排气污染物排放限值及测量方法 (中国Ⅲ、Ⅳ、Ⅴ阶段): GB 17691—2005 [S]. 北京 : 中国环境科学出版社 , 2005.

[25] 生态环境部 , 国家市场监督管理总局 . 重型柴油车污染物排放限值及测量方法 (中国第六阶段): GB 17691—2018 [S]. 北京 : 中国环境科学出版社 , 2018.

[26] 李秀艳 , 李大光 , 谭长水 , 等 . 汽车尾气催化净化技术进展 [J]. 广州化工 , 2002, 30: 44-56.

[27] DUBBE H, BÜHNER F, EIGENBERGER G, et al. Hysteresis phenomena on platinum and palladium-based diesel oxidation catalysts (DOCs)[J]. Emission Control Science & Technology, 2016, 2(3): 137-144.

[28] VÄLIHEIKKI A, KÄRKKÄINEN M, HONKANEN M, et al. Deactivation of Pt/SiO_2-ZrO_2 diesel oxidation catalysts by sulphur, phosphorus and their combinations[J]. Applied Catalysis B: Environmental, 2017, 218: 409-419.

[29] KRÖCHER O, WIDMER M, ELSENER M, et al. Adsorption and desorption of SOx on diesel oxidation catalysts[J]. Industrial & Engineering Chemistry Research, 2017, 48(22): 9847-9857.

[30] 张霞 , 张博琦 , 夏鸿文 . 柴油机后处理技术发展现状 [J]. 交通节能与环保 , 2014, 5: 28-32.

[31] YAMAMOTO K, SAKAI T. Simulation of continuously regenerating trap with catalyzed DPF[J]. Catalysis Today, 2015, 242: 357-362.

[32] WEI Y C, LIU J, ZHAO Z, et al. Preparation and characterization of Co0.2/Ce1-x$Zr_x$$O_2$ catalysts and their catalytic activity for soot combustion[J]. Chinese Journal of Catalysis, 2010, 31: 283-288.

[33] CHEN P G, WANG J M. Air-fraction modeling for simultaneous diesel engine NO_x and PM emissions control during active DPF regenerations[J]. Applied Energy, 2014, 122: 310-320.

[34] LIU F, HE H, LIAN Z, et al. Highly dispersed iron vanadate catalyst supported on TiO_2 for the selective catalytic reduction of NO_x with NH_3[J]. Journal of Catalysis, 2013, 307: 340-351.

[35] CASANOVA M, SCHERMANZ K, LLORCA J, et al. Improved high temperature stability of NH_3-SCR catalysts based on rare earth vanadates supported on TiO_2-WO_3-SiO_2[J]. Catalysis Today, 2012, 184(1): 227-236.

[36] FARHAN K M, THABASSUM A N K, ISMAIL T M, et al. Theoretical investigation into the effect of water on the N_2O decomposition reaction over the Cu-ZSM-5 catalyst[J]. Catalysis Science & Technology, 2022, 12(5): 1466-1475.

[37] DHILLON P S, HAROLD M P, WANG D, et al. Optimizing the dual-layer Pt/Al_2O_3+Cu/SSZ-13 washcoated monolith: Selective oxidation of NH_3 to N_2[J]. Catalysis Today, 2021, 360: 426-434.

[38] HUNG C M. Application of Pt-Rh complex catalyst: Feasibility study on the removal of gaseous ammonia[J]. International Journal of Physical Sciences, 2012, 7(14): 2166-2173.

[39] HUNG C M. Cordierite-supported Pt-Pd-Rh ternary composite for selective catalytic oxidation of ammonia [J]. Powder Technology, 2010, 200(1-2): 78-83.

[40] HUNG C M. Synthesis, Reactivity, and cytotoxicity effect of Pt-Pd-Rh nanocomposite cordierite catalyst during oxidation of ammonia processes [J]. Practice Periodical of Hazardous Toxic & Radioactive Waste Management, 2011, 15(1): 37-41.

[41] LONG R Q, YANG R T. Noble metal (Pt, Rh, Pd) promoted Fe-ZSM-5 for selective catalytic oxidation of ammonia to N_2 at low temperatures[J]. Catalysis Letters, 2002, 78(1): 353-357.

[42] QU Z P, WANG H, WANG S D, et al. Role of the support on the behavior of Ag-based catalysts for NH_3 selective catalytic oxidation (NH_3-SCO)[J]. Applied Surface Science, 2014, 316: 373-379.

[43] LI P X, ZHANG R D, LIU N, et al. Efficiency of Cu and Pd substitution in Fe-based perovskites to promote N_2 formation during NH_3 selective catalytic oxidation (NH_3-SCO)[J]. Applied Catalysis B Environmental, 2017, 203: 174-188.

[44] COLOMBO M, NOVA I, TRONCONI E, et al. Experimental and modeling study of a dual-layer (SCR+PGM) NH_3 slip monolith catalyst (ASC) for automotive SCR after treatment systems. Part 2. Validation of PGM kinetics and modeling of thedual-layer ASC monolith[J]. Applied Catalysis B: Environmental, 2013, 142: 861-876.

[45] 杨文龙，王伟峰．重型柴油车后处理技术进展 [J]. 内燃机与配件，2021, 21: 46-47.

[46] 单文坡，余运波，张燕，等．中国重型柴油车后处理技术研究进展 [J]. 环境科学研究，2019, 32: 1672-1677.

[47] 王志坚，王晓华，郭圣刚，等．满足重型柴油机超低排放法规的后处理技术现状与展望 [J]. 环境工程，2020, 38: 159-161.

第 2 章 移动源国内外排放标准现状

本章主要介绍国内外移动源排放标准的现状，包括世界主流的几大标准体系：美国、欧洲、日本、中国在轻型车、重型车、非道路机械排放法规方面发展历程及各自特点，并针对下一阶段主流的标准发展方向进行了介绍。

2.1 美国排放法规

美国是当今世界控制汽车污染物排放最严格的国家，其排放法规主要分为加州法规和美国联邦法规两大类，一般加州制定的法规更为严格，且制定时间往往早于联邦法规 1 ~ 2 年。目前很多地处美洲的国家普遍采用美国法规体系，如墨西哥、巴西、智利、秘鲁等。

2.1.1 美国轻型车排放法规

1. 美国联邦法规

美国议会于 1965 年修订了空气净化法令（Clean Air Act），将机动车排放管制实施权限授予当时的卫生教育福利部（现称环境保护署，environmental protection agency，EPA），并开始以 1968 年型（以下简称为 MY）的车辆为对象实施联邦水平的机动车排放管制。1970 年 2 月，上议院议员 Mersky 提出了极为严格的机动车排放基准值提案，同年 12 月，成立了《1970 年空气净化法令》（以下简称 Mersky 法），但由于社会各界普遍认为 Mersky 法过于严苛，1973 年发生能源危机时，各项节能政策的优先实施致使该基准值提案暂缓。但是，到了 20 世纪 80 年代后期，由于各界又重新认识到进一步推行该项管制的必要性，EPA 于 1990 年 11 月颁布了《新空气净化法令》（New Clean Air Act）。在 1990 年的新空气净化法令中，规定逐阶段推进管制的强化力度，将 1990MY 时的管制称作 Tier 0（第 0 阶段机动车排放管制）、1994MY 以后的管制称作 Tier Ⅰ，2004MY 以后的管制称作 Tier Ⅱ。2011 年 2 月，在时任总统奥巴马的指示下，EPA 开始进行 Tier Ⅲ的策划规定工作，其和加州 LEV Ⅲ法规内容基本整合[1-3]。

（1）排放限值

以 Tier Ⅰ标准为例，其在联邦测试规程（federal test procedure，FTP）下，所有污染物排放需要满足表 2-1 限值要求，在补充联邦测试规程（supplemental federal test procedure，SFTP）下，污染物排放需满足表 2-2 限值要求。SFTP 包含两个测试循环 US06 和 SC03，

US06 用于表征车辆在高车速、高加速度以及车速波动剧烈情况下的工况，SC03 用于表征车辆在空调开启情况下的工况，其加权排放公式为：0.35 ×（FTP）+ 0.28 ×（US06）+ 0.37 ×（SC03）。

表 2-1　Tier Ⅰ 排放标准（FTP）　　　（单位：g/mile）

车辆类别	中间寿命（5 年 /50000mile）						全寿命（10 年 /100000mile）[8]					
	THC[7]	NMHC	CO	NO_x[9] 柴油	NO_x 汽油	PM[10]	THC	NMHC	CO	NO_x[9] 柴油	NO_x 汽油	PM[10]
LDV[1]	0.41	0.25	3.4	1.0	0.4	0.08	—	0.31	4.2	1.25	0.6	0.10
LDT[2]，LVW[5]<3750 lb[11]	—	0.25	3.4	1.0	0.4	0.08	0.80	0.31	4.2	1.25	0.6	0.10
LDT，LVW>3750 lb	—	0.32	4.4	—	0.7	0.08	0.80	0.40	5.5	0.97	0.97	0.10
HDT[3]，ALVW[6]<5750 lb	0.32	—	4.4	—	0.7	—	0.80	0.46	6.4	0.98	0.98	0.10
HLDT[4]，ALVW>5750 lb	0.39	—	5.0	—	1.1	—	0.80	0.56	7.3	1.53	1.53	0.12

① 乘用车（light-duty vehicle，LDV）。
② 轻型货车（light-duty truck，LDT）。
③ 重型货车（heavy-duty truck，HDT）。
④ 重型轻型货车（heavy light duty truck，HLDT）。
⑤ 加载车重（loaded vehicle weight，LVW）。
⑥ 调整后加载车重（adjusted loaded vehicle weight，ALVW）。
⑦ 总碳氢化合物（total hydrocarbons，THC）。
⑧ 所有 HLDT 标准和 LDT 的 THC 标准的使用寿命为 120000mile/11 年（1mile=1.60934km）。
⑨ 更宽松的柴油 NO_x 限值，适用于 2003 年款之前的车辆。
⑩ 仅适用于柴油车的 PM 标准。
⑪ 1 lb=0.45359kg。

表 2-2　Tier Ⅰ 排放标准（SFTP）　　　（单位：g/mile）

车辆类别	NMHC+NO_x		CO					
	加权		US06		SC03		加权	
	柴油	汽油	柴油	汽油	柴油	汽油	柴油	汽油
乘用车	0.91	0.65	11.1	9.0	3.7	3.0	4.2	3.4
LDT，LVW <3750 lb	2.07	1.48	11.1	9.0	3.7	3.0	4.2	3.4
LDT，LVW >3750 lb	1.37	1.02	14.6	11.6	4.9	3.9	5.5	4.4
HDT，ALVW <5750 lb	1.44	1.02	16.9	11.6	5.6	3.9	6.4	4.4
HDT，ALVW >5750 lb	2.09	1.49	19.3	13.2	6.4	4.4	7.3	5.0

Tier Ⅱ 标准开始采用车队平均概念，其由 8 个永久性和 3 个临时性的认证等级（称为 “Bins”），以及车队的平均 NO_x 排放标准组成。制造商可以对某车型选择任一合适的认证 Bins 进行认证。在 2009 年 Tier Ⅱ 完全实施后，制造商销售的所有轻型汽车的车队 NO_x 平均排放应达到 0.07g/mile 的水平。

Tier Ⅱ 标准在 FTP 试验下，所有污染物（认证 Bins）的排放要求见表 2-3。

表 2-3　Tier II 排放标准（FTP）　（单位：g/mile）

Bin#	中间寿命（5 年 /50000 mile）					全寿命				
	NMOG⑦	CO	NO_x	PM	HCHO	NMOG⑦	CO	NO_x⑧	PM	HCHO
临时 Bins										
11 MDPV③	—	—	—	—	—	0.280	7.3	0.9	0.12	0.032
10①、②、④、⑥	0.125（0.160）	3.4（4.4）	0.4	—	0.015（0.018）	0.156（0.230）	4.2（6.4）	0.6	0.08	0.018（0.027）
9①、②、⑤、⑥	0.075（0.140）	3.4	0.2	—	0.015	0.090（0.180）	4.2	0.3	0.06	0.018
永久 Bins										
8②	0.100（0.125）	3.4	0.14	—	0.015	0.125（0.156）	4.2	0.20	0.02	0.018
7	0.075	3.4	0.11	—	0.015	0.090	4.2	0.15	0.02	0.018
6	0.075	3.4	0.08	—	0.015	0.090	4.2	0.10	0.01	0.018
5	0.075	3.4	0.05	—	0.015	0.090	4.2	0.07	0.01	0.018
4	—	—	—	—	—	0.070	2.1	0.04	0.01	0.011
3	—	—	—	—	—	0.055	2.1	0.03	0.01	0.011
2	—	—	—	—	—	0.010	2.1	0.02	0.01	0.004
1	—	—	—	—	—	0.000	0.0	0.00	0.00	0.000

① 该 Bin 于 2006 年底废止，对于 HDT 于 2008 年底废止。
② NMOG、CO 和甲醛（formaldehyde，HCHO）中较大的值只适用于 HDT 和 MPV，并于 2008 年后废止。
③ 该 Bin 只适用于中型乘用车（medium-duty passenger vehicles，MDPV），并于 2008 年后废止。
④ 只有具有资格的 LDT 和 MDPV，才可选择 NMOG 0.195 g/mile（50000）和 0.280 g/mile（全寿命）。
⑤ 只有具有资格的 LDT，才可选择 NMOG 0.100g/mile（50000）和 0.130g/mile（全寿命）。
⑥ 中间使用寿命标准对于柴油车为可选项。
⑦ 对于柴油车，非甲烷有机气体（non-methane organic gases，NMOG）。
⑧ 对于 Tier Ⅱ汽车，制造厂车队 NO_x 平均排放应达到 0.07g/mile。

Tier Ⅱ标准从 2004—2009 年逐步实施，见表 2-4。在逐步实施期间，满足 Tier Ⅱ标准的车型比例需满足表 2-4 要求。在逐步实施阶段，无须满足 Tier Ⅱ逐步实施要求的汽车，其 FTP 排放试验应符合表 2-3 某一相应 Bin 的全寿命和中间使用寿命标准。在 2004—2007 年，对于没有按照 Tier Ⅱ认证（即车队平均 NO_x 排放满足 0.07g/mile）的所有 LDV 和 LDT，应满足过渡的平均 NO_x 排放限值 0.30g/mile（相当于 Bin9）；从 2008 年开始，对逐步实施 Tier Ⅱ标准的 LDV/LDT 和 HDT/MDPV，各汽车制造厂都要计算各车队的平均 NO_x 排放，并要求符合 0.07g/mile 限值（相当于 Bin5）。

表 2-4　Tier II 逐步实施比例要求

年份	LDV/LDT	HDT/MDPV	
	Tier Ⅱ①	Tier Ⅱ②	过渡 Non-Tier Ⅱ③
2004	25	—	25
2005	50	—	50
2006	75	—	75
2007	100	—	100
2008	100	50	100
2009 及以后	100	100	—

① LDV/LDT 应满足 Tier Ⅱ标准的比例。
② HDT/MDPV 应满足 Tier Ⅱ标准的比例。
③ Non-Tier II HLDT/MDPVs 应满足过渡 Non-Tier Ⅱ车队平均 NO_x 排放标准的比例。

Tier Ⅱ标准需要进行的附加排放测试包括：

1）SFTP 测试，只适用于 LDV 和 LDT，当代用燃料或灵活燃料的 LDV 和 LDT 不使用汽油或柴油时，SFTP 也不适用。

2）低温排放试验（−7℃ FTP），适用于汽油 LDV、LDT 和 MDPV，在 −7℃进行 FTP 试验。

3）公路燃料经济性测试循环（highway fuel economy cycle，HWFET），在进行 HWFET 试验时，测得的最大 NO_x 排放不得超过 FTP 试验时的 1.33 倍，不适用于 MDPVs。

Tier Ⅲ标准的架构与 Tier Ⅱ类似，限值更加严格，制造商必须满足给定车型年内车队的平均排放标准。与 Tier Ⅱ相比，Tier Ⅲ标准的变化主要包括：

1）Bins 和车队平均 NMOG+NO_x 排放。

2）Bins 按照相应的 NMOG+NO_x 限值来命名，排放最高的为 Bin160，即 NMOG+NO_x 限值为 160mg/mile，严苛程度相当于 Tier Ⅱ的 Bin5。

3）到 2025 年，车队平均 NMOG+NO_x 排放量必须满足 30mg/mile（Bin30 相当于 Tier Ⅱ的 Bin2）。

4）排放耐久里程从 120000mile 增加到 150000mile。

5）测试燃油更改为含有 10% 乙醇的汽油（E10）。

Tier Ⅲ标准在 FTP 试验下，所有污染物（认证 Bins）的排放要求见表 2-5。

表 2-5　Tier Ⅲ排放标准（FTP）

Bin	NMOG+NO_x/（mg/mile）	PM/（mg/mile）	CO/（g/mile）	HCHO/（mg/mile）
Bin160	160	3	4.2	4
Bin125	125	3	2.1	4
Bin70	70	3	1.7	4
Bin50	50	3	1.7	4
Bin30	30	3	1.0	4
Bin20	20	3	1.0	4
Bin0	0	0	0	0

对于 NMOG+NO_x 排放，每个制造商必须满足其车队平均限值，该限值从 2017 年开始逐步采用，并在 2025 年达到 30mg/mile，相应要求见表 2-6。

表 2-6　Tier Ⅲ车队平均 NMOG+NO_x 限值（FTP）　　（单位：mg/mile）

车辆类别	年份								
	2017	2018	2019	2020	2021	2022	2023	2024	2025
LDV，LDT1	86	79	72	65	58	51	44	37	30
LDT2，LDT3，LDT4，MDPV	101	92	83	74	65	56	47	38	30

Tier Ⅲ的 PM 标准并非车队平均标准，而是针对每辆认证车辆。其采用五年的逐步实施期，按照销售百分比分阶段逐步覆盖所有车辆，见表 2-7。

表 2-7　Tier Ⅲ车辆分阶段 PM 标准（FTP）　　（单位：mg/mile）

年份	2017	2018	2019	2020	2021	2022
销售百分比	20%	20%	40%	70%	100%	100%
百分比内车辆需满足限值	3	3	3	3	3	3
在用车辆需满足限值	6	6	6	6	6	6

Tier Ⅲ 的 SFTP 车队平均 NMOG+NO_x 限值见表 2-8，车队平均 SFTP 从 2017 年的 103mg/mile 降至 2025 年的最终 50mg/mile。

表 2-8　Tier Ⅲ 车队平均 NMOG+NO_x 限值（SFTP）

污染物	年份								
	2017	2018	2019	2020	2021	2022	2023	2024	2025
NMOG+NO_x/（mg/mile）	103	97	90	83	77	70	63	57	50
CO/（g/mile）	4.2								

Tier Ⅲ 的 US06 测试也采用分阶段 PM 标准，其将根据销售百分比在五年内逐步实现，见表 2-9。

表 2-9　Tier Ⅲ 车辆分阶段 PM 标准（US06）　　（单位：mg/mile）

年份	2017	2018	2019	2020	2021	2022	2023	2024
销售百分比	20%	20%	40%	70%	100%	100%	100%	100%
百分比内车辆需满足限值	10	10	6	6	6	6	6	6
在用车辆需满足限值	10	10	10	10	10	10	10	6

（2）试验工况

美国在 1966—1972 年间采用 7-MODE 循环测试，其为稳态加减速工况，从 1972—1974 年测试循环变为 UDDS，从 1975 年开始使用 FTP，在 1980 年加入了 HWFET，在 2001 年补充了 US06 和 SC03，又称 SFTP。

FTP 循环由 UDDS 循环发展而来，循环的前两部分是 UDDS，在这两部分结束后发动机停机 10min，其后增加一个与第一部分完全相同的热起动形成完整的 FTP 循环，如图 2-1 所示。循环全长 17.77km，时长 1874s，平均车速 34.1km/h。

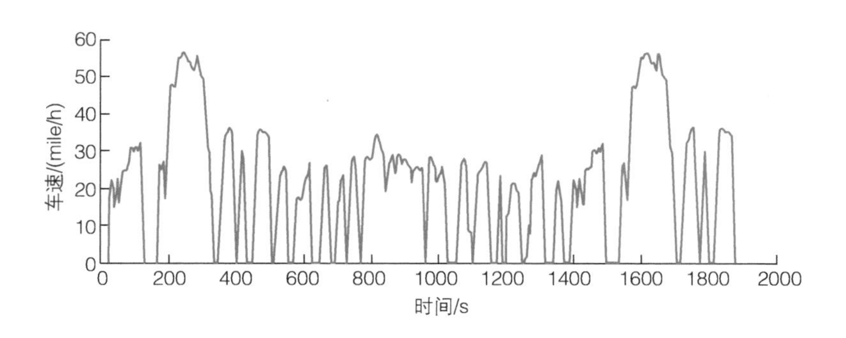

图 2-1　FTP 循环

US06 循环反映了高速或高加速度的驾驶行为，平均车速 77.9km/h、最高车速 129.2km/h。其全长 12.8km、时长 600s，如图 2-2 所示。

SC03 循环是考虑使用空调对发动机负荷、排放及燃料经济性的影响。SC03 循环全长 5.8km、时长 600s、平均车速 34.8km/h、最高车速 88.2km/h，如图 2-3 所示。

HWFET 循环模拟了车辆在高速公路上的行驶状况。HWFET 循环全长 16.45km、时长 765s、平均车速 77.7km/h、最高车速 96.4km/h，如图 2-4 所示。

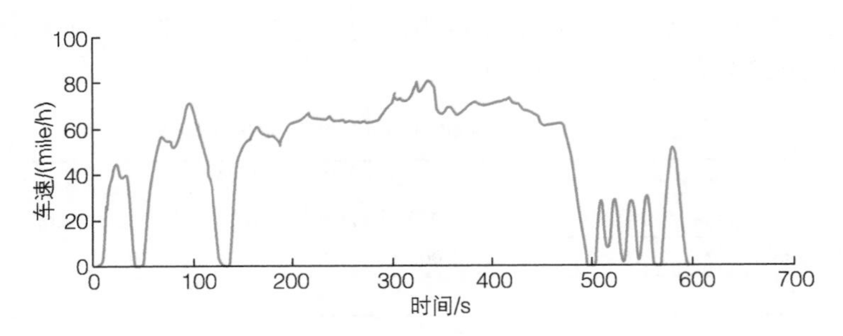

图 2-2　US06 循环

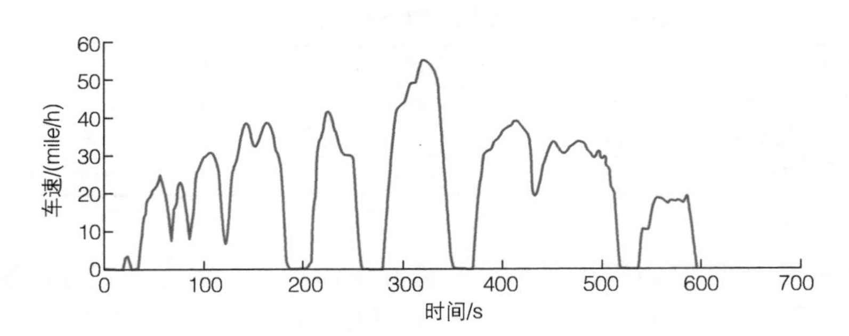

图 2-3　SC03 循环

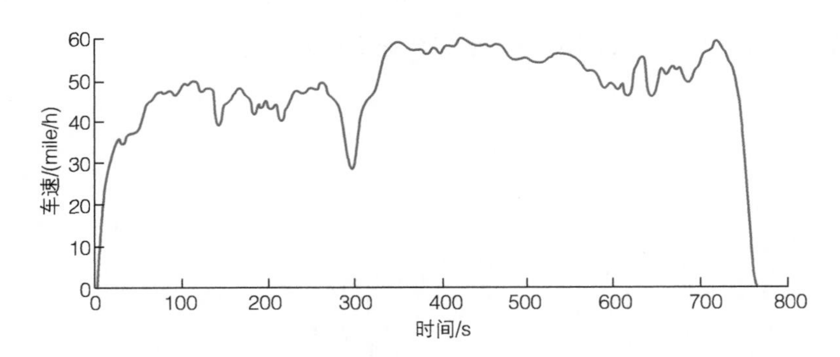

图 2-4　HWFET 循环

2. 加州轻型车排放法规

1960 年，加利福尼亚州（以下简称加州）在世界上率先制定了机动车排放管理制度《机动车污染防治法》。从此，加州是全美唯一可制定、实施与联邦不同的机动车排出气体管制规定的州。基于此，加州大气资源委员会（California Air Resources Board，CARB）可独自制定自己的排放管制规定。区别于联邦的 Tier 系列法规，加州法规称为 LEV 系列，其实施进程和测试项目见表 2-10、表 2-11[4]。

加州轻型车排放法规和 EPA 排放法规基本一致，但加州法规一般情况下会更加超前，部分测试限值包括基准油技术指标也更加严格，尤其是烯烃和芳烃含量更低。

表 2-10　加州法规的时间进程

车辆区分 GVW/lb		年份											
		2009	2010	2011	2012	2013	2014	2015	2016	2017	2018	2019	2020
乘用车 小型货车（GVW ≤ 8500）：LDT（LDT1，LDT2）		LEV Ⅱ						LEV Ⅲ					
中型车（8500<GVW ≤ 14000）：MDV		LEV Ⅱ							LEV Ⅲ				
大型货车（GVW>8500）：HDV	汽油车	2008MY 管制											
	柴油车	2007MY 管制											

注：车辆总重（gross vehicle weight，GVW），中型车（medium-duty vehicles，MDV），重型车（heavy-duty vehicles，HDV）。

表 2-11　加州法规测试项目

管制条件		年份											
		2009	2010	2011	2012	2013	2014	2015	2016	2017	2018	2019	2020
尾气排放	FTP	LEV Ⅱ						LEV Ⅲ					
		平均 NMOG 规制					平均 $NMOG+NO_x$ 规制						
	SFTP	SFTP Ⅰ						SFTP Ⅱ					
比例（%）蒸发排气（只限汽油车）		LEV Ⅱ蒸发（改善型蒸发式）									LEV Ⅲ蒸发式		
加油排放（只有汽车）		加油排放（0.20g/gallon）											
车载诊断系统（On-Board Diagnostics, OBD）		OBD Ⅱ（按照要求依次改正）											

2.1.2　美国重型车排放法规

美国从 1970 年开始规定重型汽车污染物排放要求，具体指最大总质量超过 8500lb（约 3856kg）的汽车，其污染物排放测量在发动机台架上进行。

1. 排放限值

美国对重型柴油车的污染物排放控制从 20 世纪 70 年代初开始，最初的污染物项目是烟度。从 1974 年开始，增加了气态污染物的排放要求。1984 年以前，美国采用的是十三工况稳态测量方法，自 1984 年开始采用瞬态测试循环并一直沿用至今。其污染物排放限值经多次修订，具体见表 2-12。

表 2-12　美国重型发动机台架测试排放限值

年份	排放限值 /（g/hp・h）				
	NO_x	$HC+NO_x$	HC	PM	CO
1974	—	16	—	—	40
1979	—	10	1.5	—	25
1985	10.7	—	1.3	—	15.5
1988	10.7	—	1.3	0.6	15.5
1990	6	—	1.3	0.6	15.5
1991	5	—	1.3	0.25	15.5
1994	5	—	1.3	0.1	15.5
1998	4	—	1.3	0.1	15.5
2004	—	2.5	—	0.1	15.5
2007	0.2（50% 达标）	2.5	0.14	0.01	15.5
2010	0.2	—	0.14	0.01	15.5

注：1hp・h=2.64779MJ。

2. 试验工况

（1）瞬态测试循环

目前，美国使用的瞬态测试循环如图 2-5 所示，该瞬态循环中高速大负荷的比例较大，体现了美国高速公路运输占主导地位。测试中污染物取样采用全流式的稀释取样系统。测试进行两遍，一遍为冷起动循环，一遍为热起动循环，加权系数为 1 : 7（冷起动 : 热起动），两遍测试的结果加权后再经过劣化系数（或劣化修正值）的校正，应满足排放限值要求。

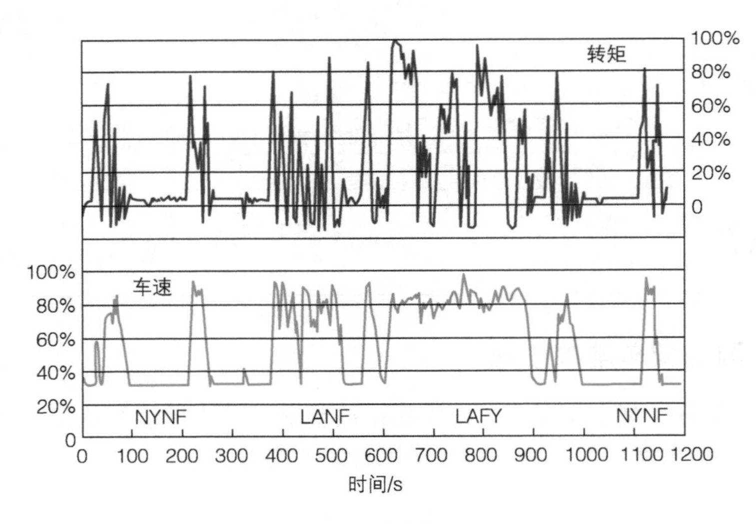

图 2-5　美国重型柴油机瞬态测试循环

（2）稳态测试循环

在瞬态测试的基础上，从 2007 年开始新增了附加的稳态测试循环要求，如图 2-6 所示。该循环与欧盟第五阶段欧洲稳态测试循环（European steady state cycle，ESC）是一致的。

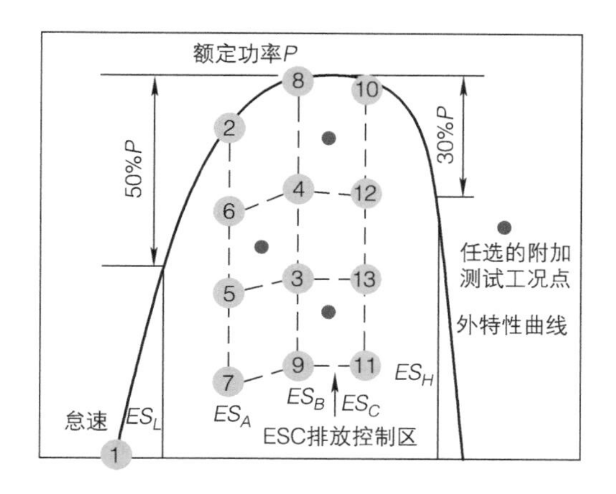

图 2-6　美国重型柴油机稳态测试循环

2.1.3　美国非道路排放法规

美国是世界上控制非道路用柴油机尾气排放最早的国家。EPA 从 1990 年开始着手研究和限制非道路用柴油机的尾气排放，1998 年 8 月 27 日，EPA 签署了 40 CFR PART89 法规，规定了非道路用柴油机第一、二、三阶段排放标准。2014 年以后全面实施第四阶段限值要求 [5]。

（1）排放限值

从 Tier1 到 Tier3，美国非道路各功率段排放限值及实施时间见表 2-13。

表 2-13　美国非道路排放限值及实施时间

功率 /kW	阶段	实施年份	排放限值 /（g/kW・h）				
			NO_x	THC	NMHC+NO_x	CO	PM
P<8	Tier1	2000	—	—	10.5	8.0	1.0
	Tier2	2005	—	—	7.5	8.0	0.8
8 ≤ P<19	Tier1	2000	—	—	9.5	6.6	0.8
	Tier2	2005	—	—	7.5	6.6	0.8
19 ≤ P<37	Tier1	1999	9.2	—	—	—	—
	Tier2	2004	—	—	7.5	5.5	0.4
37 ≤ P<75	Tier1	1998	9.2	—	—	—	—
	Tier2	2004	—	—	7.5	5.0	0.4
	Tier3	2008	—	—	4.7	5.0	0.4
75 ≤ P<130	Tier1	1997	9.2	—	—	—	—
	Tier2	2003	—	—	6.6	5.0	0.3
	Tier3	2007	—	—	4.0	5.0	0.3

（续）

功率 /kW	阶段	实施年份	排放限值 /（g/kW·h）				
			NO_x	THC	NMHC+NO_x	CO	PM
130 ≤ *P*<225	Tier1	1996	9.2	1.3	—	11.4	0.54
	Tier2	2003	—	—	6.6	3.5	0.2
	Tier3	2006	—	—	4.0	3.5	0.2
225 ≤ *P*<450	Tier1	1996	9.2	1.3	—	11.4	0.54
	Tier2	2001	—	—	6.4	3.5	0.2
	Tier3	2006	—	—	4.0	3.5	0.2
450 ≤ *P*<560	Tier1	1996	9.2	1.3	—	11.4	0.54
	Tier2	2002	—	—	6.4	3.5	0.2
	Tier3	2006	—	—	4.0	3.5	0.2
P ≥ 560	Tier1	2000	9.2	1.3	—	11.4	0.54
	Tier2	2006	—	—	6.4	3.5	0.2

Tier4 从 2008 年开始分步实施，2008—2014 年为标准的过渡时期，2014 年后全面实施 Tier4，在过渡期相比 Tier3 只是加严了 NO_x 的排放限值，过渡期结束后又加严了颗粒物的限值要求。过渡时期各个功率段排放限值见表 2-14。2014 年以后的排放限值见表 2-15。

表 2-14　Tier4 过渡时期排放限值

功率 /kW	实施年份	排放限值 /（g/kW·h）				
		CO	NMHC	NMHC+NO_x	NO_x	PM
19 ≤ *P*<37	2008—2012	5.5	—	7.5	—	0.30
37 ≤ *P*<56	2008—2012	5.0	—	4.7	—	0.30
56 ≤ *P*<130	2012—2014	5.0	0.19	—	3.4	0.02
130 ≤ *P*<560	2011—2013	3.5	0.19	—	2.0	0.02
P ≥ 560	2011—2014	3.5	0.40	—	3.5（0.67①）	0.10

① 大于 900kW 的可移动式发电机组用柴油机采用该限值。

表 2-15　Tier4 2014 年以后的排放限值

功率 /kW	范围	排放限值 /（g/kW·h）				
		CO	NMHC	NMHC+NO_x	NO_x	PM
P<19	全部	6.6	—	7.5	—	0.40
19 ≤ *P*<56	全部	5.0	—	4.7	—	0.03
56 ≤ *P*<130	全部	5.0	0.19	—	0.40	0.02
130 ≤ *P*<560	全部	3.5	0.19	—	0.40	0.02
P ≥ 560	发电机组	3.5	0.19	—	0.67	0.03
	非发电机组	3.5	0.19	—	3.5	0.04

（2）试验工况

从 Tier1 到 Tier3，非恒定转速柴油机测试循环采用八工况循环，恒定转速柴油机测试循环采用五工况循环，详细试验循环见表 2-16、表 2-17。Tier4 加入瞬态试验循环，具体试验循环与欧盟一致，瞬态测试循环不适用于恒速发动机和 560kW 以上的发动机。不同功率段实施时间不同，各功率段瞬态试验实施时间见表 2-18。

表 2-16　非恒速柴油机八工况测试循环

工况号	转速	负荷（%）	加权系数
1	额定转速	100	0.15
2	额定转速	75	0.15
3	额定转速	50	0.15
4	额定转速	10	0.1
5	中间转速	100	0.1
6	中间转速	75	0.1
7	中间转速	50	0.1
8	怠速	—	0.15

表 2-17　恒速柴油机五工况测试循环

工况号	转速	负荷（%）	加权系数
1	额定转速	100	0.05
2	额定转速	75	0.25
3	额定转速	50	0.3
4	额定转速	25	0.3
5	额定转速	10	0.1

表 2-18　瞬态试验实施时间

功率 /kW	实施年份
$P<19$	2013
$19 \leqslant P<56$	2013
$56 \leqslant P<130$	2012
$130 \leqslant P<560$	2011

2.2　欧洲排放法规

欧洲排放法规是目前全球使用最为广泛的法规体系，其不仅在欧盟成员国内强制执行，亚洲许多国家也倾向于采纳欧盟法规体系，如印度、伊朗、泰国、菲律宾、马来西亚、澳大利亚等。

2.2.1　欧盟轻型车排放法规

欧洲汽车的排放由欧洲经济委员会（Economic Commission of Europe，ECE）的排放指令和欧洲经济共同体（European Economic Community，EEC）（即后来的欧盟）的排放指令加以控制。欧盟指令 70/220/EEC《关于协调各成员国有关采取措施以防止机动车排放污染物引起空气污染的理事会指令》[6] 详细描述了针对新轻型机动车（乘用车和轻型商用车）的排放标准。指令的基本内容修改过多次，其中一些最重要的修订指令规定了欧洲各阶段的排放限值，见表 2-19。

表 2-19　欧洲各阶段排放标准

标准简称	标准号	实施日期
欧Ⅰ	91/441/EEC	1992.07.01
	93/59/EEC	1993.10.01
欧Ⅱ	94/12/EC	1996.01.01
	96/69/EC	1997.01.01
欧Ⅲ、Ⅳ	98/69/EC	欧Ⅲ：2000.01.01 欧Ⅳ：2005.01.01
欧Ⅴ、Ⅵ	EC 715/2007 EC 692/2008	欧Ⅴ：2009.09.01 欧Ⅵ：2014.09.01
欧Ⅵ c	EC 692/2008 GTR 15	2017.09.01

（1）排放限值

欧盟轻型汽车各阶段排放限值见表 2-20 和表 2-21。

表 2-20　欧盟乘用车排放限值（M1[①]类）

标准	实施日期	CO/（g/km）	HC/（g/km）	$HC+NO_x$/（g/km）	NO_x/（g/km）	PM/（g/km）	PN/（#/km）
压燃式							
欧 Ⅰ[②]	1992.07	2.72（3.16）	—	0.97（1.13）	—	0.14（0.18）	—
欧 Ⅱ，IDI	1996.01	1.0	—	0.7	—	0.08	—
欧 Ⅱ，DI	1996.01[③]	1.0	—	0.9	—	0.10	—
欧 Ⅲ	2000.01	0.64	—	0.56	0.50	0.05	—
欧 Ⅳ	2005.01	0.50	—	0.30	0.25	0.025	—
欧 Ⅴ a	2009.09[④]	0.50	—	0.23	0.18	0.005[⑧]	—
欧 Ⅴ b	2011.09[⑤]	0.50	—	0.23	0.18	0.005[⑧]	6.0×10^{11}
欧 Ⅵ	2014.09	0.50	—	0.17	0.08	0.005[⑧]	6.0×10^{11}
欧 Ⅵ c	2017.9	0.50	—	0.17	0.08	0.0045	6.0×10^{11}
点燃式							
欧 Ⅰ[②]	1992.07	2.72（3.16）	—	0.97（1.13）	—	—	—
欧 Ⅱ	1996.01	2.2	—	0.5	—	—	—
欧 Ⅲ	2000.01	2.30	0.20	—	0.15	—	—
欧 Ⅳ	2005.01	1.0	0.10	—	0.08	—	—
欧 Ⅴ	2009.09b	1.0	0.10[⑥]	—	0.06	0.005[⑦,⑧]	—
欧 Ⅵ	2014.09	1.0	0.10[⑥]	—	0.06	0.005[⑦,⑧]	—
欧 Ⅵ c	2017.9	0.50	—	0.17	0.06	0.0045	6.0×10^{11}

① 欧Ⅰ～欧Ⅳ，基准质量 >2500kg 的乘用车适用于 N1 类车的限值。
② 括号里是生产一致性的限值。
③ 到 1999.09.30 之后，DI 发动机必须满足 IDI 限值。
④ 到 2011.01 适用于所有车型。
⑤ 到 2013.01 适用于所有车型。
⑥ NMHC=0.068g/km。
⑦ 仅适用于直喷式汽油机。
⑧ 采用 PMP 测量程序后，PM 质量限值修订为 0.0045g/km。

表 2-21　欧盟轻型商用车排放限值

分类[①]	标准	实施日期	CO/（g/km）	HC/（g/km）	HC+NO_x/（g/km）	NO_x/（g/km）	PM/（g/km）	PN/（#/km）
压燃式								
N1，Ⅰ级 ≤ 1305kg	欧Ⅰ	1994.10	2.72	—	0.97	—	0.14	—
	欧Ⅱ IDI	1998.01	1.0	—	0.70	—	0.08	—
	欧Ⅱ DI	1998.01[②]	1.0	—	0.90	—	0.10	—
	欧Ⅲ	2000.01	0.64	—	0.56	0.50	0.05	—
	欧Ⅳ	2005.01	0.50	—	0.30	0.25	0.025	—
	欧Ⅴa	2009.09[③]	0.50	—	0.23	0.18	0.005[⑦]	—
	欧Ⅴb	2011.09[⑤]	0.50	—	0.23	0.18	0.005[⑦]	6.0×10^{11}
	欧Ⅵ	2014.09	0.50	—	0.17	0.08	0.005[⑦]	6.0×10^{11}
N1，Ⅱ级 1305 ~ 1760kg	欧Ⅰ	1994.10	5.17	—	1.40	—	0.19	—
	欧Ⅱ IDI	1998.01	1.25	—	1.0	—	0.12	—
	欧Ⅱ DI	1998.01[①]	1.25	—	1.30	—	0.14	—
	欧Ⅲ	2001.01	0.80	—	0.72	0.65	0.07	—
	欧Ⅳ	2006.01	0.63	—	0.39	0.33	0.04	—
	欧Ⅴa	2010.09[④]	0.63	—	0.295	0.235	0.005[⑦]	—
	欧Ⅴb	2011.09[⑤]	0.63	—	0.295	0.235	0.005[⑦]	6.0×10^{11}
	欧Ⅵ	2015.09	0.63	—	0.195	0.105	0.005[⑦]	6.0×10^{11}
N1，Ⅲ级 >1760kg	欧Ⅰ	1994.10	6.90	—	1.70	—	0.25	—
	欧Ⅱ IDI	1998.01	1.5	—	1.20	—	0.17	—
	欧Ⅱ DI	1998.01[②]	1.5	—	1.60	—	0.20	—
	欧Ⅲ	2001.01	0.95	—	0.86	0.78	0.10	—
	欧Ⅳ	2006.01	0.74	—	0.46	0.39	0.06	—
	欧Ⅴa	2010.09[④]	0.74	—	0.350	0.280	0.005[⑦]	—
	欧Ⅴb	2011.09[⑤]	0.74	—	0.350	0.280	0.005[⑦]	6.0×10^{11}
	欧Ⅵ	2015.09	0.74	—	0.215	0.125	0.005[⑦]	6.0×10^{11}
N2	欧Ⅴa	2010.09[④]	0.74	—	0.350	0.280	0.005[⑦]	—
	欧Ⅴb	2011.09[⑤]	0.74	—	0.350	0.280	0.005[⑦]	6.0×10^{11}
	欧Ⅵ	2015.09	0.74	—	0.215	0.125	0.005[⑦]	6.0×10^{11}
点燃式								
N1，Ⅰ级 ≤ 1305kg	欧Ⅰ	1994.10	2.72	—	0.97	—	—	—
	欧Ⅱ	1998.01	2.2	—	0.50	—	—	—
	欧Ⅲ	2000.01	2.3	0.20	—	0.15	—	—
	欧Ⅳ	2005.01	1.0	0.1	—	0.08	—	—
	欧Ⅴ	2009.09[③]	1.0	0.10[⑧]	—	0.06	0.005[⑥,⑦]	—
	欧Ⅵ	2014.09	1.0	0.10[⑧]	—	0.06	0.005[⑥,⑦]	—
N1，Ⅱ级 1305 ~ 1760kg	欧Ⅰ	1994.10	5.17	—	1.40	—	—	—
	欧Ⅱ	1998.01	4.0	—	0.65	—	—	—
	欧Ⅲ	2001.01	4.17	0.25	—	0.18	—	—
	欧Ⅳ	2006.01	1.81	0.13	—	0.10	—	—
	欧Ⅴ	2010.09[④]	1.81	0.13[⑨]	—	0.075	0.005[⑥,⑦]	—
	欧Ⅵ	2015.09	1.81	0.13[⑨]	—	0.075	0.005[⑥,⑦]	—

（续）

分类①	标准	实施日期	CO/（g/km）	HC/（g/km）	HC+NO_x/（g/km）	NO_x/（g/km）	PM/（g/km）	PN/（#/km）
点燃式								
N1，Ⅲ级 >1760kg	欧Ⅰ	1994.10	6.90	—	1.70	—	—	—
	欧Ⅱ	1998.01	5.0	—	0.80	—	—	—
	欧Ⅲ	2001.01	5.22	0.29	—	0.21	—	—
	欧Ⅳ	2006.01	2.27	0.16	—	0.11	—	—
	欧Ⅴ	2010.09④	2.27	0.16⑩	—	0.082	0.005⑥,⑦	—
	欧Ⅵ	2015.09	2.27	0.16⑩	—	0.082	0.005⑥,⑦	—
N2	欧Ⅴ	2010.09④	2.27	0.16⑩	—	0.082	0.005⑥,⑦	—
	欧Ⅵ	2015.09	2.27	0.16⑩	—	0.082	0.005⑥,⑦	—

① 欧Ⅰ和欧Ⅱ中的N1类汽车基准质量为：Ⅰ级：≤ 1250kg；Ⅱ级：1250~1700kg；Ⅲ级：>1700kg。
② 到1999.09.30之后，DI发动机必须满足IDI限值。
③ 到2011.01适用于所有车型。
④ 到2012.01适用于所有车型。
⑤ 到2013.01适用于所有车。
⑥ 仅适用于直喷式汽油机。
⑦ 采用PMP测量程序后，PM质量限值修订为0.0045g/km。
⑧ NMHC=0.068 g/km。
⑨ NMHC=0.090 g/km。
⑩ NMHC=0.108 g/km。

（2）测试循环

欧洲的测试循环由4个ECE循环和1个市郊驾驶循环（extra urban driving cycle，EUDC）构成。ECE是市区运转循环（也称ECE15），主要代表市区的行驶工况，其特点是低速、低负荷以及较低的排气温度。EUDC是市郊运转循环，代表较高车速的行驶工况，EUDC的最高车速达到120km/h。对于低功率汽车，EUDC的最高车速调整为90km/h（仅欧Ⅰ、Ⅱ阶段）。

试验时，欧Ⅰ和欧Ⅱ标准允许40s的暖机时间（图2-7），到欧Ⅲ标准之后，取消了暖机时间，发动机起动的同时即开始取样（图2-8），经过修改后的冷起动程序即为NEDC循环。欧Ⅵc后试验循环变更为全球统一轻型汽车测试循环：WLTC（图2-9）。

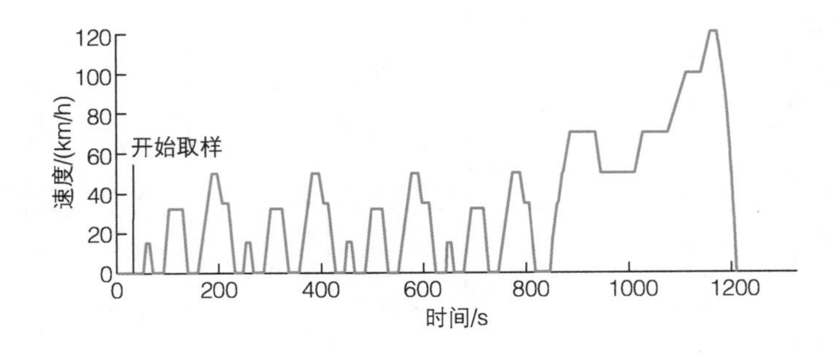

图2-7　欧Ⅰ/欧Ⅱ试验循环

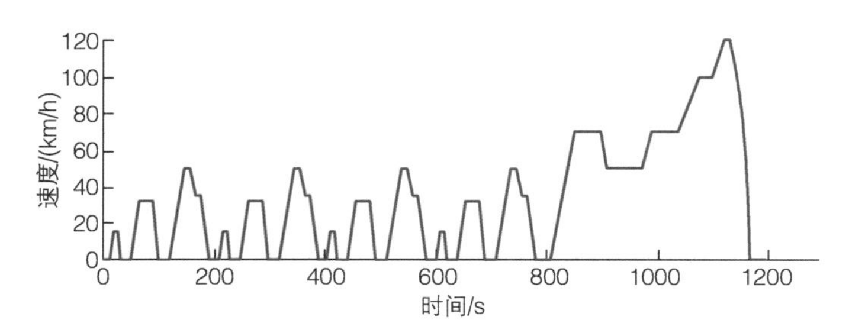

图 2-8 NEDC 试验循环（适用于欧Ⅲ～欧Ⅵ b）

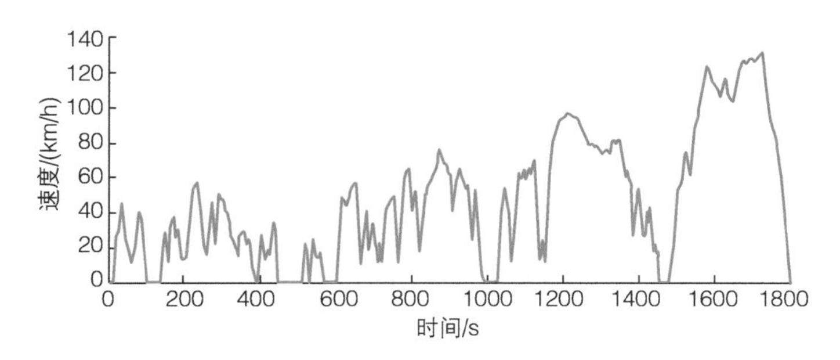

图 2-9 WLTC 试验循环（从欧Ⅵ c 开始）

2.2.2 欧盟重型车排放法规

欧洲重型车排放法规最初是通过欧盟指令 88/77/EEC《关于协调各成员国有关采取措施以防治车用柴油发动机排放污染物的理事会指令》引入的，随后逐次进行了修订。2009 年 6 月 18 日，欧盟发布了欧Ⅵ排放法规 595/2009/EC，并相继通过了多项修订法规，对欧Ⅵ法规的测量方法及其他具体技术要求进行补充完善。

（1）排放限值

欧Ⅵ法规分为Ⅵ a、Ⅵ b 和Ⅵ c 三个子阶段实施，逐步加严 OBD 限值和 NO_x 监测控制限值，见表 2-22。与欧Ⅴ相比，欧Ⅵ法规 NO_x 加严了 77%，PM 加严了 67%，欧Ⅵ和欧Ⅴ排放限值对比见表 2-23。

表 2-22 欧Ⅵ法规实施时间

阶段	实施	日期	数值
欧Ⅵ a	新型式核准	2012 年 12 月 31 日	NO_x 监测：1500mg/kW · h DPF 监测：Δp60% NO_x 劝导监测：900mg/kW · h
	车辆销售和注册登记	2013 年 12 月 31 日	同上
欧Ⅵ b	新型式核准	2014 年 9 月 1 日	NO_x 监测：1500mg/kW · h PM 监测：25mg/kW · h NO_x 劝导监测：900mg/kW · h
	车辆销售和注册登记	2015 年 9 月 1 日	同上
欧Ⅵ c	新型式核准	2015 年 12 月 31 日	NO_x 监测：1200mg/kW · h PM 监测：25mg/kW · h NO_x 劝导监测：460mg/kW · h
	车辆销售和注册登记	2016 年 12 月 31 日	同上

表 2-23　欧 VI 和欧 V 排放限值对比

测试循环	NO_x/（g/kW·h）	CO/（g/kW·h）	HC/（g/kW·h）	NMHC/（g/kW·h）	CH_4/（g/kW·h）	PM/（g/kW·h）	NH_3/ppm	PN/（#/kW·h）
ESC（欧 V）	2	1.5	0.46	—	—	0.02	—	—
WHSC（欧 Ⅵ）	0.4	1.5	0.13	—	—	0.01	10	—
ETC（欧 V）	2	4	0.55	—	1.1	0.03	—	8.0E11
WHTC（欧 Ⅵ）	0.46	4	0.16	0.16	0.5	0.01	10	6.0E11

（2）试验工况

欧Ⅵ排放法规采用了全球统一的重型车测试循环，包括全球统一瞬态循环（world harmonised transient cycle，WHTC）和全球统一稳态循环（world harmonised steady-state cycle，WHSC）。WHTC 的制定充分考虑了世界各地的道路情况及各种车辆的行驶特征，其中城市工况占 49.6%、郊区工况占 26%、高速工况占 24.3%。在 WHTC 循环中，平均的发动机转速是额定转速的 36%、平均的发动机功率是额定功率的 17%、怠速时间占整个循环时间的 17%，如图 2-10 所示。

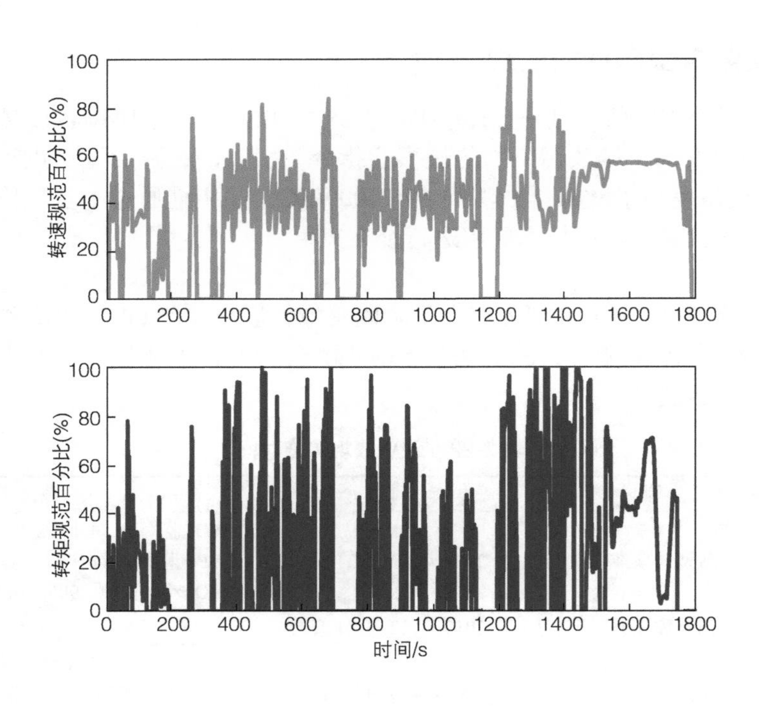

图 2-10　WHTC 试验循环

WHSC 包括 13 个工况点，需要连续记录每个工况的排放，见表 2-24。

表 2-24　WHSC 试验循环

工况号	转速规范值（%）	转矩规范值（%）	时间 /s
0	—	—	—
1	0	0	210
2	55	100	50
3	55	25	250
4	55	70	75
5	55	100	50
6	25	25	200
7	45	70	75
8	45	35	150
9	55	50	125
10	75	100	50
11	35	50	200
12	35	25	250
13	0	0	210
合计	—	—	1895

2.2.3　欧盟非道路排放法规

1998 年 2 月 27 日，第一个欧盟非道路移动机械用柴油机排放法规立法通过，即 97/68/EC 指令。该法规分两个阶段：第 I 阶段于 1998 年实施；第 Ⅱ 阶段于 2001—2004 年实施，所涵盖的设备包括：工业用钻机、压缩机、轮式装载机、推土机、非公路用货车、挖掘机、叉车、道路养护设备、铲雪机、机场地面支持设备、塔吊和移动式起重机等。2000 年 12 月 18 日，欧盟委员会对 97/68/EC 指令提出修正案，将功率小于 19 kW 的非道路用汽油发动机纳入其中。2002 年 12 月 27 日，欧盟对 97/68/EC 指令进行了第三次修订，成为 2004/26/EC 指令，控制范围增加了内河船、轮轨用柴油机，并提出了非道路柴油机 Ⅲ a、Ⅲ b、Ⅳ阶段的要求 [8]。

（1）排放限值

非道路用柴油机各阶段排放限值及实施时间见表 2-25。根据功率段的不同，欧盟从第 Ⅱ 阶段过渡到 Ⅲ a 阶段，用了 3 ~ 6 年的时间，排放限值主要加严了 NO_x 和 THC，CO 的限值没有改变，PM 也只对 19 ~ 37kW 之间的机型加严了 12.5%。而 NO_x 和 THC 根据功率段的不同，加严了 21% ~ 43%。同样对比 Ⅲ a 阶段和 Ⅲ b 阶段，欧盟主要加严了 PM 排放限值，加严幅度在 90% 以上。Ⅳ阶段比 Ⅲ b 阶段又大幅加严了 NO_x 的控制要求，加严幅度在 80% 以上。Ⅴ阶段与Ⅳ阶段限值基本一致，但对 19 ~ 560kW 柴油机增加了颗粒物数量的要求，详见表 2-26。

表 2-25　欧盟非道路柴油机污染物排放限值（欧Ⅰ～欧Ⅳ）

标准阶段	功率段划分/kW	排放限值/(g/kW·h)					实施日期
		CO	THC	HC+NO_x	NO_x	PM	
欧Ⅰ	37 ≤ P < 75	6.5	1.3	—	9.2	0.85	1998.07.01
	75 ≤ P < 130	5.0	1.3	—	9.2	0.7	
	130 ≤ P ≤ 560	5.0	1.3	—	9.2	0.54	
欧Ⅱ	18 ≤ P < 37	5.5	1.5	—	8.0	0.8	2000.01.01
	37 ≤ P < 75	5.0	1.3	—	7.0	0.4	2003.01.01
	75 ≤ P < 130	5.0	1.0	—	6.0	0.3	2002.01.01
	130 ≤ P ≤ 560	3.5	1.0	—	6.0	0.2	2001.01.01
欧Ⅲ a	19 ≤ P<37	5.5	—	7.5	—	0.6	2006.01.01
	37 ≤ P<75	5.0	—	4.7	—	0.4	2006.01.01
	75 ≤ P<130	5.0	—	4.0	—	0.3	2006.01.01
	130 ≤ P ≤ 560	3.5	—	4.0	—	0.2	2005.07.01
欧Ⅲ b	37 ≤ P<56	5.0	—	4.7	—	0.025	2011.01.01
	56 ≤ P<75	5.0	0.19	—	3.3	0.025	2011.01.01
	75 ≤ P<130	5.0	0.19	—	3.3	0.025	2011.01.01
	130 ≤ P ≤ 560	3.5	0.19	—	2.0	0.025	2010.01.01
欧Ⅳ	56 ≤ P<130	5.0	0.19	—	0.4	0.025	2014.01.01
	130 ≤ P ≤ 560	3.5	0.19	—	0.4	0.025	2013.01.01

表 2-26　欧盟非道路Ⅴ阶段排放限值

功率段划分/kW	CO/(g/kW·h)	HC/(g/kW·h)	NO_x/(g/kW·h)	HC+NO_x/(g/kW·h)	PM/(g/kW·h)	PN/(#/kW·h)	实施日期
P_{max} ≥ 560	3.5	0.19	3.5	—	0.045	—	2019.1.1
130 ≤ P_{max} < 560	3.5	0.19	0.40	—	0.015	1×10^{12}	
56 ≤ P_{max} < 130	5.0	0.19	0.40	—	0.015	1×10^{12}	2020.1.1
37 ≤ P_{max} < 56	5.0	—	—	4.7	0.015	1×10^{12}	2019.1.1
19 ≤ P_{max} < 37	5.0	—	—	4.7	0.015	1×10^{12}	
P_{max} < 19	5.5	—	—	7.5	0.40	—	

（2）试验工况

在第Ⅰ、Ⅱ和Ⅲ a 阶段，标准使用 ISO 8178 中的非道路稳态试验循环（non-road steady state cycle，NRSC），并根据发动机类型的不同，规定了不同的试验循环，比如对工程机械、农用机械上的非恒定转速的发动机采用八工况循环；对发电机组、水泵上的恒定转速发动机使用五工况循环。在Ⅲ b 和Ⅳ阶段，在稳态循环外，又增加了非道路瞬态试验循环（non-road transient cycle，NRTC），但仅用于Ⅲ b、Ⅳ和Ⅴ阶段（≥ 19kW）非恒定转速的发动机。

对于非恒定转速柴油机采用八工况循环，例如工程机械、农业机械用柴油机，见表 2-27。

表 2-27　非恒定转速八工况循环

工况号	转速	转矩规范值（%）	加权系数
1	额定转速	100	0.15
2	额定转速	75	0.15
3	额定转速	50	0.15
4	额定转速	10	0.1
5	中间转速	100	0.1
6	中间转速	75	0.1
7	中间转速	50	0.1
8	怠速	—	0.15

在Ⅰ、Ⅱ和Ⅲa 阶段，对于恒定转速柴油机进行五工况循环，例如发电机组、水泵等用柴油机，见表 2-28。

表 2-28　恒定转速五工况循环

工况号	转速	转矩规范值（%）	加权系数
1	额定转速	100	0.05
2	额定转速	75	0.25
3	额定转速	50	0.3
4	额定转速	25	0.3
5	额定转速	10	0.1

在Ⅲb、Ⅳ和Ⅴ阶段，引入了 NRTC，类似于车用机的 ETC 试验循环，该试验循环只适用于非恒定转速的非道路移动机械用柴油机。整个试验循环为 1238s，如图 2-11 所示。

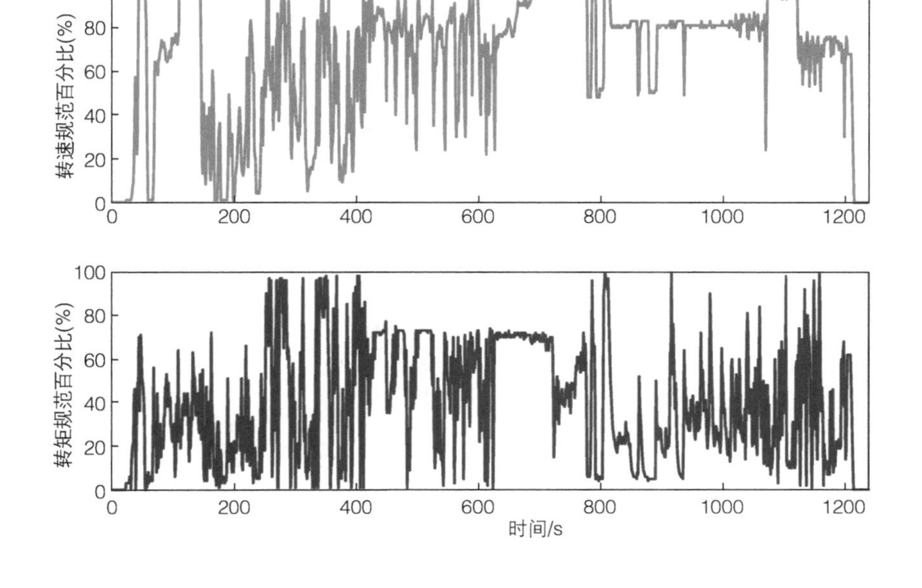

图 2-11　NRTC 试验循环

2.3 日本排放法规

日本对汽车污染物的控制比美国起步晚，其测试方法与美国和欧洲不同，一直被人们认为是一个独立的法规体系。在全球范围内，很少有国家采用日本法规体系。

2.3.1 日本轻型车排放法规

为了改善大气环境，尤其是大城市的大气环境，日本分别从国家层面和东京都地区地方政府的层面对机动车所引发的问题采取了改善措施。国家为了减少 NO_x 和 PM 的排放，依据《机动车 NO_x、PM 法》实施了车型限制规定，东京都地区地方政府也实施了以减少 PM 为目的的柴油车行驶限制规定。随着这些制度的实施，在受限地区使用的车辆得到了控制。

1. 排放限值

日本燃用汽油或液化石油气（liquefied petroleum gas，LPG）的轻型机动车排放限值见表 2-29[9]。

表 2-29 日本燃用汽油或 LPG 轻型机动车排放限值

车辆分类	试验工况	单位	限值		
			CO	HC	NO_x
车辆总质量在 1.7t 以下，或专供乘用的乘车定员 10 人以下的普通及轻型机动车，或专供乘用的微型机动车	10～15 工况	g/km	1.27（0.67）	0.17（0.08）	0.17（0.08）
	11 工况	g/test	31.1（9.0）	4.42（2.20）	2.50（1.40）
车辆总质量超过 1.7 t 并在 2.5 t 以下的普通型及轻型机动车	10～15 工况	g/km	6.50（8.42）	0.25（0.39）	0.40（0.63）
	11 工况	g/test	76（104）	7.00（9.50）	5.00（6.60）
微型机动车（专供乘用的除外）	10～15 工况	g/km	6.50（8.42）	0.25（0.39）	0.25（0.48）
	11 工况	g/test	76（104）	7.00（9.50）	4.40（6.60）

注：括号外数值为平均值，括号内数值为最高值。

日本柴油轻型车排放限值见表 2-30。

表 2-30 日本柴油轻型车排放限值

当量	年份	试验循环	CO	HC	NO_x	PM
			平均（最大）	平均（最大）	平均（最大）	平均（最大）
< 1250kg	1986	10～15 模式	2.1（2.7）	0.40（0.62）	0.70（0.98）	—
	1990		2.1（2.7）	0.40（0.62）	0.50（0.72）	—
	1994		2.1（2.7）	0.40（0.62）	0.50（0.72）	0.20（0.34）
	1997		2.1（2.7）	0.40（0.62）	0.40（0.55）	0.08（0.14）
	2002①		0.63	0.12	0.28	0.052
	2005②	JC08③	0.63	0.024d	0.14	0.013
	2009		0.63	0.024d	0.08	0.005

（续）

当量	年份	试验循环	CO	HC	NO_x	PM
			平均（最大）	平均（最大）	平均（最大）	平均（最大）
> 1250kg	1986	10 ~ 15 模式	2.1（2.7）	0.40（0.62）	0.90（1.26）	—
	1990		2.1（2.7）	0.40（0.62）	0.60（0.84）	—
	1994		2.1（2.7）	0.40（0.62）	0.60（0.84）	0.20（0.34）
	1997		2.1（2.7）	0.40（0.62）	0.40（0.55）	0.08（0.14）
	2002①		0.63	0.12	0.30	0.056
	2005②	JC08③	0.63	0.024④	0.15	0.014
	2009⑤		0.63	0.024④	0.08	0.005

① 2002 年 10 月对日本国内汽车实行，2004 年 9 月对进口汽车实行。

② 截至 2005 年底全面实行。

③ 逐步进行，截至 2011 年全面实行。

④ 无甲烷。

⑤ 2009 年 10 月对日本国内新车型实行，2010 年 9 月对现有车型和进口车实行。

日本的排放限值规定了两个数值，即平均值和最高值，任何单个车或发动机的排放量不能超过最高值，并且在规定期间（如 3 月），工厂按一定百分比抽检某一批同型号车或发动机，所测得的排放量的平均值不能超过限值规定的平均值。

2. 试验工况

日本轻型汽车排放试验曾采用 10 ~ 15 循环，从 2005 年开始逐步采用新的 JC08 循环。

（1）日本 10 ~ 15 循环

10 ~ 15 循环适用于日本轻型汽车的排放认证和燃油经济性试验。该循环由 3 个 10 工况加上一个 15 工况组成，如图 2-12 所示。10 工况代表市区行驶工况，循环距离为 0.664km、平均车速为 17.7km、时间为 135s。10 工况的最高车速为 40km/h，而 15 工况的最高车速为 70km/h。

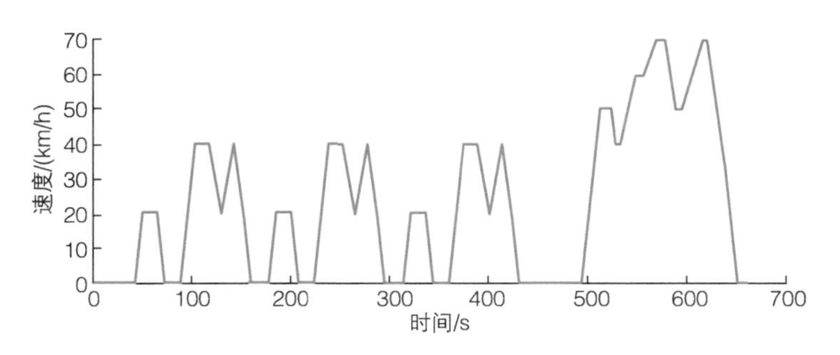

图 2-12　日本 10 ~ 15 循环

一个 10 ~ 15 循环距离为 4.16km、平均车速为 22.7km/h、时间为 660s。如果包含初始的 15 工况，则整个循环距离为 6.34km、平均车速为 25.6km/h、时间为 892s。

（2）日本 JC08 循环

日本 2005 年的排放法规在轻型汽车中引入 JC08 循环，代表比较拥挤的城市行驶条件，包括怠速和频繁的加减速。试验为一次冷起动，一次热起动，适用于汽油车和柴油车的排放测试、燃料经济性测试。

JC08 循环如图 2-13 所示，主要参数：行驶距离为 8.171km、平均车速为 24.4km/h（若不含怠速平均车速为 34.8km/h）、时间为 1204 s。JC08 循环的最高车速为 81.6km/h。

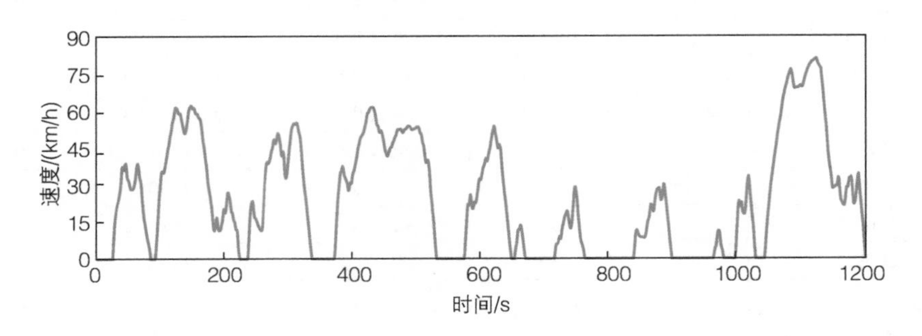

图 2-13　日本 JC08 循环

2.3.2　日本重型车排放法规

日本从 1974 年开始提出重型柴油车污染物排放控制要求，涵盖三种污染物：CO、HC 和 NO_x，控制指标为浓度限值，单位为 ppm。到 1994 年，开始增加 PM 的排放控制要求，并且控制的指标改为比功率排放量，单位为 g/kW · h。

1. 排放限值

日本在 20 世纪 80 年代推出重型柴油发动机排放标准，在 20 世纪 90 年代限值比较宽松，自 2005 年开始明显加严了排放限值，其中重型车排放要求（NO_x=2g/kW · h，PM=0.027g/kW · h）是当时世界上最严格的柴油车排放法规。事实上，日本 2009 年起执行的限值更加严格（NO_x=0.7g/kW · h，PM=0.01g/kW · h），这已经达到美国 2010 年和欧Ⅴ阶段限值的要求，具体见表 2-31，表中提到的年份是新车型实施日期，现生产机型原则上允许延迟不超过一年。

表 2-31　重型商用柴油车排放法规

年份	1974	1977	1979	1983	1988	1994	1997	2003	2004	2005	2009	2016
CO	790	790	790	790	790	7.40	7.40	2.22	2.22	2.22	2.22	2.22
HC	510	510	510	510	510	2.90	2.90	0.87	0.87	0.17	0.17	0.17
NO_x	770	650	540	510	470	6.00	4.50	3.38	3.38	2.00	0.70	0.40
PM	—	—	—	—	—	0.70	0.25	0.18	0.18	0.027	0.010	0.01
工况	6 工况					13 工况			JE05			WHTC
单位	ppm					g/kW · h						

2. 试验工况

（1）6 工况

6 工况是日本重型发动机试验在 1993 年以前使用的试验循环，自 1994 年开始被新的 13 工况循环所代替。在 6 工况循环测试中，发动机需在 6 个不同转速和转矩工况下运行，每个工况持续运行 3min，并取测量平均值，最终结果用 ppm 表示。6 工况循环见表 2-32。

表 2-32　6 工况循环

工况号	转速规范值（%）	转矩规范值（%）	加权系数
1	怠速	—	0.355
2	40	100	0.071
3	40	25	0.059
4	60	100	0.107
5	60	25	0.122
6	80	75	0.286

（2）13 工况循环

自 1994 年开始，日本重型发动机采用包括 13 个稳态工况的 13 工况循环，排放结果用 g/kW · h 表示。该测试为低速行驶工况，工况控制在低的发动机负荷和低的排气温度下。柴油机 13 工况循环见表 2-33，汽油机 13 工况循环见表 2-34。

表 2-33　柴油机 13 工况循环

工况号	转速规范值（%）	转矩规范值（%）	加权系数
1	怠速	—	0.410/2
2	40	20	0.037
3	40	40	0.027
4	怠速	—	0.410/2
5	60	20	0.029
6	60	40	0.064
7	80	40	0.041
8	80	60	0.032
9	60	60	0.077
10	60	80	0.055
11	60	95	0.049
12	80	80	0.037
13	60	5	0.142

表 2-34　汽油机 13 工况循环

工况号	转速规范值（%）	转矩规范值（%）	加权系数
1	怠速	—	0.314/2
2	40	40	0.036
3	40	60	0.039
4	怠速	—	0.314/2
5	60	20	0.088
6	60	40	0.117
7	80	40	0.058
8	80	60	0.028
9	60	60	0.066
10	60	80	0.034
11	60	95	0.028
12	40	20	0.096
13	40①	20①	0.096

① 减速到怠速。

（3）JE05 工况循环

日本自 2004 年采用新的 JE05（也称为 ED12）排放测试循环，此工况循环适用于汽车总质量大于 3500kg 的重型车辆。JE05 工况循环大约 1800s、平均时速为 26.94km/h、最大时速为 88km/h，循环设定如图 2-14 所示。

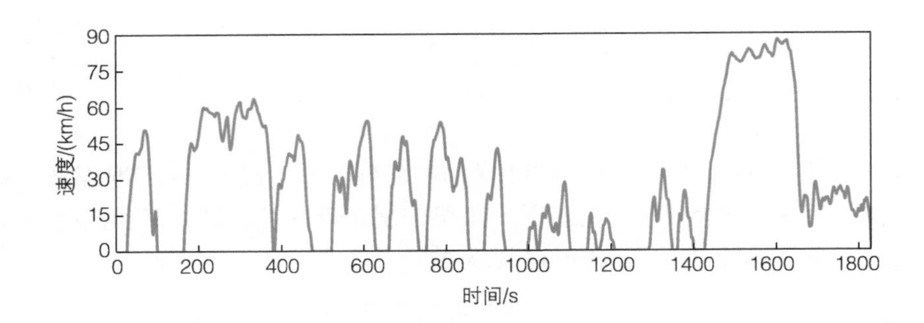

图 2-14　日本 JE05 工况循环

2.3.3　日本非道路排放法规

日本的非道路车辆分为两类，一类是 19 ~ 560kW 的特种车辆，包括农用拖拉机、叉车、轮式装载机等，属日本交通部管辖；另一类是工程机械，包括履带式挖掘机、装载机、混凝土喷浆机、钻探设备、消防车、搅拌车等，属日本建设部管辖。

（1）排放限值

用于 19 ~ 560kW 特种车辆的第一部排放标准于 2003 年 10 月开始生效，2003 年 7 月日本环保部建议同意第二阶段特种车辆排放限值，见表 2-35。表 2-35 要求的排放限值为车辆不采用排气后处理装置时需达到的限值。而用于工程机械的排放限值见表 2-36，其第二阶段排放标准与特种车辆第二阶段排放标准一致。

表 2-35　日本特种车辆排放限值

功率段划分 /kW	排放限值					实施日期
	CO/（g/kW·h）	HC/（g/kW·h）	NO_x/（g/kW·h）	PM/（g/kW·h）	烟度（%）	
第一阶段						
$19 \leqslant P_{max} < 37$	5.0	1.5	8.0	0.8	40	2003.10
$37 \leqslant P_{max} < 75$	5.0	1.3	7.0	0.4		
$75 \leqslant P_{max} < 130$	5.0	1.0	6.0	0.3		
$130 \leqslant P_{max} < 560$	3.5	1.0	6.0	0.2		
第二阶段						
$19 \leqslant P_{max} < 37$	5.0	1.0	6.0	0.4	40	2007
$37 \leqslant P_{max} < 56$	5.0	0.7	4.0	0.3	35	2008
$56 \leqslant P_{max} < 75$	5.0	0.7	4.0	0.25	30	2008
$75 \leqslant P_{max} < 130$	5.0	0.4	3.6	0.2	25	2007
$130 \leqslant P_{max} < 560$	3.5	0.4	3.6	0.17	25	2006

表 2-36 日本工程机械排放限值

功率段划分 /kW	排放限值				实施日期
	CO/(g/kW·h)	HC/(g/kW·h)	NO_x/(g/kW·h)	PM/(g/kW·h)	
第一阶段					
$7.5 \leqslant P_{max} < 15$	5.7	2.4	12.4	—	1996.4
$15 \leqslant P_{max} < 30$	5.7	1.9	10.5	—	1997.4
$30 \leqslant P_{max} \leqslant 260$	5.0	1.3	9.2	—	1998.4
第二阶段					
$8 \leqslant P_{max} < 19$	5.0	1.5	9.0	0.8	2003.10
$19 \leqslant P_{max} < 37$	5.0	1.5	8.0	0.8	
$37 \leqslant P_{max} < 75$	5.0	1.3	7.0	0.4	
$75 \leqslant P_{max} \leqslant 130$	5.0	1.0	6.0	0.3	

（2）试验工况

对于柴油机驱动的非道路车辆和设备，日本与美国、欧洲一样采用国际标准化组织（International Standardization Organization，ISO）的 ISO 8178-4 标准规定的 C1 类 8 工况循环，见表 2-37。

表 2-37 ISO 8178-4 标准规定的 C1 类 8 工况循环

工况号	转速	转矩规范值（%）	加权系数
1	额定转速	100	0.15
2	额定转速	75	0.15
3	额定转速	50	0.15
4	额定转速	10	0.1
5	中间转速	100	0.1
6	中间转速	75	0.1
7	中间转速	50	0.1
8	怠速	—	0.15

2.4 我国排放法规

我国排放法规起步较晚，并且长期以来一直跟随欧洲标准体系。在第六阶段标准中，我国借鉴融合了欧洲标准体系和美国标准体系，形成了符合中国实际情况的新标准体系。2016 年 12 月 23 日，环境保护部、国家质量监督检验检疫总局发布 GB 18352.6—2016《轻型汽车污染物排放限值及测量方法（中国第六阶段）》，2018 年 6 月 22 日，环境保护部、国家质量监督检验检疫总局发布 GB 17691—2018《重型柴油车污染物排放限值及测量方法（中国第六阶段）》，这两项标准的发布实施，标志着我国汽车标准全面进入国六时代，基本实现与欧美发达国家接轨。

2.4.1 我国轻型车排放法规

中国轻型车排放标准经过近 20 年的发展，在适用范围、测试项目、污染物控制类型、测试循环和油品上得到全面深入发展 [10-14]。

（1）排放限值

在污染物控制类型上，早期的国一和国二标准是中国标准的起步阶段，仅对点燃式发动机的 CO、HC 和 NO_x 排放提出要求，同时对压燃式发动机的 PM 进行了控制。到国三和国四阶段，排放标准开始对轻型汽油车的 CO、HC 和 NO_x 进行控制，但保持轻型柴油车的污染物类型不变。到国五标准，轻型汽油车污染物种类进一步增多，又增加了 NMHC，同时对轻型柴油车的 PN 进行控制。目前的国六标准实施燃料中性原则，轻型汽油车和柴油车保持相同的污染物种类控制，并增加了对 N_2O 的控制要求。从国一到国六，污染物控制种类逐渐增加，目前已形成对 CO、THC、NMHC、NO_x、N_2O、PM 和 PN 等污染物的全面控制，具体标准发展见表 2-38。

表 2-38　GB18352 轻型车排放标准的发展

技术内容	国一	国二	国三	国四	国五	国六
适用范围	最大总质量不超过 3500kg 的 M1 类、M2 类、N1 类的车辆		最大总质量不超过 3500 kg 的 M 1 类、M 2 类、N1 类的车辆		最大总质量不超过 3500kg 或者超过 3500kg 但基准质量不超过 2610kg 的 M1 类、M2 类、N1 类的车辆	最大总质量不超过 3500kg 或者超过 3500kg 但不超过 4500kg 的 M1、M2 和 N1 类汽车
车辆类型	点燃式汽油车、LPG/NG 车、两用燃料车和压燃式柴油车		点燃式汽油车、两用燃料车、单一气体燃料车和压燃式柴油车		点燃式汽油车、两用燃料车、单一气体燃料车、压燃式柴油车，包括混合动力电动汽车	点燃式汽油车、两用燃料车、单一气体燃料车、压燃式柴油车，包括混合动力电动汽车和插电式混合动力汽车
污染物控制类型	CO、HC、NO_x、PM②		CO、HC①、NO_x、PM②		CO、THC①、NMHC①、NO_x、PM、PN②	CO、THC、NMHC、NO_x、N_2O、PM、PN
测试循环	NEDC		NEDC（冷机）		NEDC	WLTC
测试项目	Ⅰ型式试验（排气污染物排放）、Ⅱ型式试验（低怠速）、Ⅲ型式试验（曲轴箱排放物排放）、Ⅳ型式试验（蒸发排放物排放）、Ⅴ型式试验（耐久）		修改：Ⅱ型式试验（双怠速） 新增：Ⅵ型式试验（低温污染物排放）、车载诊断系统（OBD）		新增：Ⅰ型—粒子数量 Ⅱ型—自由加速度烟度	新增：Ⅶ型式试验（加油过程污染物排放） 替代：Ⅱ型试验改用实际行驶污染物排放（real drive emission，RDE）试验
内容主要变化	—		限值全面降低 30%，新增高怠速 CO 检测、24 h 蒸发试验，耐久 8 万 km		新增轻型柴油的颗粒数量和自由加速度烟度控制，耐久 16 万 km，点燃式发动机的台架老化试验方法，新增 OBD 系统、蒸发排放的在用符合性检查	限值加严 40%~50% 测试循环，采用 WLTC，采用燃油中性原则，设置 6a、6b 两档限值改为 48h 蒸发试验新增加油过程污染物排放检测，OBDII 诊断系统新增加油过程，污染物排放在用符合性检查，耐久 20 万 km
燃料	汽油、柴油 LPG、NG		汽油、柴油 LPG、NG		汽油、柴油 LPG、NG	汽油、柴油 LPG、NG
硫含量	400ppm③ 3000ppm④		150ppm③ 350ppm④		10ppm	10ppm

① 点燃式发动机。
② 压燃式发动机。
③ 汽油。
④ 柴油。

表 2-39 是轻型车各阶段的污染物排放限值。国一和国二阶段仅对 CO、THC+NO_x 和 PM 进行了限制。相对于国一阶段，国二阶段的 CO 排放加严了 18.4%，点燃式和压燃式车辆的 THC+NO_x 排放限值分别加严 48.5% 和 33.8%，PM 排放限值加严 50%。国三、国四和国五阶段对点燃式和压燃式车辆的 CO 进行了区分，对 THC 和 NO_x 排放提出单独的限值要求，并取消了点燃式车辆的 THC+NO_x 排放要求；国五阶段，又增加了 NMHC 和 PN 排放限值的要求。从国三到国五阶段，点燃式车辆的 CO 限值加严了 56.5%，THC 和 NO_x 排放分别加严了 50% 和 46.7%，PM 排放加严了 91%；压燃式车辆的 CO 限值加严了 21.9%，THC+NO_x 排放加严了 58.9%。在国六阶段，使用汽柴油燃料的车辆都施行统一的排放限值要求，同时对 N_2O 排放进行了限制，相对国五标准，THC 限值加严 50%，NMHC 加严 48.5%，NO_x 加严 41.7%，PM 加严 33.3%。

表 2-39　我国轻型车各阶段的污染物排放限值

阶段	类型	CO/(g/kW·h)		THC/(g/kW·h)		NMHC/(g/kW·h)		NO_x/(g/kW·h)		THC+NO_x/(g/kW·h)		PM/(g/kW·h)		PN/(#/kW·h)	
		PI	CI	PI	CI	PI	CI	PI	CI	PI	CI	PI	CI	PI	CI
Ⅰ	第一类	2.72		—	—	—	—	—	—	0.97	1.36	—	0.20	—	—
Ⅱ	第一类	2.2		—	—	—	—	—	—	0.50	0.90	—	0.10	—	—
Ⅲ	第一类	2.30	0.64	0.20	—	—	—	0.15	0.50	—	0.56	—	0.05	—	—
Ⅳ	第一类	1.00	0.50	0.10	—	—	—	0.08	0.25	—	0.30	—	0.025	—	—
Ⅴ	第一类	1.00	0.50	0.10	—	0.068	—	0.060	0.18	—	0.23	0.0045	0.0045	—	6.0×10^{11}
Ⅵ a	第一类	0.7		0.1		0.068		0.06		N_2O(0.02)		0.0045		6.0×10^{11}	
Ⅵ b	第一类	0.5		0.05		0.035		0.035		N_2O(0.02)		0.003		6.0×10^{11}	

注：PI 是点燃式，CI 是压燃式。

（2）试验工况

在测试循环上，中国轻型车的测试循环一直沿用欧洲循环，在国五标准之前采用 NEDC 测试循环。由于 NEDC 循环比较简单，多数时间都处于匀速状态，与车辆的实际运行情况相差较大，因此在国六标准引入了 WLTC 测试循环，以保证测试结果更加反映实际排放水平，NEDC 循环与 WLTC 循环曲线如图 2-15 所示。

在测试项目上，国一和国二排放标准要求了Ⅰ型试验（排气污染物排放）、Ⅱ型试验（低怠速）、Ⅲ型试验（曲轴箱排放物排放）、Ⅳ型试验（蒸发排放物排放）、Ⅴ型试验（耐久，8 万 km）五个型式试验。由于低怠速法仅对使用化油器的高排放车辆有效，随着技术的发展，低怠速法已难以满足对采用闭环电喷和三元催化净化等技术车辆排放检测的需要，因此在国三和国四阶段，Ⅱ型试验增加了高怠速工况时的 CO 检测。考虑到我国冬天严寒地区汽车实际排放情况，国三和国四阶段增加了Ⅵ型试验（低温污染物排放），以此对低温条件下汽车排放严重超标的情况进行有效监控。同时增加了 OBD 要求，可有效避免发生零部件失效后引起的高排放情况。在国五标准中，又增加了对轻型柴油车的颗粒物数量控制和自由加速度的烟度控制，将耐久增加到 16 万 km，并进一步完善了测试项目和要求。国六标准进一步增加了加油过程污染物排放控制的Ⅶ型试验，延长

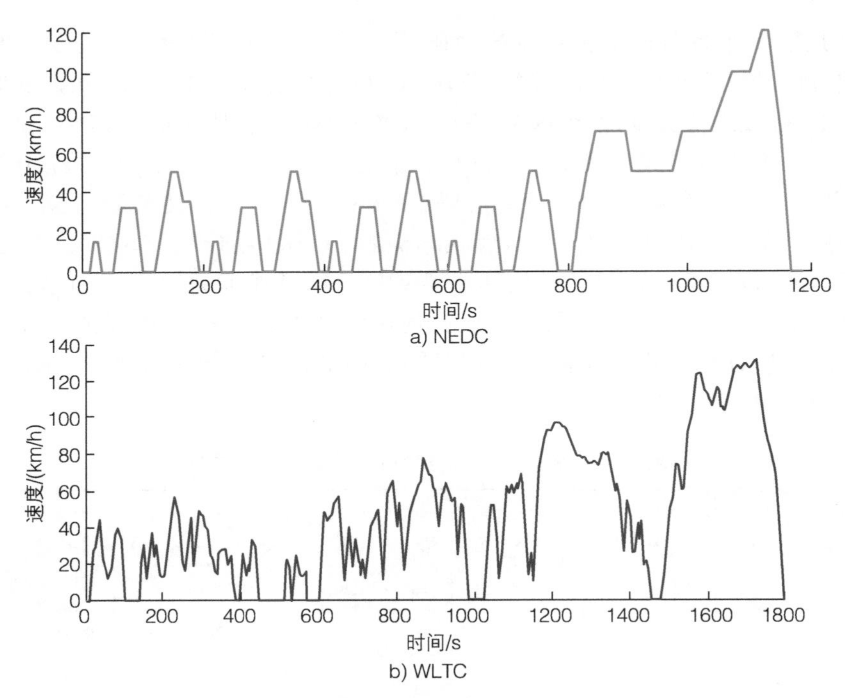

图 2-15 NEDC 循环与 WLTC 循环曲线

热浸时间到 48h，同时删除了原先的Ⅱ型双怠速试验，替换为实际道路排放测试，OBD 的检测项目和策略更加复杂，耐久里程进一步提高到 20 万 km，力求使测试项目的全面完善，以及更加符合实际车辆运行的要求。

2.4.2 我国重型车排放法规

（1）排放限值

从国一至国五，每升级一次重型车排放标准，污染物排放限值减少 30% ~ 50%，如图 2-16、表 2-40 与表 2-41 所示。与国一标准相比，国二标准中压燃式发动机型式核准的 NO_x 排放限值从 8g/kW · h 减小到 7g/kW · h，限值加严 12.5%。对于功率不超过 85kW 的压燃式发动机，其型式核准的 PM 排放限值从 0.61g/kW · h 减小到 0.15g/kW · h，限值加严 75.4%；对于功率超过 85kW 的压燃式发动机，其型式核准的 PM 排放限值从 0.36g/kW · h 减小到 0.15g/kW · h，限值加严 58.3 %。国三 ~ 国五阶段排放标准对压燃式发动机的 NO_x 排放限值逐步加严。在 ESC 试验循环下，压燃式发动机的 NO_x 排放限值从国三阶段的 5g/kW · h 逐渐加严至国四阶段的 3.5g/kW · h、国五阶段的 2g/kW · h；PM 排放限值从国三阶段的 0.1g/kW · h 加严至国四阶段的 0.02g/kW · h，而国五阶段的 PM 排放限值与国四阶段相比并未加严。与国五标准相比，国六阶段标准的 NO_x、PM 排放限值分别加严了 77% 和 67%，并新增了 PN、NH_3 的限值要求。

（2）试验工况

2005 年 5 月，国家环境保护总局与国家质量监督检验检疫总局联合发布了 GB 17691—2005《车用压燃式、气体燃料点燃式发动机与汽车排气污染物排放限值及测量方法（中国Ⅲ、Ⅳ、Ⅴ阶段）》，代替了 GB 17691—2001《车用压燃式发动机排气污染物排放限

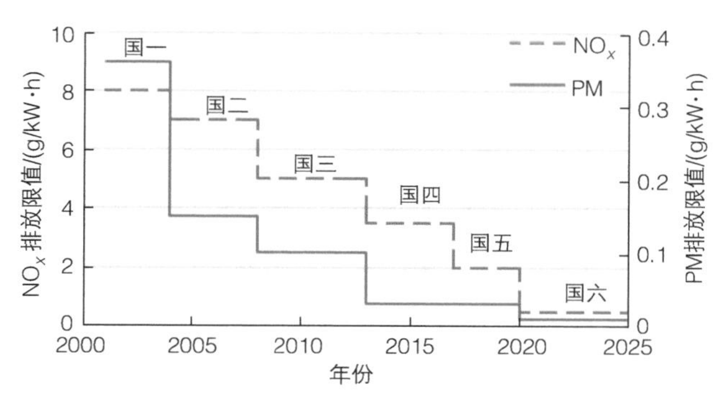

图 2-16　我国重型车用发动机排放限值发展

表 2-40　我国重型车用发动机国三～国五阶段排放标准的污染物排放限值（GB 17691—2005）

排放阶段	排放限值						
	CO/（g/kW·h）	HC/（g/kW·h）	NMHC/（g/kW·h）	NO_x/（g/kW·h）	PM/（g/kW·h）	烟度 /m^{-1}	试验工况
国三	2.1	0.66	—	5.0	0.10；0.13①	0.8	ESC、ELR②
	0.78	—	1.6	5.0	0.16；0.21①	—	ETC
国四	1.5	0.46	—	3.5	0.02	0.5	ESC、ELR
	0.55	—	1.1	3.5	0.03	—	ETC
国五	1.5	0.46	—	2.0	0.02	0.5	ESC、ELR
	0.55	—	1.1	2.0	0.03	—	ETC
EEV	1.5	0.25	—	2.0	0.02	0.15	ESC、ELR
	0.40	—	0.65	2.0	0.02	—	ETC

① 对每缸排量低于 0.75dm^3 及额定功率转速超过 3000 r/min 的发动机。
② 负荷烟度试验（European load response test，ELR）。

表 2-41　重型发动机国六标准排放限值

试验	排放限值							
	CO/（g/kW·h）	THC/（g/kW·h）	NMHC/（g/kW·h）	CH_4/（g/kW·h）	NO_x/（g/kW·h）	PM/（g/kW·h）	NH_3/ppm	PN/（#/kW·h）
WHSC	1.5	0.13	—	—	0.4	0.01	10	8×10^{11}
WHTC（压燃式发动机）	4	0.16	—	—	0.46	0.01	10	6×10^{11}
WHTC（点燃式发动机）	4	—	0.16	0.5	0.46	0.01	10	6×10^{11}

值及测量方法》和 GB 14762—2008《重型车用汽油发动机与汽车排气污染物排放限值及测量方法（中国Ⅲ、Ⅳ阶段）》中的气体燃料点燃式发动机部分。与 GB 17691—2001 排放标准相比，GB 17691—2005 将稳态循环 ECE R49 十三工况循环替换为 ESC 循环，ESC 循环的工况点主要集中在怠速区和中高转速 A、B、C 三个转速区。图 2-17 所示为 ECE R49 循环与 ESC 循环的对比。此外，GB 17691—2005 还新增了负荷烟度试验和 ETC 试验。其中，燃气发动机采用 ETC 试验循环测定其气态污染物，而对于压燃式发动机，第三阶段排放标准中仅对采用了 NO_x 和 PM 后处理装置的柴油机有 ETC 试验的要求，到国四、国五阶段，所有柴油机均应按照 ETC 试验循环进行排放测试。

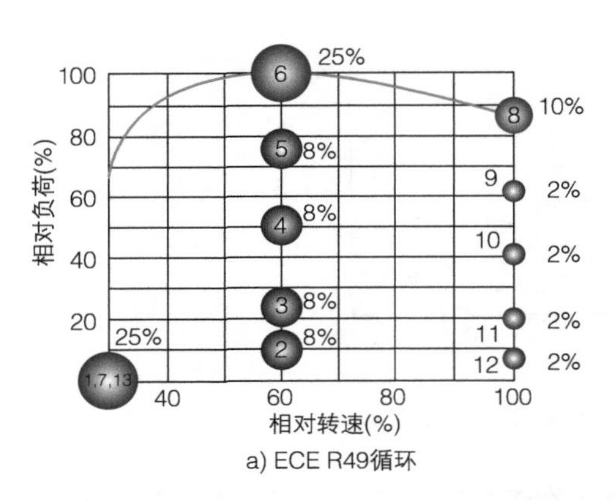

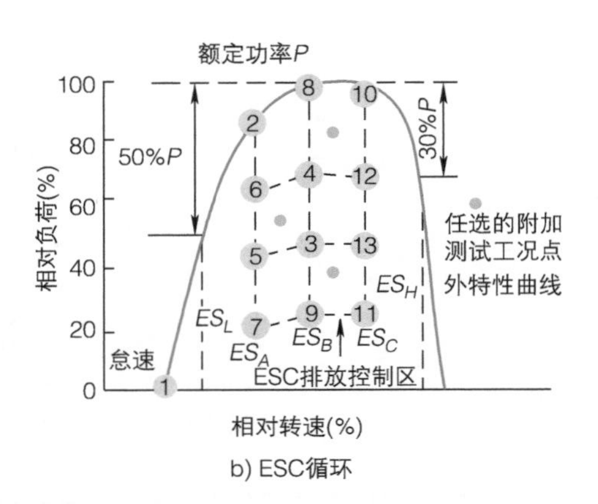

图 2-17 ECE R49 循环与 ESC 循环的对比

重型车国六排放标准于 2018 年 6 月 22 日发布，并分别于 2021 年 7 月 1 日和 2023 年 7 月 1 日对所有车辆分段实施 6a 阶段和 6b 阶段标准。与国五排放标准相比，国六排放标准的发动机测试循环发生了改变，ESC 和 ETC 循环被分别改为 WHSC 和 WHTC 循环；国六标准在型式检验中增加了循环外排放测试的要求，包括发动机台架的非标准循环和利用车载排放测试系统（portable emission measurement system，PEMS）进行的整车实际道路排放测试。

ESC 与 WHSC 测试循环都选择了具有代表性的 13 个工况进行测量，但是在运行参数方面有较大差异，图 2-18 所示为 ESC 与 WHSC 测试循环对比图。ESC 测试循环的转速选择范围较窄，且 3 个转速都是中高转速，在每个转速下分别进行低、中、高负荷的测试；而 WHSC 转速范围明显更宽，并且低于 50% 最大净功率转速的低转速工况有 6 个，占到了将近半数，体现了对低转速工况的侧重。同时 WHSC 在工况转矩的设定上，避免了 ESC 每个转速平均排布转矩的做法，如对 25% 低速工况和 75% 高速工况，只是有选择地分别测量它们的低或高负荷，增强了工况的代表性。

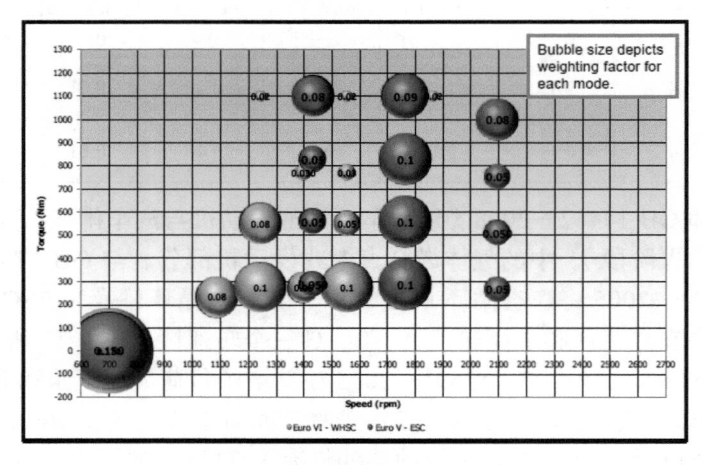

图 2-18 ESC 与 WHSC 测试循环对比

ETC 与 WHTC 测试循环都是 1800s 逐秒变化的瞬态工况，但它们在工况的分配方面存在显著差异，图 2-19、图 2-20 分别是 ETC、WHTC 测试循环工况。在 ETC 测试循环中，前 600s 为城市道路工况，600 ~ 1200s 为乡村道路工况，1200 ~ 1800s 为高速公路工况，各占全部工况的三分之一。而在 WHTC 测试循环中，城市工况占 49.6%，郊区工况占 26%，高速工况占 24.3%。同时，WHTC 测试循环要求分别进行冷起动与热起动测试，即首先在不对发动机进行预热的情况下直接运行测试循环，检测冷起动条件下的排放变化，紧接着对发动机进行（10 ± 1）min 的热浸，再运行热起动条件下的测试循环。

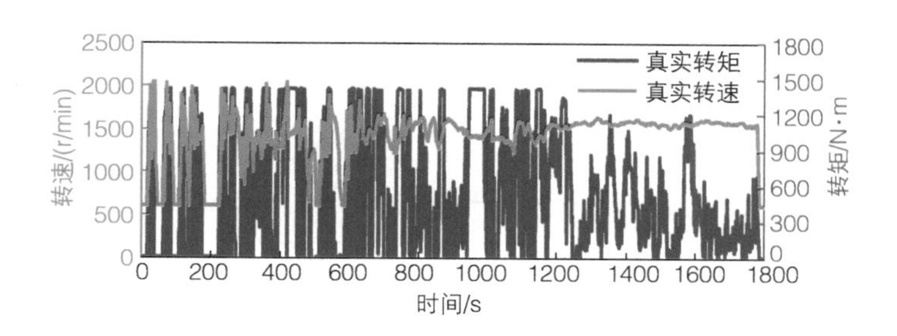

图 2-19　ETC 测试循环

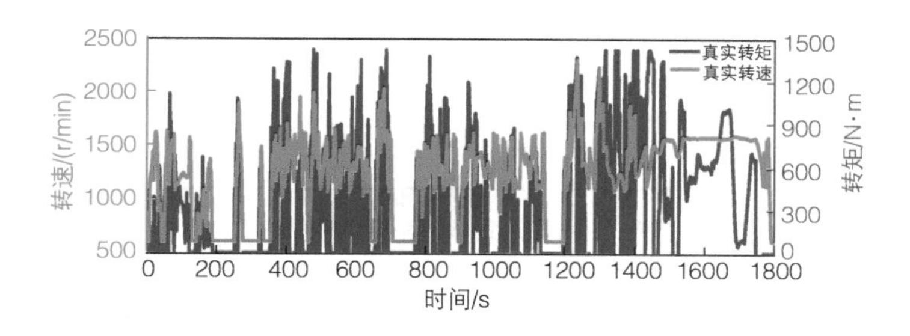

图 2-20　WHTC 测试循环

2.4.3　我国非道路排放法规

中国对柴油移动式非道路发动机的排放要求从第一阶段到第四阶段逐步收紧 [17-18]。一些重要的监管步骤包括：

第一 / 第二阶段标准：2007 通过的非一、非二标准 GB 20891—2007《非道路移动机械用柴油机排气污染物排放限值及测量方法（中国Ⅰ、Ⅱ阶段）》要求与欧洲非道路第一阶段 / 第二阶段标准基本一致，中国法规还涵盖了不受欧洲标准约束的小型柴油发动机，最小发动机的排放限值与美国 Tier 1/2 非道路标准一致。

第三阶段标准：非三、非四标准 GB 20891—2014《非道路移动机械用柴油机排气污染物排放限值及测量方法（中国第三、四阶段）》发布于 2014 年，分别根据欧洲非道路Ⅲ A 期和Ⅲ B 期的要求确定了中国非三和非四阶段的拟议限值，其中最小和最大发动机的限值都是基于美国 Tier 2 要求。第三阶段标准从 2014 年 10 月开始生效。

第四阶段标准：GB 20891—2014 中包含的非四阶段限值由 2018 年的提案进行补充，实施日期为 2020.01。其中，额定功率为 560kW 或更低的最终第四阶段技术要求（HJ 1014—2020）于 2020 年 12 月发布，并于 2022 年 12 月开始实施。

（1）排放限值

非一、非二阶段限值是基于欧洲非道路第一阶段 / 第二阶段标准确定的，具体限值见表 2-42。

表 2-42　非道路柴油机污染物排放限值

功率段划分 /kW	排放限值 /（g/kW・h）				
	CO	HC	NO_x	$HC+NO_x$	PM
非一					
$130 \leqslant P \leqslant 560$	5.0	1.3	9.2	—	0.54
$75 \leqslant P < 130$	5.0	1.3	9.2	—	0.7
$37 \leqslant P < 75$	6.5	1.3	9.2	—	0.85
$18 \leqslant P < 37$	8.4	2.1	10.8	—	1.0
$8 \leqslant P < 18$	8.4	—	—	12.9	—
$0 < P < 8$	12.3	—	—	18.4	—
非二					
$130 \leqslant P \leqslant 560$	3.5	1.0	6.0	—	0.2
$75 \leqslant P < 130$	5.0	1.0	6.0	—	0.3
$37 \leqslant P < 75$	5.0	1.3	7.0	—	0.4
$18 \leqslant P < 37$	5.5	1.5	8.0	—	0.8
$8 \leqslant P < 18$	6.6	—	—	9.5	0.8
$0 < P < 8$	8.0	—	—	10.5	1.0

GB 20891—2014 规定的非三、非四阶段限值见表 2-43。

表 2-43　非道路移动机械用柴油机排气污染物排放限值

阶段	额定净功 P_{max}	CO	HC	NO_x	$HC+NO_x$	PM	NH_3	PN
第三阶段	$P_{max} > 560$	3.5	—	—	6.4	0.20	—	—
	$130 \leqslant P_{max} \leqslant 560$	3.5	—	—	4.0	0.20	—	—
	$75 \leqslant P_{max} < 130$	5.0	—	—	4.0	0.30	—	—
	$37 \leqslant P_{max} < 75$	5.0	—	—	4.7	0.40	—	—
	$P_{max} < 37$	5.5	—	—	7.5	0.60	—	—
第四阶段	$P_{max} > 560$	3.5	0.40	3.5，0.67①	—	0.10	25②	—
	$130 \leqslant P_{max} \leqslant 560$	3.5	0.19	2.0	—	0.025		5×10^{12}
	$56 \leqslant P_{max} < 130$	5.0	0.19	3.3	—	0.025		
	$37 \leqslant P_{max} < 56$	5.0	—	—	4.7	0.025		
	$P_{max} < 37$	5.5	—	—	7.5	0.60		—

① 适用于可移动式发电机组用 $P_{max} > 900kW$ 的柴油机。

② 适用于使用反应剂的柴油机。

（2）试验工况

恒速柴油发动机测试循环为 NRSC，变速发动机测试循环为 NRTC，NRSC 及 NRTC 的介绍见 2.2.3 欧洲非道路排放法规。

2.5 下一阶段排放标准方向

2.5.1 美国下阶段汽车排放标准发展方向

在轻型车排放标准方面，美国将重点推动清洁汽车和低碳燃料的发展，尤其是加州环保署。将通过汽车的电气化实现碳排放的平衡，最终逐渐降低碳排放，实现节能降耗。随着电动汽车成本逐渐下降，仍会采取新措施刺激电动汽车需求的快速增长，同时加速电动车和氢燃料基础设施的发展。在电动车管理上，将制定策略来加速汽车电网的整合。重点推进发展以下 5 个方面：①电动车充电基础设施；②零排放车辆客户群的推广和教育；③先进清洁汽车Ⅱ标准；④持续调查和强制执行有关规定；⑤推进低碳燃料标准进程。

Tier 4 是美国环境保护局和加州空气资源委员会制定的最新排放标准里程碑。符合 Tier 4 要求的发动机可将颗粒物和氮氧化物的排放量显著降低至接近零的水平。与以前的排放标准相比，符合 Tier 4 标准的发动机在大多数农业和建筑设备上的排放减少了 95% 以上，在机车和船舶等大型应用上的排放减少了 86% 以上。

Tier 4 发动机有多种多样的减排技术组合，轻型材料、节能发动机、混合动力、先进能源存储功能、全球定位系统和远程信息系统等技术的使用极大地减少了燃油消耗，达到了控制成本、节约能源和减少温室气体排放的目的，更重要的是，改善了环境的空气质量。

通过 OBD 来监控车辆是控制在用车排放的有效手段。当前美国的 OBD 符合 ISO 15765-4，OBD 系统的正常运行是防止作弊确保程序有效性的关键。美国和欧洲现阶段都在广泛推广远程监控，用于监管在用车全生命周期的车队排放。

在重型车排放标准方面，EPA 将进一步加严下阶段排放标准中的氮氧化物排放限值。美国现行重型车排放标准发布于 2010 年，氮氧化物的排放限值为 0.2g/bhp · h[㊀]。从 2016 年初开始，美国环境保护署陆续接到许多州政府及一些社会组织的申请，希望提高重型商用车及发动机氮氧化物的排放标准，从目前的 0.2g/bhp · h 下降到 0.02g/bhp · h。2016 年 12 月 20 日，美国环境保护署正式回应了申请，将进一步削减重型货车、大型客车以及其他柴油车辆的氮氧化物排放量，减少对公众健康的危害。

2016 年 10 月，美国环境保护署和美国国家高速公路管理局针对中重型车辆发布了第二阶段的温室气体排放和油耗标准。目前美国货车排放的温室气体数量占整个交通运输行业的 20%。这项标准适用于 2021—2027 型号年的中重型货车，其中包括半挂牵引车、封闭货车和公交车等，标准制定了到 2027 年实现减少二氧化碳排放 11 亿 t 的目标，该数字与现行的标准相比降低了 25%。美国环境保护署预测，按照这一标准，整个货车行业将减少 20 亿桶原油消耗，节省 1700 亿美元燃油支出。美国 2027 年重型车辆二氧化碳排放和油耗标准见表 2-44。

2.5.2 欧洲下阶段汽车排放标准发展方向

欧洲下一阶段标准（欧Ⅶ）自 2018 年 10 月开始筹备，所成立的汽车排放标准咨询小组在 2019 年 7 月—2021 年 4 月期间举行了十余次专项研讨会议，最终在 2022 年 11 月 10 日，欧盟委员会公布了最新的欧Ⅶ提案。

㊀ 美国汽车排放标准单位，1bhp=0.73kW。

表 2-44　美国 2027 年重型车辆二氧化碳排放和油耗标准

车辆类型	车辆类别	CO_2 排放 /（g/t · km）	油耗 /（L/t · km）
半挂车	低顶日间驾驶重型车	70	0.026
	中顶日间驾驶重型车	76	0.028
	高顶日间驾驶重型车	76	0.028
	低顶卧铺重型车	62	0.023
	中顶卧铺重型车	69	0.026
	高顶卧铺重型车	67	0.025
拖车	长款干型箱式拖车	77	0.029
	短款干型箱式拖车	140	0.052
	长款制冷型箱式拖车	80	0.030
	短款制冷型箱式拖车	144	0.054
柴油专用车	重型城市车	182	0.068
	重型多功能车	183	0.068
	重型区域车	174	0.065
汽油专用车	重型城市车	196	0.083
	重型多功能车	198	0.084
	重型区域车	188	0.080
柴油机	重型专用车	533	0.020
	重型半挂车	441	0.016

1. 前期针对欧Ⅶ的设想

在最新欧Ⅶ提案发布前，关于欧Ⅶ的设想最为大众所熟知的是 CLOVE 提案。CLOVE 提案较为激进，以轻型车为例，其建议：

1）增加对 NMOG、CH_4、HCHO、N_2O、PN 10nm 等污染物的管控，设想的污染物限值见表 2-45，参考欧Ⅵ限值，主要污染物限值均大幅降低，PN 仅为欧Ⅵ限值的 1/6。

表 2-45　CLOVE 提案的轻型车欧Ⅶ污染物限值

污染物	欧Ⅵ 汽油 / 柴油	CLOVE 提案 燃料中立
NO_x/（mg/km）	60/80	30
PM/（mg/km）	4.5（直喷）/4.5	2
PN/（#/km）	6E11（直喷）/6E11 （23nm）	1E11 （10nm）
CO/（mg/km）	1000/500	400
THC/（mg/km）	100/—	—
NMHC/（mg/km）	68/—	—
NMOG/（mg/km）	—	45
NH_3/（mg/km）	—	10
CH_4/（mg/km）	—	10
HCHO/（mg/km）	—	10
N_2O/（mg/km）	—	10

2）更加关注实际行驶污染物排放，在 RDE 试验中引入 PN 10nm、NH_3、HCHO、N_2O、CH_4 等污染物，甚至建议在 PEMS 足够准确的情况下，CH_4、THC、PM 等污染物也应引入 RDE 试验，限值与试验室测试一致。

3）RDE 试验要求更加宽泛，边界条件包括低温、长怠速、短行程、起停、急加速、高海拔、上坡、全负荷等，温度边界扩展为 −10～45℃，海拔边界扩展为 0～2200m，对于各段里程距离、里程占比、平均车速等不再做限制等。

4）RDE 引入新的预算限值方式，一定里程内的 RDE 测试需满足一个固定的污染物限值，例如在行程小于 16km 的测试中，累计的 NO_x 排放需小于 480mg，当行程超过 16km 后，NO_x 排放需低于 30mg/km。

2. 最新的欧Ⅶ提案

最新公布的欧Ⅶ提案与之前的 CLOVE 提案相比，有较大程度的宽松。新欧Ⅶ提案将柴油车限值加严到欧Ⅵ法规汽油车的限值水平，而汽油车限值基本与欧Ⅵ限值持平，此外，污染物管控范围也较原设想有所减少。但欧Ⅶ提案首次将轻重型车的排放要求合并到一个法案中，首次为制动和轮胎造成的空气污染设置标准，并新增电动汽车电池的可靠性要求。

欧Ⅶ提案建议轻型车在 2025 年 7 月 1 日实施，重型车在 2027 年 7 月 1 日实施，小批量轻型车在 2030 年 7 月 1 日实施，小批量重型车在 2031 年 7 月 1 日实施。

新公布的欧Ⅶ提案主要变化：

1）欧Ⅶ提案将所有机动车的排放要求合并到统一规则之下。新提案将采用燃料和技术中立原则，无论是汽油、柴油、电动传动系统还是替代燃料的车辆，都在同一套法案下执行。

2）实验室测试方法更新：对于无法在道路上完成测试的污染物，采用实验室 RDE 循环进行测试，具体的测试细则暂未公布，欧Ⅶ提案中提及采用随机或最差工况 RDE 循环的可能；针对 CO_2 排放、油耗、能耗、续驶里程，依旧采用 WLTC 循环进行测试，测试方法及边界条件暂无变化，沿用欧Ⅵ阶段要求。

3）欧Ⅶ污染物排放是对目前欧洲二氧化碳排放规则的补充，到 2035 年将汽车二氧化碳排放量减少 100% 的目标已被考虑在内。

4）更加注重对实际行驶污染物排放的控制，扩大了测试所涵盖的驾驶条件以更好反映车辆在欧洲各地可能遇到的条件，包括 45℃的高温上限以及代表典型日常通勤的短行程。

5）增加制动和轮胎排放要求，这些要求将逐步应用到包括电动车在内的所有车辆上。

6）为确保车辆全生命周期的低污染物排放，大幅提高了对耐久性的要求。欧Ⅶ提案要求车辆耐久性满足 20 万 km 或 10 年。

7）电动汽车电池耐久性首次被纳入排放标准，以期促进电动车质量提升，并增强电动车消费者信心。

8）充分利用数字技术确保车辆不被篡改，并采用 OBM 等方式对车辆全生命周期排放进行管控。

9）升级污染物排放限值和要求，PN 的检测要求从 23nm 降为 10nm，M1、N1 类车增加 NH_3 要求，重型车增加 N_2O 要求等，但总体限值较之前的 CLOVE 提案有较大程度宽松，各类型车辆限值对比见表 2-46 和表 2-47。

表 2-46　M1、N1 类车辆污染物限值比较

污染物	欧Ⅶ提案	欧Ⅵ	
		汽油	柴油
NO_x/（mg/km）	60	60	80
PM/（mg/km）	4.5	4.5（直喷）	4.5
PN/（#/km）	6E11（10nm）	6E11（直喷）（23nm）	6E11（23nm）
CO/（mg/km）	500	1000	500
THC/（mg/km）	100	100	—
NMHC/（mg/km）	68	68	—
NH_3/（mg/km）	20	—	—

表 2-47　M2、M3、N2、N3 类车辆污染物限值比较

污染物	欧Ⅶ提案			欧Ⅵ		
	冷态	热态	PEMS	WHSC	WHTC	PEMS
NO_x/（mg/kW·h）	350	90	150	400	460	690
PM/（mg/kW·h）	12	8	10	10	10	—
PN/（#/kW·h）	5×10^{11}（10nm）	2×10^{11}（10nm）	3×10^{11}（10nm）	8×10^{11}（23nm）	6.0×10^{11}（23nm）	9.8×10^{11}（23nm）
CO/（mg/kW·h）	3500	200	2700	1500	4000	6000
NMOG/（mg/kW·h）	200	50	75	—	160	240
NH_3/（mg/kW·h）	65	65	70	10ppm	10ppm	—
CH_4/（mg/kW·h）	500	350	500	—	500	750
N_2O/（mg/kW·h）	160	100	140	—	—	—
HCHO/（mg/kW·h）	30	30	—	—	—	—
THC/（mg/kW·h）	—	—	—	130	160	240

3. 欧Ⅶ提案主要解决的问题

从所公布的欧Ⅶ提案中，可以看到其主要解决三方面的问题：

1）降低当前欧盟排放标准的复杂性。主要通过将所有机动车的污染物控制纳入一套规则，采用燃料和技术中立等途径实现；欧Ⅵ体系中轻重型法规是相互独立的，轻型车为（EC）No 715/2007，重型车为（EC）No 595/2009，分别基于整车和发动机进行测试。新的欧Ⅶ体系将轻型车和重型车的（EC）No 715/2007 和（EC）No 595/2009 合并，并确保轻型和重型车辆排放测试规则的内部一致性。

2）更新污染物管控范围及限值。欧Ⅵ体系现行的轻重型法规限值制定时间为 2007 年和 2009 年，均基于当时的技术可达性。而当今技术所能达到的污染物控制水平远高于 15 年前，因此欧Ⅶ需重新确定污染物控制范围及限值。

3）侧重对实际行驶污染物排放的控制。包括扩大道路排放测试的条件范围、增加污染物管控范围、大幅提高耐久性要求、增加电池耐久性要求、充分利用数字技术对车辆全生命周期内的污染物排放进行监控、增加制动和轮胎排放要求等。

4. 欧Ⅶ提案框架

所公布的欧Ⅶ提案总体框架如下：

1）第 1 章列出了一般性规定，包括适用范围、术语和定义等。

2）第 2 章列出了制造商在整车、系统、部件等单元的污染物控制及型式检验方面的义务。

3）第 3 章列出了成员国在型式核准和市场监督方面的义务。

4）第 4 章列出了委员会和第三方机构在车辆在用符合性和市场监督检查方面的作用。

5）第 5 章规定了制造商和主管机构为证明符合本法规需对每种车辆类别采用的具体测试和方法。

6）第 6 章列出了相关报告要求的一般规定。

7）第 7 章列出了法规（EC）715/2007 和法规（EC）595/2009 的废除及新法规生效的规定。

2.5.3　我国下阶段汽车排放标准研究

1. 轻型车

在轻型车排放标准方面，相对于国六排放标准，下阶段排放标准可以在多元化、精细化和智能网联化几个方面做出进一步的提升和完善。

（1）循环工况

目前国六排放标准中采用了欧洲的 WLTC 循环工况，相对于国五阶段的 NEDC 循环工况，瞬态工况 WLTC 对于评价运行于复杂多变状态下的轻型车的排放水平更为合理，测试结果会更加接近轻型车的实际排放水平。

在 WLTC 的循环工况开发过程中，更多地采用了欧洲、日本、印度等国家的数据，这些工况与中国的实际道路工况可能会存在一定的偏差，从实际使用情况看，其影响更多的是油耗测试，导致实验室获得的认证油耗与用户实际使用油耗存在较明显的偏差。

油耗偏差较大的问题仍未解决，经过多年的研究，中国已经研究得出了更加接近中国车辆实际道路运行特征的中国轻型乘用车工况（China light-duty vehicle test cycle-passenger，CLTC-P）和中国轻型商用车工况（China light-duty vehicle test cycle-commercial car，CLTC-C），如图 2-21 和图 2-22 所示。其各项参数特征都更加符合使用大数据统计得到的中国实际道路工况特征，在油耗表现上优于 WLTC 工况。由于下一阶段标准会将 CO_2 排放纳入管控，因此，中国工况也在下一阶排放标准的引入考虑中。此外，考虑到从国六法规到国七法规标准的延续性，并且为了同时解决下阶段法规体系与世界法规体系的延续性

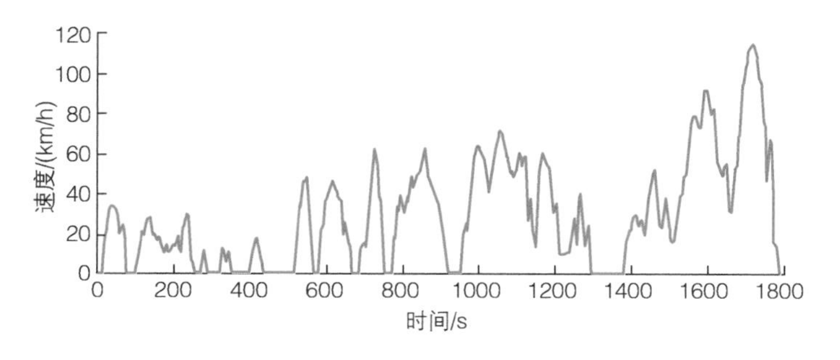

图 2-21　中国工况曲线（轻型乘用车）

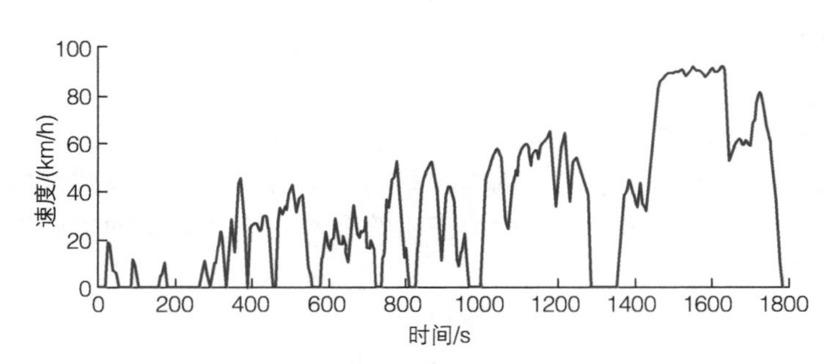

图 2-22　中国工况曲线（轻型商用车）

问题以及与中国现行油耗标准体系的协同问题，可能会在国七法规中效仿美标体系采用多工况体系。初步的设想是基础测试循环可由 WLTC 和 CLTC 共同构成，但各有侧重，其中 WLTC 关注对排放的考核，CLTC 关注对温室气体的考核。在多工况体系中，为了防止出现多套标定的情况，在进行 WLTC 和 CLTC 测试时要读取并记录车辆的校准标识（calibration identification，CAL ID）和校准验证号（calibration verification number，CVN），如不一致则判定不合格。

（2）海拔要求

已有研究通过海拔环境舱对 0~3000 m 海拔进行模拟以及在 0m 和 1900m 海拔下的实际实验室内开展大量比对测试，研究了不同海拔情况下车辆排放油耗特征的变化关系，内容涵盖了常温、实际行驶、低温、蒸发、加油等全项核准试验。研究发现除了加油排放，其他各型试验在高海拔下的关键污染物排放均存在一定程度的恶化情况，并且当切换工况为 CLTC 后，这种恶化趋势加剧。因此有必要在下一阶段标准中引入海拔要求。而中国的实际情况也确实存在高海拔管控的需求，可借鉴美标相关要求，对于有可能销售到高海拔地区的车辆，要附加进行相应的高海拔测试。根据试验结果判断，认为下阶段引入海拔要求时，整体试验规程和限值应与平原无异，但海拔要求应仅适用于对排放的考核。鉴于下阶段法规新要求的引入可能对企业车辆开发造成的影响和负担，建议海拔要求效仿美标，给予一定过渡期，在过渡期内，海拔下的污染物限值给予一定程度放宽，在过渡期后最终的高海拔测试要求建议与平原一致。

（3）RDE 要求

目前国标的 RDE 框架为欧洲 2016 年的框架，发展到 2021 年已落后欧洲框架 5 年，且整体上已经无法正确反映中国车辆实际运行时的排放状态，无法满足目前的污染物管控环境，因此有必要进行进一步的更正修订。在下一阶段 RDE 要求中，首先应保持与世界最先进法规体系的同步，这方面包括对 RDE 冷起动、预处理、浸车等方面的要求。对于数据处理方法，目前国六 RDE 采用的移动平均窗口方法获得的污染物结果要远远小于实际排出的污染物，从平均水平而言，实际排出的污染物往往是 RDE 计算结果的 2 倍以上，这严重低估了实际行驶中的污染物排放水平，违背了我们引入 RDE 测试的初衷，建议废止。但采用欧标基于原排和 CO_2 比排放确定系数乘积的方法又存在如下的问题：①系数 RFk 的引入并没有任何实际的物理意义，强行与循环测试挂钩也与 RDE 的本意相违背；② RFk 如果受人为因素的影响，将产生极大的并且获得毫无意义的偏差，使计算结果严重失实。RFk 准确

的一个必要条件是 RDE 及 WLTC 测试完全按照法规规定执行，但国内的实际情况是与排放强相关的参数（如滑行阻力），主要采取的管理方法是企业上报并对所报数据负责，中间缺少了必要的主管机构或者第三方确认核查的环节，存在很大主观或者客观上作弊 / 错误出现的可能。鉴于上述原因，同时为了更好地反映 RDE 的真实排放水平，在下一阶段法规中预计会采用尾气管原排判定 RDE 合规性是比较合理的方案。为了解决扩展边界条件阶跃性系数物理意义不合逻辑可能带来的车辆核查管理的混乱，建议在下一阶段法规中将阶跃性的扩展系数调整为线性变化系数。为了更好地表征高海拔下 RDE 测试的正常性，有必要进行高海拔下判定基准线的修正，相关修正方法将在法规文本编制中明确。

（4）温室气体管控要求

下一阶段排放标准将基于现行汽车污染物排放管控体系基础下，引入温室气体排放控制要求，制定污染物和温室气体排放协同管控排放标准，规定污染物和温室气体排放限值。温室气体目标值可与油耗目标值相协同，在 2025 年达到与乘用车（含新能源乘用车）新车整体油耗降至 4L/100km 相当的温室气体目标。采用温室气体灵活性要求，如对于乘用车的非 CO_2 的温室气体排放量，特别是氧化亚氮和甲烷，可以给出排放限值。如在 GB 18352.6—2016 规定的Ⅰ型试验中给出的 N_2O 限值，或者转换成当量的 CO_2 排放量。

2. 重型车

我国重型车排放标准发展趋势包括下述几个方面。

（1）氮氧化物排放限值继续加严

从目前已经进行信息公开的国六重型车用柴油机机型的排放数据来看，60% 的机型的 NO_x 排放结果都低于限值的一半（230mg/kW・h），整体平均 NO_x 比排放为 219mg/kW・h。而新车的整车实路排放也保持在很低的水平，平均 NO_x 比排放不超过 200mg/kW・h。国六标准的实施，能极大地改善重型柴油车的排放水平，减缓 NO_x 减排的压力。

但是重型车 NO_x 排放限值持续加严仍将是下一阶段法规发展的重点。我国的商用车保有量仍将持续加大，预测 2035 年增加到 5200 万 ~ 5700 万辆。如果维持现在国六的 NO_x 排放水平，到 2029 年左右 NO_x 排放量缩减趋势将趋缓并进入平台期，因此未来仍将持续降低 NO_x 排放限值，以实现氮氧化物排放由百万吨级到十万吨级的变化。

从国内目前的政策趋势看，为了平衡减排压力和企业负担，下一阶段排放标准极可能会继续采用分阶段实施的方式，如图 2-23 所示。例如如下方案：第一阶段，NO_x 限值由 460mg/kW・h 降低至 230mg/kW・h；第二阶段，NO_x 限值进一步降低至 115mg/kW・h；第三阶段，NO_x 限值降低至 46mg/kW・h，最终达到近零排放目标。

（2）考虑测试工况中国化

整车和发动机的法规排放测试工况对排放测试结果有直接影响，关系到整车和发动机技术路线的选择和标定开发的难易程度，同时测试工况是否能代表车辆行驶工况的真实情况，也影响了排放法规对减排效果的作用。我国重型车第六阶段及以前的排放测试标准中采用的工况都参考或直接引用了欧洲的测试工况，以上工况开发过程中没有采用我国车辆的实际道路行驶数据，而是更多地采用了欧美国家的数据，因此与我国商用重型车及发动机实际工况间存在一定的偏差，造成了我国发动机型式认证排放结果与实际排放结果的差异。目前，中国已经发布了 GB/T 38146 系列标准，分别规定了中国汽车行驶工况中的重型商用车辆行驶工况和重型商用车发动机工况。

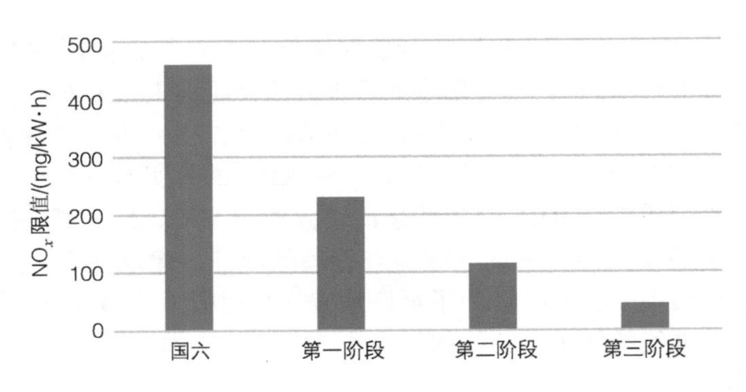

图 2-23 预测的下一阶段 NO_x 排放限值

下一阶段重型车法规可能会引入中国汽车测试循环（China automotive testing cycle，CATC），其瞬态工况试验与 WHTC、ETC 的参数特征差异见表 2-48。ETC 的转速和负荷显著偏高，转速标准差偏低，负荷标准差偏高。中国工况的转速略低于 WHTC，负荷比 WHTC 低 10% 左右。

表 2-48 各瞬态工况参数特征

工况	转速均值（%）	负荷均值（%）	转速标准差（%）	负荷标准差（%）
CATC	42.28	38.72	13.27	25.91
WHTC	44.71	42.67	13.87	26.51
ETC	54.53	50.47	11.39	34.34

CATC 稳态工况试验和 WHSC、ESC 工况的对比情况如图 2-24 所示，图中稳态工况点对应的气泡面积和其在工况中的时间比例成正比。从图 2-24 可以看出，ESC 工况转速较高，主要在 50%、75% 和 100% 转速下进行试验；而 CATC 和 WHSC 接近，主要分布在中低转速区间：两者在 50% 以下的转速区时间比例均在 65% 左右。ESC 在每个转速下分别进行低、中、高负荷的测试；CATC 和 WHSC 工况负荷分布较分散，CATC 负荷相对较低。

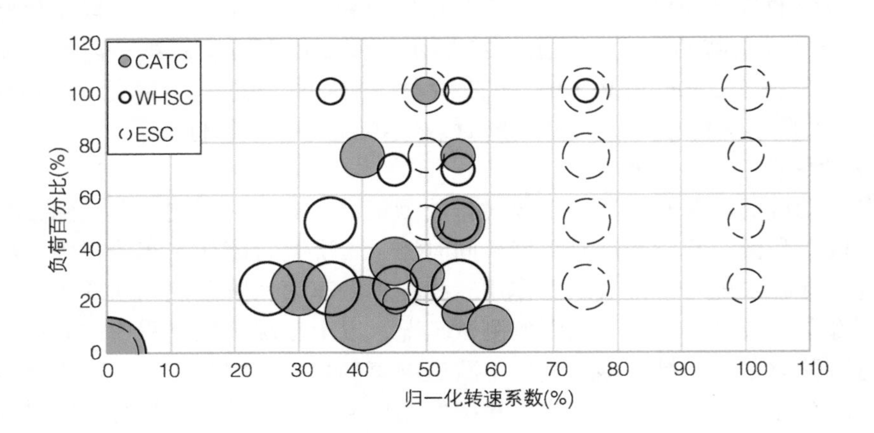

图 2-24 各稳态工况对比

随着对整车实际道路排放数据的收集和积累，可以发现氮氧化物生成较高水平时，车辆通常处在低速行驶阶段，而且 80% 以上的排放集中在冷起动阶段。所以预计下一阶段排放法规的测试工况一方面会加大对对低负荷运行的排放限制，另一方面在 PEMS 测试中引入冷起动排放的考核。

（3）OBD 管理要求更加严格

目前重型车的 OBD 系统功能相比于国五有了很大进步，下一阶段发展的重点是加强故障类型与实车排放水平的关联性，有可能会引入车载排放监测系统，同时会细化对整车 OBD 系统的要求。另外，中国对重型柴油车的排放管理重点从第六阶段开始由型式认证准入管理向着在用车监管偏移，也是从这时开始，中国的排放标准不再是照搬欧洲的要求，而是开始引入具有中国特色的远程排放数据传输系统。下一阶段，在优化 OBD 系统要求的同时，将基于远程数据的理解，研究制定整车实际排放合规性判定规则，实现对在用车实路排放的科学监管。

同时，随着中国碳中和、碳达峰目标的提出，下一阶段预计将开展对二氧化碳的管理研究，提出二氧化碳排放限制要求成为主要研究机构考虑的工作。

2.6　本章结语

本章回顾了国内外移动源排放标准的现状、发展历程及各自特点，并对下一阶段排放标准方向进行了分析。目前主流的排放标准体系所关注的污染物控制逐渐趋同，逐渐转向燃料中立，增加非常规气体和温室气体排放要求，采用遥感、排放测试和基于传感器的在线监测等手段结合的方式加强在用车排放监管进一步加严污染物排放限值，注重温室气体排放和能耗标准的协同等。这也为对我国汽车下阶段排放标准的升级提供了思路，这个过程中可能会采取更加灵活的导入手段，更加符合中国实际污染物控制的测试方法，更加符合中国管理思路的温室气体排放控制、油耗排放协同一体化方法。通过对标准的回顾和对未来的研判，我们认识到新生产机动车的环保管理是从源头预防和控制机动车污染物排放的重要手段，而符合国情的排放标准升级在促进我国移动源产业技术进步、污染物管控治理方面起着至关重要的作用。

参考文献

[1] United States Environmental Protection Agency. Tier 3 Motor Vehicle Emission and Fuel Standards[S/OL]. [2024-02-14]. http: //www.epa.gov/otaq/tier3.htm.

[2] California Air Resources Board. Advanced Clean Car Reuglations[S/OL]. [2024-02-14]. http: //www.arb.ca.gov/msprog/consumer_info/advanced_clean_cars/consumer_acc.htm.

[3] California Air Resources Board. LEV Ⅲ Low Emission Vehicle Progrem[S/OL]. [2024-02-14]. http: //www.arb.ca.gov/msprog/levprog/lev Ⅲ /lev Ⅲ .htm.

[4] California Air Resources Board. Zero Emission Vehicle Regulation[S/OL]. [2024-02-14]. http: //www.arb.ca.gov/msprog/zevprog/zevprog.htm.

[5] United States Environmental Protection Agency. 40 CFR Part 89. Control of emissions from new and in-use nonroad compression-ignition engines[S/OL]. [2024-02-14]. http: //www.ecfr.gov/cgi-bin/textidx?SID=

e88cb19f8ede701c7af6c1e51d1639c6&mc=true&node=pt40.20.89&rgn=div5, 2012-1-18.

[6] The European Parliament and the Council. On the approximation of the laws of the Member States relating to measures to be taken against air pollution by gases from engines of motor vehicles. 70/220/EEC[S]. [S.l.]: Official Journal of the European Union, 1970.

[7] The European Parliament and the Council. On the approximation of the laws of the Member States relating to measures to be taken against the emission of gaseous and particulate pollutants from compression ignition engines for use in vehicles and the emission of gaseous pollutants from positive ignition engines fueled with natural gas or liquid petroleum gas for use in vehicle. 88/77/EEC[S]. [S.l.]: Official Journal of the European Union, 1988.

[8] The European Parliament and the Council. COMMISSION DELEGATED REGULATION (EU) 2017/655 of 19 December 2016 supplementing Regulation (EU) 2016/1628 of the European Parliament and of the Council with regard to monitoring of gaseous pollutant emissions from in-service internal combustion engines installed in non-road mobile machinery[S]. [S.l.]: Official Journal of the European Union, 2016.

[9] MUNRO D A. Global Motor Vehicle Emissions Regulations[C] //Motor Vehicles and the Greenhouse Effect Melbourne. [S.l.:s.n.], 1990.

[10] 国家环境保护总局 . 轻型汽车污染物排放限值及测量方法 (I): GB 18352.1—2001 [S]. 北京 : 中国标准出版社 , 2001.

[11] 国家环境保护总局 . 轻型汽车污染物排放限值及测量方法 (II): GB 18352.2—2001 [S]. 北京 : 中国标准出版社 , 2001.

[12] 国家环境保护总局 . 轻型汽车污染物排放限值及测量方法 (中国Ⅲ、Ⅳ阶段): GB 18352.3—2005 [S]. 北京 : 中国标准出版社 , 2005.

[13] 环境保护部 , 国家质量监督检验检疫总局 . 轻型汽车污染物排放限值及测量方法 (中国第五阶段): GB 18352.5—2013 [S]. 北京 : 中国环境出版社 , 2018.

[14] 环境保护部 , 国家质量监督检验检疫总局 . 轻型汽车排放污染物限值及测量方法 (中国第六阶段): GB 18352.6—2016 [S]. 北京 : 中国环境科学出版社 , 2016.

[15] 国家环境保护总局 . 车用压燃式、气体燃料点燃式发动机与汽车排气污染物排放限值及测量方法 (中国Ⅲ、Ⅳ、Ⅴ阶段): GB 17691—2005 [S]. 北京 : 中国环境科学出版社 , 2005.

[16] 生态环境部 , 国家市场监督管理总局 . 重型柴油车污染物排放限值及测量方法 (中国第六阶段): GB 17691—2018 [S]. 北京 : 中国环境科学出版社 , 2018.

[17] 国家环境保护总局 , 国家质量监督检验检疫总局 . 非道路移动机械用柴油机排气污染物排放限值及测量方法 (中国Ⅰ、Ⅱ阶段): GB 20891—2007 [S]. 北京 : 中国环境科学出版社 , 2007.

[18] 环境保护部 , 国家质量监督检验检疫总局 . 非道路移动机械用柴油机排气污染物排放限值及测量方法 (中国第三、四阶段): GB 20891—2014 [S]. 北京 : 中国环境科学出版社 , 2014.

第3章
移动源排放污染物的生成机理及影响因素

移动源排放污染物主要包括一氧化碳、碳氢化合物、氮氧化物和颗粒物。除此之外，尾气中存在的非常规污染物，如可挥发性有机物、氧化亚氮（N_2O）等化合物，以及由上述一次污染物经过光化学反应等多种复杂的反应生成的光化学烟雾、二次有机气溶胶（secondary organic aerosol，SOA）等污染物，毒性更大，含有剧毒，危害极大。本章将详细介绍移动源排放一次污染物和二次污染物的生成机理和影响因素。

3.1 一次污染物排放

3.1.1 一氧化碳生成机理及其产生的影响因素

汽车尾气中CO的产生是燃烧不充分所致，是氧气不足而生成的中间产物。燃气中的氧气量充足时，理论上燃料燃烧后不会存在CO。但当氧气量不足时，就会有部分燃料不能完全燃烧生成CO。

$$C_mH_n + \frac{m}{2}O_2 \longrightarrow mCO + \frac{n}{2}H_2 \tag{3-1}$$

移动源CO排放（体积分数 φ_{co}）主要与过量空气系数 φ_α 有关。汽油机CO排放影响规律为：当 φ_α <1时，由于氧气含量不足导致不完全燃烧，CO的排放量随 φ_α 的减少而增加。图3-1展示了增压直喷、自然吸气非直喷两款发动机空燃比对CO排放的影响。高负荷时，CO主要是在混合气过浓区域产生；低负荷时，CO在混合气过稀区域产生。当 φ_α >1时，CO的排放量非常小，而当 φ_α =1.0～1.1时，CO的排放量变化较复杂。

柴油机的CO排放影响规律为：当 φ_α =1.5~3，CO排放远低于汽油机；当 φ_α =1.2~1.3（大负荷工况），CO的排放量显著增加。当燃料与空气混合不均匀时，会出现局部缺氧与温度分布不均，反应物在燃烧区间停留时间较短，小负荷时尽管 φ_α 很大，CO排放量反而上升。

1. 汽油机

理论上当燃料完全燃烧时，排气中不存在CO，只生成 CO_2。然而实际上由于燃油和空气混合不均匀，在排气中还含有少量CO。即使混合均匀的油气混合气，也会因为燃烧后温度的影响，已经生成的 CO_2 会有一小部分分解成CO和 O_2，H_2O 部分分解成 O_2 和 H_2。

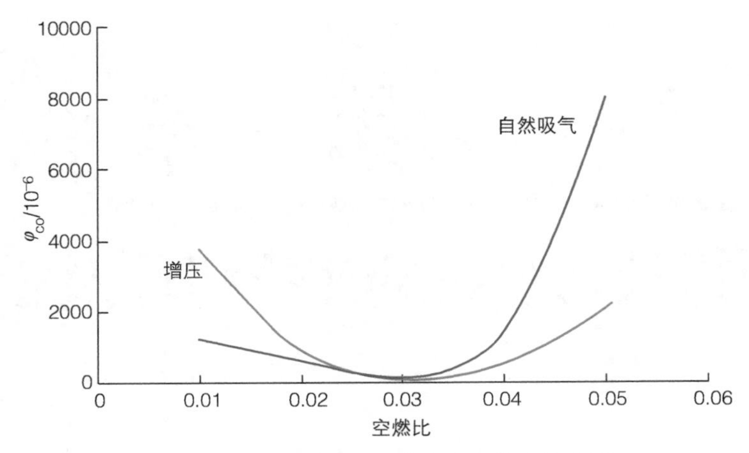

图 3-1 两款发动机 CO 排放与空燃比关系图

生成的 H_2 也会使 CO_2 还原成 CO，所以，排气中总会有少量 CO 存在。可见，凡是影响空燃比的因素，即为影响 CO 生成的因素，主要包括进气温度、大气压力、进气管真空度、怠速转速、发动机工况等。影响规律如下：空燃比 α 随吸入空气温度的上升而变小，混合气变浓，排出的 CO 增加；进气管压力降低时，空气密度下降，则空燃比下降，CO 排放量增大；发动机负荷一定，CO 的排放量随转速增加（空气流量增加）而降低；提高怠速转速空气流量增加，CO 浓度降低（表 3-1）；高真空度下，混合气瞬时过浓，CO 浓度会显著增加。

表 3-1 不同运行工况下汽油车排放的 CO 占比

运行工况	CO 占比（%）	排气量
怠速	4.0 ~ 10.0	少
加速	0.7 ~ 5.0	较多
匀速	0.5 ~ 4.0	多
减速	1.5 ~ 4.5	少

2. 柴油机

柴油燃烧时，其中的 C 首先生成 CO，在有足够的氧、温度及重组反应时间条件下，CO 会继续被氧化成 CO_2。小负荷时，柴油机喷油量少，缸内气体温度低、氧化作用弱，因此 CO 排放浓度高。随着负荷增加，混合气空燃比减小，气体温度增加，氧化作用加强，CO 排放逐渐减小。当负荷增大到一定程度后，由于氧浓度低和喷油后期供油量增加，反应时间变短，CO 排放又增加，见表 3-2。

表 3-2 不同运行工况下柴油车排放的 CO 占比

运行工况	CO 占比（%）	排气量
怠速	0	少
加速	0.1	少
匀速	0	多
减速	0	少

柴油机转速的变化，会使与燃烧有关的气体流动、燃油雾化与混合气质量发生变化。转速变化对直喷柴油机 NO_x 和 HC 排放的影响不明显，但对 CO 排放的影响较大。柴油机在低速特别是怠速空转时，缸内温度低，喷油速度低，燃料雾化差，燃烧不完全，CO 排放量高；柴油机在高速时，充量系数较低，短时间内组织良好混合气较困难，燃烧不完全，故 CO 排放量高。因此 CO 排放量在某一转速下最低，随着转速降低或增高，CO 排放量都会增高。

3.1.2　碳氢化合物生成机理及其产生的影响因素

车用发动机的碳氢排放物中有未完全燃烧的燃料，但更多的是燃料的不完全燃烧产物，还有小部分由润滑油不完全燃烧而生成。排气中未燃碳氢物的成分十分复杂，其中有些是原来燃料中不含有的成分，这是部分氧化反应所致。

1. 汽油机

车用汽油发动机由于其燃烧方式与柴油机不一样，造成较大的未燃 HC 排放。随着环境污染的日益严重，人们对发动机的排放提出了严格的法规，促使对未燃 HC 的生成机理与排放进行更加深入的研究。

在车用发动机正常工作时，HC 的产生区域主要位于气缸壁周围，因此整个气缸容积是不均匀的，排气过程中 HC 的分布也是不均匀的。在发动机的一个工作循环中，废气中 HC 的浓度有两个峰值，一个在排气门刚打开时的早期排气阶段，另一个在排气冲程结束时。HC 的形成主要是由不完全燃烧（氧化）、壁面淬熄效应、狭缝效应、壁面油膜和积炭吸附等引起的。

1）不完全燃烧（氧化）。发动机运转时，若混合气过浓或过稀，或者废气被严重稀释，或者点火系统发生故障，则火花塞可能不跳火、跳火后不能使混合气着火或者着火后在传播过程中熄灭，使混合气中部分燃料，甚至全部燃料以未燃 HC 形式排出，使 HC 排放明显升高。

2）壁面淬熄效应。壁面淬熄效应是指温度较低的燃烧室壁面对火焰的迅速冷却（也称激冷），使活化分子的能力被吸收，链式反应中断，在壁面形成 0.1 ~ 0.2mm 的不燃烧或不完全燃烧的火焰淬熄层，产生大量未燃的 HC。图 3-2 所示为燃烧过程中淬熄层的变化。图 3-2a 表示几个缝隙处存在不燃烧的淬熄层；图 3-2b 表示燃烧结束排气门开启后，排气门周围的淬熄层随废气首先排出气缸；图 3-2c 表示在排气过程后半期，壁面和缝隙处的淬熄层开始剥离并排出气缸。由此造成了在排气管测到的 HC 排放浓度及质量流量在排气门开启后以及排气过程后期分别出现了峰值 [1]。

3）狭缝效应。狭缝主要指活塞头部、活塞环和气缸壁之间的狭小缝隙，火花塞中心电极的空隙，火花塞的螺纹、喷油器周围的间隙等处。汽油机工作时总有一些液态油滴或燃油蒸气隐藏在这些缝隙中，因火焰无法传入其中而不能燃烧，于是成为未燃烧 HC 的一个来源。

4）壁面油膜和积炭吸附。在进气和压缩过程中，气缸壁面上的润滑油膜，以及沉积在活塞顶部、燃烧室壁面和进气门、排气门上的多孔性积炭，会吸附未燃混合气和燃料蒸气，在膨胀和排气过程中这些吸附的燃料蒸气柱随之进入气态的燃烧产物中。这样 HC 的少部分被氧化，大部分则随已燃气体排出气缸。

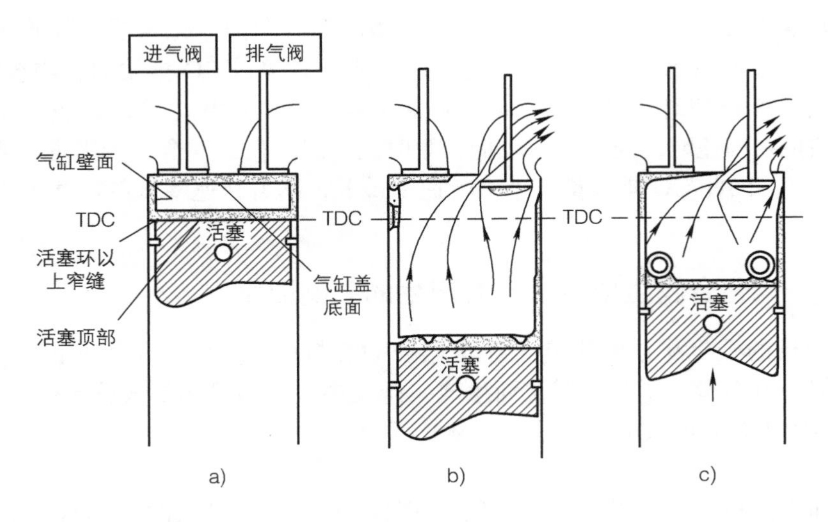

图 3-2　淬熄层的变化过程

影响 HC 化合物生成的因素 [2] 主要包括当量比、混合气质量、点火提前角、发动机转速与负荷、冷却水及燃烧室壁面温度、排气背压等。当量比对 HC 排放浓度的影响甚大。由图 3-3 可以看出，如果冷起动当量比控制在 1.1 左右时，生成碳氢化合物最少，但可能由于混合气过稀导致失火，反而造成大量的碳氢化合物排放，要是加浓混合气控制又会由于空气的不足导致混合气燃烧不完全，也会生成大量的碳氢化合物 [3, 4]。因此，凡影响当量比和排气后反应的因素，如大气压力、进气温度、排气温度、排气中的含氧量等，也必然影响 HC 的排放。汽油的辛烷值、挥发性也会影响 HC 的排放量，辛烷值太低或挥发性太差都会使 HC 的排放量增加。

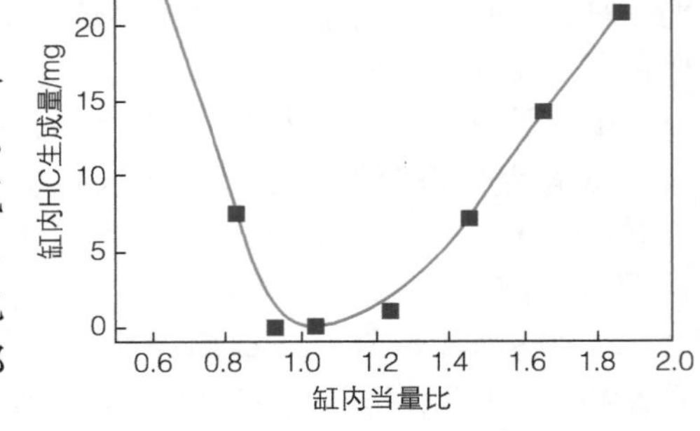

图 3-3　当量比对 HC 排放浓度的影响

混合气的质量优劣对 HC 生成的影响主要体现在燃油的雾化蒸发程度、混合气的均匀性、空燃比和缸内残余废气系数的大小等方面。混合气的均匀性越差则 HC 排放越多。当空燃比略大于理论空燃比时，HC 有最小值；混合气过浓或过稀均会发生不完全燃烧，废气相对过多则会使火焰中心的形成与火焰的传播受阻甚至出现断火，致使 HC 排放量增加。

点火提前角推迟会导致后燃严重。一方面降低了混合气燃烧时的燃烧室面积，激冷壁面面积减小；另一方面导致排气温度上升，促进 HC 在排气系统中的氧化。这些都使最终排出的 HC 减少。

发动机转速对 HC 排放浓度的影响非常明显。转速较高时，混合气的扰流混合和涡流扩散增大，同时排气的扰流和混合增加，使 HC 排放浓度明显下降。转速较低时，汽油雾化差、混合气很浓、残余废气系数大，HC 排放浓度较高。当空燃比和转速保持不变，并按最大功率调节点火时间时，改变负荷对 HC 排放浓度几乎没有影响，但在负荷增加时，HC 排放量会因废气流量变大而几乎呈线性增长。

冷却水及燃烧室壁面温度对 HC 生成也具有一定的影响。提高汽油机冷却水及燃烧室壁面温度，可降低狭缝容积中储存的 HC 含量，减少淬熄层的厚度，改善狭缝容积逸出的 HC 及淬熄层扩散出来的燃油的氧化条件，而且可改善燃油的蒸发、分配，提高排气温度，使 HC 排放物减少。

燃烧室壁面沉积物，如沉积在活塞顶部、燃烧室壁面和进气门、排气门上的多孔性积炭，会吸附未燃混合气和燃料蒸气，在排气过程中再释放出来。因此，燃烧室壁面沉积物的增加，使 HC 的排放量增加。燃烧室面容比通常是指活塞位于上止点时燃烧室的表面积和余隙容积之比，它既与燃烧室的主要结构参数有关，又是衡量燃烧室激冷效应强弱的一个重要因素。燃烧室面容比大，单位容积的激冷面积亦随之增大，则壁面激冷层中所包含的未燃 HC 总量也随之增加。

当排气管上装上催化转化器或消声器后，排气背压增加，留在缸内的废气增多，未燃 HC 会在下一循环中被烧掉，排气中的 HC 含量将降低。然而，如果背压过大，则留在缸内的废气过多，稀释了混合气，燃烧恶化，排出的 HC 会增加。

2. 柴油机

汽油机未燃 HC 的生成机理也适用于柴油机，但由于两者的燃烧方式和所用燃料的不同，柴油机的碳氢化合物排放有各自的特点。柴油机中碳氢化合物的沸点和分子量高于汽油，柴油机的燃烧方式使得燃油难以避免在油束中热解，因此，柴油机排气中未燃烧或部分氧化的 HC 成分比汽油机复杂。柴油机燃油在高压下喷入燃烧室后，直接在气缸内形成可燃混合气，燃烧迅速。燃油在气缸内停留时间短，产生 HC 的相对时间也短，因此其 HC 排放量低于汽油机。

一般认为柴油机中 HC 的产生主要有两种途径：①由于滞燃期中形成的过稀混合气在燃烧室内不能满足自燃或扩散火焰传播的条件，导致 HC 的氧化反应无法开始或瞬间终止，生成未燃 HC；②燃烧过程后期低速离开喷油嘴的燃油与进气不良好混合形成的过浓混合气不能着火及燃烧，生成未燃 HC。

影响柴油机 HC 化合物生成的因素包括进气温度、柴油机负荷、供油系统参数及结构、喷油速率及喷油量等。如图 3-4 所示，当油束喷入有进气涡流的燃烧室时，由于油雾及油蒸气在空间浓度分布不同，可大致分为稀燃火焰熄灭区、稀燃火焰区、油束心部、油束尾部和后喷部以及壁面油膜[5]。从油束边缘到油束核心部分，局部空燃比可从无穷大变到零。

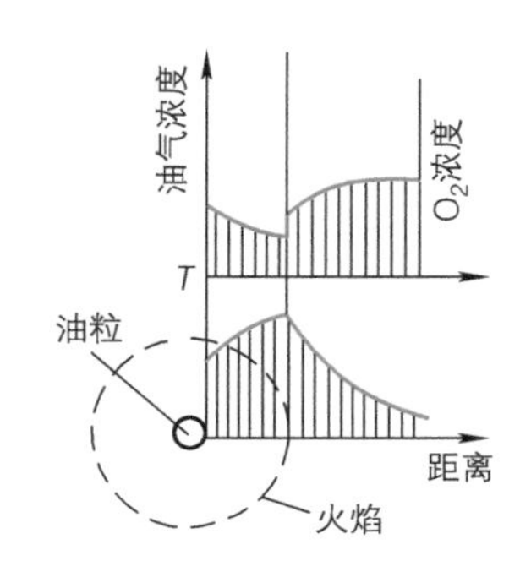

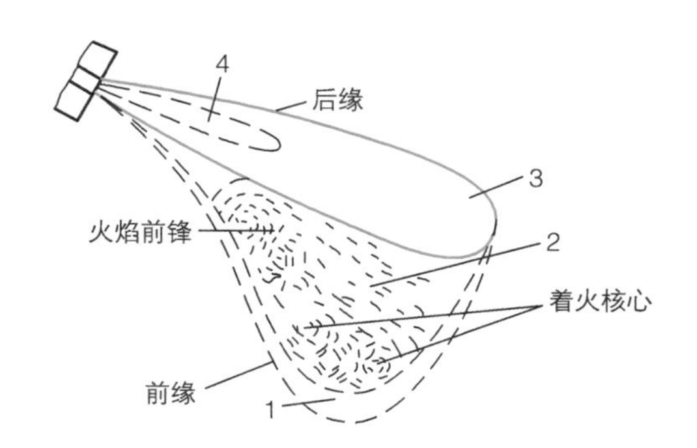

图 3-4　油束各区的燃油情况

1—稀燃火焰熄灭区　2—稀燃火焰区　3—油束心部　4—油束尾部和后喷部

根据负荷不同，各区排放物生成的性质也不一样。未燃 HC 在低负荷时，由于喷油量少，混合气稀，缸内温度低，HC 主要产生在稀燃火焰熄灭区；在高负荷时，混合气浓，HC 主要产生在油束心部、油束尾部和后喷部及壁面油膜处。喷油定时和喷油速率保持不变的情况下，负荷增大则喷油持续时间增长，使后喷入的燃油反应时间减短，同时空燃比低、氧浓度小，使 HC 氧化反应速率降低；但负荷增大时燃烧室内温度增高，这又促使 HC 氧化，并且后者影响更大，因此 HC 排放量随负荷增大而减小。过分推迟喷油，最高燃烧压力降低，较多的油得不到足够的反应时间，燃油经济性变差并产生后燃现象，排气冒烟，HC 排放增加。喷油速率过高及尾喷油量增加都会使 HC 排放量增加。

3.1.3 氮氧化物生成机理及其产生的影响因素

车用发动机排气中的 NO_x 包含 NO 和 NO_2，其中大部分是 NO，它们是 N_2 在高温燃烧下的产物。

1. 汽油机

汽油机燃烧过程中生成的氮氧化物主要是 NO，另外有少量的 NO_2，统称为 NO_x。燃烧过程生成的 NO，除了可与含 N 原子中间产物反应还原为 N_2 外，还可与各类含 N 化合物生成 NO_2。燃烧生成 NO_2 的反应过程非常复杂，如甲烷燃烧生成 NO_2 的相关化学反应就有 162 个，相关的原子团多达 40 种，生成 NO_2 的主要化学反应可认为是 NO 与 HO_2 之间的反应。即：

$$NO+HO_2 \longrightarrow NO_2+OH \tag{3-2}$$

尽管此反应在低温下进行得很快，但是此反应生成的 NO_2 可与燃烧区中的氧原子反应，重新生成 NO，即：

$$NO_2+O \longrightarrow NO+O_2 \tag{3-3}$$

与 NO 的生成量相比，NO_2 的生成量较少，且其生成量随过量空气系数而变化。对于一般汽油机，过量空气系数较少时，NO_2/NO_x=1% ~ 10%。燃烧过程中产生的 NO 经排气管排至大气中，在大气条件下缓慢的与 O_2 反应，生成 NO_2，因此在讨论 NO_x 的生成机理时，一般只讨论 NO 的生成机理。影响汽油机 NO_x 排放的因素主要包括过量空气系数和燃烧室温度、残余废气分数、点火时刻等。

2. 柴油机

柴油机排放的 NO_x 主要是 NO 和 NO_2，其中 NO 占据了 NO_x 排放的 85% ~ 95%。NO 本身无毒无害，但 NO 随着排气进入大气后会缓慢氧化成有毒的 NO_2，因此 NO_x 生成机理主要针对 NO 讨论。NO 的生成途径有三个：一是激发 NO 的生成；二是燃料 NO 的生成；三是高温 NO 的生成。前两者 NO 的生成量极少，可以忽略不计，因此 NO 的主要生成方式为高温 NO 的生成。其反应机理如下，影响 NO 生成的因素为高温、富氧和反应时间。

$$N_2+O \longrightarrow NO+N \tag{3-4}$$

$$N+O_2 \longrightarrow NO+O \tag{3-5}$$

$$N+OH \longrightarrow H+NO \tag{3-6}$$

对于柴油车 NO_x 排放的影响因素，柴油机与汽油机的主要差别之一在于燃油是在燃烧刚要开始前才喷入燃烧室的，燃烧期间燃油分布不均匀，引起已燃气体中温度和成分不均匀。上述影响汽油机 NO_x 排放的大部分因素也适用于柴油机。

进气温度的升高，将引起柴油机压缩温度及局部反应温度升高，这有利于 NO 的生成。燃油品质对 NO_x 排放的影响主要表现为十六烷值对滞燃期长短的影响。如果柴油十六烷值较低，则滞燃期较长，这使缸内在燃烧初期积聚的燃油较多，初期放热率峰值和燃烧温度较高，因此 NO_x 排放较多。由图 3-5 可以看出，低十六烷值柴油燃烧 NO_x 排放量高（−10 号柴油十六烷值为 46，0 号柴油十六烷值为 53.8）。芳烃能提高火焰温度，为 NO_x 产生提供高温条件，因而增加 NO_x 的排放。

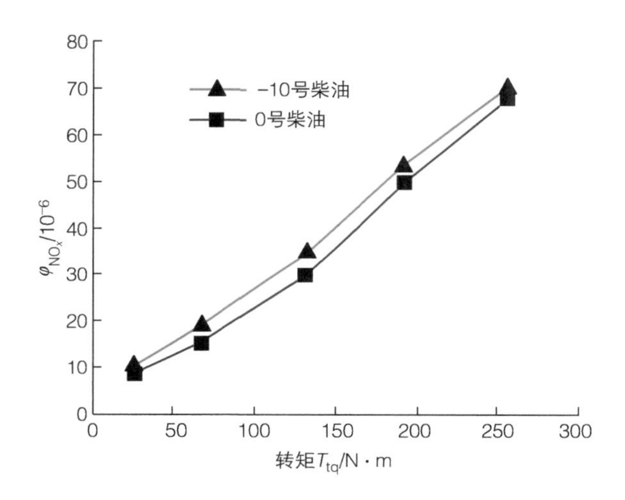

图 3-5　柴油十六烷值对 NO_x 排放体积分数（φ_{NO_x}）的影响

氧气含量、燃烧温度以及燃烧产物在高温中停留时间也会影响 NO_x 排放。小负荷时，混合气空燃比较大，虽然混合气中有充足的氧气，但燃烧室内温度较低，因此 NO_x 排放量也较低；当负荷增加时，燃烧室内气体燃烧温度增加，NO_x 排放量变大；但随着负荷进一步加大，空燃比不断减小，燃烧室中氧浓度不断减小，NO_x 的生成再度受到抑制。

供油系统中，喷油提前角对 NO_x、HC 及 PM 排放影响较大。如果喷油提前角过大，燃油在较低的温度和压力下喷入气缸，使滞燃期延长，喷注中稀火焰区的混合气变浓，会导致 NO 排放量增加；同时较多的燃油蒸汽和小油粒被气流带走，形成一个较宽的稀熄火区，并且此时燃油与壁面碰撞增加，会导致 HC 排放增加。此外，混合气自燃着火后，缸内压力和温度急剧上升，这样油束其他区域的 NO 生成量也增加。提高喷油速率，缩短喷油延续时间，则在固定喷油终点时可推迟喷油，从而能降低 NO_x 的排放。其他条件不变时喷孔直径会直接决定喷入气缸内燃油量的多少。喷孔直径大的柴油机有更多燃油进入气缸内参与燃烧，因此燃烧室内氧浓度降低，NO_x 排放随之减小。图 3-6 所示的是不同喷孔直径喷油器柴油机 NO_x 排放（φ_{NO_x} 为 NO_x 体积分数）的试验结果。

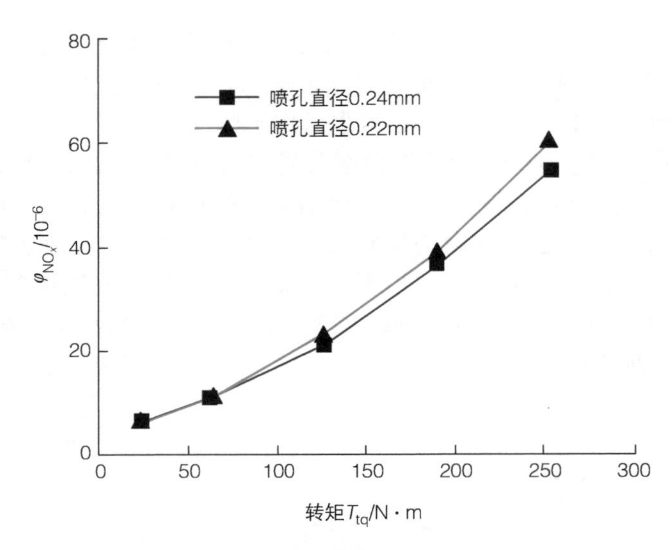

图 3-6　不同喷油孔直径对 NO_x 排放的影响

相对于纯柴油燃烧，当丁醇比例低于 40% 时，使用丁醇 / 柴油混合燃料能够略微减小 NO_x 排放。由于燃用丁醇 / 柴油混合燃料时能够在采用较高 EGR 率时仍不增加碳烟排放，因此其具有更大改善 NO_x 排放的潜力。

3. 氢内燃机

近年来，国内外对内燃机代用燃料的研究已成为内燃机领域甚至汽车工业的一个主要发展方向。与汽油、柴油、天然气等传统燃料相比，氢气作为内燃机燃料时，可提高现有内燃机的经济性、排放性及部分工况下的动力性，受到全世界的广泛关注。氢内燃机在尾气排放方面具有传统化石燃料内燃机无可比拟的优点。它唯一的排放是 NO_x，包括 NO 和 NO_2。NO_x 并非来自氢气本身，而是空气中的氮气在受高温作用与氧气氧化生成的产物。

因此，与汽油机或柴油机类似，氢内燃机生成 NO_x 排放的主要因素包括：缸内温度、富氧环境和高温持续时间。一般而言，较高燃烧室的温度、较长的高温持续时间和较高的 O_2 浓度会促进 NO_x 排放的生成。而氢发动机火焰传播速度快，放热集中，使燃烧室的温度急剧增加，造成有利于产生 NO_x 有害排放物的条件，从而导致 NO_x 有害排放物增加。因此，控制氢内燃机 NO_x 排放对氢内燃机的推广和应用具有重要意义。同时，也应该注意到，燃烧室较高的温度和充足的氧气浓度对促进燃料充分燃烧做功是有积极意义的，因此，抑制氢内燃机 NO_x 排放同提高氢内燃机燃烧性和动力性之间存在着矛盾，这就要求在降低氢内燃机 NO_x 排放的同时需要兼顾氢内燃机的动力性。图 3-7 表明，氢内燃机的 NO_x 排放随燃空当量比变化而显著改变，在燃空当量比 0.60 以下，氢内燃机的 NO_x 排放（ φ_{NO_x} ）很低，而在 0.6 ~ 0.95 之间 NO_x 排放会达到很高的浓度，甚至高于传统内燃机的排放水平 [6]。

关于 NO_x 生成的机理主要包括热力型 NO_x、快速型 NO_x 和燃料型 NO_x 三种。

热力型 NO_x 理论认为 NO_x 排放主要是空气中的氮气在高温环境中氧化而生成。当燃料在燃烧室燃烧时，空气中氮气在高温作用下与空气中的氧气发生了一个不分支连锁反应。在高温条件下，由于氧气离解时需要的能量较小，因此该反应会首先从氧气离解开始。当缸内混合气在化学计量比附近燃烧时，NO 生成和消耗的反应从氧气离解开始；当缸内混

合气在化学计量比附近燃烧时，NO 生成和消耗的反应式如下（Zeldovich 反应式）。

$$N_2+O \underset{}{\overset{k_1}{\rightleftharpoons}} NO+N \tag{3-7}$$

$$O_2+N \underset{}{\overset{k_2}{\rightleftharpoons}} NO+O \tag{3-8}$$

$$OH+N \underset{}{\overset{k_3}{\rightleftharpoons}} NO+H \tag{3-9}$$

以上方程式中，温度对 NO 的生成起促进作用。同时 NO 的生成量也取决于氧气的浓度。由于 NO 的生成比燃烧反应慢，NO_x 主要在火焰带下游高温区域生成，只有很少部分产生于火焰带，离开火焰的燃气是大部分 NO 的生成场所。根据高温 NO 反应机理，NO 产生的要素主要是燃烧温度、氧气浓度和高温持续时间。当氧含量充足时，温度越高、反应时间越长，NO 的生成量越大，且随着反应温度的升高，其反应速率按指数规律增加。当反应温度小于 1500℃时，NO 的生成量很少，而当反应温度大于 1500℃时，反应温度每增加 100K，反应速率增大 6～7 倍。

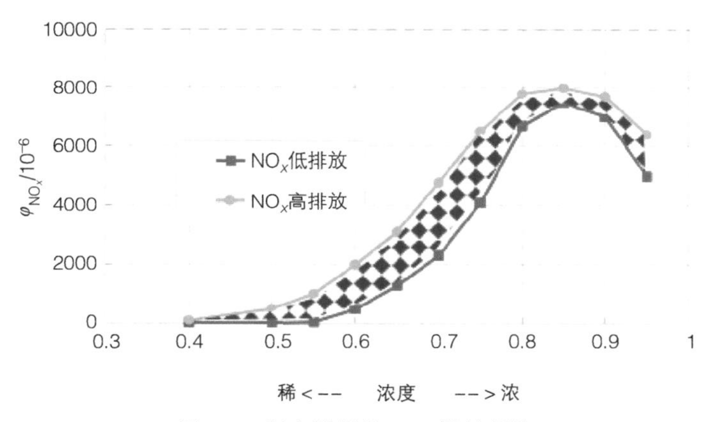

图 3-7　氢内燃机的 NO_x 排放规律

快速型 NO_x 机理认为，在燃料浓度较高的区域燃烧时，燃料中的碳氢化合物裂解生成的 CH 和 CH_2 会和空气中的氮气反应，得到中间产物 HCN 和 NH，HCN 和 NH 进一步反应生成 NO。快速型 NO_x 生成反应路径由 Fenimore 在 1971 年首次提出，该反应方程式如下：

$$C_nH_{2n} \longrightarrow CH，CH_2 \tag{3-10}$$

$$CH_2+N_2 \longrightarrow HCN+NH \tag{3-11}$$

$$CH+N_2 \longrightarrow HCN+N \tag{3-12}$$

$$NH \longrightarrow N \longrightarrow NO \tag{3-13}$$

在 2000 年，Moskaleva 等人又进一步修正上式 HCN 为 NCN。式中，CH、CH_2 形成

于燃料中碳氢化合物的分解过程中，HCN、NH 则会经历一系列反应最终生成 CH、N，进而被氧化为 NO（图 3-8）。相比于热力型 NO_x，快速型 NO_x 生成对燃料燃烧温度依赖较低，主要生成自内燃机燃烧室内混合过浓区域，但就整个燃烧过程中 NO_x 的总生成量而言，快速型 NO 生成量只是很小一部分。通常情况下，不含氮燃料的低温反应中由于会生成较多的碳氢化合物，因此需要考虑快速型 NO_x 排放。

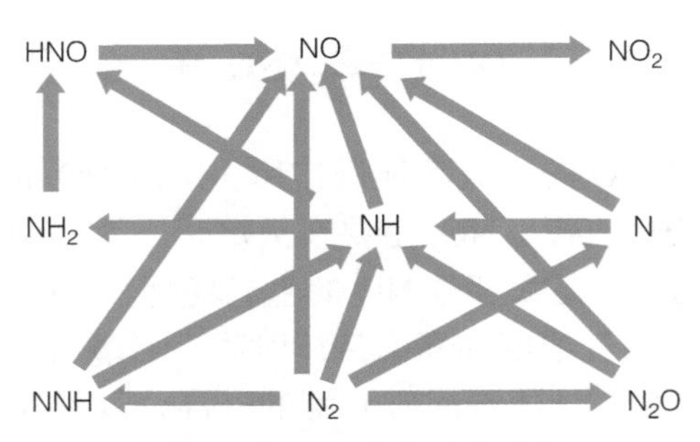

图 3-8　NO 生成的反应路径

燃料型 NO_x 机理认为燃料中的 N 在燃烧过程中首先转变为 HCN 和 NH_3 等中间产物，并逐步反应生成 NO，反应要求温度大于 1600K。柴油机燃料含 N 较少，通常燃料 NO 排放量不显著。对于氢内燃机而言，由于不燃烧任何碳基燃料，可认为氢内燃机 NO_x 排放主要遵循 Zeldovich 反应式。因此，对于氢内燃机而言，防止缸内燃料燃烧温度过高对抑制 NO_x 排放有积极作用。同时，影响氢内燃机 NO_x 排放的因素主要分为以下几个部分：

1）氧气浓度对氢内燃机 NO_x 排放的影响。NO_x 的形成主要依赖氢气与空气混合燃料的比例，NO_x 的生成受过量空气系数的影响极大。这主要是因为过量空气系数较小时，混合气浓度较大，发动机功率增加，压力升高率增加，燃烧室温度上升，导致空气中的 N_2 被氧化。当过量空气系数偏大时，混合气浓度较小，氧气浓度较高，有利于空气中的氮气被氧化。

2）点火策略对氢内燃机 NO_x 排放的影响。当氢内燃机过量空气系数和喷氢时刻固定以后，缸内混合气形成状态和燃烧过程会受到点火提前角的影响。Subramanian 等通过对氢内燃机的研究发现，在一定范围内推迟点火时刻对抑制 NO_x 排放生成有积极作用，但这会导致热效率的降低。而在高转速大负荷条件下，推迟点火时刻对内燃机功率和转矩的输出会有不利影响，而此时推迟点火时刻降低 NO_x 排放的作用也会减弱。当燃空当量比小于 0.5 时，点火提前角的改变对 NO_x 生成量没有明显的影响；在燃空当量比大于 0.5 时，NO_x 生成量随点火提前角的增加而增加，并且增加幅度随燃空当量比的增加而迅速增大。主要原因是：在燃空当量比较小时，改变点火提前角使缸内温度上升但是未达到 NO_x 生成的温度；而当燃空当量比大于 0.5 时，缸内温度接近 NO_x 生成温度，温度小幅度增加也会引起 NO_x 生成量的成倍增加。

3）排气再循环策略对氢内燃机 NO_x 排放的影响。EGR 技术同样是一条有效降低氢内燃机 NO_x 排放的途径，EGR 技术通过增大缸内气体的比热容，减慢燃烧速度，从而降低燃烧温度并减少 NO_x 排放。EGR 率定义为内燃机进气中排气体积占进气总体积的百分数。Liu[7] 提出当混合气浓度处于高氮氧排放区域时（图 3-9），使用 EGR 调整混合气到化学计量比来达到较低的排放。

4）喷水策略对氢内燃机 NO_x 排放的影响。由于内燃机燃烧室温度会对 NO_x 排放产生显著影响，因此，向内燃机燃烧室中喷入一定量的水可以显著降低燃烧室温度，进而降低 NO_x 排放。内燃机喷水是一种利用水在汽化过程中大量吸热的特性，降低内燃机排放的技术。这是因为水的气化焓值较大，当水进入燃烧室后会迅速气化吸热，这会显著降低燃烧室温度。而水蒸气的比热容远大于空气的比热容，混合了水蒸气的空气的比热容明显增大，这进一步降低了燃料燃烧的温度。另外，水汽化为水蒸气后会分布在整个气缸中，水蒸气的存在也会降低缸内燃料化学反应速率。同时，因为水蒸气的增加导致了缸内单位数量分子中氧气浓度的降低，而氧气含量对 NO_x 排放的生成有重要影响。不过，对于传统内燃机特别是汽油机而言，喷水有可能会导致额外排放。这是因为对于汽油机，缸内混合气不完全燃烧会导致 HC 排放的增加，而喷水后燃料燃烧温度的降低使燃料不完全燃烧的概率增加，进而引发 HC 排放的增加。对于氢内燃机而言，由于氢气不含碳原子，这就不用考虑喷水所引发的 HC 排放增加。此外，氢内燃机基于提高功率输出的需要，需要使内燃机运行在化学计量比附近，而这又会导致缸内燃料燃烧速度的加快及燃烧温度的增加，进而导致 NO_x 排放的增加。而喷水可以降低氢内燃机燃料燃烧温度，降低燃料燃烧速度，使氢内燃机运行更加平稳。此外，由于水汽化吸热降低的缸内温度还可以减少内燃机传热损失，促进热效率的提高，这使得喷水技术很适合在氢内燃机上应用。

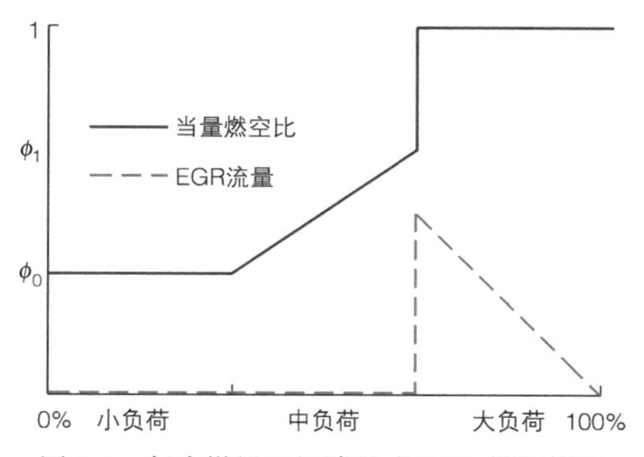

图 3-9　氢内燃机三级跨越式 EGR 控制策略

另外，段俊法等[8]通过建立一个包含详细化学反应机理的氢内燃机的仿真模型，发现随着过量空气系数的减小，火焰内部温度升高、OH 浓度升高、NO_x 排量增加，其中 NO_x 主要由 NO、NNH 和 N_2O_3 三种成分组成。徐普燕等通过控制点火正时，实现了在富氢燃烧状态下冷起动时氢燃料发动机的较低排放，并且最大缸内压力和成功起动时间随点火正时的延迟先增大后减小。

4. 甲醇燃料发动机

根据甲醇完全燃烧的化学反应方程式可知，甲醇燃烧产物只有 CO_2 和 H_2O。在实际燃烧过程中，由于甲醇在缸内空间的不完全燃烧会生成少量的 HC、CO 以及 NO_x 等常规排放物，但 HC 和 CO 的排放量相对于汽油机会显著下降。而对于 NO_x 排放，一方面由于甲醇的蒸发热大，在缸内吸热量多，可减少 NO_x 的排放；另一方面由于甲醇燃烧速度快，燃烧定容度增加，缸内燃烧压力会上升，使得 NO_x 排放增加。试验表明，燃烧甲醇时，NO_x 的排放量相对于汽油机变化不大，但是甲醇与空气在高温高压下接触会生成甲醛，危害人体健康。

朱建军等研究了聚甲氧基二甲醚引燃型甲醇双燃料压燃发动机，发现随甲醇掺比的增加，CO、HC 等排放量有所升高，NO_x 的排放量明显降低；随负荷的增大，NO_x 的排放量先增加后减小，CO、HC 等排放量则逐渐下降。姚春德等[10]利用甲醇发动机试验台架探究了选择性催化还原技术对催化还原 NO_x 的影响，发现增大甲醇的喷射量、增大排气再循环率和延迟喷油，对降低甲醇－柴油发动机 NO_x 排放量有积极的影响。王帅[11]等研究了甲醇－柴油双燃料发动机。在不同转速和负荷条件下，通过对原始喷醇和优化后的喷醇量进行对比，得到不同转速和负荷下的最佳喷醇量，并降低了发动机的循环变动系数。

3.1.4 颗粒物生成机理及其产生的影响因素

1. 汽油机

汽油机中的排气微粒有三种来源：含铅汽油中的铅、有机微粒（包括碳烟）、来自汽油中的硫所产生的硫酸盐。芳香烃，作为汽油理化指标之一，对颗粒物排放影响较大。

芳香烃（C_nH_{2n-6}）是一种以苯环为基础的不饱和烃，含碳量和沸点较高，密度较大，具有较为稳定的化学性质和较好的抗爆性能。关于芳香烃体积分数对汽油机一次颗粒物排放影响的研究，以前主要关注对常规排放物、苯和机内沉积物的影响。芳香烃体积分数高会导致火花塞积碳失火和燃烧室沉积物增加，引起排放恶化[12，13]。

近年来，随着机动车颗粒物排放受到业内关注，芳香烃对汽油机颗粒物排放影响的研究逐渐加强，主要相关研究见表 3-3，其中以本田汽车公司 Aikawa 等人[14]的颗粒物质量指数（PM Index）和牛津大学 Leach 等人[15]的颗粒物数量指数（PN Index）模型研究汽油组分对颗粒物排放的影响为代表。

表 3-3　芳香烃影响颗粒物排放的主要研究内容及方法

单位	引文	研究内容
本田汽车公司等	[14][15][18]	PM Index 模型；PM、PN 粒径分布
牛津大学等	[15]	PN Index 模型；PM、PN
加州大学等	[19][20]	油品；PM、PN、炭黑；部分单环芳香烃 VOC
美国环保署	[21][22]	EPAct 模型；油品，PM、苯等
现代汽车公司	[24]	油品；PN 粒径分布
北京航空航天大学	[24]	汽油组分；M 模型；PN 粒径分布
清华大学	[25][26][27]	汽油组分；PM/PN 粒径分布；颗粒物成分；PAH/VOC

Aikawa 等人[14]基于汽油组分质量分数、蒸气压和双键当量等开发了 PM Index 预测模型：

$$\text{PM} \quad \text{Index} = \sum_{i=1}^{n} \frac{(\text{DBE}_i + 1)w_i}{\text{RVP}(443\text{K})_i} \tag{3-14}$$

式中，i 为汽油单个组分；w_i 为汽油 i 组分的质量分数；RVP（443K）$_i$ 为 i 组分在 443K 温度下的蒸气压；DBE_i 为 i 组分双键当量，用以衡量有机物分子的不饱和度，表征其活性水平。

DBE 计算如下：

$$\text{DBE} = \frac{2N(\text{C}) + 2 - N(\text{H}) + N(\text{N})}{2} \tag{3-15}$$

式中，N（C）为组分的碳原子个数；N（H）为氢原子个数；N（N）为氮原子个数。

Leach 等人[15] 基于 PM Index 模型，提出了简化的汽油 PN Index 模型。令 DBE_i 仍为 i 组分双键当量；φ_i 为汽油 i 组分的体积分数；DVEP 为汽油的干蒸气压当量。根据汽油理化特性分析结果可以计算得：

$$\text{PN Index} = \frac{\sum_{i=1}^{n}(\text{DBE}_i + 1)\varphi_i}{\text{DVEP}} \tag{3-16}$$

Aikawa 等人[18] 和 Khalek 等人[28] 对 PM Index 模型预测缸内直喷汽油机颗粒物排放的适用性进行了验证，如图 3-10 所示，根据模型计算得到的 PM Index 与 PN 的相关性系数 $R^2 = 0.9035$。Leach 等人对 PN Index 模型在单缸缸内直喷汽油机上进行了试验验证，模型计算得到的 PM Index 和 PN Index 都与实测缸内直喷汽油机颗粒物排放结果有较好的相关性。

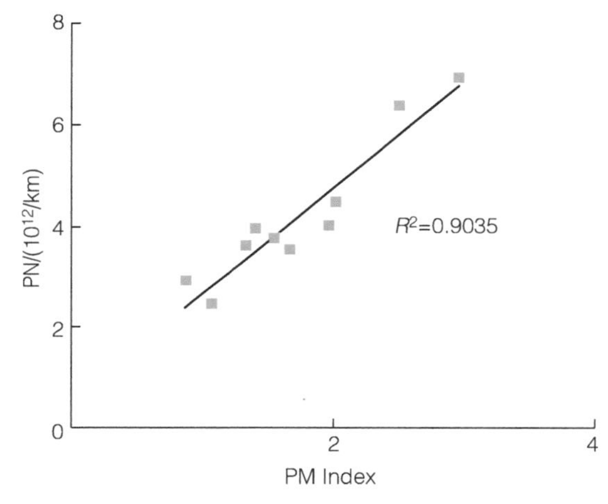

图 3-10　FTP-75 循环下 PM Index 模型适用性

PM Index 和 PN Index 模型计算需要采用 ASTM D6730 方法对燃料进行详细碳氢组分分析（detailed hydrocarbon analysis，DHA），然后根据各组分的分子式计算双键当量 DBE。链烷烃（C_nH_{2n+2}）的 DBE 为 0，烯烃和环烷烃（C_nH_{2n}）为 1，芳香烃（C_nH_{2n-6}）为 4 ~ 7，含氧化合物为 0。2013 年，Aikawa 等人[16] 进一步验证了“PM Index”对 GDI 发动机的适用性，不管是对颗粒物数量排放还是颗粒物质量排放都具有很好的线性相关性。Hochhauser 等人[17] 的研究发现，降低烯烃后，HC 排放稍有升高。

Leach 等人[15] 用甲苯、四甲基己烷和三甲苯调和了 0 ~ 95% 不同芳香烃体积分数的汽油。根据模型计算的 PN Index 和实测 PN 排放结果显示芳香烃体积分数越高，根据模型计算得到的 PN Index 越高，实测 GDI 汽油机排放的 PN 越多。

加州大学 Karavalakis 等人[19] 和 Short 等人[20] 研究了含不同体积分数芳香烃的汽油对 5 辆缸内直喷汽油车、1 辆进气道喷射汽油车和 1 辆进气道喷射混合动力汽油车，在 LA92 测试循环下颗粒物排放的影响，颗粒物排放结果如图 3-11 所示。可以看出，随着汽油中芳香烃体积分数增加，PM Index 增加，缸内直喷和进气道喷射汽油车的 CO、NMHC、PM 和 PN 都显著上升，根据模型估算的 PM Index 与 PM 实测结果相关性很好。

美国 EPA 组织研究团队设计了 27 种测试汽油，在 15 辆 2008 年款满足 Tier2 排放标准车辆上研究乙醇（EtOH）、芳香烃（aromatic hydrocarbon，AH）、T_{50} 馏程、T_{90} 馏程和雷德饱和蒸汽压（Reid vapor pressure，RVP）等 5 个燃油理化特性指标对排放的影响，并于 2013 年发布了 EPAct 排放模型，可根据这 5 个参数估算车辆的 CO、THC、NO_x 和 PM 等 14 种污染物的排放水平 [21]。EPAct 模型报告指出，FTP-75 循环中冷起动第一阶段和正常运行第二阶段的 PM 排放主要受芳香烃体积分数影响，其次受 T_{90} 和乙醇体积分数影响 [22]。5 个燃油理化特性指标对 PM 排放的影响权重如图 3-12 所示。一般来说，美国 Tier 2 排放测量结果中，冷起动第一阶段的排放约为正常运行第二阶段的 100 倍。因此根据 EPAct 模型，汽油中芳香烃体积分数是影响排放的最主要因素，其次是 T_{90} 和乙醇体积分数。

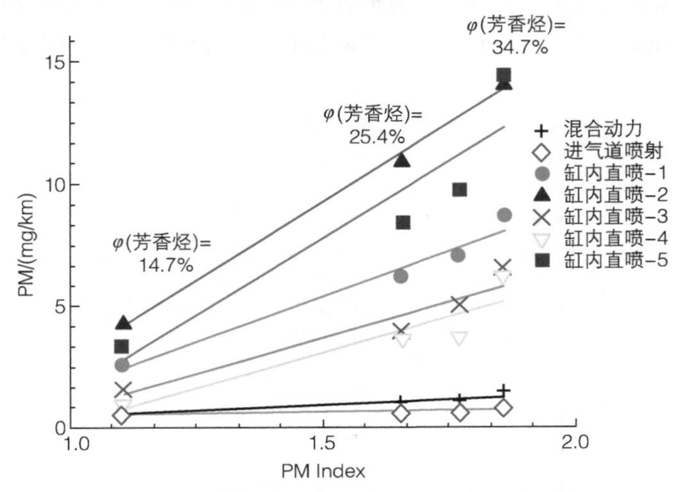

图 3-11　PM Index 与颗粒物质量排放的相关性

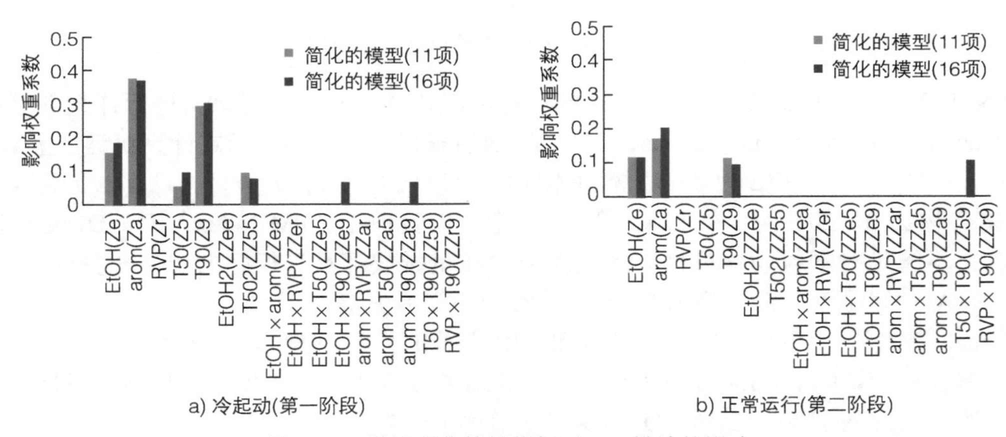

图 3-12　燃油理化特性指标对 PM 排放的影响

现代汽车公司的 Kim 等人 [23] 在一辆 1.6L 缸内直喷汽油车上研究发现，美国 Indolene 基准汽油的芳香烃体积分数比韩国汽油高 8%，FTP-75 循环下 PN 增加 20.8 %；欧 V 汽油的芳香烃体积分数比韩国汽油高约 20%，NEDC 循环下 PN 排放增加 77%。陈龙飞等人 [24] 的研究也表明，芳香烃体积分数的升高会增加颗粒物的排放。

清华大学 Wang 等人 [25] 针对中国市场汽油芳香烃体积分数较高的问题，不仅研究了不同芳香烃体积分数汽油（F1 低芳香烃汽油 F2 高芳香烃汽油）对汽油机一次 PM 和 PN 排放的影响，还分析了其对颗粒物成分和 VOC 成分的影响，发现 F2 比 F1 的芳香烃体积分数增加 8.2%，缸内直喷汽油机燃用单位质量燃油的 PM 排放因子增长了 11.5%、PN 排放因子增长了 47.9%，如图 3-13 所示；此外，颗粒物中元素碳、有机物和多环芳香烃排放因子增加，颗粒物中 PAHs 成分的毒性更强[26]；并增加了进气道喷射和缸内直喷汽油机 VOC 排放因子，以及进气道喷射汽油机 VOC 中的单环芳香烃排放因子[27]。

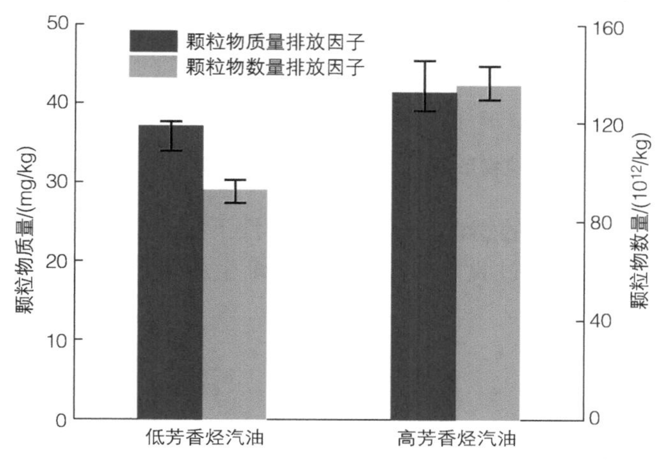

图 3-13 芳香烃对缸内直喷汽油机 PM 和 PN 的影响[25]

Karavalakis 等人研究指出，随着汽油中芳香烃体积分数增加，排气 VOC 中的苯、甲苯、二甲苯等成分浓度上升。Short 等人[20]研究指出，汽油中芳香烃体积分数增加使汽油机排放一次颗粒物中的碳烟质量分数上升。

汽油中芳香烃体积分数上升使缸内直喷汽油机一次颗粒物排放增加已形成共识，但针对影响机理的研究还很少。清华大学郑东等人[26-31]开发了甲苯、二异丁烯、正庚烷、异辛烷和乙醇的五组分替代燃料模型及 PAHs 生成机理，并针对不同单组分燃料生成单环芳香烃（A1）进行了灵敏度和反应路径分析。

$$OC_6H_4CH_3=A1+H+CO \tag{3-17}$$

$$C_6H_5CH_3+H=A1+CH_3 \tag{3-18}$$

$$C_3H_3+C_3H_3=A1 \tag{3-19}$$

模拟结果指出：在甲苯预混火焰中化学反应式（3-17）和式（3-18）对 A1 的生成贡献较大，而在异辛烷、正庚烷、二异丁烯、乙醇预混火焰中反应式（3-19）对 A1 的生成贡献较大，相同条件下甲苯更容易生成碳烟，但并没有测量 PAHs 的小分子碳氢前驱物和 PAHs 等的浓度来验证模拟结果的准确性。该研究结果是否可以用来解释实际汽油中芳香烃和烯烃等体积分数变化对缸内直喷汽油机燃烧产生一次颗粒物的影响机理，还需进一步研究。

此外，芳香烃对缸内直喷汽油机喷油器沉积物形成的影响，也是与颗粒物排放水平密切相关。Carlisle 等人[32]研究发现，芳香烃体积分数越高，无论是分层燃烧还是均质燃烧，缸内直喷汽油机的喷嘴沉积物都会显著增加。丰田汽车公司的 Ashida 等人[33]通过混合各种芳香烃与烷基化物进行了研究，发现含有 30%（体积分数）正丙基苯的燃油抑制喷油器沉积物形成，而其他芳香族物质促进喷油器沉积物形成。

2. 柴油机

柴油机排放的 PM 主要成分有碳粒、硫酸盐、可溶性有机成分和含金属元素的灰分等。柴油机颗粒物的生成过程主要包括裂解、成核、表面生长、凝结、团聚及氧化等六个过程[34]，如图 3-14 所示。

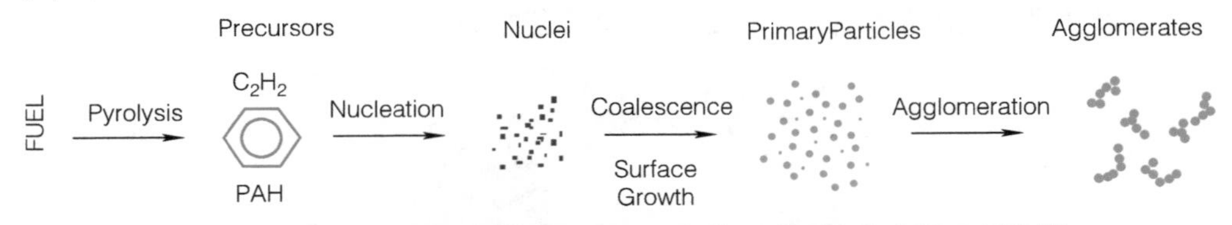

图 3-14　碳烟颗粒物形成过程从气相到固体团聚颗粒的步骤示意图[35]

1）燃料裂解：喷入缸内的燃油分子在高温条件下发生裂解，首先生成乙炔和聚乙炔等小分子碳氢化合物，然后通过脱氢加乙炔机理逐渐生成多环芳香烃等碳烟前驱体[36]。

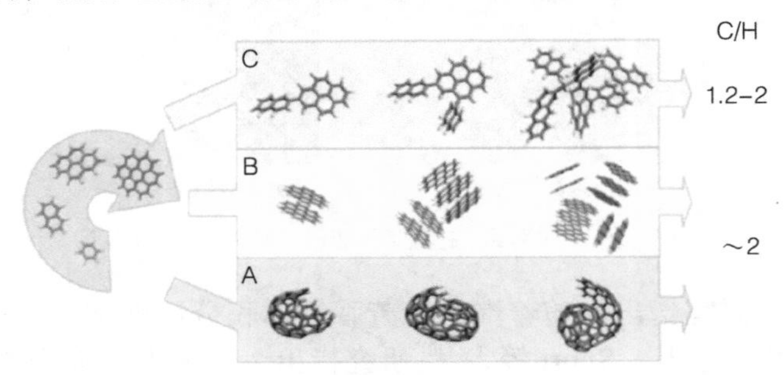

图 3-15　碳烟颗粒物成核路径

2）碳烟成核：关于碳烟成核的过程仍没有公认的结论，目前已知有三种理论假说来解释碳烟的成核过程[37]：①适当大小的 PAHs 通过分子间作用力聚集最终形成三维空间结构；②适当大小的 PAHs 通过化学反应键结合形成相互交联的三维空间结构[38]；③平面结构的 PAHs 通过共价键的方式形成三维空间结构[39]。

3）表面生长：新生成的微粒表面存在大量的自由基[40]，可以与反应气体中的其他活性基团发生化学反应，逐渐生成趋近于球形的基本碳粒子。

4）凝结：成形的初级碳粒子在缸内气流变化下相互碰撞，两个或多个初级碳粒子凝结形成单个大颗粒。

5）团聚：在燃烧的后期，典型的碳烟微粒多呈不规则的形状，如杆状、球状、枝状等，这主要是由多个球状初级碳粒子形成大的基簇粒子。

6）氧化：从裂解到团聚的过程中，任何时间都可能发生氧化。氧化对碳烟带来的效果主要是质量上的减少，其次还可能包括对数量和物理结构的影响。

柴油机颗粒物排放影响因素主要包括喷油器的结构和性能、发动机负荷与转速、燃料、喷油参数、燃油中硫含量等。

微粒排放量随负荷变化。在小负荷时，空燃比和温度均较低，气缸内稀薄混合气区较大，且处于燃烧界限之外而不能燃烧，造成了冷凝聚合的有利条件，从而有较多微粒（主

要成分是未燃燃油成分和部分氧化反应产物）生成；在大负荷时，空燃比和温度均较高，造成了裂解和脱氢的有利条件，使微粒（主要成分是碳烟）排放量又有了升高；在接近全负荷时微粒排放急剧增加（接近冒烟界限），这时虽然总体过量空气系数尚大于 1，但由于燃烧室内可燃混合气不均匀，局部会有过浓，导致烟粒大量生成。

柴油中的芳香烃含量及柴油的馏程对柴油机的微粒排放有明显的影响。试验表明，燃油中芳香烃含量及馏程越高，在相同的试验条件下，微粒排放量越大；而烷烃含量越高，微粒排放量越小。Zhang 等人[41]研究了燃用正丁醇 – 柴油混合燃料对于压燃式发动机颗粒物排放的影响，发现正丁醇比例为 15%（BU15）和正丁醇比例为 20%（BU20）的混合燃料可以显著降低发动机排放，尤其是颗粒物和元素碳。相对于传统石化柴油，煤基合成柴油的主要优势在于其低芳香烃含量有利于降低发动机的颗粒物排放。

将燃用煤基合成柴油与国六石化柴油对压燃式发动机燃烧过程及污染物排放的影响进行对比分析，研究发现相对于低芳烃含量的国六石化柴油，在压燃式发动机中燃用十六烷值较高的煤基合成柴油能够缩短滞燃期，从而造成预混合燃烧比例减小、预混合燃烧与扩散燃烧边界明显。由于扩散燃烧过程中缺氧区较多，因此相对于燃用石化柴油，燃用煤基合成柴油能够降低发动机的 NO_x 排放，但其颗粒物质量排放较高。结合燃油喷射策略以及 EGR 率协同控制，相对于燃用纯煤基合成柴油无 EGR 情况，燃用 B30 燃料 10%EGR 时 NO_x 和颗粒物排放分别降低了 45.1% 和 49%。

燃油喷射参数对颗粒物的影响主要包括：喷油定时、喷油规律、喷油嘴不正常喷射、喷油压力、空气涡流等。提高喷油压力一直是柴油机燃油系统追求的基本目标之一，高压喷射提高了燃油的喷射能量，使得喷雾更加细化，油束的贯穿速度更快，由此使柴油机的油气混合更加均匀。喷射压力的提高缩短了着火滞燃期、喷油持续期和燃烧持续期，它使预混燃烧的比例增加，同时也加速了扩散燃烧期内的油气混合，使扩散燃烧速度明显提高。因此，高压喷射是解决碳烟排放问题的最有效手段之一[42]，图 3-16 给出了喷油压力与颗粒排放的关系[43]。另一方面，适当增加空气涡流，可使油滴蒸发加快，空气卷入量增多，有利于改善混合气品质，以减少碳烟排放量。但是，对减少碳烟排放有利的涡流，不一定有利于减少其他微粒和有害物的排放。直喷式柴油机喷油器在一定范围内随喷孔数的增加可降低碳烟排放，但过多的喷孔则由于贯穿力不足而影响效果。减小喷孔直径会使燃油喷雾颗粒细化，可降低微粒物的排放。

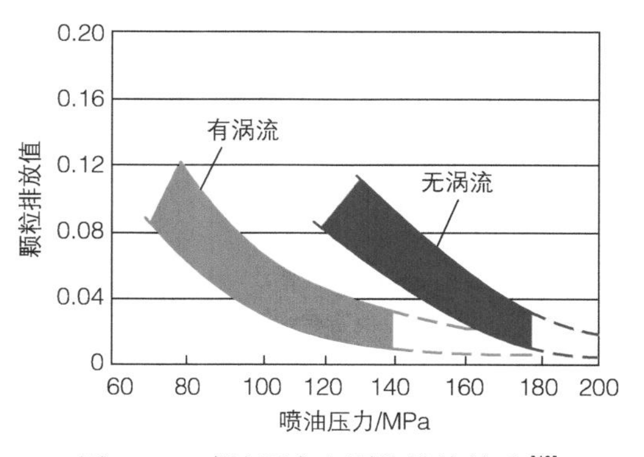

图 3-16　喷油压力和颗粒排放关系[43]

硫含量的多少能明显影响 PM 中硫酸盐的排放。若将柴油的硫含量从 0.5% 降到 0.03% 将使轻型车的 PM 排放降低 7%，使重型车的 PM 排放降低 4%。

其他因素如由于高温缺氧也是造成碳烟生成量增加的重要原因。韩林洁[44]等人研究发现，汽油车和柴油车排放 PM2.5 中 PAHs 浓度较平原地区同研究的 PAHs 质量浓度高，可能由于高原地区气压低，大气含氧量不足，机动车燃油不充分导致其尾气中 PAHs 质量浓度较平原地区偏高。这些都与高原地区氧气含量不足，对发动机助燃性差，致使负荷状态下的发动机燃油燃烧不充分有关。因此，凡能提高充气效率以增大进气量的措施，都可以减少碳烟排放。适当提高燃烧室内的空气温度和壁温，可以改善燃料着火条件，减少微粒排放。

燃用生物柴油对降低发动机颗粒物排放具有巨大的潜力和优势，同时也能影响颗粒物的粒径分布，国内外学者对发动机燃用生物柴油的颗粒物排放特性展开了一系列试验研究。Knothe 等人[45]在一台四缸柴油机上燃用了月桂酸甲酯、棕榈酸甲酯、油酸甲酯和纯柴油，所有的燃料都经过了重型柴油机瞬态循环测试，试验结果表明：与普通柴油相比，燃用油酸甲酯 PM 排放降低了约 77%，同时燃用棕榈酸甲酯和月桂酸甲酯的 PM 减少量甚至超过了 82%。Wu 等人[46]在一台康明斯的六缸柴油机上研究了棉籽主油生物柴油（cottonseed oil biodiesel，CME）、大豆生物柴油（soybean biodiesel，SME）、菜籽油生物柴油（rapeseed biodiesel，RME）、棕榈油生物柴油（palm oil biodiesel，PME）以及废食用油生物柴油（waste vegetable oil biodiesel，WME）5 种不同来源的生物柴油对颗粒物排放的影响。如图 3-17 所示，试验结果表明：燃用不同类别的生物柴油能够大幅度降低颗粒物排放，降低幅度从 53% 到 69% 不等，其中干碳烟的降低幅度从 79% 到 83% 不等，并且燃用不同的生物柴油对颗粒物的降低幅度从高到低为 WME>PME>CME>RME>SME。此外，还发现燃料的黏度和含氧量对于碳烟排放具有明显的影响，高负荷时含氧量越高，碳烟排放越低，在低负荷时，燃料的黏度越低，碳烟排放越低。

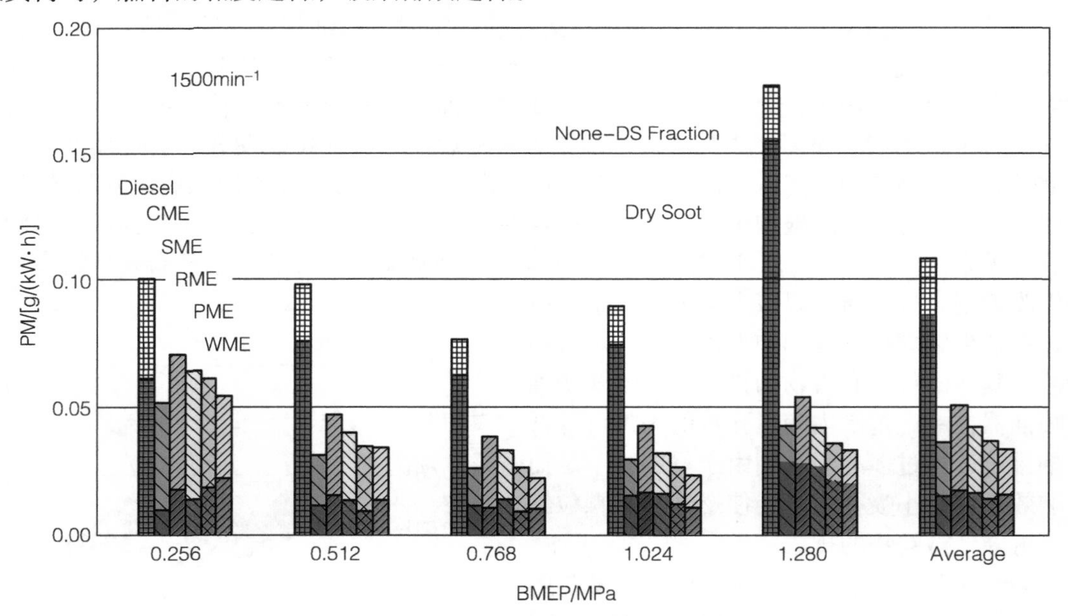

图 3-17　不同燃油的 PM 排放对比[46]

Tan 等人[47]在一台轻型柴油机上研究了麻风树生物柴油对发动机排放颗粒物的影响，试验结果表明，随着生物柴油掺混比例的增加，聚集态颗粒物数量减少，而核态颗粒物数量增加；当燃用 B50 和 B100 的生物柴油时，产生的颗粒物总数量是纯柴油的 3～4 倍。

国内外学者针对柴油机燃用生物柴油所排放颗粒的微观结构已展开了大量的研究工作，研究结果表明，燃用生物柴油对颗粒物的微观结构存在明显的影响。Tree 等人[48]对

比研究了燃用不同类型的生物柴油以及常规柴油所生成碳烟颗粒的微观形貌特征，发现常规柴油所产生的颗粒物平均粒径明显大于生物柴油，生物柴油产生的颗粒物基本碳粒子粒径大小顺序为：大豆油生物柴油 > 掺烧油（大豆油和动物脂肪油按体积比 50% 掺混）> 菜籽油生物柴油。此外，生物柴油产生的颗粒物具有高度的石墨化的核 - 壳结构，而常规柴油产生的颗粒物基本碳粒子的微晶较短、不连续而且石墨化程度较低。Song 等人[49]研究了六缸柴油机燃用 Fischer-Tropsch 柴油（FT）和大豆生物柴油产生的颗粒物在氧化过程中微观结构的变化，FT 与普通柴油的区别在于不含硫和芳香烃而且十六烷值高达 85。不同燃料燃烧产生的颗粒物在微观结构上存在明显的差异，而且随着含氧量的增加，燃烧产生的颗粒物无序程度将会增加。天津大学的郝斌[50]在不同的工况下对比研究了普通欧Ⅳ柴油以及欧Ⅳ柴油和生物柴油的掺混燃料（掺混比 4：1）对排气颗粒物微观结构的影响。由图 3-18 可以看出：燃用生物柴油所产生颗粒物的分形维数（介于 1.60 ~ 1.85 之间）明显大于普通柴油所排放颗粒物的分形维数（介于 1.58 ~ 1.83 之间）；普通柴油所排放的基本碳粒子平均粒径大于生物柴油，而且燃用普通柴油所产生颗粒物的有序度大于燃烧用生物柴油所产生的颗粒物。

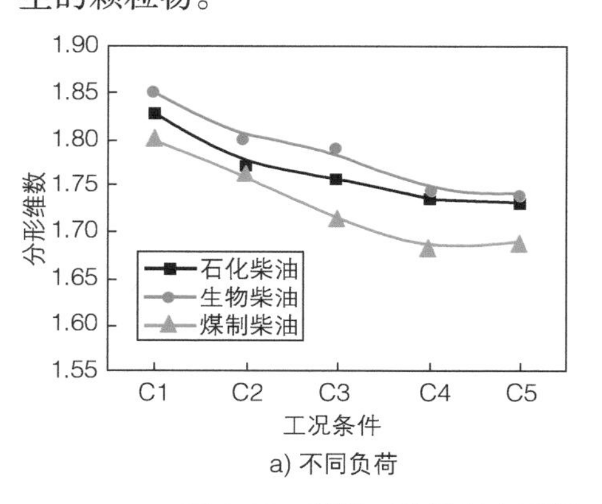

a) 不同负荷

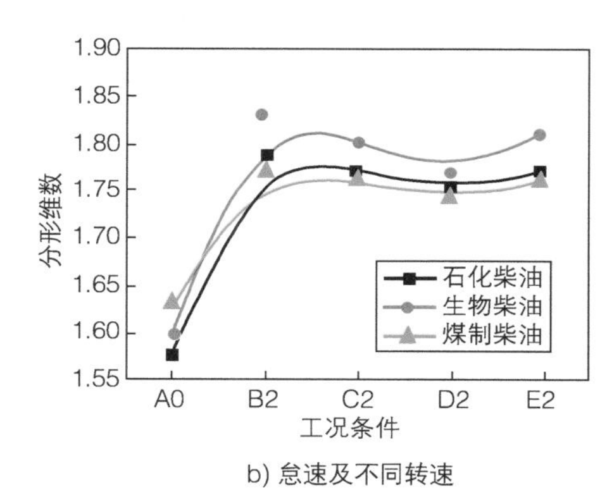

b) 怠速及不同转速

图 3-18　燃用三种燃料在不同工况下所排放微粒的分形维数变化

3.1.5　非常规污染物生成机理及其产生的影响因素

1. 挥发性有机物

依据分子结构和含氧自由基位置，非常规污染物可以分为烯烃类、烷烃类、芳香烃类和醛酮类等四类物质，主要以气态形式存在。

烯烃类物质主要包括链烯烃和环烯烃，是指含有碳 - 碳双键（C=C）的碳氢化合物，具有反应活性，可发生环氧化和聚合等反应，还可氧化发生双键的断裂，生成醛、羧酸等。柴油机烯烃类物质主要有乙烯、丙烯和 1，3 丁二烯，表 3-4 为烯烃类物质的属性。

表 3-4　烯烃类物质的属性

名称	化学式	熔点 / 沸点 /℃	密度 /（g/cm^3）
乙烯	CH_2CH_2	−169.4/−103.9	1.27
丙烯	$CH_2CH_2CH_2$	−191.2/−47.4	1.91
1，3 丁二烯	$CH_2CHCHCH_2$	−108.9/−4.5	0.615

烷烃类物质主要是由未燃混合燃料组成，是开链的饱和链烃，化学性质稳定，主要包括正己烷、正庚烷和环己烷等物质，表 3-5 为烷烃类物质的属性。

表 3-5　烷烃类物质的属性

名称	化学式	熔点 / 沸点 /℃	密度 /（g/cm³）
正己烷	C_6H_{14}	−90.4/68.7	0.659
正庚烷	C_7H_{16}	−90.5/98.4	0.684
环己烷	C_6H_{12}	6.6/80.7	0.779

芳香烃类物质成分较为复杂，是燃料不完全燃烧的产物，是碳烟形成的前驱体，与烟形成过程密切相关，主要包括苯、甲苯、乙苯、二甲苯、萘、菲、芘等物质，表 3-6 为芳香烃类物质的属性。

表 3-6　芳香烃类物质的属性

名称	化学式	熔点 / 沸点 /℃	密度 /（g/cm³）
苯	C_6H_6	5.5/80.1	0.879
甲苯	$C_6H_5CH_3$	−95/110.8	0.866
乙苯	$C_6H_5CH_2CH_3$	−94.9/136.2	0.870
邻二甲苯	$(CH_3)_2C_6H_4$	−25/144	0.897
间二甲苯	$(CH_3)_2C_6H_4$	−47.4/139.3	0.867
对二甲苯	$(CH_3)_2C_6H_4$	13.2/138.5	0.861
萘	$C_{10}H_8$	80.1/217.9	1.160
菲	$C_{14}H_{10}$	100.4/340	1.060
芘	$C_{16}H_{10}$	150/393.5	1.270

车型、燃料类型、燃油成分中芳香烃和苯的含量以及道路交通状况直接影响机动车苯系物的排放。在公路两侧空气中的 VOCs 中，苯系物含量约占 VOCs 总量的 50%，且机动车尾气中苯系物的排放量变化与汽油中芳烃含量成正比，部分一线城市机动车苯系物排放量轻型客车贡献率最大[51-53]。陆思华等人[54]研究机动车 VOCs 排放特性，得出甲苯、间二甲苯、对二甲苯和 1，2，4 - 三甲苯是机动车排放的主要苯系物，柴油车排放尾气中苯系物高于其他类型燃料汽车。徐东群等研究交通路口大气中苯系物的浓度，交通路口大气中苯、甲苯、二甲苯浓度范围分别为 0.041 ~ 0.276mg/m³、0.002 ~ 0.132mg/m³、0.008 ~ 0.091mg/m³，其浓度受车流量、路况及天气因素的影响。Di 等人[56]对柴油和生物柴油发动机苯、甲苯、二甲苯排放特性进行研究，发现生物质替代燃料可降低其排放量。

大气中 35% 的 VOCs 来源于汽车尾气，其中苯系物是含量最高的化合物之一。燃油中的芳香烃与苯含量、燃料类型、车型和道路交通状况等，均直接影响机动车苯系物的排放。公路两侧空气中的 VOCs 中，苯系物含量约占 VOCs 含量的一半，且机动车尾气中苯系物的排放量变化与汽油中芳烃含量成正比，部分一线城市机动车苯系物排放量轻型客车贡献率最大。乔月珍等人[57]认为，甲苯、间二甲苯、对二甲苯和 1，2，4 - 三甲苯是机动车排放的主要苯系物，且柴油车排放尾气中苯系物高于其他类型燃料汽车。傅晓钦等人[58]认为，苯系

物的浓度受车流量、路况及天气因素影响。

国六柴油机 DPF 再生阶段 VOCs 的排放量不容忽视，其排放总量是不再生阶段的 4 倍，其中七种 VOCs 毒性成分为不再生阶段的 2 倍。再生阶段 VOCs 排放的烷烃含量最高，其次为芳香烃、醛酮和烯烃，分别占总排放 VOCs 的 42.5%、29.7%、24.9% 和 2.9%，其中七种毒性成分（甲醛、乙醛、苯、甲苯、乙苯、二甲苯、苯乙烯）占比 22.3%。

对 VOCs 生成的影响因素一方面来自不同驾驶工况中速度和驾驶时间差异，另一方面是车辆属性差异，如车型、排放标准、里程、排量、点火方式、燃料、后处理、发动机等因素 [59]。对 VOCs 毒性成分的影响因素包括：排气温度、废气流量、再生喷油量、DOC 载体指标参数（尺寸 / 孔密度等）。其中，醛类排放对排气温度较为敏感，未燃柴油在 DOC 中发生“低温氧化”反应，生成大量甲醛，而由于 DOC 温度低，无法将醛类氧化放热，从而导致醛类的泄漏。苯系物的排放对再生喷油量较为敏感。同样是因为 DOC 温度低，抑制了尾气中苯和苯基生成碳烟的反应，使其与尾气中小分子烷基反应增多，生成的苯系物增加。

醛酮类物质主要包括甲醛、乙醛、丙醛、丙烯醛、丙酮、2- 丁酮、2- 戊酮。表 3-7 为醛酮类物质的属性。

表 3-7　醛酮类物质的属性

名称	化学式	熔点 / 沸点 /℃	密度 /（g/cm^3）
甲醛	$HCHO$	−92/−9.5	0.815
乙醛	CH_3CHO	−123.5/20.2	0.710
丙醛	CH_3CH_2CHO	−81/48	0.807
丙烯醛	CH_2CHCHO	−87.7/52.5	0.840
丙酮	CH_3COCH_3	−94.6/56.5	0.80
2- 丁酮	$CH_3COCH_2CH_3$	−85.9/79.6	0.810
2- 戊酮	$CH_3COCH_2CH_2CH_3$	−77.5/102.3	0.810

机动车排放烯烃类 VOCs 主要包括乙烯、1- 丁烯、2- 甲基 -2- 丁烯。其主要影响因素除受汽车技术状况影响外，污染物排放量随着非烷烃类含量增加而增加。许多关于机动车尾气排放的研究表明，不同的驾驶工况（如行车速度与时间不同），以及不同的车辆属性（如车型、排放标准与后处理装置、行驶里程、排量等不同）均会导致 VOCs 成分差异，增加机动车源成分谱的不确定性 [60]。

研究表明，机动车排气污染物中的烷烃、烯烃和芳香烃类物质，都是 VOCs 的主要组成。汽油车和柴油车尾气排放最明显的差别在于高碳烃类，汽油车 C10 以上的烃类排放非常少，而柴油车排放较多。而对于 LPG 车来说，不同国家和地区的研究表明 C4 以下的烷烃是其主要的排放物质。机动车的起动方式分为冷起动和热起动，EPA 对于冷起动的定义为点火之后的 300s，虽然这个过程较短，但是排放了大量的污染物，因此也引起了学者的关注。Caplain 等人 [61] 对法国轿车进行冷热起动研究，结果表明，冷起动排放的主要物质是芳香烃和烯烃，而热起动的排放物质是烷烃，且冷起动的尾气污染物排放量要高于热起动。但 Schmitz 等人 [62] 指出柴油车和无后处理装置的汽油车几乎不受起动方式的影响。张铁臣等人 [63] 也得出了与国外相似的研究结果。

Guo 等人[64]研究了速度对 VOCs 的排放特征影响，分析了在速度为 0 km/h、25km/h、50km/h、70km/h 和 100km/h 下的 VOCs 排放特征，如图 3-19 所示。对汽油车而言，不同的组分随速度的变化规律不同，当速度从 0km/h 增加到 100km/h 时，乙烷的排放量显著增加，而戊烷的排放几乎不受速度的影响，甲苯却呈现下降趋势。LPG 车辆烷烃的排放随速度的增加而减少，芳香烃随速度的增加而增加。Dong 等人[65]的研究表明，柴油车在低速时排放的羰基化物量比高速时高 60%。此外，有不少研究探究了车辆负载对于机动车排放的影响，且针对柴油车的研究相比更多，这是由于柴油货车在一些发展中国家常处于超载状态。Yao 等人[66]的研究表明满载状态下的重型柴油车比半载状态下烃类物质排放要高出 70%，但黄成等人[67]的研究结果显示满载和空载情况下的排放量无明显变化。

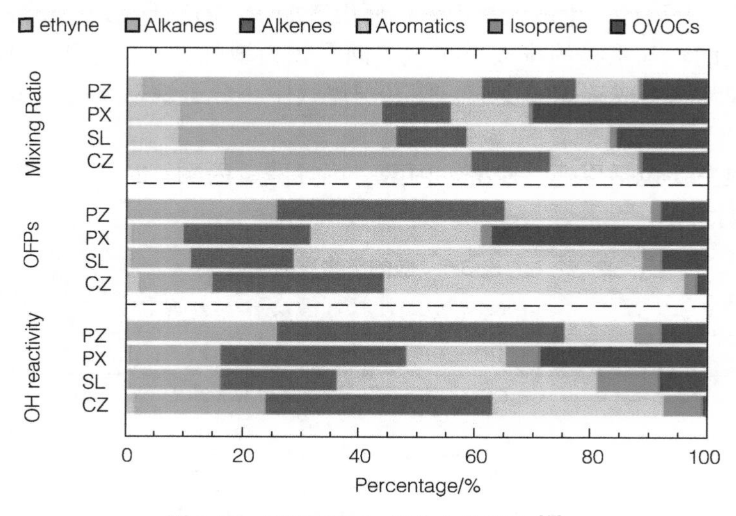

图 3-19　不同 VOCs 组分占比情况[64]

轻型汽油车和柴油车尾气中的 VOCs 排放因子随排放标准的升级逐渐降低。VOCs 的排放也与车辆的使用情况有关，行驶里程高的机动车 VOCs 排放更高。不同排放标准下的 VOCs 组分质量比例有明显差异，随着排放标准的升级，轻型汽油车尾气中烷烃、烯炔烃、芳香烃的质量比例下降，而 OVOCs 的质量比例上升，国一 ~ 国四轻型汽油车排放以烷烃和芳香烃为主，国五 ~ 国六轻型汽油车排放以 OVOCs 为主；各排放标准的柴油车尾气主要为 OVOCs 和烯炔烃，OVOCs 的质量比例随着排放标准的升级呈下降趋势，而烯炔烃占比略有上升。

随着排放标准升级，柴油车起动过程对 VOCs 排放贡献更大。轻型汽油车尾气中各组分从冷起动到热起动的降幅表现为：芳香烃 > 烯炔烃 > 烷烃 > OVOCs > 卤代烃，柴油车则表现为：卤代烃 > 烷烃 > 芳香烃 > OVOCs > 烯炔烃。

相同排放标准下，柴油车排放对臭氧生成的贡献显著高于轻型汽油车。不同国标的汽油车则呈现出不同的变化，国一 ~ 国四轻型汽油车尾气中的芳香烃和烯炔烃对臭氧贡献最高，随着排放标准的升级，国五、国六轻型汽油车尾气中 OVOCs 对臭氧的贡献更大，而国一、国四柴油车尾气中 OVOCs 和国五柴油车尾气中的烯炔烃对臭氧的贡献最高。从臭氧污染防控的角度来看，降低 OVOCs 和烯炔烃排放是下一阶段轻型汽油车和柴油车尾气管控的重点。

香港理工 Zhou 等人[68]对加氢柴油机的常规和非常规排放进行了研究，结果表明，柴油机加氢能够降低 CO 和 CO_2 以及乙烯、丙烯、苯、甲苯、二甲苯、乙醛等非常规污染物；多环芳香烃的形成影响着颗粒物质量和数量浓度以及柴油裂解中间产物烯烃和苯的生成。

2. 氧化亚氮

胡京南等人[69]在《轻型汽油车 CH_4 和 N_2O 排放因子研究》一文中，选择 22 辆轻型汽油车，利用底盘测功机进行常规台架测试和采样分析，获得了车辆在 NEDC 循环工况下的 N_2O 的排放因子[23]。结果显示，国一阶段至国四阶段车用汽油车 N_2O 的平均排放因子分别是 0.045g/km、0.039g/km、0.026g/km 和 0.021g/km[23]。可见，随着排放技术的发展，N_2O 排放量影响因素不断减少，这得益于排放法规的加严促进车企在燃烧和后处理方面的改善，同时又得益于我国油品技术的提高，但是文中仅从试验数据验证了排放技术的发展带来了 N_2O 排放量的减少，并没有深入研究 N_2O 的排放特性。

秦宏宇等在论文《轻型汽油车 N_2O 排放影响因素的研究》中，以一辆满足国五排放标准的轻型车为样本，以三种含硫量不同的汽油作燃料，分别利用 FTP75 和 US06 测试的循环方法，研究了车辆尾气中 N_2O 排放影响因素。研究结果显示：测试工况将直接影响车辆 N_2O 的排放，在冷起动工况开始时期，由于催化剂未达到工作温度，车辆 N_2O 排放较多，可见燃料和车辆状态与 N_2O 排放有很大的关系。

何立强等人[71]在《2010 年中国机动车 CH_4 和 N_2O 排放清单》中利用模型计算得到 2010 年中国机动车 CH_4 和 N_2O 排放量为 23.90×10^4t 和 6.01×10^4t。在机动车中，汽车的 N_2O 排放最大，分担率为 94.22%，而摩托车排放的分担较小。在各种类型的汽车上，N_2O 排放大多来自轻型汽车，其分担率达 73.09%（图 3-20）。

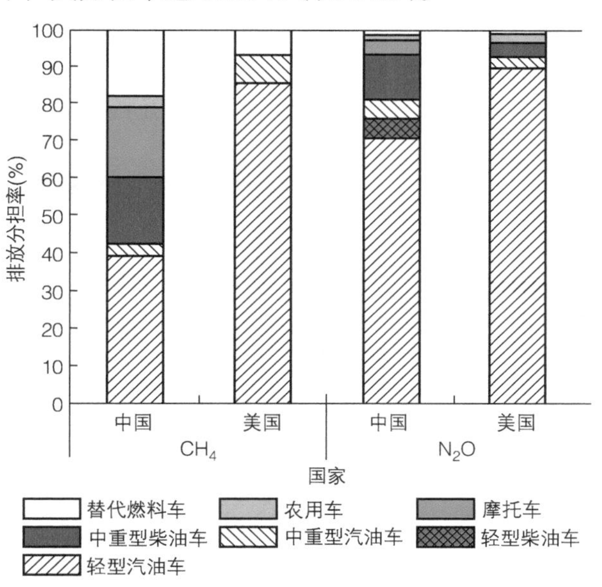

图 3-20　不同机动车型 CH_4 和 N_2O 排放分担率比较

李思远等[72]在《柴油车 N_2O 生成机理 NO_x-N_2O 协同优化控制策略》利用 CHEMKIN 软件模拟了包含 N_2O 生成的详细反应机理，基于不同催化剂的 SCR 模型，采用量化计算和试验测量结合的手段，得到各反应步的指前因子和反应活化能等参数，模型中引入已有较为成熟的 SCR 反应机理，依据多组柴油机排气污染物浓度和温度的实测数据改变初始条件进行模拟以及敏感性分析，对目标物种进行生成速率分析得出影响 N_2O 生成和 NO_x 还原效率的关键影响因素。

虽然 N_2O 在车辆尾气中没有相应的排放标准限值，但关于机动车尾气中 N_2O 排放研究早已展开。HUAI 等人 [73] 在 *Estimates of the emission rates of nitrous oxide from light-duty vehicles using different chassis dynamo meter test cycles* 这篇文章中研究了 60 辆样车，从无催化器样车到有催化器的超级小排量车，对样车进行 FTP75 工况测试，包括冷起动 ST01、热运行 ST01，以及较为激进的 US06 循环。早期催化剂技术的 N_2O 排放速率最高，较先进的催化剂技术 N_2O 排放速率下降。在 60 个测试结果中，近一半（25 辆）车辆在 FTP75 循环下的 N_2O 排放因子低于 10mg/mile，而其余车辆的排放因子因具体的车辆控制技术、操作、循环和汽油硫含量的不同而存在显著差异。实时数据显示，N_2O 的排放主要形成于催化剂激活的初期，随着催化剂达到平衡温度，N_2O 的排放明显下降。

日本 IwamotoM. 等对使用不同燃料发动机进行 N_2O 排放测试，结果表明，装有三效催化剂的汽油机的 N_2O 排放量最大，其次是装有氧化型催化剂的汽油机，其 N_2O 的排放量分别达到了 0.1 ~ 400mg/km 和 6 ~ 90mg/km，而未安装催化剂的车辆排放量仅为 0.8 ~ 8mg/km。文中同时研究了不同贵金属对于 N_2O 的催化效率等，高贵金属含量的新鲜催化剂排放的 N_2O 高，低贵金属含量的 N_2O 排放低，但催化剂老化后并没有这种趋势。Angiola 等人 [74] 使用 COPERT Ⅳ模型计算出欧Ⅱ前的车辆 N_2O 排放量为 0.013 ~ 0.032g/km，欧Ⅱ的车辆排放量为 0.017g/km。Becker 等人 [75] 通过对隧道中 N_2O 的排放量检测，得出车辆通过隧道时 N_2O 排放量为 0.002 ~ 0.034g/km。

以上研究结果是从催化器有无、不同排放水平的车辆条件下进行 NEDC 工况、UDC 工况测试以及使用模型计算法计算 N_2O 排放，一方面说明国外对于 N_2O 排放研究比较重视，另一方面也说明国外在排放模型建立和应用方面有较深的研究。

3.2 二次污染物排放

二次污染物是指排入环境中的一次污染物在物理、化学因素或生物的作用下发生变化，或与环境中的其他物质发生反应所形成的物理、化学性状与一次污染物不同的新污染物，又称继发性污染物。如一次污染物 SO_2 在空气中氧化成硫酸盐气溶胶，汽车排气中的 NO_x、HC 在日光照射下发生光化学反应生成的二次颗粒物、光化学烟雾、SOA 等二次污染物，一般二次污染物毒性比一次污染物强。一次污染物，本身产生了化学变化，转变成毒性比一次污染物更大的化学物质，例如 SO_2 转变成硫酸雾，NO_2 转变成硝酸雾，以及烃类和 NO_2 转化成光化学烟雾等，后者均比前者的毒性大。

从 2013—2018 年，全国三大城市群 SO_2、NO_2、PM_{10} 和 $PM_{2.5}$ 持续下降。然而，$PM_{2.5}$ 距离达到国家二级标准还有一定距离，SOA 占比上升 [76]，进一步减排难度明显增加。与此同时，O_3 污染持续呈现波动上升，全国范围内呈现污染蔓延态势，全球 5000 多个地面监测站点观测发现，O_3 浓度最高的前 200 个站点中有 93.5% 的站点来自中国 [77]。由此可知，我国大气污染格局已经发生深刻变化，以灰霾和光化学烟雾污染为特征的大气二次污染是我国现阶段面临的严峻大气环境问题。

3.2.1　光化学烟雾

光化学烟雾是由于汽车尾气等污染源将非甲烷碳氢化合物、NO_x 和 CO 等一次污染物排入大气，在紫外光的照射下，发生多个基元反应，进而产生如 O_3、NO_2、醛、酮、酸和过氧乙酰硝酸酯等含氧元素的、具有强氧化性的二次污染物，参与光化学复杂反应的一次和二次污染物的混合物所形成的烟雾污染现象，称为光化学烟雾 [78]。

从反应物来说，二氧化氮在大气中与四氧化二氮并存：$2NO_2{=}N_2O_4$（二聚体），当早高峰和晚高峰，汽车大量排放尾气时，空气中的一次污染物达到一定浓度，就会导致光化学烟雾的二次污染物的形成。除此之外，从反应条件来说，由于一年中的夏季和一天中的早晨，日照更充足，太阳电磁波辐射更强烈，会促使光解反应的发生，引发一系列复杂反应 [79]。此外，还有风力因素和地势因素的影响。当气象条件风力不足或地处地势较低的地区时，空气流通度减少，此时，空气中一次污染物的浓度更高，不易消散，会促使生成二次污染物的化学反应发生。

引发反应从二氧化氮光解开始。空气中的二氧化氮，吸收太阳光电磁波辐射热量，会生成氧原子和一氧化氮，氧原子和氧气反应生成臭氧 [80]。臭氧和氧原子氧化碳氢化合物，生成有机物和过氧自由基，过氧自由基又不断氧化一氧化氮，使其转化为二氧化氮，又再次光解，生成臭氧，当空气中的臭氧达到一定浓度，会导致过氧乙酰硝酸酯等物质的生成。这些经过复杂反应的二次污染物在空气中积聚，就出现了光化学烟雾（图 3-21）。

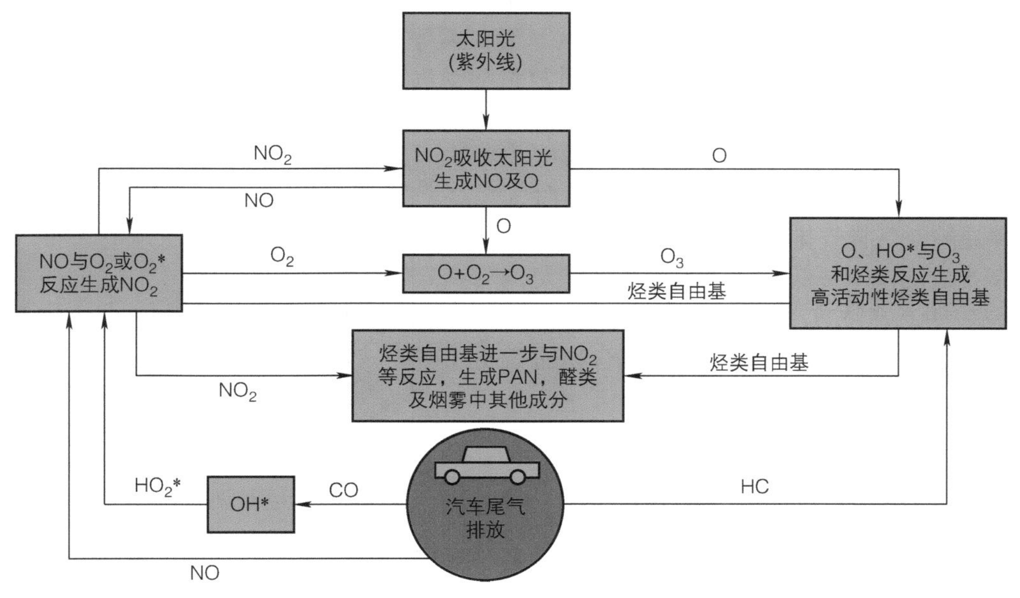

图 3-21　光化学烟雾的形成过程示意图

注：“*” 表示自由基。

随着近年来国家对于机动车 VOCs 排放管控的加强，机动车 VOCs 排放总量增加的趋势已经大幅放缓，然而属于光化学烟雾的 O_3 却在快速的增加。目前国内外就 O_3 的生成机制已进行了较全面的探讨 [81-82]，普遍认为 CH_4、CO 和 VOCs 是 O_3 生成的燃料 [83]，而 NO_x 在 O_3 生成的反应中起到催化剂的作用。VOCs 和 NO_x 作为 O_3 的重要前体物 [84]，对城市光化学烟雾和灰霾等复合型大气污染天气的形成尤其重要[85]。研究表明，白天，在光照和 NO_x 存在条件下，OH 自由基与 VOCs 结合的反应是光化学氧化的启动反应。

VOCs 中各成分参与大气光化学反应的活性不同，对于生成 O_3 和 SOA 的贡献也就不同。已有研究表明，近地面 O_3 主要由挥发性有机物 VOCs 和 NO_x 发生光化学反应生成[86]。早在 1698 年洛杉矶大气污染法规就已经关注 VOCs 中对于 O_3 形成潜势有重要贡献的少数成分，而不是一刀切式管控所有的 VOCs 成分。因此对于机动车 VOCs 的管控不能仅停留在排放总量上，而且也要基于反应活性精准管控。

目前，对 VOCs 与 O_3 的潜在关系方面已有较多研究。朱少峰等人[87]研究指出，深圳大气 VOCs 中对臭氧生成潜势（ozone formation potential，OFP）贡献率最高的是芳香烃组分，其贡献率为 55.3%；甲苯、乙烯、间 - 二甲苯、对 - 二甲苯是对 O_3 生成的潜在影响最大的化合物。王红丽[88]的研究指出，芳香烃和烯烃组分在光化学污染期间对上海市 TVOCs 的 OFP 的影响最大，贡献率总和高达 75%；C3-C4 烯烃类化合物、异戊二烯、C7-C10 芳香烃类化合物等对上海市 O_3 的潜在贡献最大。

烯烃是一种光化学反应活性较强的碳氢化合物，是光化学烟雾的重要前驱物。其中，乙烯的光化学反应机理为：羟基自由基 OH- 与乙烯反应生成带有羟基的自由基 $HOCH_2CH_2^{\cdot}$；$HOCH_2CH_2^{\cdot}$ 与氧结合形成过氧自由基 $HOCH_2CH_2O_2^{\cdot}$，其可将 NO 氧化成 NO_2；产生的 $HOCH_2CH_2O^{\cdot}$ 与氧反应生成 HCHO、HO_2^-、羟基乙烯醛 $HOCH_2CHO$。

陆思华[89]等研究机动车排放挥发性有机化合物特征，得出汽车排放污染物烯烃类化合物中以乙烯、1- 丁烯、2- 甲基 -2- 丁烯为主。董红霞等人[90]研究汽油烃成分对汽车排放的影响，得出不同烃组分汽油燃烧后污染物排放量除受汽车技术状况影响外，污染物排放量随非烷烃类含量增加而增加（图 3-22）。王伯光等人[91]研究机动车排放污染物中挥发性有机污染物的组成及其特征，研究得出广州城市主要交通干道空气样气中烯烃排放浓度是白云山摩星岭空气样气排放浓度的 20 ~ 30 倍，柴油车排放的 VOCs 低于其他燃料车型。大量研究表明，高浓度 NMHC 排放会加重城市光化学烟雾污染，所以控制烯烃化合物的排放可减轻城市光化学烟雾污染。

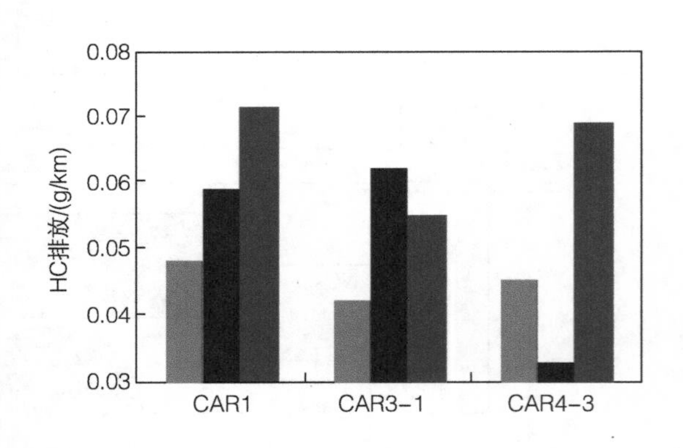

图 3-22　国六车型芳烃含量对 HC 排放的影响

羰基化合物也是 VOCs 的重要组成部分，发生光化学污染期间，经常能同时观测到高浓度水平的 O_3 和羰基化合物，因此可以假定 O_3 和羰基化合物之间存在紧密的联系[92]。羰基化合物主要包括醛类和酮类化合物，是大气中含氧挥发性有机物的重要组成部分，其中一次源包括植物排放、森林或草原大火、化石燃料燃烧、生物质燃烧、溶剂和涂料的挥发、油烟气等[93]。二次源主要是通过大气化学过程产生，羰基化合物在大气中的主要反应过程如图 3-23 所示。二次羰基化合物由一次排放的烃类化合物在大气中发生氧化反应生成，主要通过 $RO+O_2$ 的反应[94]。特别是在光照条件下，由 OH 自由基引发的 VOCs 的降解过程会产生过氧烷基自由基（RO_2），而 RO_2 会加速 NO 氧化为 NO_2，并导致 RO 自由基的生成[95]，羰基化合物可通过 $RO+O_2$

的反应生成。因此从来源的角度，羰基化合物是自由基循环过程中的重要中间产物。羰基化合物也在自由基引起的反应过程中发挥着重要的作用，因为羰基化合物的光解是自由基重要的一次来源 [96]。

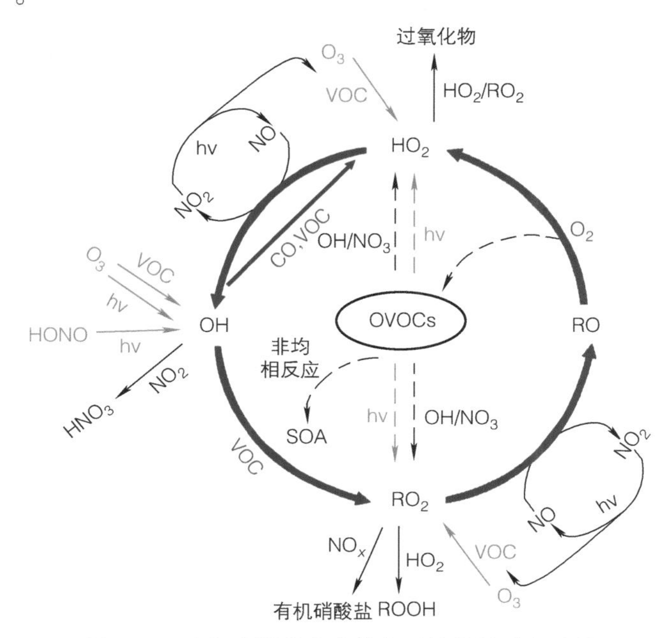

图 3-23　大气中羰基化合物主要的化学反应过程

注：红色和蓝色线分别表示自由基的开始和循环路径，虚线表示羰基化合物直接参与的化学过程。

羰基化合物主要通过与氧化剂（如 OH 自由基、NO_3 自由基）发生化学反应及在光照下发生光解而去除。羰基化合物的光解已经被证明对 HO_2 和 RO_2 自由基的一次生成具有重要的贡献 [97]，这些自由基接着可以参与 NO_x 循环反应，将 NO 氧化为 NO_2 并因此影响 O_3 的生成 [98]。羰基化合物可以被 OH 自由基氧化为酰基过氧自由基（主要对于醛类）和烷基过氧自由基（主要对于酮类），两种自由基均会经过自由基的循环反应最后生成 RO_2 终止。另外，二羰基化合物（主要为乙二醛和甲基乙二醛）被含水颗粒物去除也是羰基化合物重要的来源 [99]，当这两种羰基化合物与含水颗粒物或者云滴接触时，可以快速形成二次有机气溶胶。众多的研究表明不同区域的不同羰基化合物的主导来源差异巨大。

为控制 O_3 污染，国内外对羰基化合物在 O_3 生成过程中所起到的作用进行了更深入的研究。Wang 等人 [98] 发现甲醛的光解主导了 HO_2 的生成并且 HO_2 可进一步将 NO 氧化为 NO_2，促进 O_3 的生成。一些研究通过计算 OFP 和模型敏感性测试来评估 O_3 和前体物的关系。Yuan 等人 [100] 计算珠三角地区大气中不同 VOC 组分的 OFP，发现大多数城市站点大气中芳香烃对 OFP 的贡献最大，然而乡村地区站点大气中羰基化合物对 OFP 贡献最大。相反的是，北京城市站点大气中羰基化合物对 OFP 的贡献占主导地位 [101]，这些差异表明我国不同地区大气中 O_3 生成机制不同。Yang 等人 [102] 的研究也证明羰基化合物是在北京大气 O_3 生成过程中最敏感的化合物，因此确定羰基化合物来源是减轻区域臭氧污染的有效方法。除了关注探究羰基化合物对 O_3 生成的敏感性与占比最高二次生成过程，更需要关注一次羰基化合物对 O_3 生成的贡献。

3.2.2 二次有机气溶胶的生成机理

SOA 影响空气质量、全球气候变化以及人类健康，SOA 的形成机制是当前国际大气化学前沿领域。汽车尾气排出的 SO_2、NO_x 和 VOCs 等气态排放物，是大气光化学反应生成 SOA 的重要前驱物。另外，根据2014年中国科学院和瑞士保罗谢勒研究所联合发表在《Nature》的文献，源自化石燃料燃烧排放生成的 SOA 是中国雾霾大气中 $PM_{2.5}$ 的主要来源 [103]。控制机动车对大气 PM2.5 的贡献，既需要控制机动车直接排放的一次颗粒物，也需要控制其排放生成二次颗粒物的前驱物。这些气态排放物在大气中稀释冷凝或者与大气中的其他物质发生复杂的物理化学反应，生成二次颗粒物 [104]。

VOCs 通过大气氧化反应与气 / 粒转化过程可形成 SOA[105]，如图 3-24 所示。VOCs 与 OH 自由基经一系列复杂反应后产生 O_3 和 OVOCs，OVOCs 在气象条件下，被 OH 自由基、O_3、硝酸自由基等氧化剂进一步氧化，产生大量多官能团氧化产物（如羧酸类物质等）。在特定大气条件下，进入凝聚相，经过后续复杂反应而形成 SOA。夜间，VOCs 与硝酸自由基、O_3 反应产生 SOA[106]。

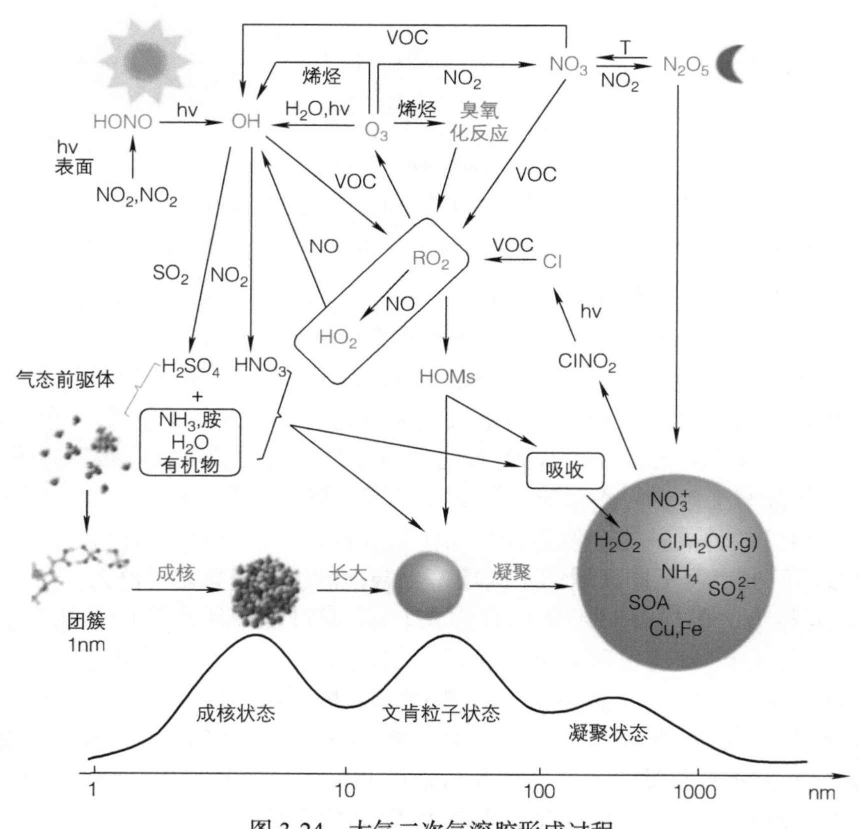

图 3-24 大气二次气溶胶形成过程

理论上，降低 O_3 与 SOA 的生成量可采用控制 VOCs 与 NO_x 等前体物的排放量的方法，从而达到改善空气质量的目的。但实际上，O_3 与 SOA 作为二次反应的产物，其与前体物浓度间并非简单线性关系，美国较早使用经验公式曲线来表征 O_3 及其前体物的关系 [107]。

Pandis 等[108] 研究表明，当 $VOCs/NO_x<15/1$ 时，通过调整 VOCs 与 NO_x 的浓度，使得此两种前体物的浓度比例增加的同时，SOA 的产率会相应有所提高；当 $VOCs/NO_x>15/1$ 时，增加 VOCs 与 NO_x 的浓度比例，反而引起 SOA 产率的下降。Varutbangkul[109] 则认为当较高浓度的 NO_x 参与反应时，可能会增加 O_3 的生成量，从而引起 O_3 氧化二次产生的氧化产物并通过气 / 粒转化产生 SOA 的一系列过程发生改变，导致反应产生 SOA 的浓度下降。可见，在区域环境空气质量决策时，不仅要考虑 VOCs-O_3 的关系，还要考虑 VOCs-O_3-SOA 的关系，值得注意的是，NO_x 作为 O_3、SOA 生成的重要前体物之一，在控制决策时也不容忽视。

刘腾宇等人利用中科院广州地球化学研究所大型室内烟雾箱、高分辨飞行时间气溶胶质谱（high-resolution time-of-flight aerosol mass spectrometer，HR- TOF- AMS）和扫描电迁移率颗粒物粒径谱仪（scanning mobility particle sizer，SMPS），深入分析了中国汽油车尾气 SOA 生成、产率、生成因子以及其他环境因素如 SO_2 和 NH_3 等对其影响[110]。研究结论表明：经过 5h 光照氧化后，汽油车尾气生成 SOA 为一次有机气溶胶 12 ~ 259 倍。汽油车尾气老化过程中同时有大量铵盐和硝酸盐生成，表明实际大气中汽油车尾气对 PM 的贡献以二次粒子如 SOA、铵盐和硝酸盐为主（图 3-25）。本研究中 SOA 产率相比欧Ⅱ ~ 欧Ⅳ汽油车尾气 SOA 产率低，使用单产物气粒分配模型拟合后，传统单环芳烃和萘占比 51% ~ 90%SOA。使用 HR-TOF-AMS 断定汽油车尾气 SOA 主要为半挥发被氧化的有机气溶胶。生成过程主要是羧酸和醇或过氧化物的生成。

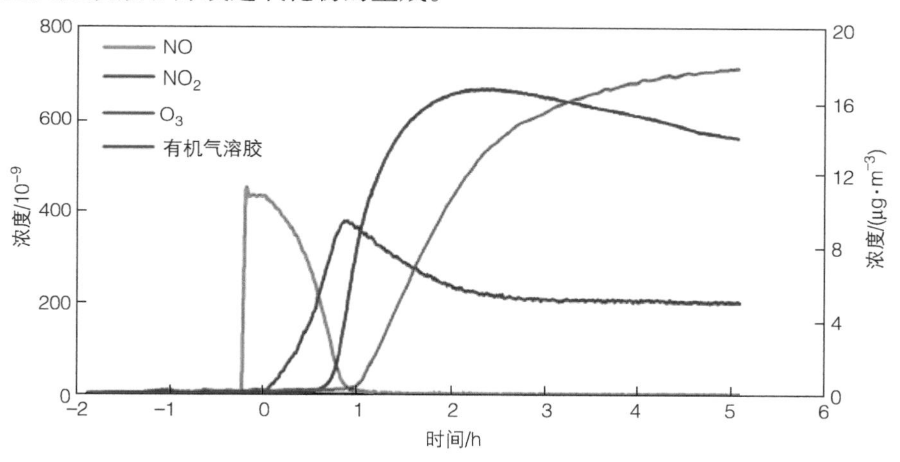

图 3-25　汽油车尾气老化过程中物种浓度变化

虽然随着排放标准的提高，汽油车一次排放颗粒物逐渐降低，但是如果考虑 SOA 的生成，国四车排放 PM 的量可能比国一车还要高。如果考虑初始排放和二次粒子如 SOA 和硝酸盐的生成，汽油车尾气对 PM2.5 的贡献可能与柴油车尾气相当甚至超过其贡献，尤其是在大城市如北京等。加 SO_2 后，汽油车尾气 SOA 生成因子大幅度提高，比不加 SO_2 时高 60% ~ 200%，酸催化非均相反应可能是导致 SOA 生成因子增加的主要原因。加 SO_2 同样增强新颗粒生成，加 SO_2 后颗粒物数量是不加 SO_2 时的 5.4 ~ 48 倍，此外，加 SO_2 还增加 SOA 的生成速率。加 SO_2 时汽油车尾气 SOA 氧化程度更低，可能由于加 SO_2 时有机质质量更高及酸催化非均相反应生成了氧化程度低的产物。有汽油车尾气存在时 SO_2 转化生成硫酸盐的途径主要为与库利基中间体的反应和非均相反应。

SO_2 和汽油车尾气之间的协同作用可能是我国华北平原地区冬季灰霾频发的重要原因，珠三角地区比华北平原地区空气质量好的原因可能与 SO_2 排放的有效控制有关。SO_2 和汽油车尾气之间的协同作用还表明，如果减少 SO_2 排放，那么硫酸盐和 SOA 的生成都会减少。除去汽油车尾气中的 NH_3 后，颗粒物生成受到抑制，NH_3 在汽油车尾气颗粒物生成和增长过程中起重要作用。向光照老化 3h 后的汽油车尾气中加入 NH_3 时，颗粒物数量和质量大幅度增加，表明城市汽油车尾气老化气团在郊区与富含 NH_3 的气团相遇时会造成颗粒物数量和质量的增大，影响当地空气质量。NH_3 对汽油车尾气 SOA 生成影响很小，有 NH_3 和无 NH_3 时，SOA 的 H：C 和 O：C 都基本相同，表明 NH_3 对汽油车尾气 SOA 氧化程度没有影响。

3.3 本章结语

本章详细介绍了 CO、HC、NO_x、颗粒物等移动源排放污染物的生成机理与影响因素。国内外对移动源污染的研究焦点不仅集中在上述常规污染物，同时，针对光化学烟雾、二次有机气溶胶等二次污染物的类别、生成机理及影响因素也在进行初步研究，并取得了一定的结果。

参考文献

[1] 陈曙红 . 浅析汽油发动机燃烧室壁面淬熄效应 [J]. 湖南交通科技 , 2007, 33 (2): 149-150.

[2] 李岳林 , 张志永 . 车用汽油机 HC 生成及排放控制技术 [J]. 上海汽车 , 2006, 1: 30-32.

[3] 李兴虎 . 汽车排气污染与控制 [M]. 北京 : 机械工业出版社 , 2006.

[4] 常鹤 . 在用车低温冷起动排放及起动性能的研究 [D]. 吉林 : 吉林农业大学 , 2015.

[5] 侯江 . 柴油机有害排放物生成特点及处理技术 [J]. 上海汽车 , 2010 (4): 31-35.

[6] 孙柏刚 , 赵建辉 , 赵陆明 , 等 . 氢燃料内燃机 NO_x 排放特性的试验研究 [J]. 内燃机工程 , 2011, 32(2): 53-56.

[7] LIU F S. CFD study on hydrogen engine mixture formation and combustion[M]. Goettingen: Cuvillier Press, 2004.

[8] 段俊法 , 张宇 , 秦高林 , 等 . 基于较详细机理的氢燃料内燃机排放特性研究 [J]. 车用发动机 , 2019, 1: 21-26.

[9] 朱建军 , 李鹏 , 武文捷 , 等 . PODE 引燃甲醇双燃料压燃发动机排放特性研究 [J]. 可再生能源 , 2020, 38(9): 1157-1162.

[10] 姚春德 , 陈超 , 姚安仁 , 等 . 基于 DMCC 发动机台架的甲醇 -SCR 催化还原 NO_x 的研究 [J]. 工程热物理学报 , 2020, 41(2): 498-506.

[11] 王帅 . 甲醇 - 柴油双燃料发动机喷醇 MAP 优化 [J]. 车用发动机 , 2015, 6: 69-72.

[12] ASHIDA T, TAKEI Y, HOSI H. Effects of fuel properties on SIDI fuel injector deposit[J]. SAE Tech Paper, 2001, 36(1): 369-381.

[13] CARLISLE H W, FREW R W, MILLS J R, et al. The effect of fuel composition and additive content on injector deposits and performance of an air-assisted direct injection spark ignition (DISI) research engine[C]//International Spring Fuels & Lubricants Meeting. [S.l.: s.n.], 2001.

[14] AIKAWA K, SAKURAI T, JETTER J J. Development of a predictive model for gasoline vehicle particulate

matter emissions[J]. SAE Tech Paper, 2010, 3(2): 610-622.

[15] LEACH F, STONE R, RICHARDSON D. The influence of fuel properties on particulate number emissions from a direct injection spark ignition engine[C]//SAE World Congress and Exhibition. [S.l.: s.n.], 2013.

[16] AIKAWA K, JETTER J J. Impact of gasoline composition on particulate matter emissions from a direct-injection gasoline engine: Applicability of the particulate matter index[J]. International Journal of Engine Research, 2014, 15(3): 298-306.

[17] HOCHHAUSER A M, BENSON J D, BURNS V, et al. The effect of aromatics, MTBE, olefins and T_{90} on mass exhaust emissions from current and older vehicles-the auto/oil air quality improvement research program [C]//International Fuels & Lubricants Meeting & Exposition. [S.l.: s.n.], 1991.

[18] AIKAWA K, JETTER J J. Impact of gasoline composition on particulate matter emissions from a direct-injection gasoline engine: Applicability of the particulate matter index[J]. International Journal of Engine Research, 2013, 15(3): 298-306.

[19] KARAVALAKIS G, SHORT D Z, VU D, et al. Evaluating the effects of aromatics content in gasoline on gaseous and particulate matter emissions from SI-PFI and SIDI vehicles[J]. Environmental Science & Technology, 2015, 49(11): 7021-7031.

[20] SHORT D Z, VU D, DURBIN T D, et al. Components of particle emissions from light-duty spark-ignition vehicles with varying aromatic content and octane rating in gasoline[J]. Environmental Science & Technology, 2015, 49(17): 10682-10691.

[21] United States Environmental Protection Agency. EPAct-models-calculator[EB/OL]. (2013-04-26)[2023-05-17]. http: //www.epa.gov/otaq/models/moves/epact.htm.

[22] United States Environmental Protection Agency. Assessing the effect of five gasoline properties on exhaust emissions from light-duty vehicles certified to tier 2 standards: analysis of data from EPAct phase 3 [R/OL]. (2013-04-26)[2023-05-17]. http: //www.epa.gov/otaq/models/moves/ epact.htm

[23] KIM Y, KANG J, JUN S Y, et al. Fuel effect on particle emissions of a direct injection engine[J]. SAE Tech Paper, 2013, 4(2): 482-493.

[24] CHEN L, ZHANG Z, GONG W, et al. Quantifying the effects of fuel compositions on GDI-derived particle emissions using the optimal mixture design of experiments[J]. Fuel, 2015, 154: 252-260.

[25] WANG Y, ZHENG R, QIN Y, et al. The impact of fuel compositions on the particulate emissions of direct injection gasoline engine [J]. Fuel, 2016, 166: 543-552.

[26] 郑荣，李梦仁，王银辉，等．燃油组分对汽油机颗粒物及可挥发性有机物排放的影响 [J]. 内燃机学报，2016, 34(1): 32-40.

[27] WANG Y, ZHENG R, QIN Y, et al. The impact of fuel properties from Chinese market on the particulate and VOC emissions of a PFI and a DIG Engine [J]. SAE Tech Paper, 2016, 6(4): 825-838.

[28] KHALEK I, JETTER J J. Effect of commercially available gasoline fuel properties on particle emissions from a 2010 vehicle equipped with gasoline direct injection engine[C]// 22nd CRC Real World Emissions Workshop. San Diego: [s.n.], 2012.

[29] ZHENG D. Study on combustion mechanism of gasoline alternative fuels and measurement of flame propagation velocity [D]. Beijing: Tsinghua University, 2016.

[30] ZHENG D, ZHANG Y, ZHONG B. Chemical kinetic model for polycyclic aromatic hydrocarbon

formation during gasoline surrogate fuel combustion [J]. Acta Physico-Chimica Sinica, 2013, 29(6): 1154-1160.

[31] ZHONG B, ZHENG D. A chemical mechanism for ignition and oxidation of multi-component gasoline surrogate fuels[J]. Fuel, 2014, 128: 458-466.

[32] CARLISLE H W, FREW R W, MILLS J R, et al. The effect of fuel composition and additive content on injector deposits and performance of an air-assisted direct injection spark ignition (DISI) research engine[J]. SAE Tech Paper, 2001, 12(1): 2018-2030.

[33] ASHIDA T, TAKEI Y, HOSI H. Effects of fuel properties onSIDI fuel injector deposi[J]. SAE Tech Paper, 2001, 9(3): 3682-3694.

[34] SMITH O I. Fundamentals of soot formation in flames with application to diesel engine particulate emissions[J]. Progress in Energy & Combustion Science, 1981, 7(4): 275-291.

[35] TREE D R, SVENSSON K I. Soot processes in compression ignition engines[J]. Progress in Energy and Combustion Science, 2007, 33(3): 272-309.

[36] FRENKLACH M, WANG H. Detailed modeling of soot particle nucleation and growth[J]. Symposium on Combustion, 1991, 23(1): 1559-1566.

[37] WANG H. Formation of nascent soot and other condensed-phase materials in flames[J]. Proceedings of the Combustion Institute, 2011, 33(1): 41-67.

[38] MILLER J H. The kinetics of polynuclear aromatic hydrocarbon agglomeration in flames[J]. Symposium on Combustion, 1991, 23(1): 91-98.

[39] HOMANN K H. Fullerenes and soot formation-new pathways to large particles in flames[J]. Angewandte Chemie, 1998, 37(18): 2434-2451.

[40] VIOLI A, KUBOTA A, TRUONG T N, et al. A fully integrated kinetic Monte Carlo/molecular dynamics approach for the simulation of soot precursor growth[J]. Proceedings of the Combustion Institute, 2002, 29(2): 2343-2349.

[41] ZHANG Z H, BALASUBRAMANIAN R. Influence of butanol-diesel blends on particulate emissions of a non-road diesel engine[J]. Fuel, 2014, 118: 130-136.

[42] 石秀勇 . 喷油规律对柴油机性能与排放的影响研究 [D]. 济南：山东大学 , 2007.

[43] SU TF, et al. Effects of injection pressure and nozzle geometry on spray SMD and D.I. emissions[C]//1995 SAE International Fall Fuels and Lubricants Meeting and Exhibition. [S.l.: s.n.], 1995.

[44] 韩林洁 . 高原环境机动车尾气颗粒物排放特征研究 [D]. 昆明：昆明理工大学 , 2019.

[45] KNOTHE G, SHARP C A, III T W R. Exhaust emissions of biodiesel, petrodiesel, neat methyl esters, and alkanes in a new technology engine[J]. Energy & Fuels, 2006, 20(1): 403-408.

[46] WU F, WANG J, CHEN W, et al. A study on emission performance of a diesel engine fueled with five typical methyl ester biodiesels[J]. Atmospheric Environment, 2009, 43(7): 1481-1485.

[47] TAN P Q, RUAN S S, HU Z Y, et al. Particle number emissions from a light-duty diesel engine with biodiesel fuels under transient-state operating conditions[J]. Applied Energy, 2014, 113: 22-31.

[48] TREE D R, SVENSSON K I. Soot processes in compression ignition engines[J]. Progress in Energy and Combustion Science, 2007, 33(3): 272-309.

[49] SONG J, ALAM M, BOEHMAN A L, et al. Examination of the oxidation behavior of biodiesel soot[J].

Combustion & Flame, 2006, 146(4): 589-604.

[50] 郝斌 . 不同燃料对柴油机排气颗粒物的影响研究 [D]. 天津 : 天津大学 , 2014.

[51] PERRY R, GEE I L. Vehicle emission in relation to fuel composition[J].Science of the total environment, 1995, 169(1-3): 149-156.

[52] 毛润 . 柴油机苯系物排放检测及试验研究 [D]. 武汉 : 华中科技大学 , 2007.

[53] 姚志良 , 王岐东 , 王新彤 , 等 . 典型城市机动车非常规污染物排放清单 [J]. 环境污染与防治 , 2011, 33(3): 96-101.

[54] 陆思华 , 白郁华 , 张广山 , 等 . 机动车排放及汽油中 VOCs 成分谱特征的研究 [J]. 北京大学学报 , 2003, 39(4): 507-511.

[55] 徐东群 , 刘晨明 , 李铮 , 等. 机动车尾气造成的苯系物污染状况调查 [J]. 环境与健康杂志 , 2004, 21(5): 305-307.

[56] DI Y G, CHEUNG C S, HUANG Z H. Comparison of the effect of biodiesel-diesel and ethanol-diesel on the gaseous emission of a direct-injection diesel engine[J]. Atmospheric Environment, 2009, 43(17): 2721-2730.

[57] 乔月珍 , 王红丽 , 黄成 , 等 . 机动车尾气排放 VOCs 源成分谱及其大气反应活性 [J]. 环境科学 , 2012, 33(4): 1071-1079.

[58] 傅晓钦 , 翁燕波 , 钱飞中 , 等 . 行驶机动车尾气排放 VOCs 成分谱及苯系物排放特征 [J]. 环境科学学报 , 2008, 28(6): 1056-1062.

[59] 段乐君 . 珠江三角洲地区机动车挥发性有机物 (VOCs) 排放特征研究 [D]. 广州 : 华南理工大学 , 2021.

[60] 段乐君 , 袁自冰 , 沙青娥 , 等 . 不同排放标准下机动车挥发性有机化合物排放特征趋势研究 [J]. 环境科学学报 , 2021, 41(4): 1239-1249.

[61] CAPLAIN I, CAZIER F, NOUALI H, et al. Emissions of unregulated pollutants from European gasoline and diesel passenger cars[J]. Atmospheric Environment. 2006, 40(31SI): 5954-5966.

[62] SCHMITZ T, HASSEL D, WEBER F. Determination of VOC-components in the exhaust of gasoline and diesel passenger cars[J]. Atmospheric Environment (1994). 2000, 34(27): 4639-4647.

[63] 张铁臣 . 汽油车冷起动挥发性有机物排放及生成机理的研究 [D]. 天津 : 天津大学 , 2009.

[64] GUO H, JIANG F, CHENG H R, et al. Concurrent observations of air pollutants at two sites in the Pearl River Delta and the implication of regional transport[J]. Atmospheric Chemistry and Physics. 2009, 9(19): 7343-7360.

[65] DONG D, SHAO M, LI Y, et al. Carbonyl emissions from heavy-duty diesel vehicle exhaust in China and the contribution to ozone formation potential[J]. Journal of Environmental Sciences. 2014, 26(1): 122-128.

[66] YAO Z, SHEN X, YE Y, et al. On-road emission characteristics of VOCs from diesel trucks in Beijing, China[J]. Atmospheric Environment. 2015, 103: 87-93.

[67] 黄成 , 陈长虹 , 景启国 , 等 . 重型柴油车车载排放实测与加载影响研究 [J]. 环境科学 , 2006, 11: 2303-2308.

[68] ZHOU J H, CHEUNG C S, LEUNG C W. Combustion, performance, regulated and unregulated emissions of a diesel engine with hydrogen addition [J]. Applied Energy, 2014, 126(1): 1-12.

[69] 何立强 , 宋敬浩 , 胡京南 等 . 轻型汽油车 CH_4 和 N_2O 排放因子研究 [J]. 环境科学 , 2014, 35 (12):

4489- 4494.

[70] 秦宏宇，王玉伟，付铁强，等．轻型汽油车 N_2O 排放影响因素的研究 [J]. 汽车科技，2017, 4: 21-24.

[71] 何立强，胡京南，解淑霞，等．2010 年中国机动车 CH_4 和 N_2O 排放清单 [J]. 环境科学研究，2014, 27 (1): 28-35.

[72] 李思远，王瑢璇．柴油车 N_2O 生成机理 NO_x-N_2O 协同优化控制策略 [J]. 汽车实用技术，2018, 44(11): 105-106.

[73] HUAI T , DURBIN T , MILLER J , et al. Estimates of the emission rates of nitrous oxide from light-duty vehicles using different chassis dynamometer test cycles[J]. Atmospheric Environment, 2004, 38(38): 6621-6629.

[74] D'ANGIOLA A, DAWIDOWSKI L E, GOMEZ D R, et al. On-road traffic emissions in a megacity[J]. Atmospheric Environment, 2010, 44(4): 483-493.

[75] BECKER K H , RZER J C , KURTENBACH R , et al. Contribution of vehicle exhaust to the global N_2O budget[J]. Chemosphere - Global Change Science, 2000, 2(3-4): 387–395.

[76] HUANG R, ZHANG Y, BOZZETTI C, et al. High secondary aerosol contribution to particulate pollution during haze events in China[J]. Nature, 2014, 514(7521): 218-222.

[77] LU X, HONG J, ZHANG L, et al. Severe surface ozone pollution in China: a global perspective[J]. Environmental Science & Technology Letters, 2018, 5(8): 487-494.

[78] 朱韵飞．光化学烟雾的形成及防治研究 [J]. 清洗世界，2022, 38(6): 87-89.

[79] 郭强．光化学烟雾的形成机制 [J]. 山东化工，2019, 48(2): 210-213.

[80] 杜红梅．大气光化学烟雾污染、监测及防治研究 [J]. 资源节约与环保，2021, 7: 55-56.

[81] 唐孝炎，张远航，邵敏．大气环境化学 [M]. 2 版．北京：高等教育出版社，2006.

[82] GALLOWAY M M, LOZA C L, CHHABRA P S, et al. Analysis of photochemical and dark glyoxal uptake: Implications for SOA formation[J]. Geophysical Research Letters, 2011, 38(17): 136-147.

[83] TAN Z, LU K, JIANG M, et al. Exploring ozone pollution in Chengdu, southwestern China: a case study from radical chemistry to O_3-VOC-NO_x sensitivity[J]. Science of the Total Environment, 2018, 636: 775-786.

[84] BLAKE D R, ROWLAND F S. Urban leakage of liquefied petroleum gas and its impact on Mexico city air quality[J]. Science, 1995, 269(5226): 953-956.

[85] 邓雪娇，王新明，赵春生，等．珠江三角洲典型过程 VOCs 的平均浓度与化学反应活性 [J]. 中国环境科学，2010, 30(9): 1153-1161.

[86] EDWARDS P M, BROWN S S, ROBERTS J M, et al. High winter ozone pollution from carbonylphotolysis in an oil and gas basin[J]. Nature, 2014, 514(7522): 351-354.

[87] 朱少峰，黄晓锋，何凌燕，等．深圳大气 VOCs 浓度的变化特征与化学反应活性 [J]. 中国环境科学，2012, 32(12): 2140-2148.

[88] 王红丽．上海市光化学污染期间挥发性有机物的组成特征及其对臭氧生成的影响研究 [J]. 环境科学学报，2015, 35(6): 1603-1611.

[89] 陆思华，白郁华，陈运宽，等. 北京市机动车排放挥发性有机化合物的特征 [J]. 中国环境科学，2003, 23(2): 127-130.

[90] 董红霞，徐小红，刘泉山，等. 汽油烃组成对汽车排放的影响 [J]. 石油炼制与化工，2011, 42(1):

88-92.
[91] 王伯光，邵敏，张远航，等. 机动车排放中挥发性有机污染物的组成及其特征研究 [J]. 环境科学研究，2006, 19(6): 75-80.
[92] YANG X, XUE L, YAO L, et al. Carbonyl compounds at Mount Tai in the North China Plain: characteristics, sources, and effects on ozone formation[J]. Atmospheric Research, 2017, 196(11): 53-61.
[93] ZHANG Y, WANG X, WEN S, et al. On-road vehicle emissions of glyoxal and methylglyoxal from tunnel tests in urban Guangzhou, China[J]. Atmospheric Environment, 2016, 127(2): 55-60.
[94] YANG X, XUE L, WANG T, et al. Observations and explicit modeling of summertime carbonyl formation in Beijing: identification of key precursor species and their impact on atmospheric oxidation chemistry[J]. Journal of Geophysical Research: Atmospheres, 2018, 123(2): 1426-1440.
[95] SECO R, PEÑUELAS J, FILELLA I. Short-chain oxygenated VOCs: Emission and uptake by plants and atmospheric sources, sinks, and concentrations[J]. Atmospheric Environment, 2007, 41(12): 2477-2499.
[96] XUE L, GU R, TAO W, et al. Oxidative capacity and radical chemistry in the polluted atmosphere of Hong Kong and Pearl River Delta region: analysis of a severe photochemical smog episode[J]. Atmospheric Chemistry and Physics, 2016, 16(8): 9891-9903.
[97] JIA C, WANG Y, LI Y, et al. Oxidative capacity and radical chemistry in a semi-arid and petrochemical-industrialized city, Northwest China[J]. Aerosol and Air Quality Research, 2018, 18(6): 1391-1404.
[98] WANG Y, GUO H, ZOU S, et al. Surface O_3 photochemistry over the South China Sea: application of a near-explicit chemical mechanism box model[J]. Environmental Pollution, 2018, 234(3): 155-166.
[99] HU J, WANG P, YING Q, et al. Modeling biogenic and anthropogenic secondary organic aerosol in China[J]. Atmospheric Chemistry Physics, 2017, 17(1): 77-92.
[100] YUAN B, CHEN W, SHAO M, et al. Measurements of ambient hydrocarbons and carbonyls in the Pearl River Delta (PRD), China[J]. Atmospheric Research, 2012, 116(10): 93-104.
[101] DUAN J, TAN J, YANG L, et al. Concentration, sources and ozone formation potential of volatile organic compounds (VOCs) during ozone episode in Beijing[J]. Atmospheric Research, 2008, 88(1): 25-35.
[102] YANG X, XUE L, WANG T, et al. Observations and explicit modeling of summertime carbonyl formation in Beijing: identification of key precursor species and their impact on atmospheric oxidation chemistry[J]. Journal of Geophysical Research: Atmospheres, 2018, 123(2): 1426-1440.
[103] LEWIS A C, CARSLAW N, MARRIOTT P J, et al. A larger pool of ozone-forming carbon compounds in urban atmospheres[J]. Nature, 2000, 405: 778-781.
[104] GUO S, HU M, ZAMORAB M L, et al. Elucidating severe urban haze formation in China[J]. Proc the National Academy of Sciences, 2014, 111(49): 17373-8.
[105] 程艳丽. 区域大气复合污染模式研究 - 大气氧化性与二次有机气溶胶形成及贡献 [D]. 北京：北京大学，2006.
[106] 方文政. 大气氧化及光氧化挥发性有机物生成二次有机气溶胶的研究 [D]. 北京：中国科学技术大学，2012.
[107] LU K, GUO S, TAN Z, et al. Exploring atmospheric free-radical chemistry in China: the self-cleansing capacity and the formation of secondary air pollution[J]. National Science Review, 2019, 6(3): 579-594.
[108] PANDIS S N, PAULSON S E, SEINFELD J H, et al. Aerosol formation in the photooxidation of isoprene

and β -pinene[J]. Atmospheric Environment Part A General Topics, 1991, 25(5-6): 997-1008.

[109] VARUTBANGKUL V, BRECHTEL F J, BAHREINI R, et al. Hygroscopicity of secondary organic aerosols formed by oxidation of cycloalkenes, monoterpenes, sesquiterpenes, and related compounds[J]. Atmospheric Chemistry & Physics, 2006, 6(1): 466-467.

[110] 刘腾宇 . 汽油车尾气二次有机气溶胶生成的烟雾箱模拟 [D]. 广州 : 中国科学院研究生院 (广州地球化学研究所), 2015.

第 4 章 移动源污染排放测试技术

本章主要介绍移动源排放污染物测试仪器的测试原理和测试方法，除尾气排放的测量外，还包括非尾气排放如曲轴箱、蒸发排放、轮胎磨损、制动片磨损等测试方法的研究进展。移动源排放污染物测试方法主要分为底盘测功机法、发动机台架测试法、实际道路测试法、遥感测试法等。取样方法主要分为直接取样法、变稀释度取样法、全量取样法等。气体污染物测量主要采用不分光红外气体分析仪、氢火焰离子型分析仪、化学发光分析仪、顺磁分析仪、气相色谱仪、傅里叶红外分析仪等。颗粒物主要测试颗粒物质量、颗粒物数量、烟度等。

4.1 排放测试方法概述

4.1.1 底盘测功机法

底盘测功机法是在实验室中利用底盘测功机的道路模拟系统、惯性模拟系统以及功率吸收装置等设备对车辆在实际道路上的行驶阻力和道路载荷进行准确模拟，从而模拟车辆实际行驶状态下的污染物排放水平。测量时，将底盘测功机的参数和模式调整好后，对底盘测功机进行预热处理，达到试验要求的温度范围，开始试验并同时进行数据记录。采用底盘测功机进行排放测试，测试结果受外界影响较小，重复性高，测量结果可靠。基于这些优点，目前底盘测功机法用于机动车污染物排放测试试验已经被越来越多的国家采用。加利福尼亚州于 1966 年制定的世界上最早的排放试验规范就是利用底盘测功机来模拟汽车在道路上的实际运行工况 [1]，如图 4-1 所示。

底盘测功机法主要用于轻型汽车的排放认证、产品一致性试验和在用车排放检测等。底盘测功机法也可用于重型车的整车排放测量（图 4-2），但是由于底盘测功机尺寸的限制，重型车一般推荐在发动机台架上测试其发动机的排放特性。

4.1.2 发动机台架测试法

目前重型车辆多采用发动机台架系统进行排放试验，重型车辆排放台架试验是将发动机安装在测功机上，连接水循环系统、进排气系统、供油系统、发动机及台架控制线束，使发动机能在各工况下按设定条件运转，采用全流测试系统或部分流测试系统进行排气总流量的测量，采用气体分析系统及颗粒取样系统进行气态及颗粒物排放的测量，如图 4-3 所示。在国六法规要求下，测功机应该使用交流电力测功机，而水循环系统、进排气系统、供油系统及排放测试系统需要额外的设备来控制和测量。

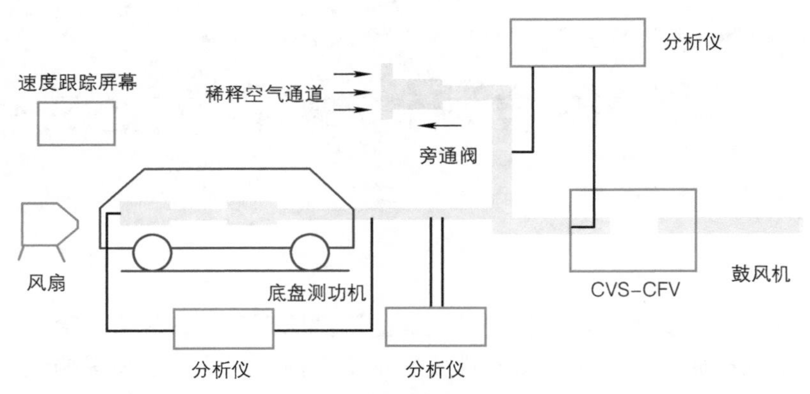

图 4-1　轻型车排放测量系统

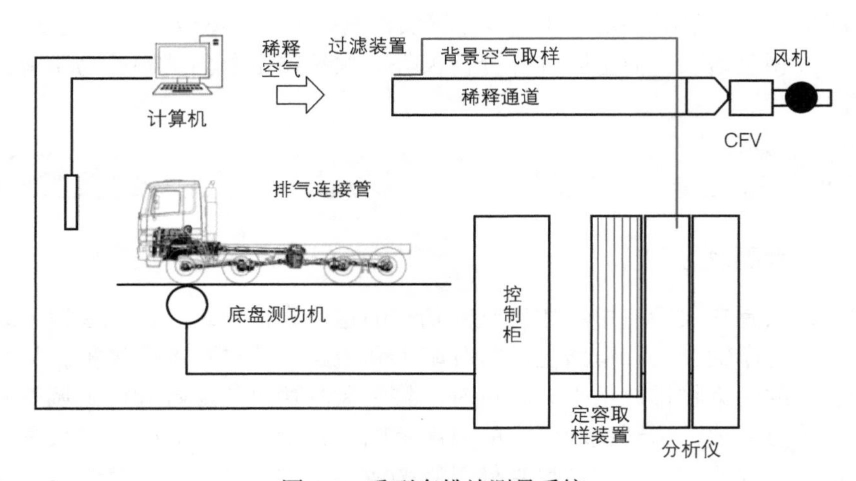

图 4-2　重型车排放测量系统

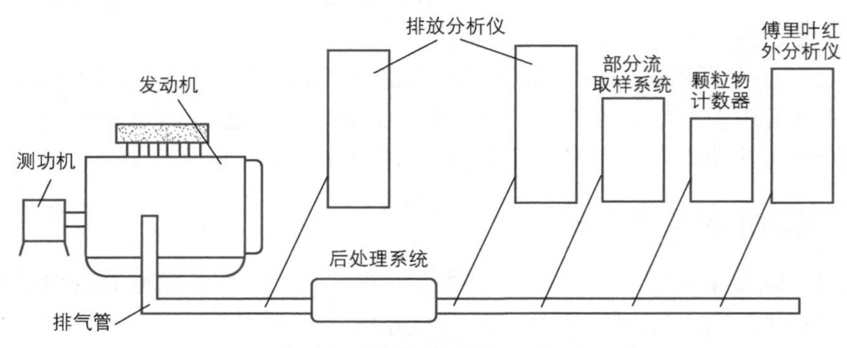

图 4-3　发动机台架部分流稀释系统布局简图

4.1.3　实际道路测试法

车载测试通过安装在机动车上的 PEMS 与尾气管相连，并通过 OBD 接口得到转速、进气管压力等发动机参数，与安装在车辆外部的 GPS 和温湿度计所获得的数据一起传输到计算机，可得到单车在实际道路行驶过程中的瞬态逐秒工况下的尾气排放。最早应用的 PEMS 是 1998 年由美国 EPA 开发的 ROVER 系统 [2]，目前具有代表性的 PEMS 有日本 HORIBA 公司的 OBS 系列产品、奥地利 AVL 公司的 MOVES 系列产品以及美国 SENSOR 公司的 SEMTECH 系列产品等 [5-11]。

车载排放测量技术主要是通过便携式排放测量系统 PEMS 来测量车辆在实际应用中真实的尾气排放情况 [3]。它使用直接取样系统，直接将一部分排气连续地收集取样到车载排放仪器的分析设备中进行分析。车载排放测量系统由防振型排放测量单元、主控笔记本计算机及相关软件、传感器及流量计的采样接头等组成，其系统如图 4-4 所示。对于车辆排放污染物的测量，通常法规要求测量的污染物有 CO、CO_2、NO_x、HC、PN 和 PM。

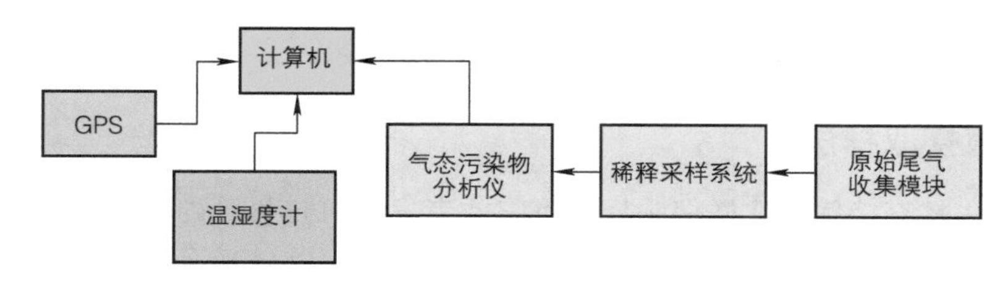

图 4-4　PEMS 示意图

PEMS 不受实验室局限，能直接读取污染物尾气排放数据，相对于隧道、遥感测试的数据可能被大气稀释而产生的误差，PEMS 和排气管直接相连所获取的污染物原始排放数据能最大限度地避免大气的干扰。我国应用车载技术时间较晚，2013 年北京市环保局《重型汽车排气污染物排放限值及测量方法（车载法）》、中华人民共和国环境保护部和国家质量监督检验检疫总局《轻型汽车污染物排放限值及测量方法（中国第六阶段）》和《重型柴油车污染物排放限值及测量方法（中国第六阶段）》等多项标准的发布加快了 PEMS 的应用。

4.1.4　遥感测试法

遥感测试指当机动车通过路边监测仪器时，利用红外、紫外分析法等技术实时获取机动车尾气排放污染物的瞬时浓度 [12, 13]。遥感测试组成如图 4-5 所示，其中遥测主机为红外、紫外发射器分析仪，当车辆经过时，摄像机识别车辆信息传输到计算机，同时利用人工源光束发射器发射红外、紫外光，光束通过机动车尾气并返回到接收装置中，光束穿过机动车尾气的吸收程度不同，根据各种光谱的吸收程度，可推算出机动车尾气各种污染物浓度。1987 年，美国研究者 Bishop、Stedman 最早将道路遥感技术引入机动车排放领域中。遥感测试能够在有限的时间内测得大量的机动车瞬时浓度，或可进行长期固定自动监测。

遥感测试一般应用于单车道或隧道内，对测试场地要求少、自动化程度高，但其测试数据只有一半左右是有效的 [14, 15]。其次，当驾驶员看到架设在路边的测试仪器时，可能会改变驾驶行为，造成测试结果的不确定性。且采用固定点测试，仪器安装地点及测试方案需反复推敲，又易受外部环境条件影响，因此需要选择多个测试点，减小误差。遥感测试目前还很难用于直接测量车辆的实际排放，只能作为检测是否存在高排放车辆的手段。

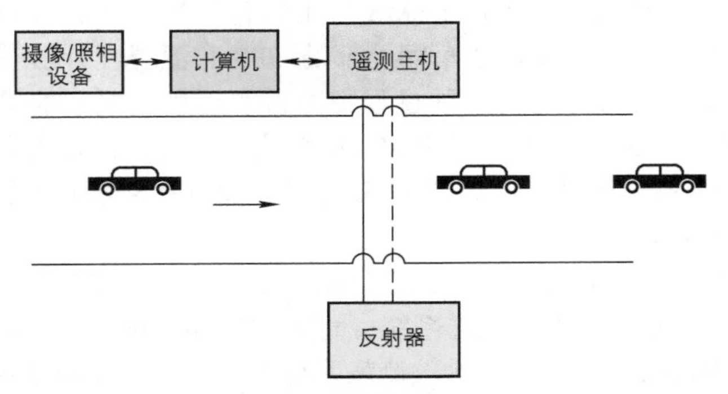

图 4-5　遥感测试示意图

4.2　排放污染物取样方法

4.2.1　直接取样法

直接取样法是直接使用取样探头插入汽车或者发动机排气管内采集部分废气，然后再送到分析仪的方法，如图 4-6 所示。根据测试目的不同，可以是连续直接取样，或者间断直接取样。连续直接取样是排气气样经气泵引入分析仪，气样在进入分析仪前，需经过滤清、冷凝等预处理以除去水分和杂质。这种方法可以连续观察排气组分的变化，被广泛用于双怠速排放试验和重型车烟度试验，也用于汽车厂维修车辆。取样系统中应装有过滤器、凝集器，以除去样气中大的颗粒物和水分，但常温或者低温时，排气中高沸点的碳氢化合物极易在凝集器内溶于水，造成测量的误差。为了避免误差，利用加热管路系统使测定汽油机和柴油机排气成分的温度分别保持在 150℃左右和 191℃左右；适当提高采样气流速度，减少气路通道死区；取样管材用不锈钢管、高温处理过的铜管等措施来提高测量精度 [1]。

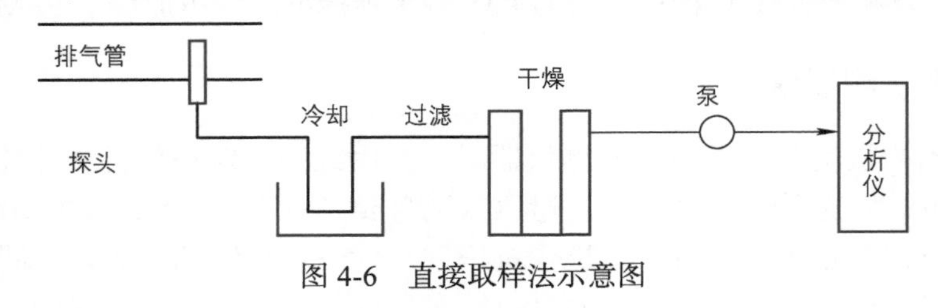

图 4-6　直接取样法示意图

4.2.2　变稀释度取样法

变稀释度取样法也称为定容取样法（constant volume sampling，CVS）。由于汽车或者发动机在测试时的工作状态并不是稳态的，排气管内的压力随着工况不断变化，排气管中浓度也不均匀，同一排气管截面的浓度差异大，采用直接采样的方法会造成一定的误差。为了解决这个问题，可以采用测量整个测试循环的有害物浓度平均值，但是这种方法需要很大的袋子收集排气，很不方便。

定容取样法是一种稀释取样方法。它实际上是控制周围空气对汽车或者发动机排气进行连续稀释，模拟汽车或发动机排气向大气中扩散这一实际过程，然后从稀释的排气中等比例抽取混合均匀的稀释气体到取样袋中，试验结束后测试气袋中污染物的平均浓度，然后根据总的稀释流量，就可以计算出污染物的排放量[16-18]。目前世界各国的型式认证和产品认证排放法规都规定选用定容取样系统[4]，图 4-7 所示为 HORIBA 公司的 CVS-ONE 定容取样装置。

目前常见的有三种：一是带容积泵的变稀释度系统，二是临界流量文杜里管变稀释系统，三是用量孔控制稳定流量的变稀释度系统[19]。

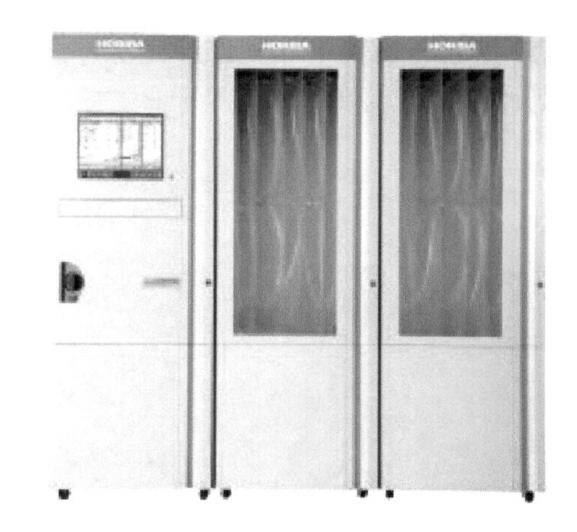

图 4-7　HORIBA 公司的 CVS-ONE 定容取样装置

4.2.3　全量取样法

全量取样法就是将发动机排气试验中的全部排气采集到一个有足够容积的气袋中以供分析。这种取样法既能测定排放污染物的平均浓度，也能做排放量的计算[19]。图 4-8 所示为全量取样法的流程图。

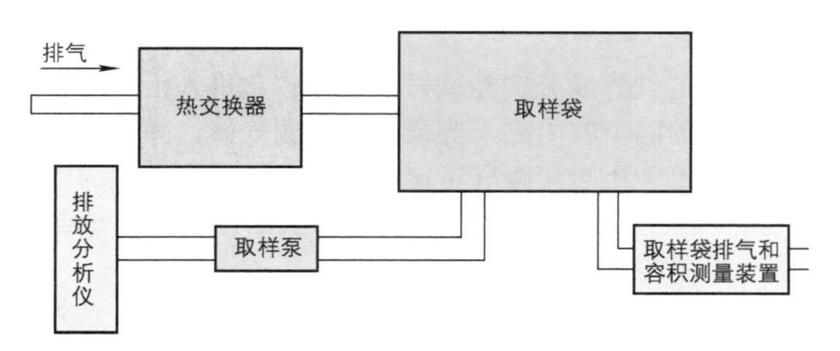

图 4-8　全量取样法的流程图

4.3　气体成分测量与分析

4.3.1　不分光红外线气体分析仪

非分散仪器按其测试波长波段不同分为非分散红外分析仪（non-dispersive infrared analyzer，NDIR）和非分散紫外分析仪（non-dispersive ultraviolet analyzer，NDUV）两类。

NDIR 是目前用来试验和评价内燃机排气中有害排放物的一种广泛使用的标准仪器，是法规测定 CO 和 CO_2 浓度的测试方法。对于在红外线领域中具有吸收带的非对称气体分子，如 HC、NO、NH_3、CH_4、C_2H_6、SO_2，原则上可以进行测量，如图 4-9 所示。测量 HC 时，在检测室中封入正己烷 C_6H_{14}，但 NDIR 对 HC 中的烯烃和芳香烃的敏感度很低，目前在五气分析仪中和早期车载测试设备中使用 NDIR 测定排气中的 HC 浓度，在精度更好的 CVS

采样中和成熟的车载测试设备已被要求使用氢火焰离子型分析仪（flame ionization detector，FID）测量排气中的 HC。

NDIR 是通过测定试样对象的红外光吸收能来测定其成分浓度。它的基本构造如图 4-10 所示，由两个相同红外光源、试样室、比较室、检测室、截光器，以及信号放大器和记录仪等部分组成。

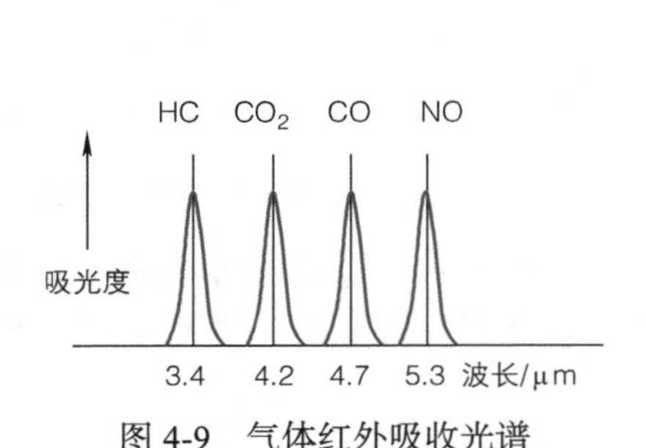

图 4-9　气体红外吸收光谱

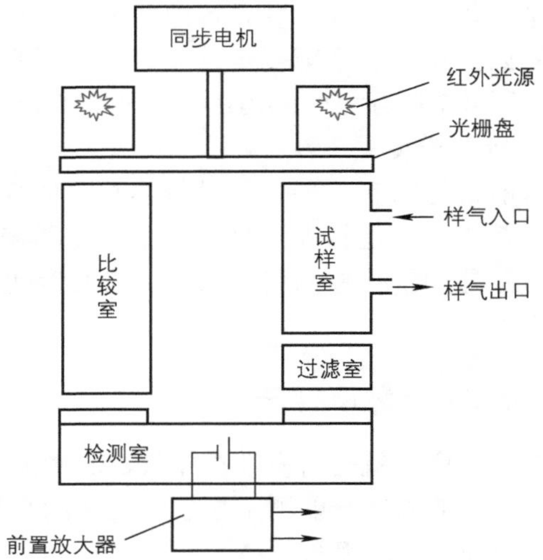

图 4-10　NDIR 基本构造

两个红外光源辐射出的红外线分别经试样室和比较室进入由弹性膜片隔开的检测室的左右两个腔内，在检测室的两个腔内充入等量的纯待测气体，弹性膜片与金属电极共同组成可变电容器，其电容量的大小与间距成正比。比较室是一个密封的管子，室中充满惰性气体（通常为 N_2），这种气体不吸收待测气体特定波长的红外线。试样管是一个气流可通过的管子，它接纳待分析的连续气流。

当红外线同时通过试样室和比较室时，由于试样室的气体吸收红外光，而比较室的气体不吸收红外光，由于检测室的两个腔所能接受的红外能不同，腔内接受热能的差异会造成温度的变化，使左右两个腔内压力不等推动膜片发生位移，导致电容量发生变化。根据电容量的变化即可确定待测气体的浓度。试样室中吸收的红外光与被测气体浓度的关系可按式（4-1）表示[1]：

$$E_a = E_i(1 - e^{-kcL}) \tag{4-1}$$

式中，E_a 为所吸收的能量；E_i 为入射能量；k 为光能吸收系数；c 为被测气体浓度；L 为试样管长度。

浓度变化越大，检测室电容量变化越大，得到的电输出信号也越大。

在 NDIR 仪中还设有滤波室，它的作用是消除试样气中别的气体对被测气体的干涉。当排气中含有射线吸收频率与被测气体吸收频率重叠的干涉气体时，NDIR 将产生测量误差，特别是被测气体浓度低的情况下，这种干扰的影响往往不可忽视。通过在滤波室中充入干扰气体，预先滤掉干扰气体所能吸收的那部分波段，如分析 CO 时，在滤波室中充入

CO_2、CH_4 等，就可以在分析时不受 CO_2、CH_4 的干扰。同样分析 CO_2 时，滤波室应当充入 CO 和 CH_4 以消除干扰。水蒸气对测定 CO 和 NO 都有干扰，但采用滤波器的办法是无效的，因此必须预先尽量清除掉被测气体中水蒸气的含量。当用直接采样法测定时，可以在 NDIR 的流路系统中串联冷却器和除湿器，以消除排气中的水蒸气。NDIR 可用已知浓度的气体标定，表盘零值和刻度范围均可调整，其测定精度可达 0.2%。

4.3.2　氢火焰离子型分析仪

氢火焰离子型分析仪 FID 是测定内燃机排气中未燃碳氢化合物浓度的最有效方法。FID 的工作原理如下：纯氢气与空气燃烧离子化作用非常小，但如果将有机碳氢化合物（如烃类燃料）导入氢火焰时，在氢火焰高温（2000℃）的作用下，部分分子和原子就会离子化生成大量的自由离子，离子化的程度与烃分子中的碳原子数成正比。如果外加适当的电场，使自由离子形成离子电流并产生微电流信号，则通过测量离子电流的大小即可确定试样气中碳氢化合物以碳原子计量的浓度，如图 4-11 所示。

FID 构造简图如图 4-12 所示，它是由燃烧器，离子收集器和电路等部分组成。离子收集器和毛细管的燃烧器喷嘴构成电路的一部分，气体试样和氢气在毛细管中混合后从喷管喷入并在燃烧器上部形成火焰。电极化电池在火焰附近形成一个静电场，正离子射向离子收集器，电子则射向喷嘴处，由此所形成的直流电信号经过调幅器减幅，输入交流放大器后送入示波器和记录仪进行测量。

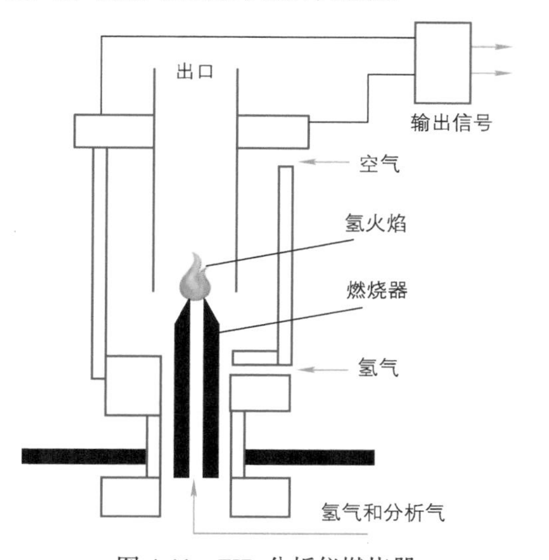

图 4-11　FID 分析仪燃烧器

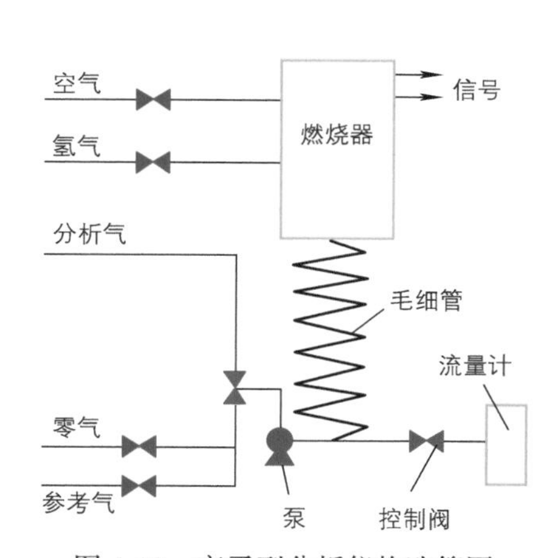

图 4-12　离子型分析仪构造简图

FID 测定的 HC 浓度在 0 ~ 5000ppm 范围内线性关系良好。由于 HC 浓度与烃碳原子数成正比，在测定各类烃（包括链烷烃、烯烃、芳香烃）时的灵敏度相同，所以 FID 对烯烃和芳香烃的敏感度比 NDIR 高得多。

为了安全起见，试验中不用单独的氢气做燃料，而使用 40% 氢 +60% 氮，燃烧使用纯净空气以避免产生信号干扰。FID 主要用作测量碳氢化合物总量，而目前广泛用以测量内燃机排气中每一种碳氢化合物含量的方法是气相色谱分析法（gas chromatography，GC），它具有高灵敏度、高选择性和高分析效能，它的特点是将混合物中沸点在400℃以下的各组分在色谱柱中进行分离 [1]，并加以鉴别和定量测量。

4.3.3 化学发光分析仪

化学发光法（chemiluminescent detector，CLD）被认为是目前测定汽车排气中 NO_x 的最好方法，也是各国法规规定的首选测试方法。可以根据发光反应的物质性质来检测 O_3 和 SO_2。

氮氧化物 NO_x 的主要成分是NO和 NO_2，以前人们使用NDIR测量NO，用NDUV测量 NO_2，然后求和作为 NO_x 排放值。但这两种方法都存在输出特性呈非线性关系及干扰影响大的缺点。1973年，美国联邦法规中采用CLD测量汽车排气中的NO，由于CLD具有线性范围宽（在10000ppm范围内输出特性呈线性关系）、灵敏度高（可达0.1 ppm）、抗干扰力强、可连续测量等优点，所以为目前排放法规的首选 [1]。

CLD测量的基本原理是：让含有NO的被测样气和臭氧在反应室中相遇，就会产生式（4-2）~式（4-3）的化学反应 [4]。

$$NO + O_3 \longrightarrow NO_2^* + O_2 \tag{4-2}$$

$$NO_2^* \longrightarrow NO_2 + hv \tag{4-3}$$

NO_2^* 是激发态的 NO_2，约占 NO_2 生成量的8% ~ 10%。这些激发态分子向基态 NO_2 过渡时发射出波长590 ~ 2500nm范围的光量子hv，在 O_3 稳定过量的情况下，发光强度与进入反应室的NO浓度成正比。利用光电倍增管将这个光信号转变为电信号输出，所测值即可代表试样气中的NO浓度。分析仪按照这一原理只能测NO，不能测 NO_2。对于排气中的 NO_2 含量可通过 $NO_2 \rightarrow NO$ 转换器转换成NO，以上述相同的方法一起测定，求得的NO和 NO_2 之和，即为被测样气中总的氮氧化物 NO_x。

$$NO_2 + C \longrightarrow NO + CO \tag{4-4}$$

$$2NO_2 + C \longrightarrow 2NO + CO_2 \tag{4-5}$$

化学发光分析仪如图4-13所示。仪器由臭氧发生器、$NO_2 \longrightarrow NO$ 转换器、光电倍增管、反应器和气路部分组成。

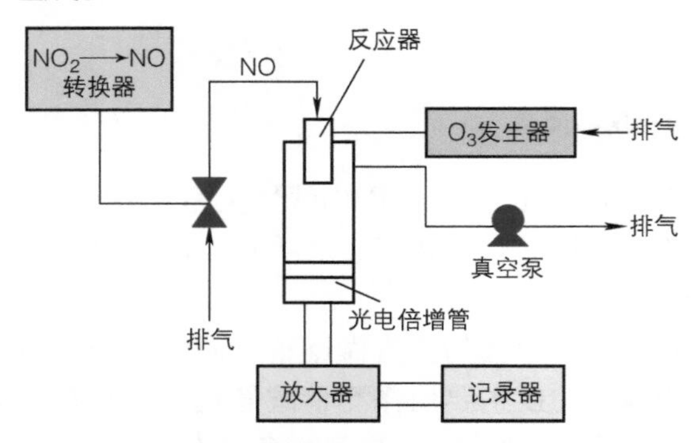

图4-13 化学发光分析仪示意图

与样气中的 NO 发生反应的臭氧，是由仪器中的臭氧发生器或无声放电式臭氧发生器产生。为了提高化学发光法氮氧化物分析仪的敏感度，要尽量增大臭氧的浓度，保证反应中有稳定的过量的 O_3。为此应经常检查臭氧发生器的效率，同时要定期检查维护真空泵，使反应器维护在良好的减压状态。

4.3.4　顺磁分析仪

顺磁分析法在移动源尾气测试中，主要用来测试 O_2。顺磁性的物质特性是在外磁场为零时，由于热运动，原子磁矩的去向是无规则的，在外磁场的作用下有沿磁场方向运动的趋势，显示出磁性。汽车排气中顺磁性气体有 O_2 和 NO 等，但 NO 的顺磁性较弱，仅为 O_2 的 44%，一般情况下排气中 O_2 的浓度比 NO 高很多，所以可以根据此特性来测试排气中的 O_2。

O_2 虽然不是有害物，但是需通过它的浓度值和 HC、CO、CO_2 的浓度值一起计算 λ 值，用以满足我国双怠速排放法规对 λ 值的要求。汽车维修企业也可以根据 λ 的值来检查汽车的故障等。

4.3.5　气相色谱仪

气相色谱仪（GC）是将混合物中各组分相互分离，以便对混合气各成分浓度进行详细分析，气相色谱在线监测技术被广泛地用于移动源尾气中的苯系物、醛酮类等非常规污染物的定量分析[20-22]。近年来，高灵敏度选择性检测器的使用使其具有分析灵敏度高、适用范围广等特点。然而，气相色谱在线监测法也有其自身的缺点。比如色谱柱的型号种类选择较为关键，定量分析时要用已知化合物的纯样品建立标准曲线，对待检测样品的输出信号进行对比分析。

GC 的工作原理如图 4-14 所示，使用注射器将一定体积的气体从试样注入口注入仪器，与从载气入口进入仪器的氢、氦、氩等混合后流入装有填充剂的色谱柱中。由于样气的不同组分对色谱柱中的填充剂的亲和力（吸附或溶解性）不同，在载气的推动下被分离。经过色谱柱分离后的各组分还需依次由载体送到出口处的检测器进行检测。常用检测器包括氢火焰离子型检测器、热导率检测器、电子捕获型检测器和焰光光度检测器[23]。图 4-15 所示为安捷伦气相色谱仪。

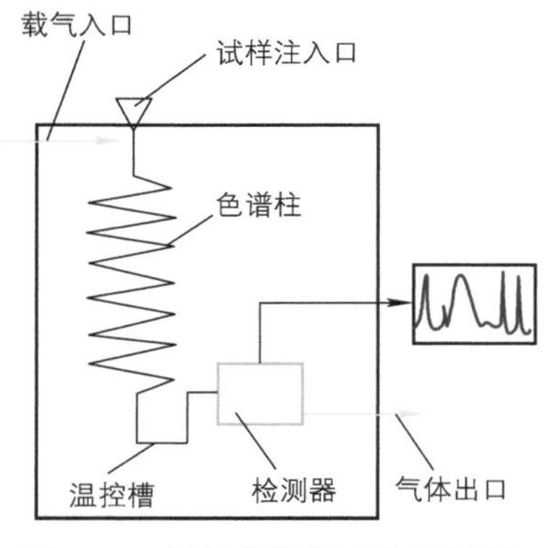

图 4-14　气相色谱仪工作原理图

图 4-15　安捷伦气相色谱仪

为了分析移动源尾气中的复杂气氛，气相色谱仪和其他设备的联合使用成了一种发展趋势，如气相色谱 - 质谱联用仪（也称气质联用仪）、气相色谱 - 傅里叶红外联用仪等。近年出现的全二维气相色谱、多维液相色谱以及二维毛细管电泳，它们在复杂混合物的分析中发挥重要作用。同时，进样装置也可与气相色谱仪一体化，包括顶空、吹扫捕集、固相微萃取、超临界流体萃取和加速溶剂萃取等[24]。

气相色谱 - 质谱联用仪指的是采用某些连接方式，结合气相色谱和质谱仪的技术特点，将两部仪器串联使用的一种仪器，原理如图 4-16 所示。通常质谱仪的进样口会与色谱仪的色谱柱末端连接。色谱仪将气化的样品混合物或者气体混合物分离，将需要质谱检测的气体送到质谱仪的进样口，然后质谱仪按其质荷比的不同分别检测分析。一个完整的气质联用系统包括能顺利将样品带进气相色谱 - 质谱联用仪系统的载气、可以将液体气化的进样口、可以将样品混合物实现分离的色谱柱以及可以响应分离后组分的检测器。气质联用仪可实现移动源尾气排放的定性定量分析。图 4-17 所示为岛津公司生产的三重四极杆型气相色谱质谱联用仪。

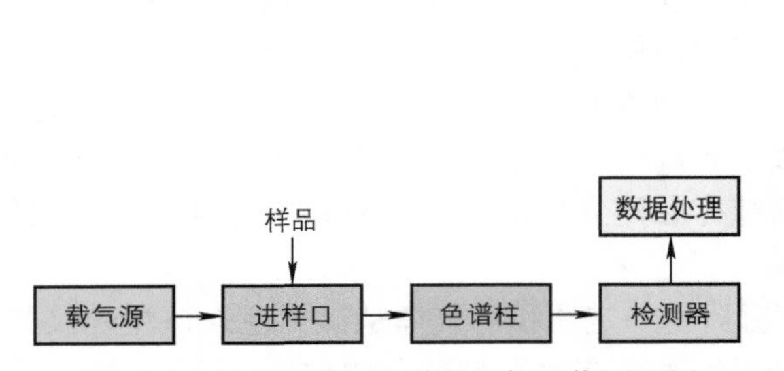

图 4-16　气相色谱 - 质谱联用仪工作原理图

图 4-17　岛津三重四极杆型气相色谱质谱联用仪

4.3.6　傅里叶红外分析仪

傅里叶变换红外光谱仪（Fourier transform infrared spectrometer，FTIR），简称为傅里叶红外分析仪。它不同于色散型红外分光的原理，是基于对干涉后的红外光进行傅里叶变换而开发的红外光谱仪，主要由红外光源、光阑、干涉仪（分束器、动镜、定镜）、样品室、检测器以及各种红外反射镜、激光器、控制电路板和电源组成。它可以对移动源尾气中非极性气体（N_2O、NO_x、CO、CO_2、HC 化合物、NH_3 等）进行定性和定量分析，广泛应用于移动源气体污染物检测领域。图 4-18 所示为 HORIBA 公司生产的 FTX-ONE-CS/RS 型号的 FTIR。

图 4-18　HORIBA FTX-ONE-CS/RS FTIR

4.4　颗粒物测量与分析

4.4.1　颗粒物质量测量

颗粒物是指发动机或汽车尾气排放污染物经稀释后，温度不超过 52℃条件下，在规定过滤介质上收集到的所有物质。

颗粒物可采用带容积泵的变稀释度系统或者临界流量文丘里管变稀释系统（CVS）进行全流稀释采样。全流稀释系统稀释了全部的排气，排气在稀释通道内分布更均匀，一致性和精度更高[25]。但全流稀释系统存在设备复杂、价格昂贵的弊端。在稀释通道内有取样泵对稀释气进行取样，经过初级滤纸，大部分微粒被过滤下来后，稀释气继续下行到次级滤纸，剩余的很小一部分微粒也被采集到。一般情况下采用单级稀释系统采样测试，当发动机排气温度过高，在初级稀释不能使滤纸表面温度达到要求时，设备将会自动启动双级稀释通道采样测试。试验前至少 1h，应将每张滤纸置于一个有盖但不密封的培养皿里，放入称量室中进行稳定。稳定结束后，应称量每张滤纸的净质量并记录，然后应把滤纸存放在有盖但不密封的培养皿中，滤纸应在从称量室取出 8h 内使用，称重后即可得到颗粒物质量 PM。

颗粒物也可采用部分流稀释采样系统进行稀释采样[26-28]。为了满足超低排放汽车排放测试的要求，人们开始用稀释部分汽车排气的方法来替代传统的稀释全部排气的方法，这就是部分流稀释取样系统。部分流稀释取样系统的产生主要是针对颗粒物质量的测量而言，按照一定的比例从发动机的排气管中抽取部分气体进行稀释然后分析。部分流系统只对部分排气进行稀释采样，采样流量的微小偏差将对最终排放产生较大影响，这样就对采样控制系统提出了更高的要求。此外部分流系统用于法规排放试验之前，需要对其测试结果与全流稀释采样系统进行等效验证。

部分流系统具有结构简单、价格低等优点，并且在测量稳态工况时的测量结果与全流稀释取样系统 CVS 测量结果相关性很好[29-31]，因此部分流稀释取样系统可以替代全流稀释取样系统进行测试。使用部分流稀释取样系统进行试验，除了在设备制造成本和试验费用具备很大的优势之外，试验过程也相对简单。因此，可以用部分流稀释取样系统对将要进行的试验进行初步测量，简化试验过程，降低时间成本。

4.4.2　颗粒物数量测量

颗粒物数量 PN 指的是在移动源尾气中的颗粒物数量浓度，单位一般为 #/kWh、#/km 或者 #/m^3。颗粒物数量 PN 测试是评价超细颗粒物的重要手段，欧美国家在机动车排放超细颗粒物测量技术方面研究较早，美国、芬兰、日本、奥地利、德国、瑞士等多个国家已初步形成较为完善的测量方法和技术体系。近年来机动车超细颗粒物检测仪器设备发展较快，并向便携式、快速在线测量等方向发展[26，27，32]。

目前，针对机动车排放颗粒物数量 PN 的监测方法主要包括扩散荷电法（diffusion charge，DC）和凝结核粒子计数法（condensation kernel particle counting，CPC）。基于扩散荷电法的超细颗粒物数量浓度测量仪器主要有芬兰 Pegasor 公司的 PPS-M、德国 Testo 公司的 NanoMet3 等产品，中国科学院安徽光学精密机械研究所也自主研发了基于扩散荷电法的机动车尾气排放超细颗粒物数量浓度监测仪。基于凝结核粒子计数法，针对机动车排放超细颗粒物数量浓度的测量，美国 TSI 公司开发了 EECPC，奥地利 AVL 公司开发了 APC489（图 4-19）等仪器[32]。

扩散荷电法是先让颗粒物带电，然后对颗粒物的带电量进行精确测量，最后通过检测到的电流值来反演颗粒物的浓度。首先，需对待测颗粒物进行荷电，一般采用单极性电晕放电的方式产生大量的自由离子，通过自由离子与颗粒物碰撞实现颗粒物荷电，荷电器结构如图 4-20 所示[32]。颗粒物荷电后，通过微电流测量模块完成荷电后颗粒物带电量的测量。颗粒物带电量测量模块可以分为两大类：静态法拉第杯和动态法拉第杯。静态法拉第杯为一个封闭的容器，带电颗粒物进入法拉第杯后被内部电极收集并丢掉电荷，内部电极与静电计相连，所有颗粒物带电量可以由静电计测量得到。动态法拉第杯允许带电颗粒物进入法拉第杯后不与内电极接触而自由地通过法拉第杯，带电颗粒物进入法拉第杯后，基于高斯定律，内电极上将产生相应电荷量的感应电荷，内电极同样与静电计相连，由静电计测量感应电流，进而计算颗粒物所带电荷量。完成颗粒物带电量的检测之后，结合采样流量等其他参数，通过颗粒物数浓度反演算法计算得到待测颗粒物总体数浓度[32]。

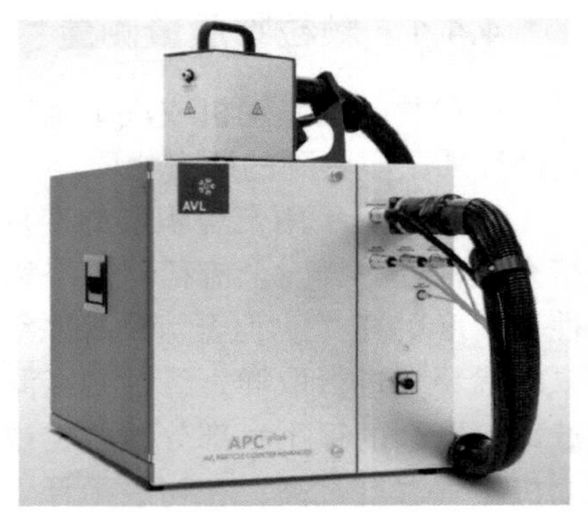

图 4-19　AVL APC489 仪器

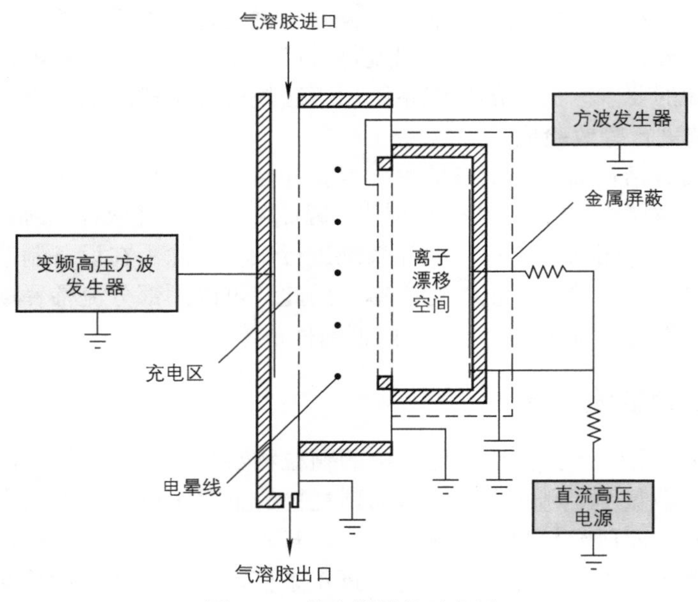

图 4-20　荷电器结构示意图

扩散荷电测量法与凝结核粒子计数法相比，无须工作液，具有更短的响应时间和更低的粒径检测下限，更加适合机动车排放超细颗粒物的快速、在线测量。

基于凝结核粒子计数的基本原理如图 4-21 所示[32]。凝结核粒子计数器测量超细颗粒物数量浓度的过程主要分为两步：颗粒物凝结增长和光散射法单粒子计数。待测样气从入口进入 CPC 后，先后经过饱和器和冷凝器，完成凝结核增长，此时的超细颗粒物增长至能够被基于光散射原理的颗粒物测量装置探测到的大小。随后颗粒物进入光学腔，穿过具有一定能量的光束，部分光会被颗粒物散射，通过对粒子散射光的脉冲进行计数即可确定颗粒物的数量，结合采样流量的大小可以计算出待测样气中颗粒物的数量浓度。根据过饱和蒸汽的生成方法，凝结核粒子计数器可分为绝热膨胀型、热扩散型和冷热混合型[32]。

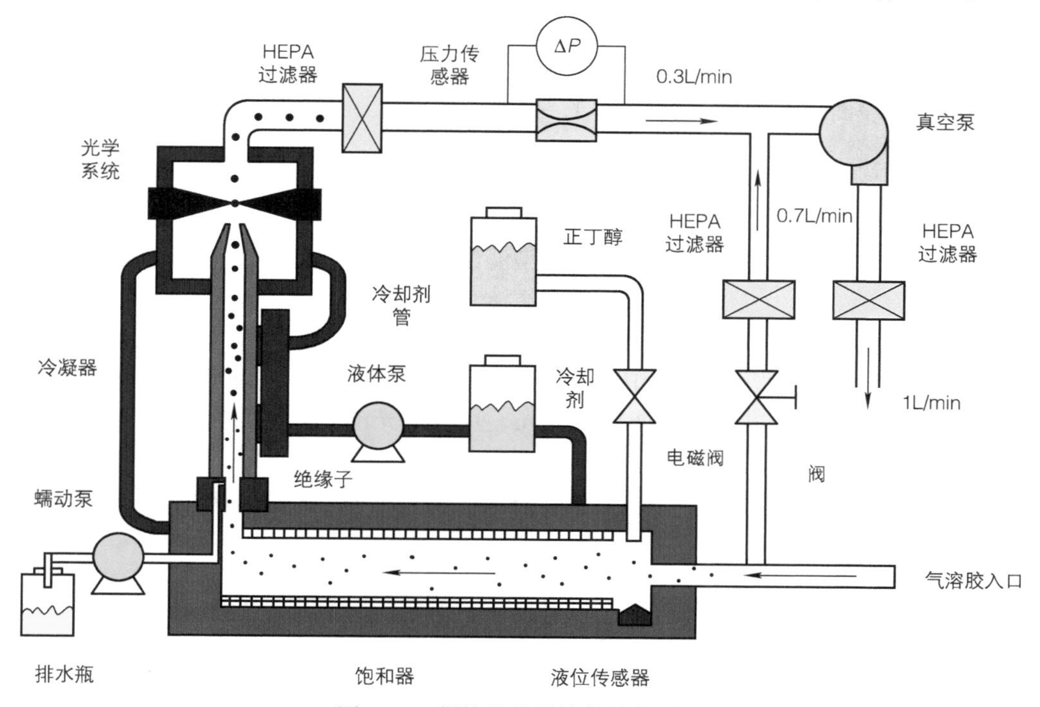

图 4-21　凝结核粒子计数基本原理

除了对机动车排放超细颗粒物数浓度测量以外，超细颗粒物粒径谱的测量对进一步研究、控制机动车超细颗粒物排放具有重要意义。目前，粒径谱测量的技术主要分为两类：基于颗粒物空气动力学的测量技术和基于带电颗粒物电迁移率的测量技术。基于颗粒物空气动力学的测量技术，采用颗粒物的空气动力学直径与颗粒物的大小、惯性成比例特性来反演颗粒物粒径谱；基于带电颗粒物的电迁移率测量技术，采用带电颗粒物电迁移率与粒子所带电荷量成正比、与颗粒物粒径成反比的特性来反演颗粒物粒径谱。针对超细颗粒物粒径谱的测量，美国 TSI 公司开发了 FMPS 和 EEPS 系列、芬兰 DEKATI 公司开发了 ELPI 系列、英国 Combustion 公司开发了 DMS 系列等产品[32]。

4.5　烟度测量与分析

颗粒物中的碳烟既可以用颗粒物的质量来表示，也可以用烟度来表示，微粒中的碳烟往往占有很大比例，由于微粒测试设备昂贵且费时费力，通过排气中的烟度测试来评价碳烟排放量的烟度计被广泛使用。

目前常用的烟度测试原理有两种：①通过滤纸过滤一定量的排气，再利用此滤纸的光反射作用进行测定，这种方法的测量仪表成为过滤式烟度计，常见的有波许式烟度计和冯布兰德式烟度计；②不透光式烟度计常用来测量排气的烟度，这种方法常在排放法规中用来测试柴油机自由加速排气烟度。

4.5.1 滤纸式烟度计

滤纸式烟度计由废气取样装置、烟度检测装置、烟度指示装置和校准装置等组成。烟度用符号 S_f 表示，烟度单位是无量纲的量，用符号 FSN 表示 [33,34]，滤纸染黑的程度不同，则对照射到滤纸表面光线的反射能力不同，据此，烟度 S_f 表示为：

$$S_{\mathrm{f}} = 10 \times \left(1 - R_{\mathrm{d}} / R_{\mathrm{c}}\right) \tag{4-6}$$

式中，R_d、R_c 分别表示污染滤纸和洁白滤纸的反射因数，R_d/R_c 的值为 0 ~ 100%，分别对应于全黑滤纸的反射和标准滤纸的反射。当污染滤纸为全黑时，烟度值为 10；滤纸没有受污染时，烟度值为 0。

滤纸式烟度计的工作原理是利用吸气泵在一定时间内吸取一定量的废气，并使这部分废气通过一定面积的滤纸，使废气中的碳烟粒子吸附在滤纸上，滤纸变黑，然后用一定的光线照射在滤纸，并用光电池接受滤纸反射光，再根据光电池产生的电流使仪表指针偏转，把烟度用污染度百分比形式显示出。采用光电检测原理对碳烟采样进行定量测定，具有结构简单、操作灵活、使用方便、性能稳定、运行可靠、测量准确、重复性好、可以保存、便于复校等优点。

4.5.2 不透光式烟度计

不透光式烟度计的测量原理是发射光穿过一定长度的烟，用入射光通过并到达接收器的比例来评定介质的不透光特性。通常透光法测得的参数为不透光度 (*N*) 和光吸收系数 (*K*) [4]。

对应流过光通道排气量的不同 [34, 35]，不透光烟度计分为全流式不透光烟度计（全部排气流过光通道）和分流式不透光烟度计（部分排气流过光通道）。

由于应用的不同，不同的分流式不透光烟度计在实际应用中也有所不同。从经济和实用的角度来看，用于车辆排气测量的不透光烟度计在设计采样系统时没有采样温度与压力控制与调节。柴油发动机的排气背压将确定的样品气体推入检测室，为了确保测量的稳定性和重复性，并避免排气背压对测量的影响，采样点位于车辆排气管消音器后面，以稳定压力。因此，它适用于整车自由加速尾气烟度排放测量。同样，用于试验台架测量的不透光烟度计可以连接到排气管，样品气体可以通过取样管进入仪器，然后从仪器返回到排气管，同时必须监测压力。车辆排气尾管不能满足取样安装位置的要求，用于试验台架测量的烟度计不适用于车辆测量。

全流式不透光烟度计系根据美国排放法规要求而研制，代表型号有美国国家环保局推荐的全流式烟度计。按我国法规要求，我国不透光烟度计采用分流式测量原理。因此在烟度计的选用上主要考虑 AVL439、FTY-100、DISMOKE4000 等使用分流式取样的不透光烟度计 [36, 37]，图 4-22 为 AVL 公司生产的 DISMOKE 系列便携式不透光烟度计。综合考虑各种因素，FTY-100、DISMOKE4000 等不透光烟度计主要是应对整车的烟度排放测量要求设计，无法应用于发动机的台架测试。AVL439 不透光烟度计的结构特点和取样方式决定了其可作为发动机台架试验研究和测量烟度排放的测量仪器。

图 4-22　AVL DISMOKE 480BTI 便携式不透光烟度计

4.6　非尾气排放的测量与分析

4.6.1　曲轴箱排放物

曲轴箱排放物是从曲轴箱通气孔或润滑系的开口处排放到大气中的物质。柴油机曲轴箱排放有多个来源，既有来源于气缸的窜气，又有曲轴箱内机油滴形成的机油雾[38]。

自 1963 年起，美国要求在加州出售的汽车必须装有曲轴箱强制通风装置，1965 年起要求进口车也装有这种装置。日本自 1970 年要求新车必须安装曲轴箱强制通风装置。欧洲于 1970 年开始执行 ECE151 号法规时，试验方法中第Ⅲ型试验规定了曲轴箱排放的限值。我国于 1989 年发布了 GB 11340—1989《汽车曲轴箱排放物测量方法及限值》[39]，目前正在执行中的标准 GB 18352.6—2016《轻型汽车污染物排放限值及测量方法（中国第六阶段）》中Ⅲ型试验规定了曲轴箱通风的测试方法和限值。

4.6.2　蒸发排放物

燃油蒸发污染是指从汽油车燃油系统的通大气口逸散的汽油蒸气产生的污染。这部分汽油蒸气占汽油车 HC 污染物的 20%，是汽车排放污染物的重要组成部分，它来源于燃油箱、输油泵、燃油滤清器、进气歧管和燃油连接管路组成的供油系统。其控制系统是为防止油箱内的燃油蒸气直接进入大气而设置的。

蒸发排放测试常用的有两种测试方法：炭罐收集法和密闭室法[40-42]。

炭罐收集法的主要仪器设备是测功机、温度记录仪、称重天平、收集器等通用而简单的设备。其试验过程同样包括上述三个阶段，但它不是将试验车辆放入密闭室来收集蒸发污染物，而是直接将采样用的收集器连接到车辆上可能向外排放汽油蒸气的出口：炭罐通大气口、空气滤清器入口。试验前后测量收集器的重量变化（用精密天平测量）就可得出各阶段蒸发排放量。蒸发排放不得大于 2g/ 试验。与密闭室法相比，收集法只是考虑到炭罐通大气口和空气滤清器入口的蒸发排放量，没有考虑到车辆上其他部位，如油箱、油管、接头处的蒸发排放量，更没有考虑汽车塑料件和油漆、粘接胶等挥发和燃油系统可能连接不紧而渗漏的碳氢化合物，所以收集法测量结果较小。

采用密闭室法必须具备三个最基本的仪器设备：密闭室、底盘测功机和 FID 碳氢分析仪。试验过程包括三大阶段：呼吸损失试验（昼间换气试验）、运行试验、热浸试验。运行试验在底盘测功机上进行，其他试验在密闭室内进行，试验前后测量密闭室内碳氢化合物浓度（用 FID 分析仪测量）以计算蒸发排放量。

4.6.3 轮胎排放物

轮胎磨损颗粒物（tire wear particles，TWPs），是车辆行驶时轮胎与地面摩擦后产生的微小颗粒，是非尾气排放的重要组成部分，也是大气中颗粒物的重要来源。对新能源汽车来说，车辆自身尾气排放明显减少，纯电动汽车行驶过程中尾气排放为 0，非尾气排放的控制显得尤为重要。轮胎磨损、衬片磨损、道路扬尘等非尾气的排放在一定条件下能够占到空气中 PM 的 50%，在一定意义上属于新研究领域。

轮胎磨损颗粒物排放研究的测试手段主要有实验室台架测试和道路测试两种方式。目前，针对该领域的测试方法只有国际标准化组织（International Organization for Standardization，ISO）系列标准。

J. Kwak[47] 首次使用车辆道路测试方法和实验室内模拟测试方法去调查车辆非尾气排放超细颗粒物的物理和化学特征。该研究在车辆恒定速度、制动和转弯条件下对车辆右前轮处的颗粒排放进行采集和分析，并设置了距离地面 40mm 和距离地面 90mm 的两个采集点。国内在该领域的研究相对较少，但随着国家对空气污染的监管力度加大和各领域的关注，中国汽车技术研究中心有限公司 [43]、南开大学 [45]、宁波大学 [48]、北京化工大学 [49] 等高校和研究机构也开展了相关研究。基于室内道路模拟测试设备，张静等 [43] 首次在国内基于台架模拟设备对轮胎磨损颗粒物排放开展研究，涉及轮胎速度、载荷、侧偏角、外倾角的单一和复合影响因素，对排放颗粒物数量浓度、质量浓度和组成成分开展分析和研究。

4.6.4 制动排放物

制动磨损产生在制动片与盘式制动器或鼓式制动器的摩擦减速过程中。与尾气排放的颗粒物相比，制动磨损产生的颗粒物已经超过了国六 b 中 I 型试验颗粒物排放限值 [50]。城市环境中，由于车流密度大、制动频繁，制动过程中产生的 PM10 质量占比在非尾气颗粒物排放中能达到 55% 以上；综合高速公路等其他路况，非尾气颗粒物排放中，由制动磨损产生的颗粒物要高于轮胎磨损产生的颗粒物。目前应用较多的主要有非石棉有机型（non asbestos organic，NAO）、低金属型（low metallic，LM）和半金属型（semi-metallic，SM）三类。因此，制动产生的颗粒物当中含有大量的 Cu、Zn、Fe 等金属元素，扩散至大气及水土当中后，严重威胁人类健康 [51，52]。

由于制动排放颗粒物产生机理的特殊性，定量测量制动颗粒物排放难度非常大，目前国际上的研究多以定性研究为主。钱国刚 [53] 等提供了一种轻型汽车非尾气颗粒物测量装置及其测量方法，包括汽车轮缘颗粒物收集单元、发动机进气供给单元、发动机排气输出单元、收集气体的排出单元、气体分析测量仪、大颗粒筛除单元、CVS 定容取样、非尾气颗粒物输送管道、四驱转毂、风机、RL-SHED 密闭舱、温度湿度调节单元和测试舱外壳。该方法以一辆完整车辆作为被测对象，且能直接测得制动磨损颗粒物与轮胎磨损颗粒物总和，当车辆配置干式双离合器时也同时测量其摩擦片磨损颗粒物从通大气口逃逸的颗粒物。葛蕴珊等提出了一种机动车制动颗粒物的排放测试方法，通过搭建的机动车制动颗粒物排放采集分析系统，将各个制动工况下的制动力数据，在机动车制动颗粒物排放采集分析系统再现机动车制动循环，得到测量结果。该方法将现有机动车排放颗粒物定容采样系统与制动试验台相结合，可有效降低设备建造成本。另外还提出了一种实际道路机动车制动颗粒物排放测试方法，将能够实时采集分析机动车制动颗粒物排放装置安装于所测试机动车上，获取机动车实际行驶过程中制动工况特征数据以及制动时颗粒物浓度、数量、粒径分布等数据，通过此方法，可实现在实际交通道路交通条件下对机动车制动时颗粒物进行定量测量和分析。

4.7　本章结语

本章详细介绍了移动源气态污染物、颗粒物、非尾气排放等的测试方法、设备原理、研究现状。随着排放法规的加严，移动源污染物未来将更偏重于超细颗粒物控制以及污染物、温室气体的协同控制，超低浓度的气体污染物、粒径更小的颗粒物数量、蒸发排放物、非常规污染物、轮胎排放物和制动排放物等污染物的测试将对测试技术提出更高的挑战。

参 考 文 献

[1] 苏茂辉 . 汽车排放测量技术与方法研究 [D]. 武汉 : 武汉理工大学 , 2006.

[2] 檀华梅 , 张兰怡 , 邱荣祖 , 等 . 汽车尾气污染物测试技术应用研究现状与展望 [J]. 牡丹江大学学报 , 2018, 27(2): 121-125.

[3] 许建昌 , 李孟良 , 徐达 , 等 . 车载排放测试技术的研究综述 [J]. 天津汽车 , 2006(3): 30-33.

[4] 陈燕涛 . 车辆道路排放测试技术的研究 [D]. 武汉 : 武汉理工大学 , 2006.

[5] 马成功 , 李梁 , 张凡 , 等 . 国六柴油车 PEMS 与 Lug-Down 排放测试对比研究 [J]. 时代汽车 , 2022(18): 4-7.

[6] 郭勇 , 高东志 . 不同环境条件下 PEMS 设备重复性试验研究 [J]. 环境科学与技术 , 2019, 42(S1): 111-116.

[7] 朱庆功 , 杨正军 , 温溢 , 等 . 轻型汽车实际道路行驶与实验室工况污染物排放对比研究 [J]. 汽车工程 , 2017, 39(10): 1125-1129, 1135.

[8] 孟雄 . 山区城市基于 PEMS 的汽车排放污染物测试分析 [J]. 客车技术与研究 , 2017, 39(4): 56-58.

[9] 邢攀 . 基于车载排放测试系统 (PEMS) 的武汉市典型机动车排放特征研究 [D]. 武汉 : 华中科技大学 , 2017.

[10] 吴晓伟 , 彭美春 , 方荣华 , 等 . 基于 PEMS 的柴油公交车排放测试分析 [J]. 环境科学与技术 , 2012, 35(1): 146-149.

[11] 葛蕴珊 , 王爱娟 , 王猛 , 等 . PEMS 用于城市车辆实际道路气体排放测试 [J]. 汽车安全与节能学报 , 2010, 1(2): 141-145.

[12] ZHANG Q, WEI N, ZOU C, et al. Evaluating the ammonia emission from in-use vehicles using on-road remote sensing test[J]. Environmental Pollution, 2020, 271: 116384.

[13] LH A, HANG Y B, JW B, et al. Remote sensing of NO emission from light-duty diesel vehicle-ScienceDirect[J]. Atmospheric Environment, 2020, 242: 117799.

[14] YANG Z, TATE J E, RUSHTON C E, et al. Detecting candidate high NO_x emitting light commercial vehicles using vehicle emission remote sensing[J]. Science of the Total Environment, 2022, 823: 153699-153709.

[15] BERNARD Y, DORNOFF J, CARSLAW D. Can accurate distance-specific emissions of nitrogen oxide emissions from cars be determined using remote sensing without measuring exhaust flowrate?[J]. The Science of the total environment, 2022, 816: 151500.

[16] 刘忠长，何平．车用柴油机排气微粒分流式稀释取样测量系统的研制 [J]. 汽车工程，1997, 19(1): 45-51.

[17] 陈鹤．浅析废气分析仪类型和取样系统 [J]. 摩托车技术，2008, 2: 40-43.

[18] 李建纯，钟静芳，程昌圻．汽车排放气体定容采样测试 CFV-CVS 系统的研究 [J]. 兵工学报（坦克装甲车与发动机分册）, 1996(2): 29-36.

[19] 曹建明．发动机测试技术 [M]. 北京：人民交通出版社，2002.

[20] 姚春德，王姝荔，耿鹏，等．FTIR 和色谱仪对甲醇汽油醛类排放检测结果的研究 [J]. 汽车工程，2014, 36(7): 804-809, 798.

[21] 张凡，王建海，王小臣，等．醇类汽油车醇醛酮、芳香烃和烯烃类排放的试验研究 [J]. 环境科学，2013, 34(7): 2539-2545.

[22] 贺小凤，刘艳霖，王桂霞，等．汽车内装饰材料挥发性有机物 GC-MS 测定和分析 [J]. 环境科学与技术，2010, 33(12): 149-151, 163.

[23] 张欣．车用发动机排放污染与控制 [M]. 北京：北京交通大学出版社，2014.

[24] 李思远．基于气质联用仪的化学成分测试系统建设和初试 [D]. 西安：长安大学，2019.

[25] 尹超．基于台架试验的重型柴油车辆排放测试技术研究 [D]. 天津：天津大学，2012.

[26] 刘双喜，高继东，景晓军．车用发动机颗粒物测量和评价方法的发展研究 [J]. 小型内燃机与摩托车，2005, 2: 43-46.

[27] 谷雨，宫宝利，徐辉，等．柴油机颗粒数量排放特性研究 [J]. 车用发动机，2022, 3: 38-43.

[28] 王岩．柴油机微粒测量系统分析 [D]. 长春：吉林大学，2012.

[29] 高朋．柴油机排气微粒部分流等动态稀释取样系统开发 [D]. 长春：吉林大学，2013.

[30] 张中华．新型分流取样型密度在线检测系统研制 [J]. 轻金属，2008, 6: 15-16, 27.

[31] 余皎，刘忠长，肖宗成，等．柴油机排气微粒部分流稀释取样系统的研制 [J]. 内燃机学报，2000, 3: 250-253.

[32] 康士鹏，余同柱，桂华侨，等．机动车排放超细颗粒物在线监测技术研究进展 [J]. 大气与环境光学学报，2020, 15(6): 413-428.

[33] 程康，邱黛君，孔炜，等．滤纸式烟度计标准物质烟度值的测定 [J]. 分析仪器，2020, 5: 107-110.

[34] 许建军，贾会，尚梦帆，等．我国烟度计测量技术进展 [J]. 中国新技术新产品，2020, 4: 62-63.

[35] WILLIAMSON A M, BADR O. Assessing the viability of using rape methyl ester (RME) as an alternative to mineral diesel fuel for powering road vehicles in the UK[J]. Applied Energy, 1998, 59(2-3): 187-214.

[36] 刘大庆 . 激光式消光烟度计的理论研究 [D]. 长春 : 长春理工大学 , 2013.
[37] 谭金强 . 激光式消光烟度计检测管的设计及可行性分析 [D]. 长春 : 吉林大学 , 2012.
[38] 白金龙 . 电控共轨柴油机曲轴箱排放及其形成研究 [D]. 上海 : 上海交通大学 , 2015.
[39] 陈偲 . 汽车曲轴箱排放物的控制 [J]. 汽车与配件 , 1990, 5: 27-28, 20.
[40] 王程 . 汽车燃油蒸发污染物排放测试及控制技术研究 [D]. 南京 : 南京理工大学 , 2005.
[41] 刘隆娇 , 蒋金隆 . 蒸发污染物排放试验车辆的准备 [J]. 科技传播 , 2015, 7(19): 21-24.
[42] 姜国华 . 中国Ⅱ、Ⅲ阶段蒸发污染物排放试验差异及技术对策 [J]. 汽车技术 , 2006, 10: 30-32.
[43] 张子鹏 , 张新峰 , 刘振国 . 轮胎磨损颗粒物排放特性研究现状综述 [J]. 时代汽车 , 2020, 12: 145-148.
[44] 李新 . 碳达峰目标下的汽车颗粒物排放及控制 [J]. 中国环境管理 , 2022, 14(3): 66-72.
[45] 吴琳 , 张新峰 , 门正宇 , 等 . 机动车轮胎磨损颗粒物化学组分特征研究 [J]. 中国环境科学 , 2020, 40(4): 1486-1492.
[46] MANUEL D O, DAVID C S, JOHANNA K G, et al. Characteristics of tyre dust in polluted air: Studies by single particle mass spectrometry (ATOFMS)[J]. Atmospheric Environment, 2014, 94(1): 224-230.
[47] KWAK J, LEE S, LEE S. Characterization of coarse, fine, and ultrafine particles generated from the interaction between the tire and the road pavement[J]. Journal of Food Technology, 2013, 29(5): 229-232.
[48] 刘金朋 . 轮胎磨损颗粒物形貌及产生机理的实验研究 [D]. 宁波 : 宁波大学 , 2018.
[49] 刘涛 . 不同组分胎面胶节能轮胎对悬浮颗粒物排放的影响 [D]. 北京 : 北京化工大学 , 2020.
[50] 付家祺 , 王婷 , 毛洪钧 . 机动车尾气和非尾气排放多环芳烃及其衍生物的影响因素研究进展 [J]. 工程科学学报 , 2023, 5: 863-873.
[51] 卢康 , 张道德 , 潘伟 , 等 . 电动汽车非尾气颗粒物的排放研究综述 [J]. 当代化工研究 , 2021, 21: 96-98.
[52] 郑鑫程 , 王剑凯 , 曾晓莹 , 等 . 不同车型的颗粒物及其重金属排放分担率研究 [J]. 环境科学与技术 , 2021, 44(7): 60-69.
[53] 钱国刚 , 杨正军 , 李菁元 , 等 . 一种轻型汽车非尾气颗粒物测量装置及其测量方法 : 202111235143.7[P]. 2021-10-22.
[54] 葛蕴珊 , 王浩浩 , 李家琛 , 等 . 一种实际道路机动车刹车颗粒物排放测试方法 : 202110689503.4[P]. 2021-06-22.
[55] 葛蕴珊 , 王浩浩 , 谭建伟 , 等 . 一种机动车刹车颗粒物排放测试方法 : 202010450429.6 [P]. 2020-05-25.

第 5 章 移动源发动机的排放特性

发动机排放污染物浓度是随发动机工况变化的，各种排气污染物的排放量随发动机运转工况参数如转速、平均有效压力等的变化规律，称为发动机的排放特性[1-2]。在环保法规日益严格的今天，对发动机的排放要求越来越高，掌握发动机的排放特性，对于按照低排放要求正确使用发动机有着重要的指导意义。根据发动机的排放特性，可以找出其运转时排放最严重的工况区域，从而为低排放技术优化提供数据支撑，以适应环保法规的要求[3-5]。

本章主要介绍汽油机和柴油机的稳态 / 瞬态排放特性，叙述了汽油机和柴油机稳态条件下转速和负荷对各排放污染物浓度的影响及其起动、加减速等瞬态工况下的各排放污染物浓度变化的趋势，并分析了其产生的原因。

5.1 汽油机的排放特性

5.1.1 汽油机的稳态排放特性

1. CO 排放与空燃比的关系

空燃比定义为进入气缸的混合气中空气质量与燃油质量之比，一般用 A/F 表示。图 5-1 为三种转速下不同空燃比的 CO 排放特性图。CO 的排放浓度随着混合气浓度的增加也急剧增加，反之急剧减少。混合气浓度较高时，燃料不能完全燃烧，所以会产生过量的 CO。当空燃比大于 14.7 时，理想状态下不会有 CO 产生。但实际情况中，混合气不均匀等因素也会造成 CO 的产生。因此，保持燃烧稳定并且空燃比在 14.7 或以上，就能将 CO 排放浓度控制在较小的范围内[6-10]。

图 5-2 为转速恒定为 1800r/min 时三种负荷下不同空燃比的 CO 排放特性图。从图中可以看出：在发动机转速恒定时，随着发动机负荷的增大，CO 排放随空燃比的增大而急剧减小，当空燃比在 13 ~ 15 之间变化时，CO 排放随空燃比的增大而迅速减少，负荷增大，相同的空燃比条件下，CO 排放略有减小；当空燃比大于 15 后，CO 排放的下降趋势随空燃比的增大开始变得缓慢，此条件下各负荷工况的 CO 排放差别可以忽略不计。产生这种现象主要是由于：当空燃比小于 15 时，混合气处于燃料过剩状态，在相同的空燃比下，负荷的增大使得发动机燃烧温度提高，有利于 CO 气体的氧化，使 CO 排放略有减小；当空

燃比大于 15 以后，混合气处于空气过剩状态，增大负荷，多数燃料都会与过剩的空气燃烧掉，各种负荷条件下的 CO 排放已无区别，再增大空燃比对 CO 排放影响不大，负荷大小对 CO 排放几乎不再有影响。

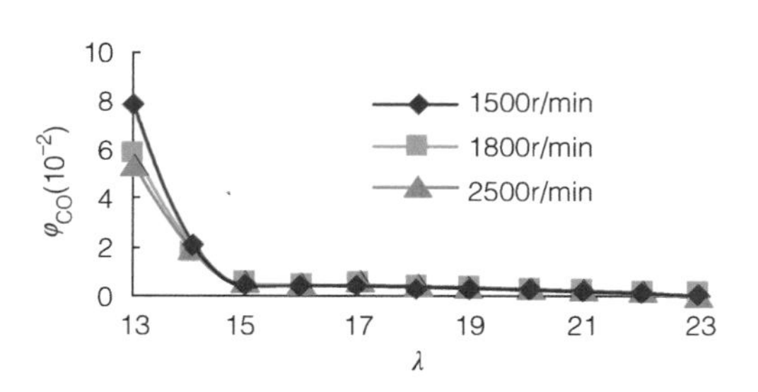

图 5-1　三种转速下不同空燃比的 CO 排放特性

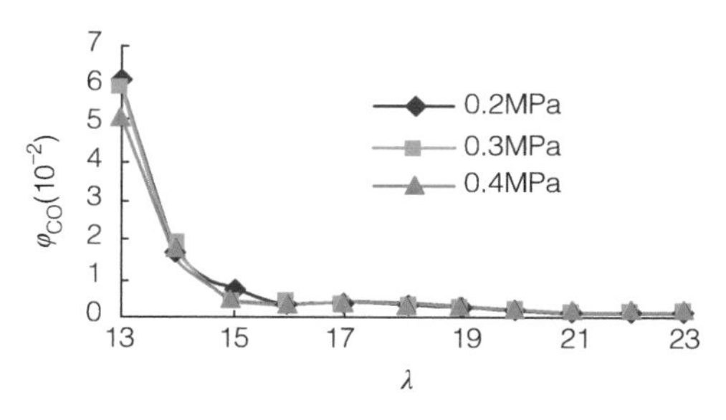

图 5-2　三种负荷下不同空燃比的 CO 排放特性

2. HC 排放与空燃比的关系

图 5-3 为三种转速下不同空燃比的 HC 排放特性。从图中可见，空燃比增加，HC 浓度大幅度下降，当空燃比在 15 以上时，HC 排放量呈缓慢上升的趋势。不同转速下 HC 的排放特性随空燃比变化的规律基本相同。

如果空燃比小于理论空燃比，燃料将发生不完全燃烧，HC 的浓度势必会增加[11]。当空燃比小于 15 时，未燃烃的排放量随着混合气浓度的减少而降低。这主要由三个因素造成：①空燃比的增大会导致缸壁冷面和冷隙缝中的碳氢化合物含量减少；②气缸中的含氧量增加；③发动机排气温度增高。空燃比在 15 左右时，发动机处于理想状态，未燃烃的排放量最小。若空燃比过高，则混合气会过分稀释，容易发生火焰传播不完全甚至断火的现象。此外，排气温度过低，HC 在排气系统中不能快速氧化，还会导致未燃烃排放小幅度增加[12-13]。

图 5-4 为三种负荷下不同空燃比的 HC 排放特性。从图中可以看出：随着发动机负荷的增大，HC 排放在空燃比为 14 ~ 18 的区域内最小。与改变转速时排放变化规律不同的是，随着发动机负荷的增大，相同空燃比下 HC 的排放略有减小。这是因为发动机负荷的增大有利于缸内混合气的燃烧，减少了缸壁附面层吸附的 HC 量。

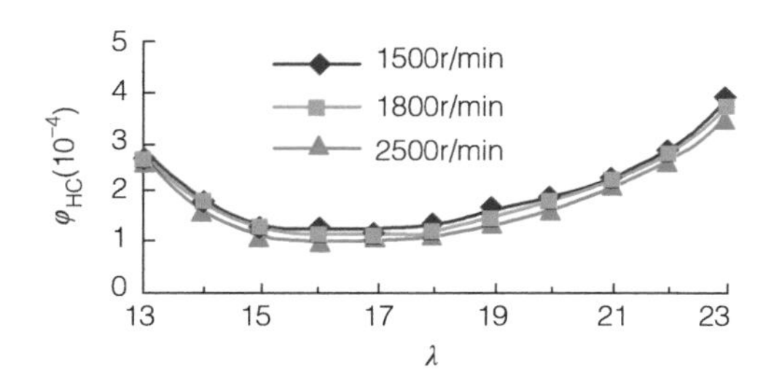

图 5-3　三种转速下不同空燃比的 HC 排放特性

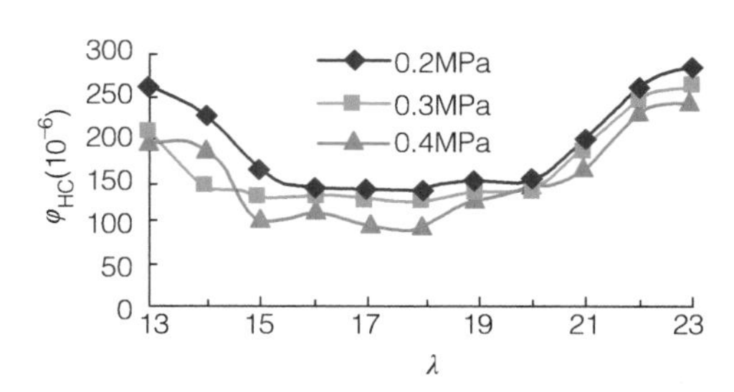

图 5-4　三种负荷下不同空燃比的 HC 排放特性

3. NO_x 排放与空燃比的关系

不同转速下空燃比对 NO_x 排放的影响如图 5-5 所示，较低或较高空燃比下对应的 NO_x 的排放量较小。在混合气较浓时，由于燃烧温度和含氧量都比较低，因此 NO_x 的产生量也比较低；在混合气空燃比大约为 16∶1 时，燃烧温度达到最值，其中的含氧量也相对较高，NO_x 的排放量也达到最高；对于空燃比低于 16∶1 的混合气，虽然含氧量较大，对于 NO_x 的生成有着促进的作用，但是由于燃烧温度的下降使得 NO_x 的产量不会过高，因此出现 NO_x 排量下降的情况[14-16]。从图 5-5 还可以看出，在不同转速条件下，NO_x 排放随空燃比的变化规律是相同的，其排放峰值均出现在经济油耗区域，不同的是，随着转速的增大，NO_x 排放由 1500r/min 时的峰值 18×10^{-4} 增大到 2500r/min 时的峰值 22.5×10^{-4}。造成这一现象主要是因为发动机转速增大，使得发动机单位时间内工作的循环次数增多，传热损失减小，缸内的最高燃烧温度增高。

图 5-6 为不同负荷下改变空燃比对 NO_x 排放的影响。随着发动机负荷的增大，发动机的 NO_x 排放在空燃比为 15 ~ 18 的区域内达到最大，这一点与 HC 排放的变化趋势正好相反。这是因为随着负荷增大，发动机缸内的燃烧温度会逐渐提高。在空燃比大于 19 以后，负荷对 NO_x 排放的影响明显减弱，这是因为空燃比大于 19 以后混合气处于稀薄状态，燃烧温度较低[17]。

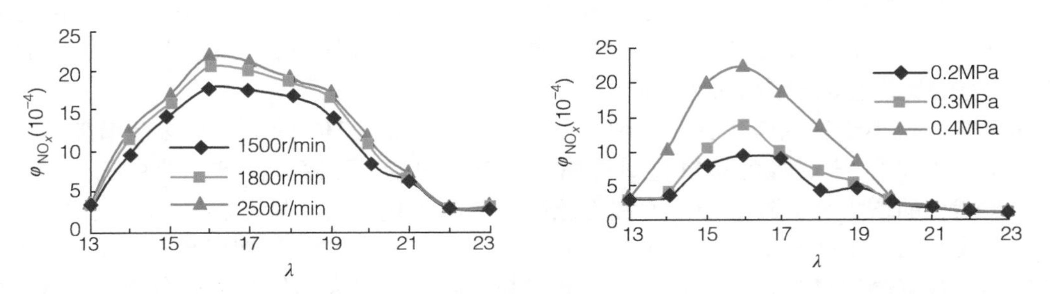

图 5-5　三种转速下不同空燃比的 NO_x 排放特性　图 5-6　三种负荷下不同空燃比的 NO_x 排放特性

4. CO 与点火提前角的关系

点火提前角的定义为：汽油机从点火时刻起到活塞达到压缩上止点期间曲轴转过的角度，后文单位以 °CA BTDC 表示。图 5-7 描述了发动机转速维持 4000r/min 时三种负荷下 CO 排放量跟随点火提前角的变化规律。在低负荷时 CO 随点火提前角的增大反而略有下降、高负荷时略有上升，但整体来看，CO 随点火提前角的变化不明显，中低转速时缸内燃烧相对稳定。

图 5-8 描述了发动机转速维持 8000r/min 时三种负荷下 CO 排放量跟随点火提前角的变化规律。此时中高负荷 CO 的排放随着点火时刻的提前整体呈上升趋势，这是因为缸内燃烧温度增加，热分解加剧产生 CO，同时排气温度降低减弱了 CO 在排气系统内的氧化作用；低负荷时 CO 的排放随点火时刻的提前略有下降，且 CO 排放量远大于中高负荷的排放量，说明在低负荷、高转速工况下，活塞运动过快、进气量偏少，残余废气较多，影响了缸内混合气的燃烧，缸内还有较多未燃混合气在排气冲程排出[18-21]。

5. HC 与点火提前角的关系

图 5-9 描述了发动机转速维持 4000r/min 时三种负荷下 HC 排放量跟随点火提前角的变化规律。该转速下中高负荷时 HC 的排放随着点火时刻的提前整体呈上升趋势，低负荷时整体呈下降趋势。HC 排放增多是由于点火提前角增大，排气温度降低，导致排气管中 HC

氧化减少，而低负荷时排放下降的原因一方面是该工况下排气温度随点火提前角增大而下降缓慢，另一方面是因为该工况下缸内燃烧状态较好，HC 产出较低[22-25]。

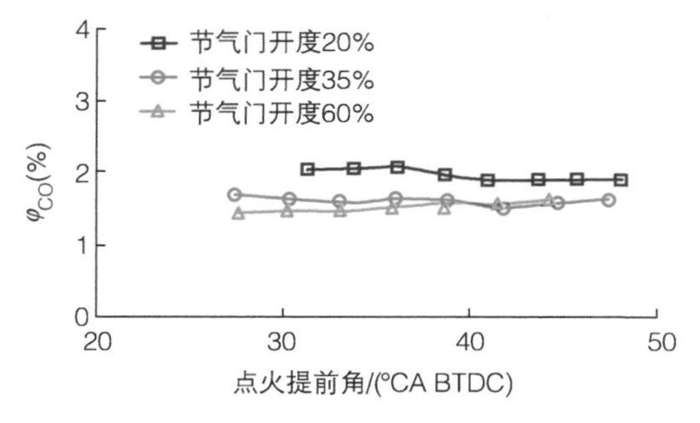

图 5-7　4000r/min 时三种负荷下不同点火提前角的 CO 排放特性

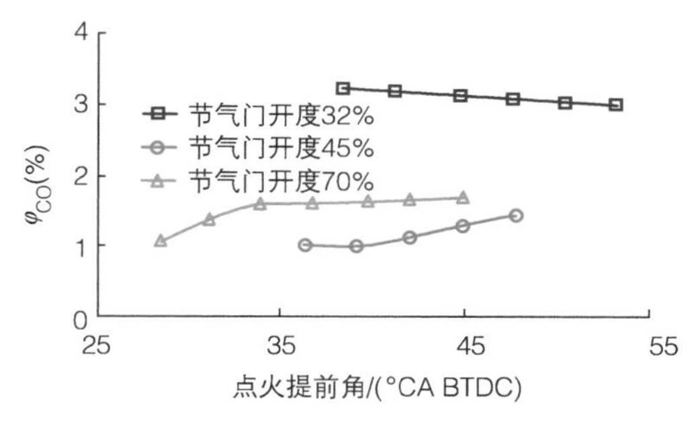

图 5-8　8000r/min 时三种负荷下不同点火提前角的 CO 排放特性

图 5-10 描述了发动机转速维持 8000r/min 时三种负荷下 HC 排放量跟随点火提前角的变化规律，该工况下 HC 的排放量随点火提前角的增大而稳定增长。因此在高速工况选取较小的点火提前角可以有效降低 HC 的排放，同时可以避免爆燃和过度加速磨损，但应避免调节量过小，因为过小的点火提前角会导致发动机动力下降和油耗增加。

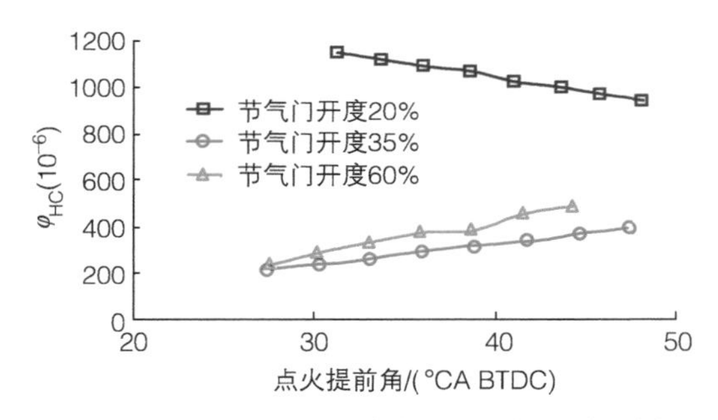

图 5-9　4000r/min 时三种负荷下不同点火提前角的 HC 排放特性

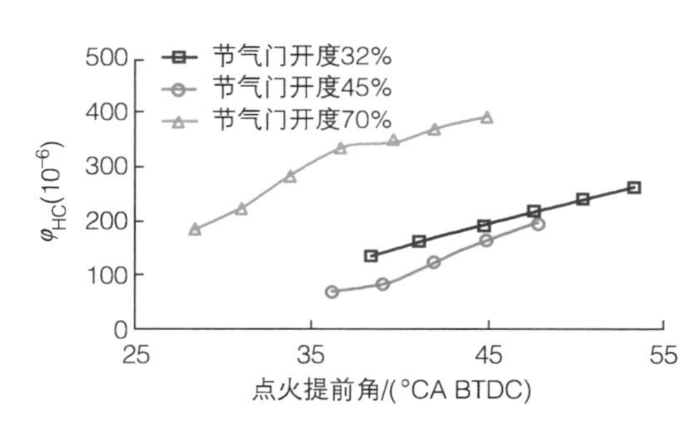

图 5-10　8000r/min 时三种负荷下不同点火提前角的 HC 排放特性

6. NO_x 与点火提前角的关系

图 5-11 描述了发动机转速维持 4000r/min 时三种负荷下 NO_x 排放量跟随点火提前角的变化规律。由图可知，点火提前角越小，NO_x 的排放量越小。高温和富氧是氮氧化物形成的条件，由于点火提前角的增大，燃烧室内的最高燃烧温度、压力增加，引起 NO_x 生成。在点火提前角增加相同步长的情况下，节气门开度越大，NO_x 增量越多，主要是因为节气门增大，发动机工作过程的充气效率得到提升，进气量增多。

图 5-12 描述了发动机转速维持 8000r/min 时三种负荷下 NO_x 排放量跟随点火提前角的变化规律。由图可知，在高转速工况下点火提前角越大，发动机燃烧温度越高，同样会导致 NO_x 的排放量增加。因此，减少点火提前角可以降低发动机的燃烧温度，抑制氮氧化物的排放。但需要注意的是，降低点火提前角会使汽油机的功率下降，降低发动机的动力性、燃油经济性和运转的稳定性。所以，该参数需要适度调节，不能过于追求减少排放，需综

合考虑[26-29]。

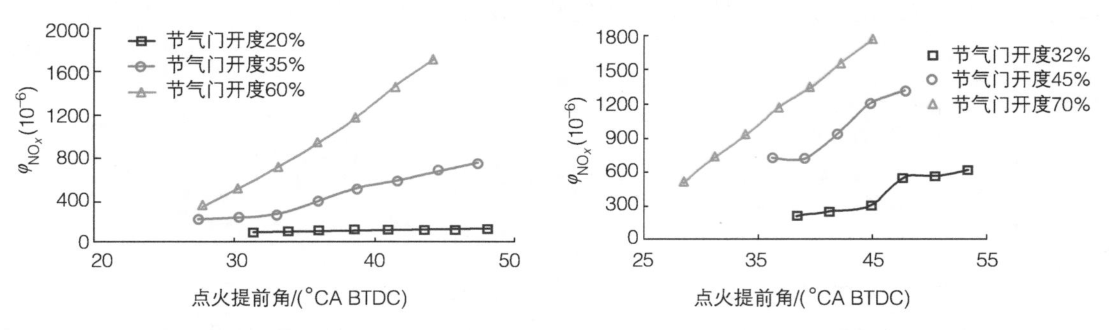

图 5-11　4000r/min 时三种负荷下不同点火提前角的 NO_x 排放特性

图 5-12　8000r/min 时三种负荷下不同点火提前角的 NO_x 排放特性

7. 缸内直喷汽油机稳态工况

汽油机缸内直喷技术因出色的动力性和经济性成为现代汽油机的发展趋势，但是因为其排放微粒数量相比传统喷油器发动机 / 传统化油器发动机更多并且粒径更小，所以对人体有较大的伤害[30]。下面根据相关研究分析三种工况下，分别改变点火时刻（即点火提前角 °CA BTDC）、喷油时刻（即上止点与供油时的曲轴转角 °CA ATDC）、过量空气系数（指实际供给燃料燃烧的空气量与理论空气量之比，用 λ 表示）、EGR 率后，参数变化对排气中不同微粒浓度的影响[31-33]，试验过程中发动机工况设定见表 5-1。

表 5-1　发动机工况设定表

转速 /（r/min）- 负荷（%）	点火时刻 /（°CA BTDC）	喷油时刻 /（°CA ATDC）	过量空气系数	EGR 率
1500-20，2000-30，2500-40	4，10，15，20，25，30，35	60	1	0
1500-20，2000-30，2500-40	30	30，50，70，90，110	1	0
1500-20，2000-30，2500-40	25	60	1，1.1，1.2，1.3，1.4，1.5	0
1500-20，2000-30，2500-40	25	60	1	0，5%，10%，15%，20%，24%

（1）点火提前角对微粒质量浓度的影响

图 5-13 ~ 图 5-15 为 1500r/min-20% 工况、2000r/min-30% 工况和 2500r/min-40% 工况三种工况条件下点火时刻对微粒数量密度的影响。

从图 5-13a、图 5-14a、图 5-15a 可以看出，在三种工况中，随着点火时刻的提前，各种粒径微粒数量密度都呈现逐渐增大的趋势，但在 1500r/min-20% 工况中，点火提前角由 25°CA BTDC 提前到 35°CA BTDC 的过程中，微粒数量密度出现了下降。由图 5-13b、图 5-14b、图 5-15b 可知，在三种工况下，随着点火时刻的提前，微粒总数和积聚态微粒明显增加，但在 1500r/min-20% 工况下，点火时刻从 20°CA BTDC 开始，微粒总数、核态微粒数及积聚态微粒总数都在减少。

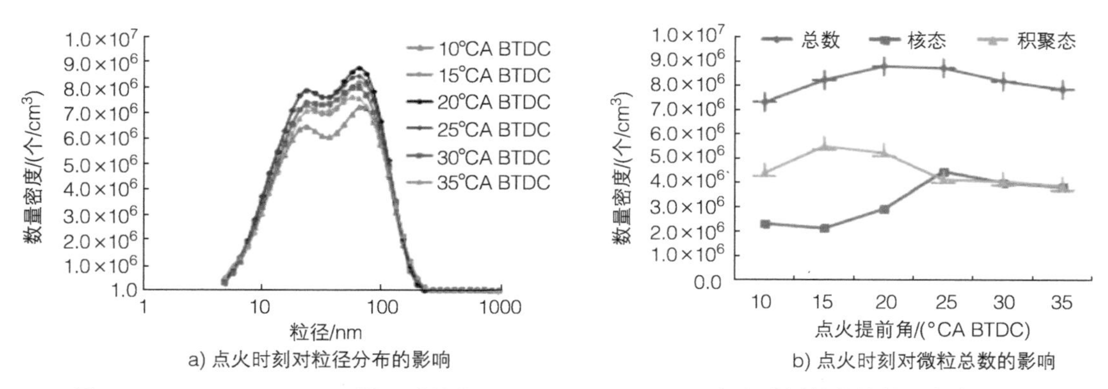

a) 点火时刻对粒径分布的影响　b) 点火时刻对微粒总数的影响

图 5-13　1500r/min-20% 工况，喷油角 60°CA BTDC，λ=1，点火时刻对微粒数量密度的影响

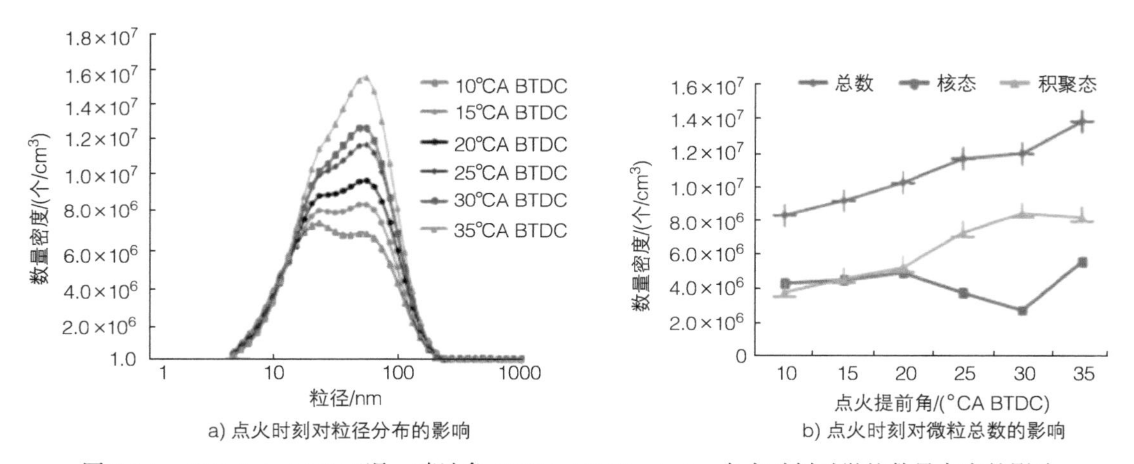

a) 点火时刻对粒径分布的影响　b) 点火时刻对微粒总数的影响

图 5-14　2000r/min-30% 工况，喷油角 60°CA BTDC，λ=1，点火时刻对微粒数量密度的影响

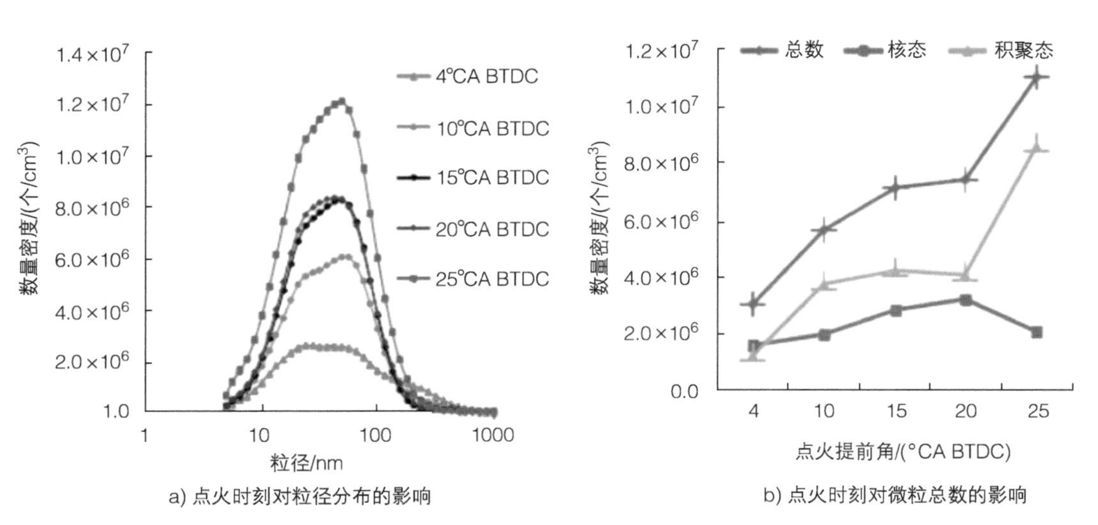

a) 点火时刻对粒径分布的影响　b) 点火时刻对微粒总数的影响

图 5-15　2500r/min-40% 工况，喷油角 60°CA BTDC，λ=1，点火时刻对微粒数量密度的影响

图 5-16 ~ 图 5-18 分别为 1500r/min-20% 工况、2000r/min-30% 工况和 2500r/min-40% 工况三种工况下点火提前角对缸内燃烧的影响。由图可以看出，随着点火时刻提前：①缸内压力不断增大，并且出现压力峰值的时刻提前；②缸内最高温度不断增大，出现温度峰值的时刻也随之提前，做功和缸内平均温度降低；③燃料与空气的混合时间缩短，导致气体混合不均匀，同时最大压力和最大温度升高，不均匀的工质在高温高压的条件下成核率增加；④后燃过程温度降低，微粒形成过程中氧化作用下降，使得核态微粒的表面增长和积聚作用增强，有更多核态微粒通过表面增长成为积聚态微粒，导致其浓度升高 [34-35]。

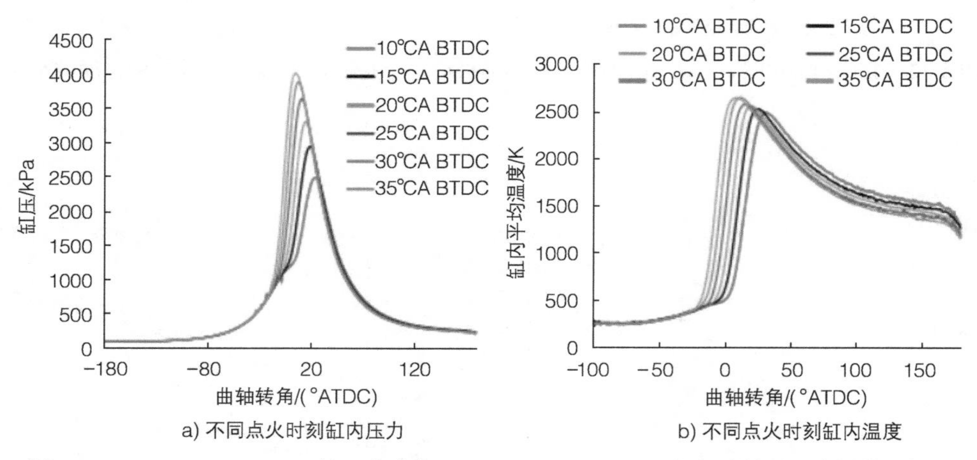

图 5-16　1500r/min-20% 工况，喷油角 60°CA BTDC，$\lambda=1$，点火时刻对缸内燃烧的影响

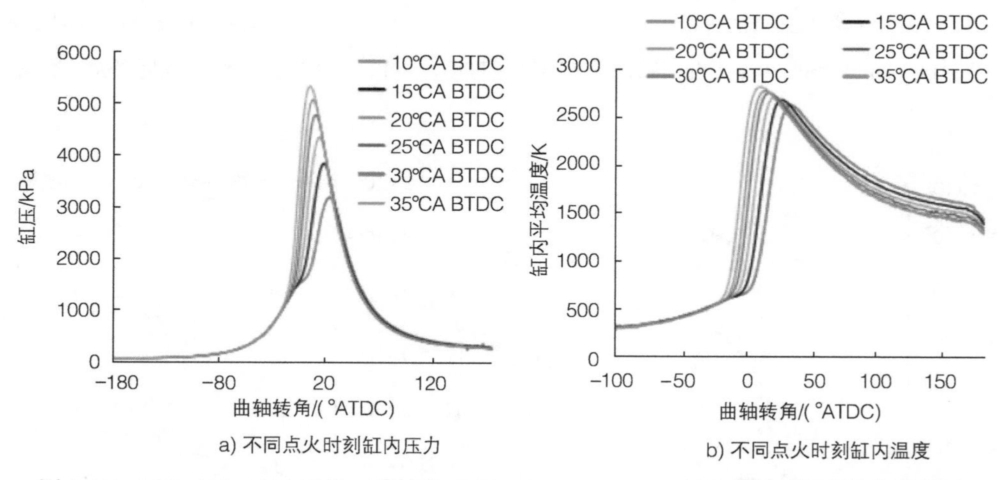

图 5-17　2000r/min-30% 工况，喷油角 60°CA BTDC，$\lambda=1$，点火时刻对缸内燃烧的影响

（2）喷油时刻对微粒数量密度的影响

图 5-19 ~ 图 5-21 分别为 1500r/min-20% 工况、2000r/min-30% 工况和 2500r/min-40% 工况三种工况下喷油时刻对微粒数量密度的影响，试验工况为进气行程中喷油。

如图 5-19a、图 5-20a、图 5-21a 所示，在三种工况下，30°CA ATDC 喷油时，微粒浓度很高，这是因为此时喷油导致喷雾可能触及活塞顶部，造成局部燃油雾化不均匀；推迟喷油时刻，燃油雾化改善，微粒数量降低，随着喷油时刻继续推迟，1500r/min-20% 工况中 70°CA ATDC 之后喷油、2000r/min-30% 工况下 80°CA ATDC 之后喷油、2500r/min-40% 工况下 80°CA ATDC 之后喷油都会使得微粒浓度明显增加。从图 5-19b、图 5-20b、图 5-21b 可以看出三种工况下，微粒总数、核态和积聚态微粒数随着喷油角推迟都呈现先减小后增大的趋势。

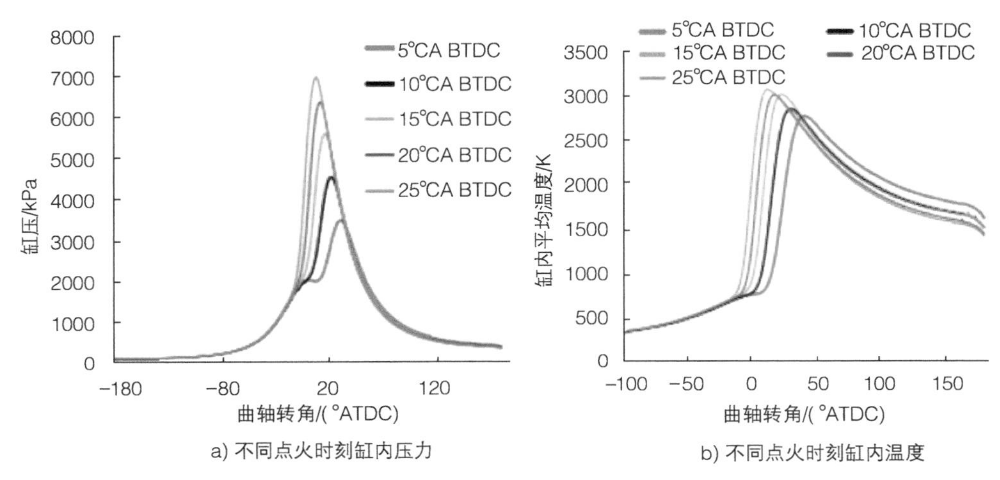

图 5-18　2500r/min-40% 工况，喷油角 60°CA BTDC，λ=1，点火时刻对缸内燃烧的影响

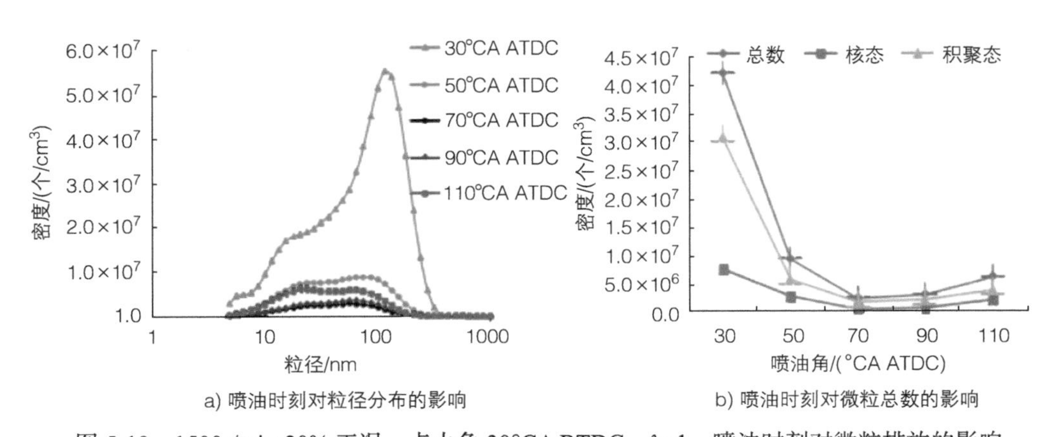

图 5-19　1500r/min-20% 工况，点火角 30°CA BTDC，λ=1，喷油时刻对微粒排放的影响

图 5-22 ~ 图 5-24 分别为 1500r/min-20% 工况、2000r/min-30% 工况和 2500r/min-40% 工况三种工况下喷油角对缸内燃烧的影响。

由图 5-22 ~ 图 5-24 可以看出，喷油时刻对缸内压力和平均温度没有明显影响。影响微粒生成的主要因素是混合气形成过程。进气上止点后 30°CA 喷油时，喷雾可能撞击到活塞顶部，造成局部燃油雾化不均匀，使得生成微粒浓度较高；推迟喷油时刻，燃油雾化改善，

微粒数量明显降低[36-38]。

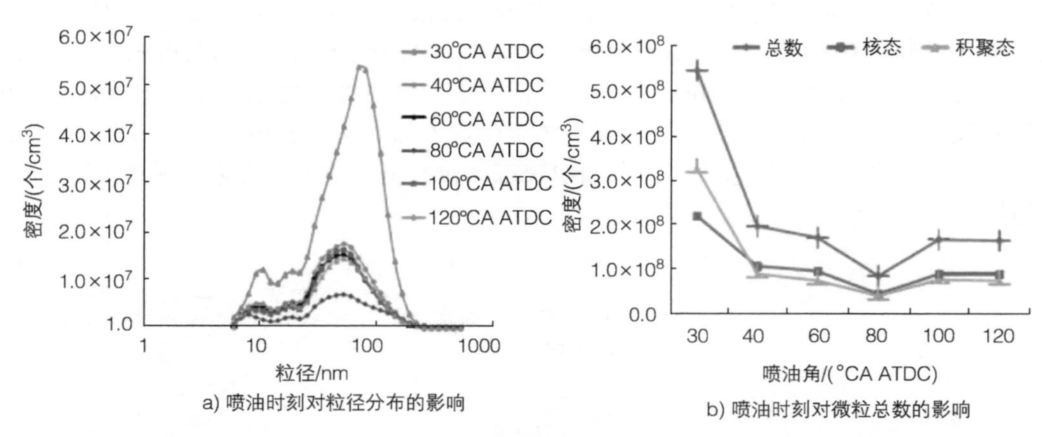

a) 喷油时刻对粒径分布的影响　　b) 喷油时刻对微粒总数的影响

图 5-20　2000r/min-30% 工况，点火角 30°CA BTDC，$\lambda=1$，喷油时刻对微粒排放的影响

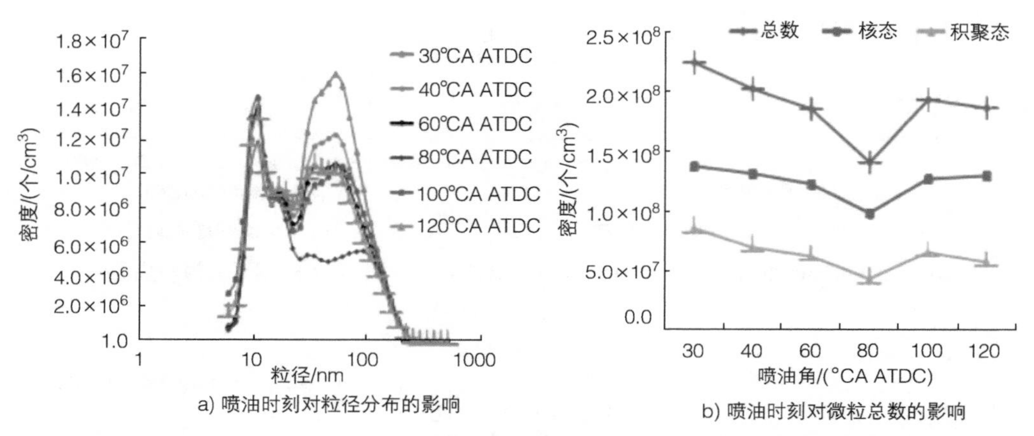

a) 喷油时刻对粒径分布的影响　　b) 喷油时刻对微粒总数的影响

图 5-21　2500r/min-40% 工况，点火角 20°CA BTDC，$\lambda=1$，喷油时刻对微粒排放的影响

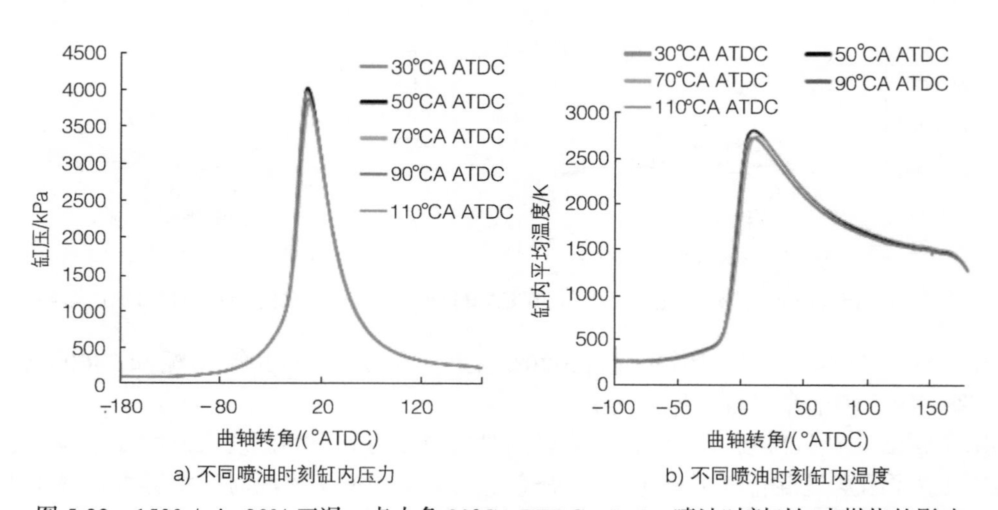

a) 不同喷油时刻缸内压力　　b) 不同喷油时刻缸内温度

图 5-22　1500r/min-20% 工况，点火角 30°CA BTDC，$\lambda=1$，喷油时刻对缸内燃烧的影响

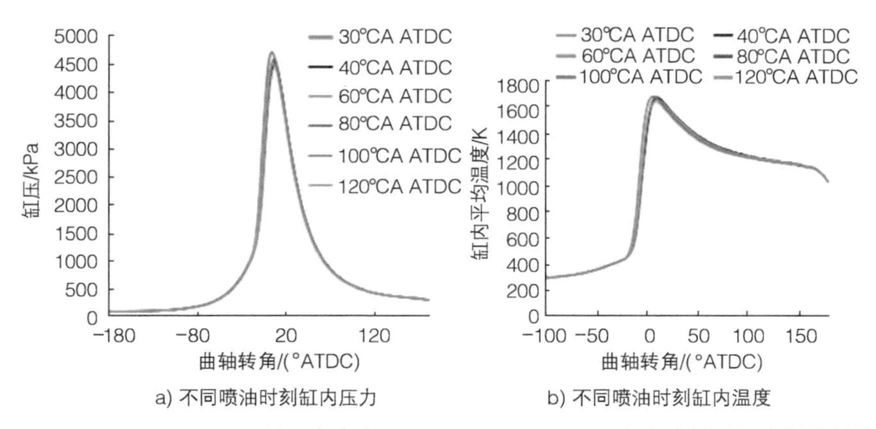

a) 不同喷油时刻缸内压力　　b) 不同喷油时刻缸内温度

图 5-23　2000r/min-30% 工况，点火角 30°CA BTDC，λ=1，喷油时刻对缸内燃烧的影响

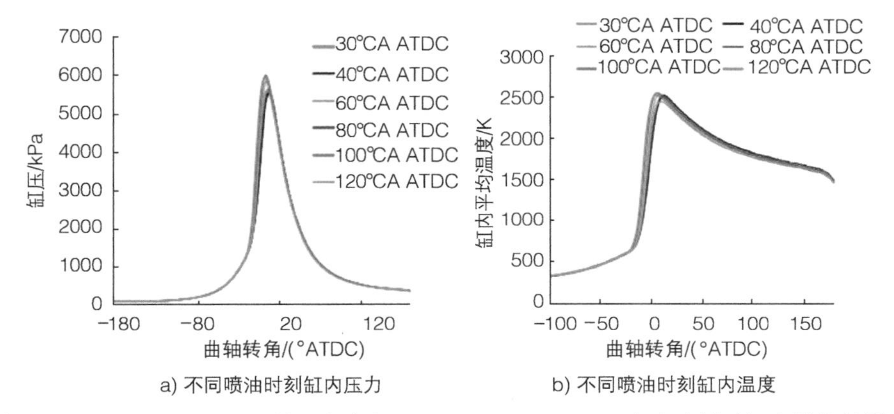

a) 不同喷油时刻缸内压力　　b) 不同喷油时刻缸内温度

图 5-24　2500r/min-40% 工况，点火角 20°CA BTDC，λ=1，喷油时刻对缸内燃烧的影响

5.1.2　汽油机的瞬态排放特性

在关于汽油机的研究中，大都以稳态工况运转作为测试条件，但是在实际工况中，汽车运行中间会有加速、减速、起动等状况的发生。在这些非稳态工况下，由于燃油供给和空气供给速率的改变，汽油机排放物也会随之增加。本节采用 NEDC 工况测试汽油车瞬态排放特性[39-40]。

汽油机冷起动时，其排放物中 HC 排放量较大，HC 排放的成分主要有 C_5（戊烷 -nC_5、异戊烷 -iC_5 组成）、甲烷和芳香烃化合物（aromatic hydrocarbon compound，AHC），伴有少量的 MeOH、C_4H_6 和 EtOH。由于进气管和燃烧室的壁面温度在冷起动过程中相当低，因此在气缸内的燃油蒸发不完全，在壁面上沉积了更多的燃料。此外，发动机需要充足的燃油混合物，以克服意外瞬态工况的发生和混合气浓度过低。这样将会导致存在于燃烧室的部分燃料以未燃烧的形式存在，并在接下来的燃烧循环中被排放进入废气中，导致冷起动初始阶段 HC 的排放增加。造成这一时期高 HC 排放的两个主要因素是：不完全燃烧和丰富的混合物。燃烧开始稳定的时候，气缸内的温度开始上升，混合气逐渐变得更稀薄，所有这些因素都会导致 HC 排放的减少。同时，HC 排放过多的原因还包括以下几点：活塞和衬垫在制作时存在允许一定的热膨胀尺寸，这在低温下会导致存在较大的缝隙体积，增加碳氢化合物在润滑油油层中的溶解度，并增强从热气体到气缸壁的传热速率。后者增加了火焰淬火距离，降低了燃烧后产生的污染物的火焰后氧化速率[41-42]。

1. NO_x 排放

图 5-25 描述了基于 NEDC 工况的冷起动下试验车 NO_x 排放的变化规律。

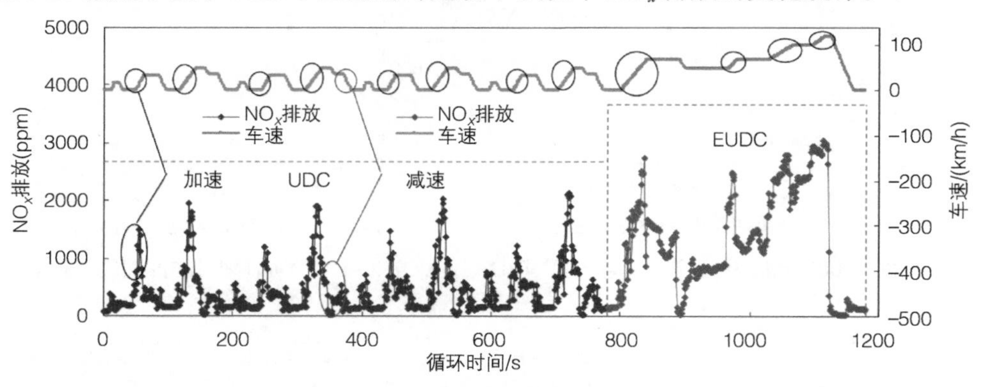

图 5-25 试验车冷起动下在 NEDC 工况上运行的 NO_x 排放特性

从图中可以看出，NO_x 排放量急剧增加，并随着汽车速度发生改变，在加速工况下尤为明显。而在减速条件下，NO_x 排放显著降低。这是由于车辆的过量空气系数随着负荷的变化而发生改变。气缸中混合物的量随着汽油缸内直喷式发动机（gasoline direct injection，GDI）负荷的增加而增加，燃烧更多的燃料并释放更多的热量，最终更多输出满足需要的能量。因此，在加速条件下，气缸内的燃烧温度远高于正常行驶或减速条件，从而增加了 NO_x 的生成。当试验车辆在 NEDC 下减速时，燃料减少供应，因此，GDI 发动机的燃烧停止，缸内温度急剧下降，得到了最低浓度的 NO_x 排放[43-45]。

2. HC 瞬态排放

图 5-26 显示了基于 NEDC 工况的冷起动试验车辆的 HC 排放。一般来说，HC 排放的形成主要有以下几个原因：①由于阀门重叠，气缸中未燃烧的混合物在气体交换过程中逸出排气口；②未燃烧的混合物被压缩到燃烧室的缝隙中，在排气阀打开时释放出来，形成 HC 并排放出来；③特别是在冷起动条件下，将未燃烧的混合物吸收到用于润滑活塞和活塞环的润滑油中，然后在膨胀行程中释放。燃烧室中的裂缝在 HC 排放的形成中起着主导作用[46-48]。

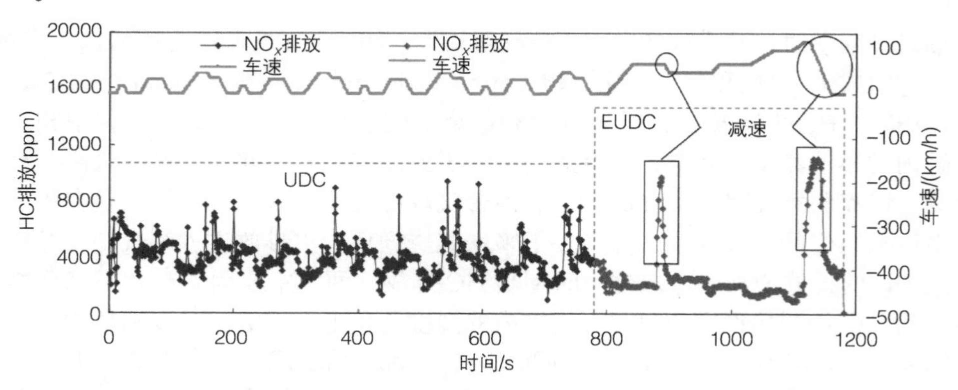

图 5-26 试验车冷起动下在 NEDC 工况上运行的 HC 排放特性

由图 5-26 可知，在 NEDC 工况下前 50sHC 排放比较高，随后逐渐减少，在市郊工况循环的减速条件下也有较高的 HC 排放。

5.2　柴油机的排放特性

5.2.1　柴油机的稳态排放特性

1. EGR 率与气态污染物的关系

排气再循环系统对柴油机排放的影响主要体现在 NO_x 排放上 [49-54]。EGR 率定义是再循环的废气量与吸入气缸的进气总量之比，该值会直接影响缸内燃烧温度 [55-61]。

图 5-27 为某柴油机以 1800r/min-1000N · m 稳定工况运转时改变其 EGR 率所得的排放特性图。

从图 5-27 可以看出，CO 排放在 EGR 率达 30% 后出现缓慢增长，这是因为随着 EGR 率增大，缸内瞬态最高温度和平均温度相应降低，燃料无法获得充分燃烧而导致的。

在该负荷情况下，EGR 率低于 50% 时 HC 排放发生明显增长，这是由于 EGR 率的提高会导致缸内燃烧氧含量降低；EGR 率在 50% ~ 80% 时 HC 排放呈现一段下降趋势，这是因为当少量 EGR 进入进气系统后，加热了新鲜空气使燃料与空气混合得更加充分，燃烧效果得到优化 [62]。

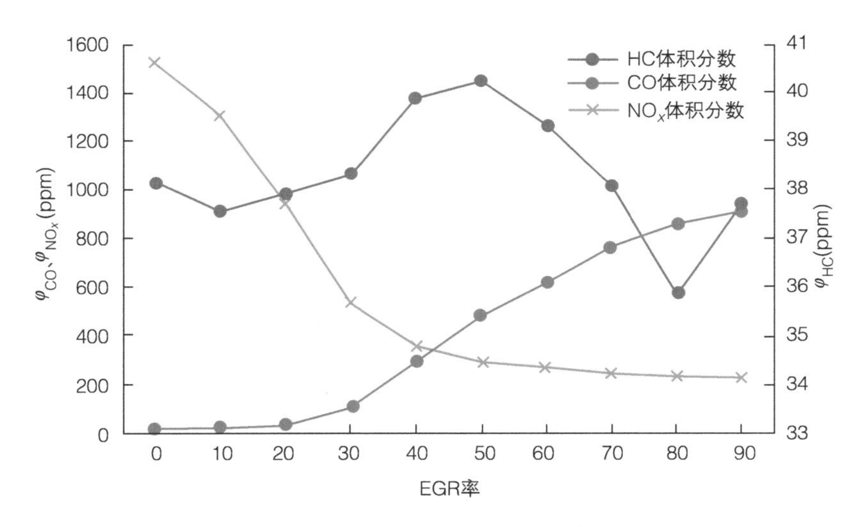

图 5-27　不同 EGR 率时气态污染物排放特性

随着 EGR 率的提高，NO_x 排放呈显著下降趋势，这主要因为：

1）再循环废气替代了一部分新鲜空气，使得缸内氧气浓度降低，因此燃烧的焰前化学反应和燃烧反应速率降低，也就是着火滞燃期和燃烧持续期延长；另一方面，氮气与氧气的接触机会降低，也会导致 NO_x 生成量减少。

2）再循环废气中的 CO_2 和 H_2O 是三原子分子，具有较高的比热容，能比空气吸收更多的热量；工质总热容增加后吸收等量的燃料放热时温度变化较小，这有助于解决在 EGR

率较大时控制燃烧速度、防止压升率过高等问题。

3）在高温下，废气中 CO、水蒸气会发生裂解。裂解是一个吸热过程，会吸收一部分燃烧热量，使得缸内燃烧温度峰值降低，减少了因缸内峰值温度过高而产生的 NO_x 排放量。

综上分析可以得出结论：在低工况时，由于 CO 和 NO_x 产出很低，相反 HC 因排气温度低等原因成为气态污染物主体，因此使用较低的 EGR 率可有效控制总排放；在高工况时，由于 NO_x 排放量增大，提高 EGR 率便可以有效控制其产出。然而过高的 EGR 率反而会对排气污染物中的 PN 产生严重影响 [63-64]。针对该问题，下面来分析 EGR 率在高工况下对 PN 的影响。

2. EGR 率与颗粒物数量的关系

图 5-28 为上述工况下不同 EGR 率对 NO_x 体积分数（φ_{NO_x}）与 PN 排放数量的影响对比图。由图可知，在同样工况下，随着 EGR 率提高，虽然 NO_x 排放量显著降低，但高于 20% 后颗粒排放数显著增大，这同样是燃烧温度下降导致的。因此在高负荷工况选取合适的 EGR 率还要考虑颗粒物排放因素，例如该工况下选用 20% ~ 30% 的 EGR 率便可以使污染物排放总量降至最低 [65]。

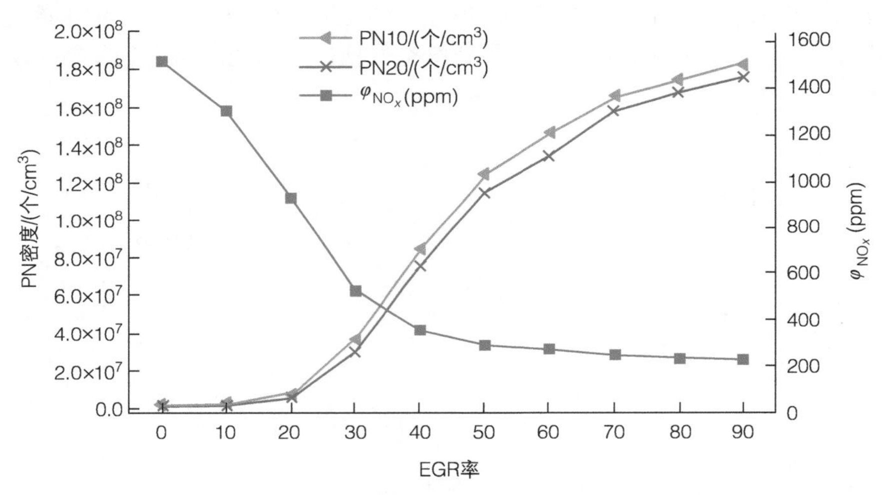

图 5-28　不同 EGR 率时 NO_x 与不同粒径 PN 排放特性

3. 主喷油提前角与气态污染物的关系

图 5-29 为稳态工况下改变主喷油提前角后各气态污染物的排放特性图。由图可知，随着喷油提前角的增大，CO 体积分数（φ_{CO}）降低，NO_x 体积分数（φ_{NO_x}）显著增大，而 HC 体积分数（φ_{HC}）变化不明显。

改变喷油提前角对缸内燃烧滞燃期影响明显。当喷油提前角增大时，滞燃期长、预混合的油量增多，燃烧室最高温度升高，滞燃时间延长，导致 NO_x 生成显著增多。一般喷油提前角的减小会使后燃增加，燃烧情况变差，油耗增多。调整提前角要以车辆的动力性和经济性为主并兼顾排放性能，因此为使 NO_x 有较大幅度的下降，正确方法是在保证柴油机动力性和经济性的基础上，适当减少喷油提前角，使总气态污染物降低 [66-67]。

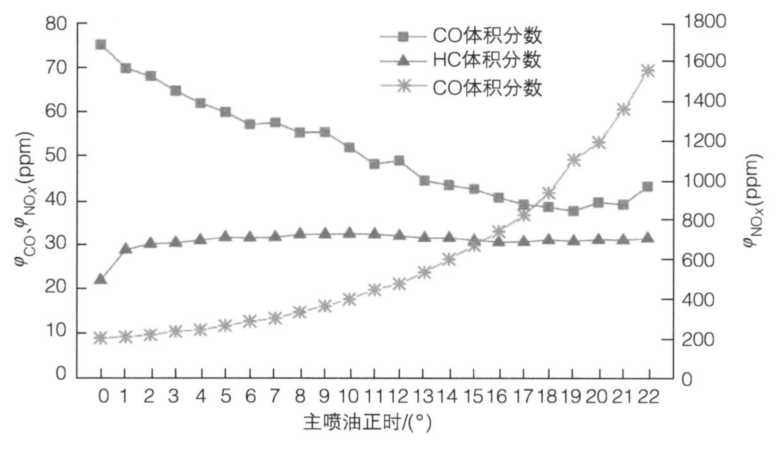

图 5-29　不同主喷油提前角下气态污染物排放特性

4. 主喷油提前角与颗粒物数量的关系

图 5-30 为改变主喷油提前角后柴油机颗粒物数量的排放特性。由图可知，颗粒物数量排放仅在喷油提前角过小时情况恶劣，在中段喷油角度时 PN 值已经处在可以接受的范围内了。由此可见，在综合考虑气态污染物与颗粒物数量时，适当减少喷油提前角也是可以接受的。

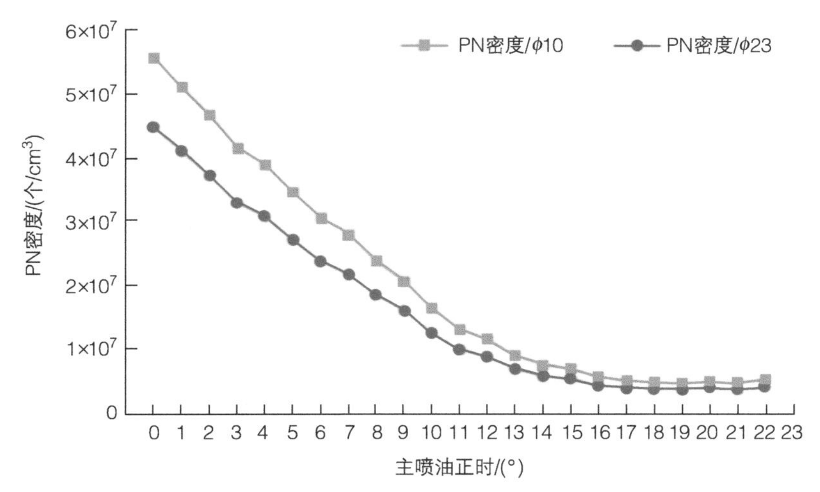

图 5-30　不同主喷油提前角下不同粒径 PN 排放特性

5. 轨压与 CO 的关系

图 5-31 展示了三种轨压下 CO 体积分数（φ_{CO}）随主喷油提前角的变化规律。由图可知，轨压 130MPa 下的 φ_{CO} 明显高于轨压为 150MPa 与 180MPa 下的 φ_{CO}。这是因为随着轨压提高，一方面喷油速率越高，油束的贯穿距离越大，相同的喷油量喷油持续期相对缩短，油气混合时间更长；另一方面喷射动能增加，燃油雾化增强，有利于加速混合；此外，喷孔内外压差增大，有利于改善喷油的雾化效果，加速射流破碎。以上三方面均有利于形成更加均匀的混合气，从而使缸内燃烧更充分[68-71]。

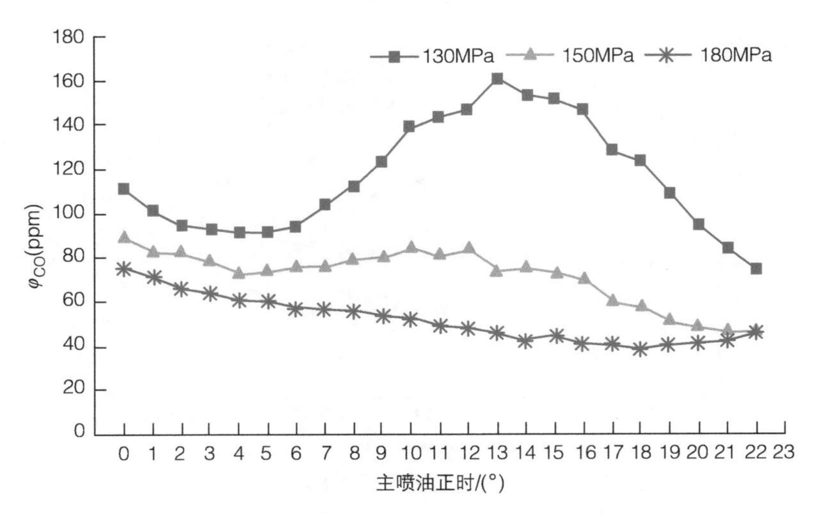

图 5-31　不同轨压下主喷油正时对 φ_{CO} 的影响

6. 轨压与 HC 的关系

图 5-32 所示为三种轨压下 HC 体积分数（ φ_{HC} ）随主喷油提前角的变化规律。由图可知，不同轨压下 HC 的排放量差别很小，因此在考虑轨压对气态污染物排放优化时可以忽略不计。

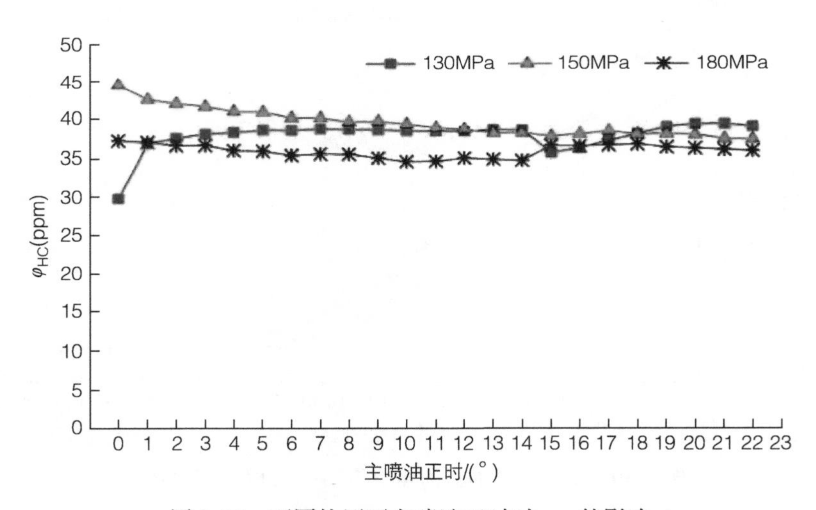

图 5-32　不同轨压下主喷油正时对 φ_{HC} 的影响

7. 轨压与 NO_x 的关系

图 5-33 展示了三种轨压下 NO_x 随主喷油提前角变化的规律。由图可知，NO_x 体积分数（ φ_{NO_x} ）随轨压的升高而明显增大。随着轨压的提高，对于相同的喷油量，喷油持续期相对缩短，利于较早地形成较为均匀的混合气，从而致使燃烧持续时间缩短，燃烧过程更靠近上止点，气缸内的最大爆发压力和最高燃烧温度提高，然而缸内最高燃烧温度的提高会导致 NO_x 的大量生成。因此，随着轨压的提高，NO_x 排放明显增大[72-75]。

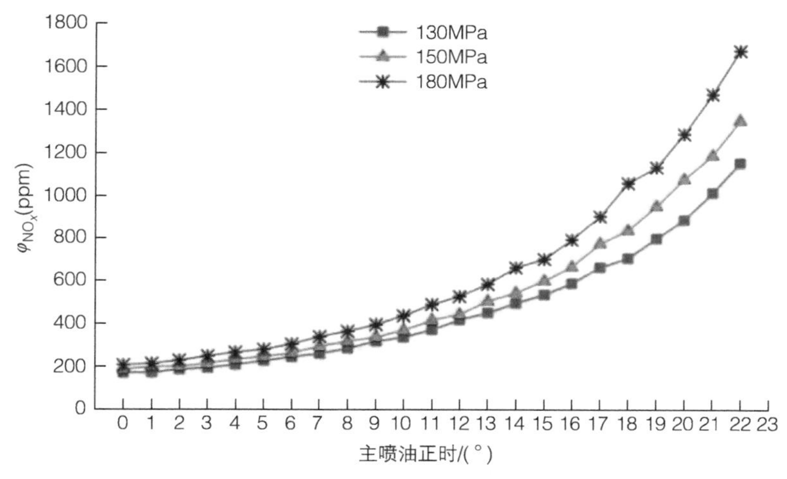

图 5-33　不同轨压下主喷油正时对 φ_{NO_x} 的影响

8. 柴油机颗粒物排放分布特性

柴油机的颗粒物排放主要受当前工况的燃烧状态影响[76-77]。在恒定工况下，柴油机的燃烧状态主要由空燃比与喷油提前角控制[78-79]。以下基于单缸柴油机测试了同工况下分别使用不同空燃比与不同喷油提前角的柴油机的颗粒物排放特性。

试验过程中发动机参数设定见表 5-2。

表 5-2　发动机参数设定

试验序号	空燃比	喷油提前角
1	28	2°CA BTDC
2	36	
3	40	
4	28	6°CA BTDC
5	36	
6	40	

（1）空燃比对微粒数量密度分布的影响

图 5-34 为喷油角度为 2°CA BTDC 与 6°CA BTDC 时不同空燃比下颗粒物数量密度粒径分布。

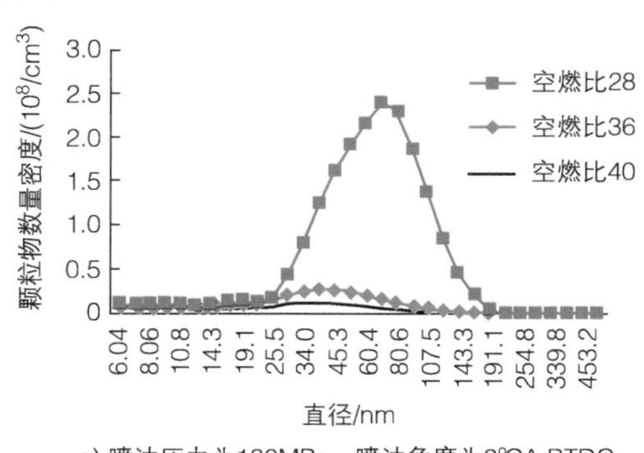

a) 喷油压力为180MPa，喷油角度为2℃A BTDC

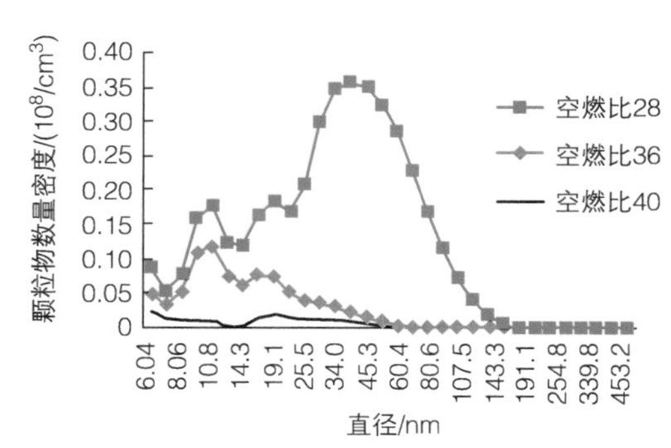

b) 喷油压力为180MPa，喷油角度为6℃A BTDC

图 5-34　颗粒物数量密度粒径分布

从图中可以看出，颗粒物数量密度的粒径分布呈单峰形态，在空燃比为 28 的条件下，数量密度峰值在 60nm 左右出现。空燃比为 40 和 36 时峰值出现在 40nm 左右。随着空燃比降低，峰值向大直径粒子方向偏移，颗粒物数量密度随之增大。在空燃比为 40 和 36 时，颗粒物主要为核态，峰值数量密度相对较小。随着空燃比降低，核态浓度减低，积聚态浓度增加，粒子直径大部分在 50nm 以上。空燃比减低导致混合气中氧气降低，颗粒物的再氧化作用减弱，粒子数量增加，并且颗粒物表面的吸附作用增强，粒子偏向于大粒子积聚态 [80-81]。

对比两图可以看出，在喷油提前角为 6°CA BTDC 时的各个空燃比下的峰值浓度均低于喷油提前角为 2°CA BTDC 时。随着空燃比降低，粒子数数量密度增大，积聚态粒子增多。图 5-34 中出现了双峰分布：第一个峰出现在 10nm 左右，属于超细小颗粒范围；第二个峰值出现在 45nm 左右。相对于 2°CA BTDC，核态粒子有所增加。喷油角度提前后，缸内温度提高，燃烧生成的粒子在缸内的氧化作用增强，许多积聚态粒子氧化成了直径较小的核态粒子。另外喷油角度提前，粒子在缸内的时间延长，进一步加剧了粒子的氧化作用，导致粒子数量浓度降低。

（2）空燃比对微粒质量密度分布的影响

图 5-35 所示为喷油角度为 2°CA BTDC 与 6°CA BTDC 时不同空燃比下颗粒物质量密度粒径分布。

由图 5-35 可知，在各个空燃比下颗粒物质量浓度粒径分布呈现单峰形态。从图 5-35a 可以看出，在三种空燃比下，核态粒子较少，大部分都在 60nm 以上。颗粒物的质量密度随着空燃比的减小而增大，粒径分布随之向大粒子方向移动，积聚态粒子随之增加。对比图 5-35b 可以看出，随着喷油提前角的增加，颗粒物仍然呈现单峰分布，但是直径小于 50nm 的核态粒子增加，各个空燃比下的质量浓度峰值均低于喷油角度 2°CA BTDC。

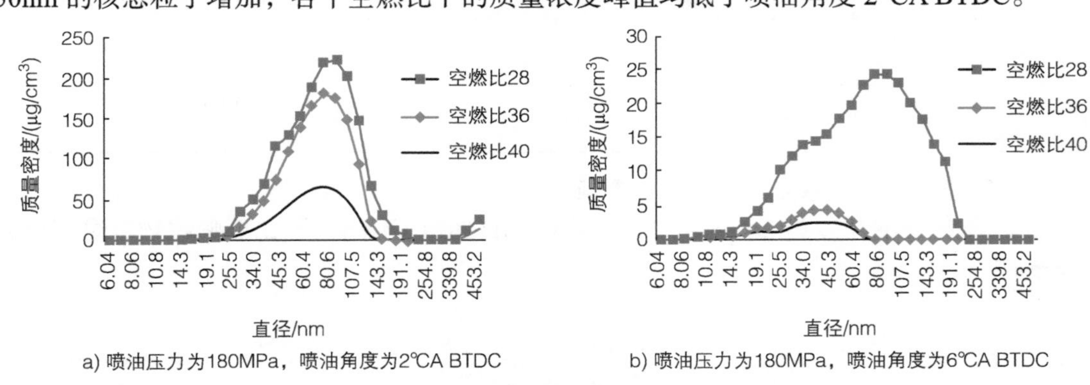

图 5-35　颗粒物质量密度粒径分布

随着空燃比的降低，混合气中氧气成分减少，质量密度的峰值向大粒子方向移动。颗粒物的质量密度分布反映的是核态粒子与积聚态粒子质量变化的总和。从质量浓度分布曲线可以看出，积聚态的粒子质量占有很大比例，喷油角度的提前可以氧化积聚态粒子，增加核态粒子 [82-83]。

喷油角度提前导致燃烧产物在缸内的存在时间延长，初期生成的核态粒子经过吸附作用，直径增大到积聚态，经过缸内高温氧化作用后燃烧了吸附物和大直径碳核，使得积聚

态的粒子减少[84-85]。由图 5-35 可知，在 34nm 左右出现一个小的峰值，即是积聚态颗粒物氧化的结果，这和粒子数量浓度的分布规律具有一致性。

（3）空燃比对微粒表面积密度分布的影响

图 5-36 为喷油角度为 2°CA BTDC 与 6°CA BTDC 时不同空燃比下颗粒物表面积密度粒径分布。

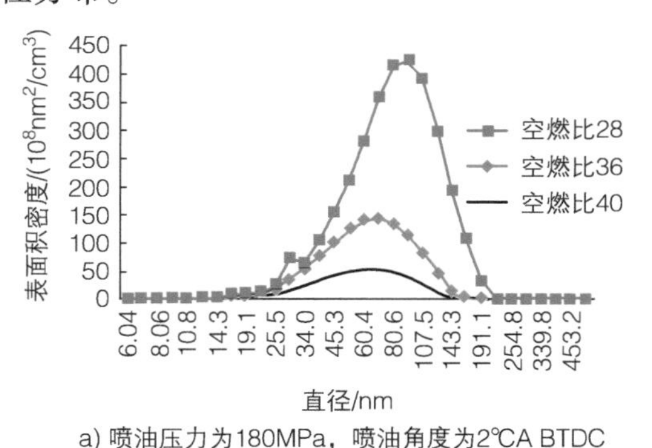

a) 喷油压力为180MPa，喷油角度为2℃A BTDC

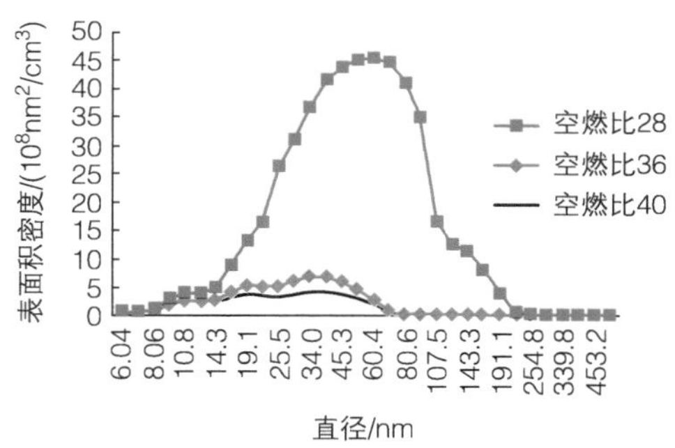

b) 喷油压力为180MPa，喷油角度为6℃A BTDC

图 5-36 颗粒物表面积密度粒径分布

颗粒物的表面积直接影响其吸附作用，进而影响颗粒物的质量密度分布和体积密度分布。由图 5-36 可知，在各种空燃比下曲线呈现单峰形态。表面积密度分布主要在直径大于 50nm 的积聚态。随着空燃比的降低，峰值向右移动，密度峰值显著增加。空燃比的降低增加了积聚态颗粒排放，这与数量密度和质量密度分布规律一致。对比两图可知，随着喷油角度的提前，颗粒物表面积浓度显著降低，曲线向左移动，密度峰值降低明显。由于喷油角度提前，氧化作用增强，燃烧过程中积聚和吸附的硫酸和 HC 被氧化，导致颗粒物表面积减小[86-87]。

（4）空燃比对微粒体积密度分布的影响

图 5-37 所示为喷油角度为 2°CA BTDC 与 6°CA BTDC 时不同空燃比下颗粒物体积密度粒径分布。

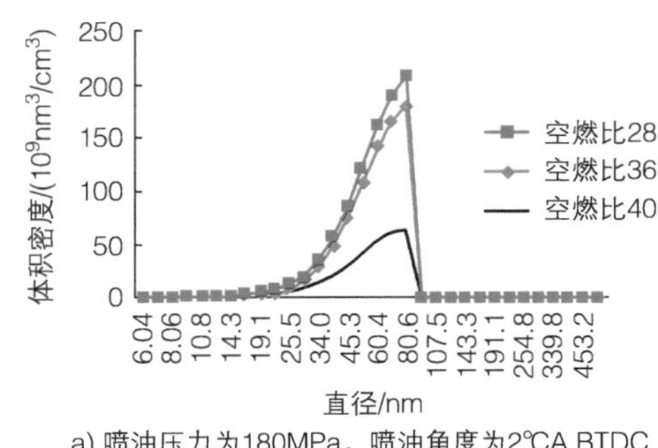

a) 喷油压力为180MPa，喷油角度为2℃A BTDC

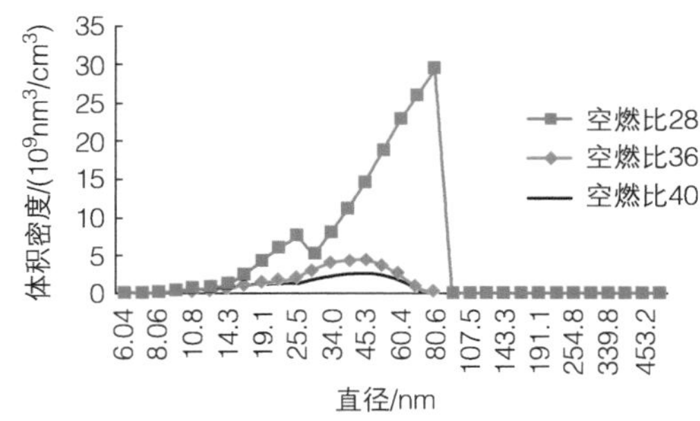

b) 喷油压力为180MPa，喷油角度为6℃A BTDC

图 5-37 颗粒物体积密度粒径分布

体积密度粒径分布代表了在单位体积内某一直径下粒子的占有体积。体积质量比较大的粒子在空气中不易下落，常常漂浮于大气中，且滞留时间长，危害更严重[88-91]。

图 5-37 给出了颗粒物的体积密度分布曲线。由图可知，随着空燃比的降低，体积密度

粒径分布向右侧移动，密度峰值明显增加，各空燃比下的积聚态体积密度分布与颗粒物的数量密度分布、质量密度分布、表面积密度分布具有相同的趋势。空燃比的减小降低了氧气浓度，削弱了颗粒物的二次氧化作用，增强了粒子吸附能力，粒径增大，导致体积密度曲线向右移动。

综合上述分析可以得出以下结论：

1）在喷油压力 180MPa、2°CA BTDC 条件下，柴油机颗粒物数量密度粒径分布、质量密度粒径分布、表面积密度粒径分布、体积密度粒径分布都呈单峰分布。在 6°CA BTDC 条件下，颗粒物数量密度分布出现双峰分布，第一峰值出现在 10nm 左右，第二峰值出现在 45nm 左右。

2）随着空燃比的降低，粒子数量增加，数量密度峰值位置向大直径粒子方向移动，核态粒子减少，积聚态粒子增加。当空燃比降低至 28 时，各个空燃比下的密度峰值差异明显。

3）随着空燃比的降低，粒子质量密度、表面积密度、体积密度均升高，粒径分布向大直径粒子方向移动。

4）随着喷油角度的提前，粒子数量密度、质量密度、表面积密度和体积密度均降低，浓度曲线向小直径粒子方向移动，核态粒子增加，积聚态粒子减少。

5.2.2 柴油机的瞬态排放特性

柴油机的实际运行工况复杂多样，运行参数不断变化且变化幅度没有规律可循。起动工况作为柴油机最常用的工况之一，同时又是一种极为特殊的工况，因为该工况下柴油机转速从零开始变化，冷却液和润滑油温度较低，较低的转速使得缸内漏气损失、传热损失和摩擦损失较其他工况更为明显，所以起动过程中因燃烧不充分导致排放增加的问题尤为严重 [92-94]。为更好地反映柴油机实际排放情况，我国第六阶段排放法规规定了瞬态 WHTC 循环工况作为实际工况的模拟。

本书以 WHTC 循环工况为基础介绍柴油机各气态污染物的瞬态排放特性。

1. NO_x 排放

图 5-38 描述了基于 WHTC 的冷起动下柴油机的 NO_x 排放（NO_x 体积分数，即 φ_{NO_x}）的变化规律。在前 1200s 低速段高负荷工况中明显可以看到，NO_x 排放量急剧增加；随着发动机温度升高，NO_x 排放量变化趋于平缓；中高速段 NO_x 排放量明显降低且稳定。

对比图 5-39 可以发现，预热后低速段 NO_x 排放远低于冷起动状态；中高速段则与冷起动规律相似。

转速不变时，增加转矩瞬时混合气变浓，缸内燃烧产生的温度升高，因此 NO_x 排放呈上升趋势。高转速下瞬态工况 NO_x 升高较快，出现峰值较快，原因是当转速相对较高时，增压器瞬时相应较快，空燃比瞬时下降率较低，氧含量相对较高 [95-98]。

2. HC 瞬态排放

图 5-40 和图 5-41 对比了基于 WHTC 的冷起动与预热后起动下柴油机的 HC 排放特性。从图中明显可以看出，在冷起动阶段的 HC 体积分数（φ_{HC}）远高于正常情况，这是因为发动机常温起动时，机油、燃油与冷却液温度较低，黏度较大，喷油雾化效果差，缸内温

度低，燃烧不充分导致的[99-102]。

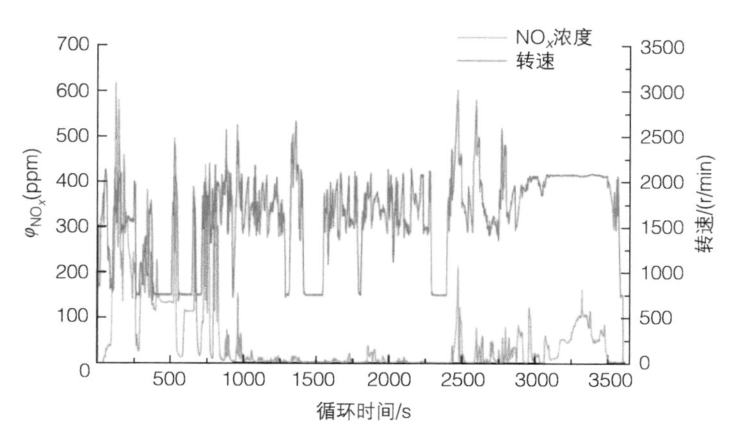

图 5-38　冷起动下柴油机在 WHTC 上运行的 NO_x 排放特性

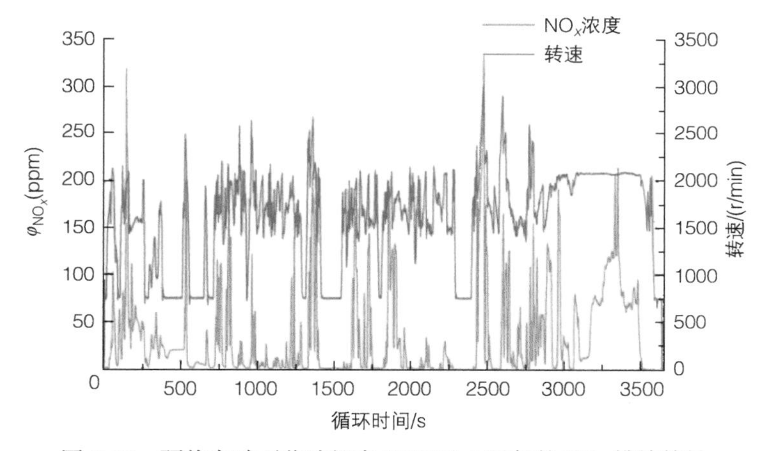

图 5-39　预热启动下柴油机在 WHTC 上运行的 NO_x 排放特性

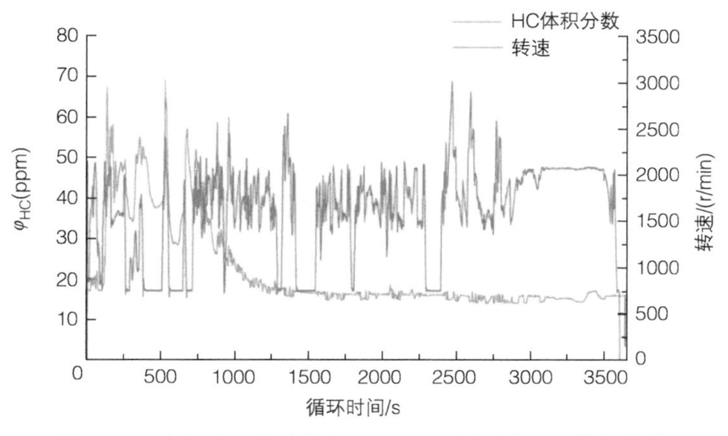

图 5-40　冷起动下柴油机在 WHTC 上运行的 HC 排放特性

另一方面，低速段转速小，缸内涡流水平较低，因而部分燃油会射到燃烧室壁面，而此时壁面温度低，影响了燃油的蒸发，从而导致这部分燃油没能及时参加燃烧而变成 HC 排出气缸。在中高速段转速大，进气涡流使大部分燃油分布在燃烧室空间，减少了壁面的冷激效应引起的火焰在壁面附近淬熄现象的产生，从而减少了 HC 的排放；同时进气涡流的增大使燃油雾化质量提高，火焰传播速率增加，也促进了混合气的形成和燃烧，提高了燃烧室内燃油的燃烧质量和速度，因而中高速段 HC 排放普遍偏低 [103-105]。

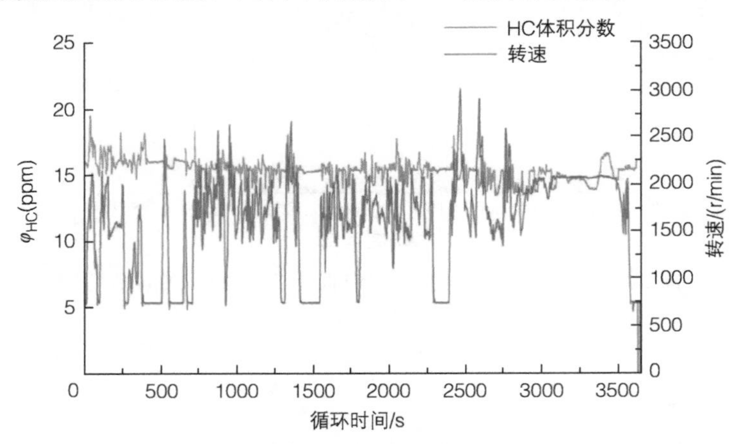

图 5-41　预热起动下柴油机在 WHTC 上运行的 HC 排放特性

5.3 本章结语

汽车尾气排放是当下环境的主要污染源，目前大多数发动机类型为汽油机或柴油机，因此本章分别针对这两类发动机尾气排放成因和变化规律进行了全面分析。不论是汽油机还是柴油机，其工作原理都是将燃料的化学能经燃烧后转化为机械能和热能，剩余的燃料和燃烧产物便形成了污染物进入排气系统，因此探究发动机排放特性的根本便是探究发动机的燃烧状态。本章首先从改变燃烧状态的角度分析了发动机稳态运转时的排放特性，并逐一分析了决定燃烧状态的各项因素对排放的影响规律，探究了在平衡发动机经济性和动力性的前提下减少总污染物排放量的方法；然后基于标准循环工况对发动机冷、热起动的瞬态循环进行了比对分析，探究了实际中冷态发动机排放过高的原因。未来我国法规对发动机排放的限制会更加严苛，探究发动机排放性能从根本上降低尾气排放，也是实现“双碳”战略的重要研究方向 [106-108]。

参考文献

[1] 蒋德明 . 内燃机燃烧与排放学 [M]. 西安 : 西安交通大学出版社 , 2001.

[2] 何学良 , 李疏松 . 内燃机燃烧学 [M]. 北京 : 机械工业出版社 , 1990.

[3] 环境保护部 , 国家质量监督检验检疫总局 . 轻型汽车污染物排放限值及测量方法 (中国第五阶段): GB 18352.5—2013 [S]. 北京 : 中国环境出版社 , 2018.

[4] 环境保护部 , 国家质量监督检验检疫总局 . 轻型汽车污染物排放限值及测量方法 (中国第六阶段): GB 18352.6—2016 [S]. 北京 : 中国环境科学出版社 , 2016.

[5]　生态环境部，国家市场监督管理总局．重型柴油车污染物排放限值及测量方法（中国第六阶段）: GB 17691—2018 [S]. 北京：中国环境科学出版社，2018.
[6]　胡军军，周龙保，黄勇诚．缸内直喷式汽油机燃用当量空燃比混合气的试验研究 [J]. 燃烧科学与技术，2002, 8(5): 415-420.
[7]　刘德新，冯洪庆，刘书亮，等．车用稀燃电控汽油机排放控制技术研究 [J]. 汽车工程，2004, 26(1): 31-33.
[8]　王锡云，徐海贵，张雨，等．电控燃油喷射汽油机冷起动过程的排放研究 [J]. 车用发动机，2003, 5: 40-42.
[9]　吴义虎，侯志祥，黎苏，等．电喷汽油机过渡工况废气排放特性研究 [J]. 长沙理工大学学报：自然科学版，2005, 1(2): 25-29.
[10]　上官林波．浅析汽油机废气污染物排放的主要影响因素 [J]. 汽车维修，2022, 1: 30-33.
[11]　张隽，刘雅琴．电喷汽油机冷起动空燃比控制与 THC 排放 [J]. 柴油机设计与制造，2009, 3(16): 1-3, 27.
[12]　衣娟．谈汽油机冷起动的碳氢化合物排放 [J]. 教育与职业，2005, 3: 48-49.
[13]　冯洪庆，牟江峰，于吉超，等．车用汽油机稀薄燃烧的实现及排放特征分析 [J]. 车用发动机，2006, 4: 22-25.
[14]　饶里，李志军，刘德新，等．不同还原过程空燃比大小对降低稀燃汽油机 NO_x 排放的试验研究 [J]. 汽车技术，2004, 4: 21-23.
[15]　李志军，张广宇，刘书亮，等．稀燃汽油机空燃比电控系统研制 [J]. 小型内燃机与摩托车，2004, 4: 32-34.
[16]　程晓鸣，秦静，刘鹏，等．EGR 对非道路通用小型汽油机排放的影响研究 [J]. 内燃机与配件，2011, 4: 4-6.
[17]　吴凤英，王站成，康宁，等．理论空燃比下废气再循环率对汽油机性能的影响 [J]. 车用发动机，2015, 1: 39-43.
[18]　BHOT S, QUAYLE R. Microprocessor control of ignition advance angle[J]. Microprocessors and Microsytems, 1982, 9(7): 355-359.
[19]　王晓薇，夏峥．浅析稀薄燃烧与汽油机的排放 [J]. 移动电源与车辆，2001, 3: 12-13, 40.
[20]　潘锁柱，宋崇林，裴毅强，等．缸内直喷汽油机颗粒物粒径分布特性 [J]. 天津大学学报（自然科学报），2013, 46(7): 629-634.
[21]　潘锁柱，宋崇林，裴毅强，等．点火定时对缸内直喷汽油机燃烧及颗粒物排放的影响 [J]. 农业机械学报，2013, 7: 23-27.
[22]　李岳林，张志永．车用汽油机 HC 生成机理及排放控制技术 [J]. 上海汽车，2006, 1: 30-32.
[23]　刘胜吉，曾瑾瑾，李崇尚，等．点火提前角对通用小型汽油机缸内燃烧及排放的影响 [J]. 内燃机工程，2016, 37(5): 109-114.
[24]　李涛，常英杰，谢宗法，等．无节气门汽油机燃烧循环变动特性试验 [J]. 内燃机学报，2018, 36(1): 44-50.
[25]　程勇，王建昕，吴宁，等．降低汽油机起动及暖机过程中 HC 排放的探讨 [J]. 内燃机学报，2002, 4(20): 292-296.
[26]　王建，刘胜吉．小型通用汽油机排放的研究 [J]. 农业工程学报，2009, 6(25): 131-135.

[27] 王军，董金洲．燃油喷射汽油机 NO_x 排放的计算研究 [J]. 海军工程大学学报，2003, 3: 37-41.
[28] 刘胜吉，施万里，王建．过量空气系数对四冲程小型通用汽油机排放的影响 [J]. 小型内燃机与摩托车，2006, 5: 41-44.
[29] 刘天宇，王海，赵谊，等．轿车汽油机实现稀燃及降低 NO_x 排放的关键技术 [J]. 天津汽车，2005, 2: 9-13.
[30] 李家琛，葛蕴珊，王欣，等．缸内直喷汽油车细小颗粒物排放特性研究 [J]. 中国环境科学，2022, 6(42): 2569-2576.
[31] 范钱旺，尹琪．直喷汽油机颗粒物成因及满足 EURO- Ⅵ排放限值技术路线 [J]. 上海汽车，2013, 6: 39-45.
[32] 唐荣志，谭瑞，王辉，等．缸内直喷汽油车颗粒物排放特征及影响因素 [J]. 环境科学学报，2022, 3(40): 846-853.
[33] 刘晓亮．缸内直喷式汽油车颗粒物排放试验研究 [J]. 交通节能与环保，2013, 6: 27-30.
[34] 钟兵，洪伟，苏岩，等．点火时刻对怠速工况缸内直喷汽油机微粒排放特性的影响 [J]. 西安交通大学学报，2015, 3(49): 32-37.
[35] 解难，李昌，胡月昆，等．环境温度对缸内直喷汽油车颗粒物排放特性的影响 [J]. 车用发动机，2015, 2: 49-52.
[36] 黄雅卿，王志，王建昕．喷油时刻对缸内直喷汽油机颗粒物排放的影响 [J]. 内燃机学报，2014, 5(32): 420-425.
[37] 韩文艳，许思传，周岳康，等．喷油开始时刻对缸内直喷汽油机性能的影响 [J]. 同济大学学报（自然科学版），2013, 4: 565-570, 582.
[38] 王艳华，李波，李云清，等．直喷汽油机喷雾撞壁特性试验与模拟 [J]. 江苏大学学报（自然科学版），2011, 4: 410-415.
[39] 张毅，李基凤，马冠钦，等．基于 NEDC 循环的增压直喷汽油机颗粒物排放控制 [J]. 小型内燃机与车辆技术，2019, 1(48): 67-73.
[40] 宋博，胡雷，全铁枫，等．缸内直喷汽油车 WLTC 颗粒物排放试验研究 [J]. 汽车技术，2017, 6: 24-28.
[41] 吴哲，赵强．基于某车型 NEDC 循环排放标定的研究 [J]. 汽车实用技术，2019, 17: 160-162.
[42] 郑从兴．WLTC 与 NEDC 循环的排放相关性测试 [J]. 中国测试，2016, 12(42): 22-28.
[43] 田国庆，邱若友，罗俊，等．EGR 对汽油机燃油经济性影响的研究 [J]. 汽车实用技术，2016, 5: 70-72.
[44] 彭有荣，黄柳升，范永鹏．EGR 系统对某汽油机排放及油耗影响的研究 [J]. 时代汽车，2018, 7: 35-37.
[45] 张本松，张利，王仕雄．缸内直喷汽油车常温下污染物排放特性试验研究 [J]. 环境科学与技术，2020, 6(43): 139-144.
[46] 罗佳鑫，温溢，朱庆功，等．轻型汽油车主要含氮化合物排放特性研究 [J]. 小型内燃机与车辆技术，2021, 5(50): 42-47.
[47] 罗佳鑫，温溢，杨正军，等．国六轻型车实际道路与实验室工况排放特性对比研究 [J]. 车用发动机，2019, 6: 64-70.
[48] 彭磊，秦孔建，乔维高，等．国Ⅳ汽油车 NEDC 循环下的排放特性分析 [J]. 汽车技术，2010, 10: 22-25.
[49] 杜常清．用 EGR 技术降低柴油机 NO_x 排放的研究发展 [J]. 拖拉机与农用运输车，2005, 2: 59-61.
[50] 朱瑞军，王锡斌，冉帆，等．EGR 和冷 EGR 对柴油机燃烧和排放的影响 [J]. 西安交通大学学报，2009, 9: 23-26.
[51] 杨帅，姚喜贵，李秀元，等．增压直喷柴油机 EGR 系统开发及试验分析 [J]. 上海理工大学学报，2005, 2:

172-175.

[52] 张韦，舒歌群，韩睿，等 . 高比率冷 EGR 与进气富氧对柴油机燃烧及排放特性的影响 [J]. 内燃机工程，2011, 4: 12-16.

[53] 张韦，舒歌群，沈颖刚，等 . EGR 与进气富氧对直喷柴油机 NO 和碳烟排放的影响 [J]. 内燃机学报，2012, 1(30): 16-21.

[54] 杨帅，李秀元，应启戛，等 . EGR 率对柴油机排放特性影响的试验 [J]. 农业机械学报，2006, 5(37): 29-33.

[55] 杨帅，应启戛，姚喜贵，等 . 供油提前角与 EGR 技术对柴油机排放影响的试验研究 [J]. 汽车技术，2005, 8: 24-27.

[56] SEKAR R R, MARR W W, ASSANIS D N, et al. Oxygen enriched diesel engine performance: A comparison of analytical and experimental results[J]. ASME, Gas Turbines Power, 1991, 3(113): 365-369.

[57] 李娜，张强，房克信，等 . EGR 在柴油机中的研究应用 [J]. 车用发动机，2002, 2: 23-26.

[58] 黄佐华，卢红兵，蒋德明，等 . 柴油机燃用柴油 / 甲醇混合燃料时的燃烧特性研究 [J]. 内燃机学报，2003, 6(21): 401-410.

[59] 谭建伟，葛蕴珊，李文祥，等 . 非道路用柴油机与车用重型柴油机排放标准相关性研究 [J]. 车辆与动力技术，2005, 4: 15-18.

[60] 刘志华，何超，谭建伟，等 . 风冷非道路柴油机排放特性研究 [J]. 内燃机学报，2009, 3(27): 237-241.

[61] 阮观强，张振东 . 采用 EGR 与 SCR 降低柴油机排放的对比试验研究 [J]. 汽车技术，2012, 10: 55-57.

[62] 石露 . EGR 对车用柴油机燃烧与排放的影响 [J]. 农业装备与车辆工程，2011, 6: 49-51.

[63] 鹿盈盈，于文斌，裴毅强，等 . EGR 与喷油定时对柴油机预混燃烧颗粒排放的影响 [J]. 内燃机学报，2017, 3(35): 193-199.

[64] 楼狄明，徐宁，谭丕强，等 . EGR 对轻型柴油机超细颗粒排放的影响 [J]. 车用发动机，2016, 4: 21-26.

[65] 李壬兵，杨龙，罗文旭，等 . 柴油车排气微粒数量分布特性 [J]. 汽车与配件，2015, 43: 29-31.

[66] ZHU D, NICHOLA J N, HAMPDEN D K, et al. Real-world PM, NO_x, CO and ultrafine particle emission factors for military non-road heavy duty diesel vehicles[J]. Atmospheric Environment, 2011, 15(45): 2603-2609.

[67] 丁旭，陈永贤 . 柴油机 PN 及 NO_x 排放特性影响因素的研究 [J]. 现代车用动力，2019, 2: 13-17.

[68] 尹宝智，任尚峰，秦克印 . 电控参数对柴油机颗粒物数量生成的影响规律研究 [J]. 汽车科技，2016, 2: 70-73.

[69] 谭丕强，陆家祥，邓康耀，等 . 喷油提前角对柴油机排放影响的研究 [J]. 内燃机工程，2004, 2: 9-11.

[70] DESANTES J M, PASTOR J V, ARREGLE J, et al. Analysis of the combustion process in a EURO Ⅲ heavy-duty direct injection diesel engine. Transaction of the ASME[J]. Journal of Engineering for Gas Turbines and Power, 2002, 3(124): 636-644.

[71] BURTSCHER H. Physical characterization of particulate emission from diesel engines: A review[J]. Aerosol Science, 2005, 7(36): 896-932.

[72] 颜燕，王凤滨，郭勇，等 . 重型车供油系统关键参数对 NO_x 排放影响试验研究 [J]. 小型内燃机与车辆技术，2017, 6(46): 1-4.

[73] 中国船级社 . 船用柴油机氮氧化物排放试验及检验指南 [M]. 北京：人民交通出版社，2011.

[74] 吴建财，钱超，邹建 . 轨压与喷油提前角对柴油机 NO_x 排放和烟度的影响 [J]. 内燃机，2017, 3: 34-37.

[75] 侯俊香，梁坤峰，刘景，等．轨压与喷油提前角对柴油机 NO_x 排放的影响研究 [J]. 现代农业科技，2014, 5: 218-219, 221.

[76] YAO D, LOU D, HU Z. Experimental investigation on particle number and size distribution of a common rail diesel engine fueling with alternative blended diesel fuels[J]. Particulate Matter, 2011, 1: 620.

[77] LIU Z, LU M, BIRCH M E, et al. Variations of the particulate carbon distribution from a non road diesel generator[J]. Environmental Science and Technology, 2005, 20(39): 7840-7844.

[78] 成晓北，黄荣华，陈德良．直喷式柴油机排放微粒尺寸分布特性 [J]. 燃烧科学与技术，2006, 4(12): 335-339.

[79] 李新令，黄震，王嘉松，等．柴油机排气颗粒浓度和粒径分布特性试验研究 [J]. 内燃机学报，2007, 2(25): 113-117.

[80] TAN P Q, LOU D M, HU Z Y. Nucleation mode particle emissions from a diesel engine with bio diesel and petroleum diesel fuels[J]. Journal of Engineering Thermophysics, 2010, 1, 787.

[81] 楼狄明，徐宁，范文佳，等． 国 V 柴油机燃用丁醇 - 柴油混合燃料颗粒粒径分布特性试验研究 [J]. 环境科学，2014, 2(35): 526-532.

[82] POOLA R B, 韩树明，苏明．通过进气增氧燃烧降低机车柴油机 NO_x 和颗粒排放 [J]. 国外内燃机车，2004, 1: 9-18.

[83] 鞠洪玲，成晓北，陈亮，等．柴油机缸内碳烟颗粒形成过程与尺寸分布特性 [J]. 内燃机工程，2011, 6: 18-24.

[84] TREEA D R, SVENSSON K I. Soot processes in compression ignition engines[J]. Progress in Energy and Combustion Science, 2007, 3(33): 272-309.

[85] SUROVIKIN V F. Analytical description of the processes of nucleus-formation and growth of particles of carbon black in the thermal decomposition of aromatic hydrocarbons in the gas phase[J]. Solid Fuel Chemistry, 1976, 10(1): 92-101.

[86] BERNEMYR H, ANGSTROM H E. Number measurements and size dependent volatility study of diesel exhaust particles[C] //International Conference on Engines for Automobiles. [S.l.:s.n.], 2007.

[87] SEONG H, LEE K O, CHOI S, et al. Characterization of particulate morphology, nanostructures and sizes in low temperature combustion with bio fuels[C] //SAE 2012 World Congress & Exhibition. [S.l.:s.n.], 2012.

[88] 舒歌群，徐彪，张韦，等．进气富氧对直喷柴油机微粒排放粒径分布的影响 [J]. 天津大学学报，2014, 8: 660-664.

[89] 楼狄明，胡炜，谭丕强，等．发动机燃用生物柴油稳态工况颗粒粒径分布 [J]. 内燃机工程，2011, 5: 16-22.

[90] 李新令，黄震，王嘉松，等．柴油机排气颗粒浓度和粒径分布特征试验研究 [J]. 内燃机学报，2007, 2(25): 113-117.

[91] SHI J P, HARRISON R M. Characterization of particles from a current technology heavy-duty diesel engine[J]. Environmental Science and Technology, 2000, 5(34): 748-755.

[92] 张靳杰，杨聪，徐达，等．基于 PEMS 试验的重型柴油车冷启动排放特征研究 [J]. 汽车实用技术，2021, 17(46): 54-58.

[93] 陈龙，郑建．低温环境对柴油机排放性能的影响 [J]. 柴油机设计与制造，2019, 3(25): 15-18, 47.

[94] 崔焕星，李刚，蒲雨新，等．基于便携式排放测试系统的重型柴油车冷启动排放评价方法研究 [J]. 环境污染与防治，2020, 12(42): 1469-1474.

[95] 汤东，罗福强，夏基胜，等．柴油机燃烧过程及 NO_x 排放的试验研究 [J]. 农机化研究，2006, 3: 134-136.

[96] 王元真，陈雄，戴丽红，等．国六排放循环热浸状态对发动机排放性能影响研究 [J]. 汽车科技，2022, 2: 66-69.

[97] 刘悦锋，臧硕勋，孟令军，等．柴油机 WHTC 循环 NO_x 控制和热管理技术研究 [J]. 内燃机与动力装置，2017, 4(34): 9-16.

[98] 孔祥花，张振涛，陈火雷．满足 WHTC 的 NO_x 排放控制方法概述 [J]. 内燃机与动力装置，2017, 5(34): 70-72.

[99] 姚春德，高雪飞，刘国印．冷却液温度对柴油机冷起动 HC 排放影响的研究 [J]. 小型内燃机与摩托车，2002, 6: 30-33.

[100] 朱浩月，ASSANIS Dennis, 黄震．低温燃烧模式生物柴油发动机 CO 和 HC 的排放 [J]. 内燃机学报，2014, 1(32): 1-5.

[101] 孙万臣，刘巽俊，宫本登，等．小型柴油机突增负荷工况下的 HC 排放特性 [J]. 农业机械学报，2005, 6(36): 20-23.

[102] 刘建江，姜鑫，王亚辉．高压共轨柴油机起动阶段对 HC 排放影响的试验研究 [J]. 小型内燃机与摩托车，2013, 2(42): 15-17.

[103] 张龙平，刘忠长，田径，等．柴油机瞬变工况的动态响应及燃烧劣变分析 [J]. 内燃机学报，2014, 2(32): 104-110.

[104] 左承基，李海海，徐天玉，等．柴油机富氧燃烧排放特性的试验研究 [J]. 热科学与技术，2003, 1(2): 70-73.

[105] GULLETTA B K, TOUATIB A, OUDEJANSB L, et al. Real-time emission characterization of organic air toxic pollutants during steady state and transient operation of a medium duty diesel engine[J]. Atmospheric Environment, 2006, 22(40): 4037-4047.

[106] 吕龙德，熊莹．“双碳”目标下我国船机业的出路 [J]. 广东造船，2021, 5(40): 4-10.

[107] 巩聪聪．潍柴动力践行“双碳”目标 [J]. 山东国资，2021, 9: 12-13.

[108] 张慕．“双碳”政策下中国非道路排放标准发展的机遇与策略 [J]. 中国标准化，2022, 11: 84-88.

第6章 移动源发动机机内净化技术

目前，我国移动源机械的动力源按照燃料类型分类，可分为汽油发动机、柴油发动机、可替代燃料发动机等。从移动源机械配备的发动机占比类型来看，汽油发动机和柴油发动机在移动源机械领域的使用范围最广。移动源发动机的机内净化技术关系到移动源发动机污染排放的水平，因此，机内净化被公认为是治理移动源发动机排气污染的关键措施。移动源机内净化技术就是从有害排放物的生成机理及影响因素出发，以改进发动机燃烧过程为核心，达到减少和抑制污染物生成的各种技术，例如改进发动机的燃烧室结构、改进点火系统、改进进气系统，采用电控喷射、采用排气再循环技术等。本章将从汽油机和柴油机两个方面介绍移动源发动机机内净化技术。

6.1 汽油机机内净化技术

6.1.1 电子控制系统

1. 电控汽油喷射系统

精确控制空燃比是汽油机降低排气污染和提高热效率的关键技术之一。电控汽油喷射（electronic fuel injection，EFI）系统是指电子控制单元（electronic control units，ECU）根据汽车各自关键传感器信号，经过控制策略计算和逻辑判断处理后，精确控制发动机的空燃比，使发动机在不同工况下均能获得合适空燃比的混合气，改善燃料燃烧过程，从而减少汽油机污染气体的排放。EFI 系统因其高控制精度和灵活性在汽油机喷射系统中得到了广泛应用 [1-4]。

EFI 的关键控制问题包括空气吸入量测量、燃油压力控制和燃油喷射修正控制 [5]。在空气吸入量测量技术方面，空气吸入量可以采用传感器直接测量，优点是精度高，缺点是响应较慢、价格较高；间接法则是根据节气门开度或者进气歧管压力计算空气吸入量，该方法响应速度快，成本较低，但是受到发动机工况影响较大。国内外学者针对间接法测量空气吸入量的问题，提出了基于输入观测器的估计方法 [6]、自适应估计方法 [7] 和扩展卡尔曼滤波器估计方法 [8-9]，建立了发动机空气吸入量估计模型。在燃油压力控制方面，针对直喷发动机油轨压力控制问题，刘奇芳等 [10] 设计了基于自抗扰控制方法的油轨压力跟踪控制器，并且对系统的扰动和不确定进行估计；欣白宇 [11] 设计了基于 backsteping 控制的油

轨压力控制器，仿真效果显示，模型参数对 backsteping 的跟踪控制效果有很大影响。在燃油喷射修正控制方面，基于公式计算的基本喷射量，还需要根据发动机工况和环境条件等信息进行修正，最终的喷油脉宽才能匹配当前的运行工况。燃油喷射控制的问题是无法直接测量实际喷油量，不能形成闭环反馈，目前产品化的控制方法是采用工程师标定的修正脉谱图进行开环修正。针对基于脉谱图开环修正的控制精度和响应时间问题，小脑神经网络 [12-13]、径向基函数神经网络观测器 [14-15] 和线性变参数系统 [16] 均被应用到燃油喷射量的修正控制中，实现了燃油喷射量的精确调节。

（1）电控汽油喷射系统的发展历史

EFI 系统的发展历史如图 6-1 所示。美国 Bendix 公司于 1957 年成功试制了电控喷油器，但只停留在试验阶段，并未推广应用。1967 年，德国博世公司（BOSCH）基于此项专利，成功研制出 D-Jetronic 型电控汽油喷射系统，并应用于大众 VW-1600 型和奔驰 280SE 型轿车上，其燃油经济性、排气净化能力与动力性等均优于上一代化油器式发动机。“D”是德文“压力”一词的第一个字母。D 型 EFI 系统是通过检测进气歧管的压力（真空度）和发动机的转速，计算发动机吸入的空气量，并计算燃油流量的速度密度控制方式。D 型 EFI 系统的缺点是空气在进气管内的压力波动使得该方法的测量精度稍差。

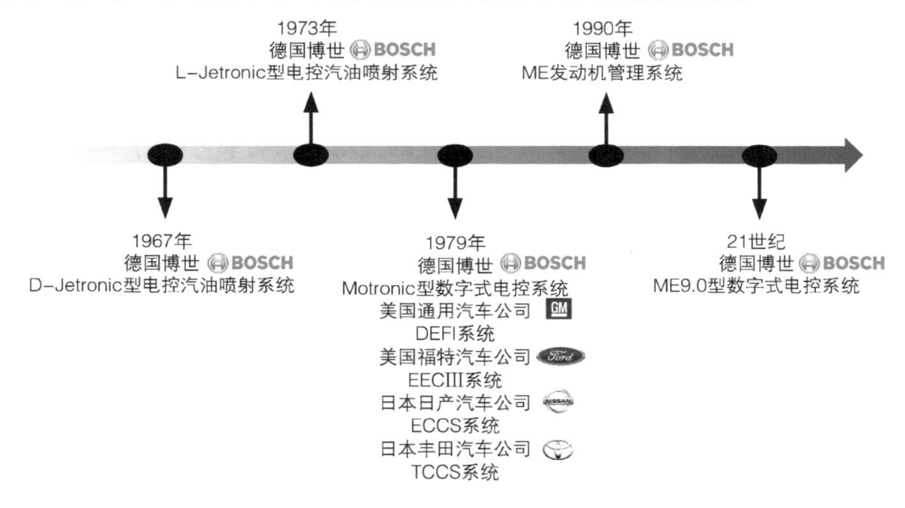

图 6-1 电控汽油喷射系统发展历史

1973 年，博世公司利用空气流量传感器替代 D 型压力传感器控制喷油量，提高了控制精度，成为现在被广泛使用的 L-Jetronic 型电控汽油喷射系统。“L”是德文“空气”一词的第一个字母。L 型 EFI 系统是用空气流量计直接测量发动机吸入的空气量。其测量的准确程度高于 D 型，可更精确地控制空燃比。汽车在高负荷工况运行时，发动机舱的温度达到 60 ~ 80℃，而 L 型 EFI 系统的喷油器布置在靠近气缸的位置，有时温度可高达 100℃以上。为防止汽油气化和保证喷油雾化质量，L 型 EFI 系统一般喷油压力为 250 ~ 300kPa。常用的空气流量计有叶片式、热式和卡门涡旋式三种类型。

1979 年，德国博世公司开始研制集电控汽油喷射系统与点火系统于一体的 Motronic 型数字式电控系统。Motronic 系统是在 L-Jetronic 系统的基础上，用一个 ECU 将最重要的喷油量控制和点火控制集中在一起，加上其他控制机构，形成一个集中电控系统，即电控发动机管理系统。同时，美国和日本的汽车公司也推出各自的数字式发动机集中控制系统，例如：美国通用汽车公司、美国福特汽车公司、日本日产汽车公司和日本丰田汽车公司等。这些系统能够对空燃比、点火时刻、怠速转速等多方面进行综合控制，系统集成度更高[17]。

20 世纪 90 年代，德国博世公司推出了 ME 系列发动机管理系统，实现了真正意义上的集中控制。进入 21 世纪，德国博世公司 ME 系列发动机管理系统不断升级，系统集成了空燃比控制、怠速控制、燃油蒸发排放控制、巡航控制、排气再循环控制等多个功能，控制精度越来越高，控制功能也日趋完善[18-19]。

EFI 系统从 20 世纪 60 年代面世以来，经过 60 多年的发展得到了广泛的应用。欧、美、日的一些著名汽车公司都相继开发研制并实际应用了许多类型不同、档次各异的 EFI 系统。

EFI 具有以下优点：

1）满足发动机各种工况对空燃比和点火提前角的不同要求，从而使排放特性、燃油经济性和动力性达到最佳平衡。

2）各缸混合气分配均匀性好（多点电喷汽油机）。

3）具有良好的瞬态响应特性，改善了汽车的加速性。

4）采用闭环反馈控制方式，可满足三效催化转化器对空燃比的严格要求。

5）采用压力喷射，使汽油雾化质量相比化油器大为改善，有利于其更快速、更完全地燃烧。

相比前一代使用化油器的汽油机，装有 EFI 的发动机的功率可提高 5% ~ 10%，燃油消耗率可降低 5% ~ 15%，汽车有害排放物也可得到很好的控制。

（2）电控喷油系统的组成

EFI 一般由空气供给系统、燃油系统和发动机 ECU 系统组成。图 6-2 所示为博世 Motronic 型发动机控制系统的结构图。

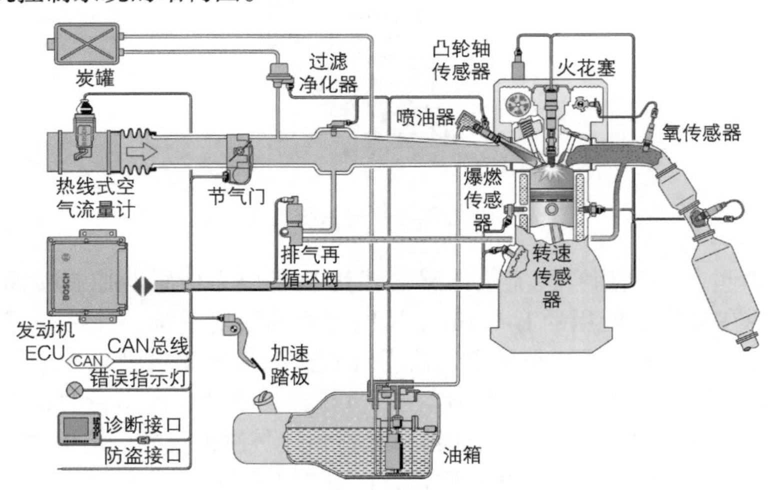

图 6-2　Motronic 型发动机控制系统

1）空气供给系统。空气供给系统为发动机可燃混合气的形成提供必需的空气。空气经空气过滤器、空气流量计、节气门、进气总管、进气歧管进入各缸体内。图 6-3 为空气供给系统的结构图。

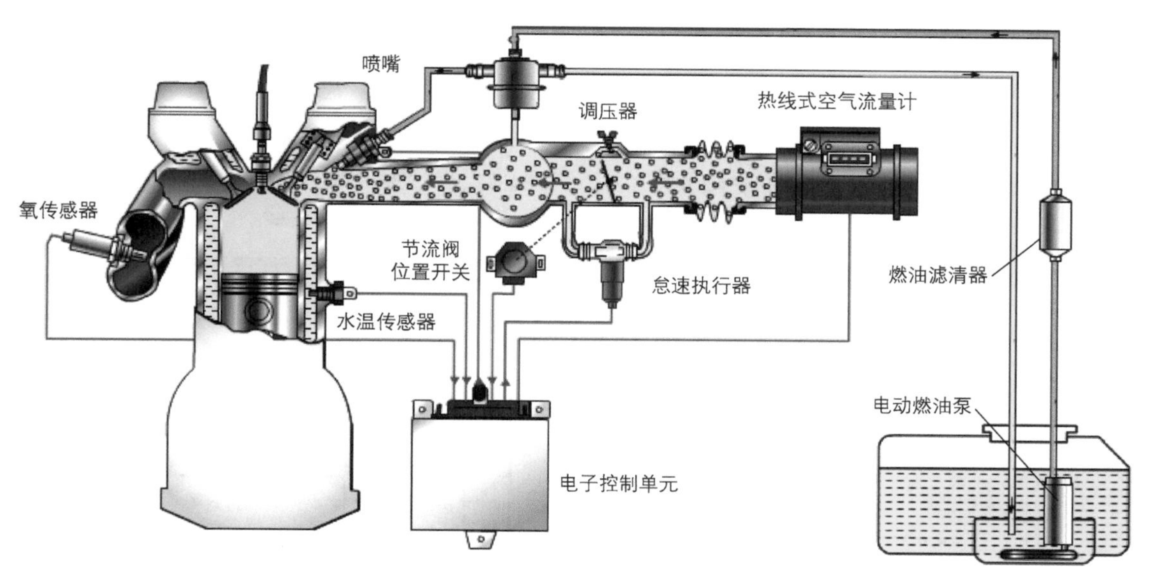

图 6-3 空气供给系统

正常行驶时，空气的流量由通道中的节气门来控制。最早的节气门控制方式是依靠机械连接，借助线缆或机械拉杆将加速踏板的运动转变成节气门的动作。博世 Motronic 型发动机控制系统采用电子节气门，使得发动机的进气量不直接由加速踏板来控制，而是由 ECU 采集分析诸多信号后通过控制节气门开度来精确确定。具体来说，ECU 采集加速踏板位置信号后计算出相应的节气门开度，根据发动机当前运行工况修正后，产生一个相应的控制信号传递给电子节气门执行器。节气门执行器能够对 ECU 的输出控制信号做出精确的响应，同时两个节气门位置传感器又将当前的节气门开度值反馈给 ECU，由 ECU 经过反馈控制调整。

2）燃油系统。汽油供给系统由燃油箱、燃油泵、燃油滤清器、喷油器、油轨、油压调节器及供油总管等组成（图 6-4）。汽油由汽油泵从油箱中泵出，经过汽油过滤器，除去杂质及水分。这样具有一定压力的汽油流至油轨，再经各供油歧管送至各缸喷油器。喷油器根据 ECU 的喷油指令，开启喷油阀，将适量的汽油喷于进气门前，待进气行程时，再将可燃混合气吸入气缸中。装在供油总管上的汽油压力调节器是用以调节系统油压的，目的在于保持喷油器内与进气歧管内的压力差为 250kPa。

3）发动机 ECU 系统。发动机 ECU 系统由电控单元 ECU、传感器（凸轮轴位置传感器、车速传感器、爆燃传感器等）和执行器（火花塞、电子节气门等）组成，如图 6-5 所示。

电控单元 ECU 是博世 Motronic 型发动机控制系统的“处理与控制中心”。它采用预先标定的功能算法程序对各个传感器采集的信号进行处理，以这些传感器信号为基础计算得到控制信号（点火正时、喷油正时等），并通过驱动电路直接将控制信号送往相应的执行器（例如点火线圈和喷油嘴）实施控制。

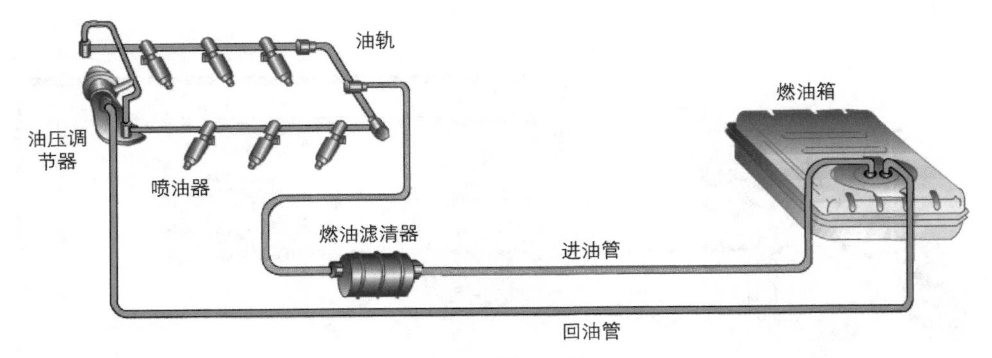

图 6-4　燃油系统

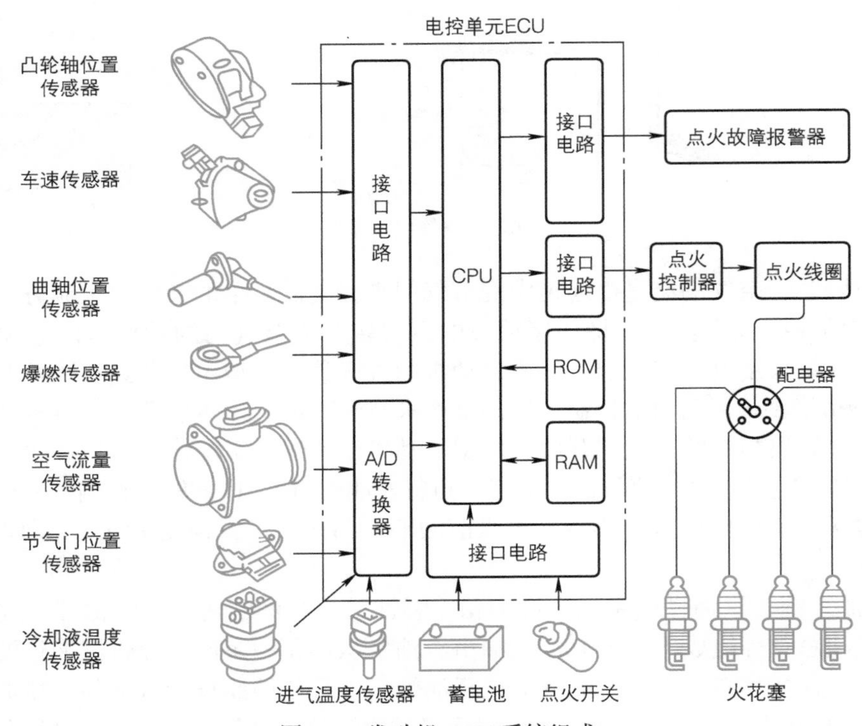

图 6-5　发动机 ECU 系统组成

2. 点火系统

在汽油机中，点火系统的任务是提供足够能量的电火花适时地点燃燃烧室内的混合气。点火系统的性能，如点火正时和点火能量对汽油机的燃烧有很重要的影响，从而影响发动机的性能和排放 [20-26]。为使汽油机高效节能、动力强劲、排放低，要求点火可靠、正时优化。点火系统的控制流程如图 6-6 所示。

点火定时对汽油机的性能和排放影响很大。点火定时需要考虑多种因素进行优化。在部分负荷运转时，通过真空调节器使点火提前角随负荷减小而增大，以保证较好的燃油经济性。在全负荷运转时（外特性上），点火定时一般为对应最大转矩的最小点火提前角。最大转矩下的最小点火提前角优化（minimumadvance for best torque，MBT）是当前发动机点火控制系统的研究热点，Wang 设计了基于模糊神经网络的正时控制系统，分别采用压力传

感器 [27] 和光纤传感器 [28] 作为反馈信号，经过优化后的点火正时控制系统在一台福特 1.6L 汽油发动机上实现了发动机转矩的大幅度提升。

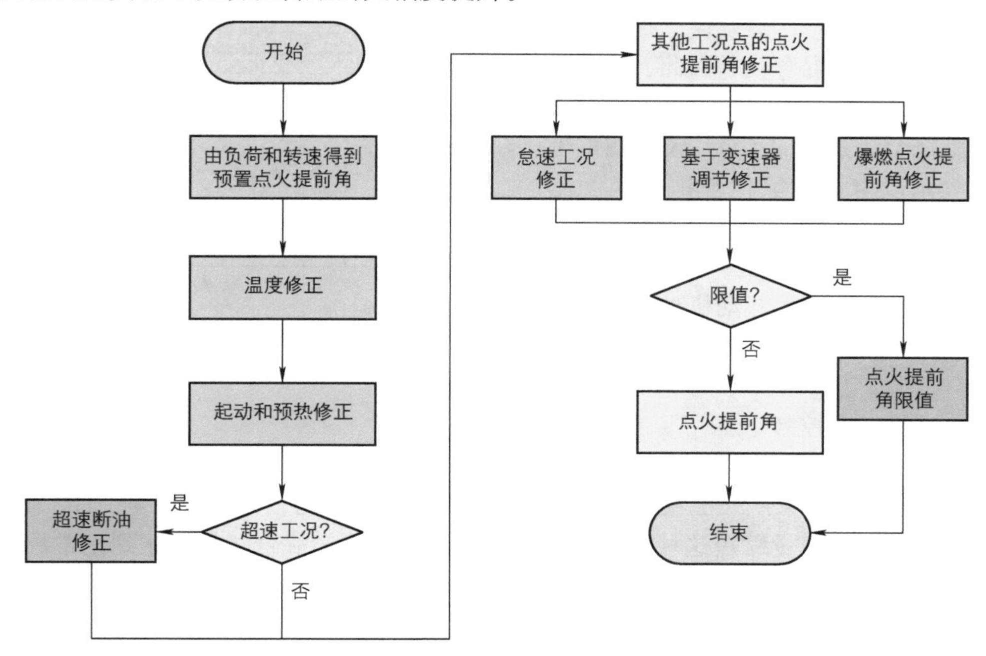

图 6-6　点火系统控制流程

电控点火系统除了按点火定时脉谱对定时进行开环控制外，还可根据机体振动强度检测发动机是否发生爆燃的爆燃传感器信号，对点火定时进行闭环反馈控制。爆燃传感器一旦测出爆燃，点火系统即推迟点火。爆燃一消失，点火定时即恢复爆燃前状态。这样，可使发动机总在临近最佳动力性与最佳经济性的平衡点上工作。探究发动机爆燃的产生机理和影响因素、开发爆燃检测传感器和相应的信号处理方法、设计合理的爆燃强度指标进而控制爆燃的发生对提高发动机性能具有重要意义。目前常用的发动机爆燃检测的方法可分为 5 类，包括：机体振动法 [29-30]、气缸压力法 [31]、燃烧噪声法 [32-33]、火花塞离子电流法 [34-37]、瞬态热信号 [38]。当检测到爆燃信号后，爆燃控制系统将气缸的下次点火正时推迟，不断调整至不发生爆燃，然后再逐步增大点火提前角至恢复正常点火状态。针对爆燃控制的快速性和准确性问题，基于统计学的控制方法在快速性上相比于传统的方法具有大幅度提升 [39]，但是基于统计学的控制方法依赖大量的前期统计信息，准确性还有待提高。

电控点火系统，还可通过对点火一次电流闭合期的控制来保证点火能量。当点火电源蓄电池电压偏低时，电控系统自动延长一次电流闭合期，使点火能量得到保证。当发动机转速提高时，以曲轴转角计算的闭合角自动加大，以保证以时间计算的闭合期。

3. 冷起动、暖机和怠速工况控制

博世 Motronic 型发动机控制系统根据不同的转矩输出和发动机转速来区分发动机的不同运行工况。图 6-7 显示了发动机运行的不同工况范围对应的转矩和转速范围。汽油机在低速、低温工况下排放较高，因此发动机的冷起动阶段、暖机过程和怠速控制将影响到汽油机的整体排放性能。

（1）冷起动工况控制

汽油机冷起动时，由于进气流速低、温度低，燃油雾化差、蒸发慢，很难与空气形成均匀的可燃混合气。因此，必须增加燃油供给量，形成很浓的混合气。过浓混合气燃烧会排放大量 CO，较重质的燃油组分大量以未燃碳氢化合物（HC）形式排出。所以，汽油机冷起动时 CO 和 HC 排放明显高于正常运转。为了改善冷起动排放问题，应增大起动机功率，提高起动转速，增大点火能量，尽量缩短起动时间。

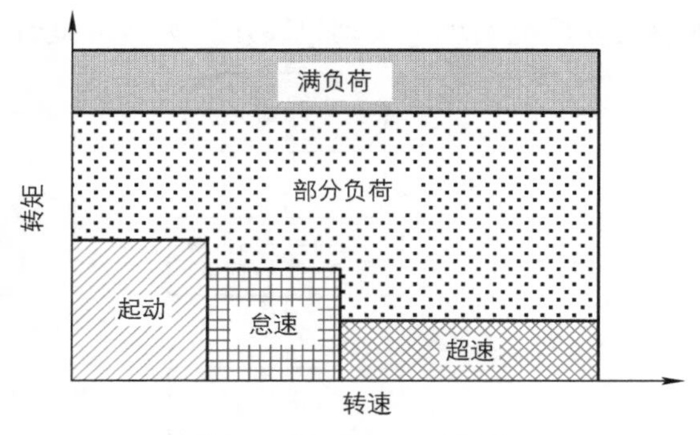

图 6-7　发动机工况划分

（2）暖机工况控制

汽油机在冷起动后相当长一段时间内，由于冷却液和润滑油温度没有达到正常水平，因此进气系统和燃烧系统表面温度不够高，混合气形成不均匀，燃烧不完全，HC 和 CO 排放很高。为此，要尽量缩短这种暖机时间，关键是要使可燃混合气尽快达到正常温度。通过进气自动加热辅助系统，有助于改善发动机暖机和寒冷天气运转时的混合气形成。

（3）怠速工况控制

怠速工况传统上定义为在发动机无动力输出情况下以最低转速稳定运转的工况。发动机怠速对应正常的热状态。如果冷却液和润滑油的温度未达到正常的工作温度，即为暖机工况。因此暖机是冷怠速，而一般怠速都指热怠速。

发动机怠速运转要有均衡的燃油经济性、良好的驱动舒适性和合格的排放性。为使怠速省油，传统控制技术把怠速转速调到尽可能低，因为怠速时的燃料消耗量随怠速转速提高而增大。因此，怠速转速多在 400 ~ 500r/min 范围内。

对于怠速转速，传统的观点是怠速转速应调得尽可能低以节约燃料消耗，然而在低怠速转速下，降低怠速排放很困难，因此现代高速车用汽油机的怠速转速设定在 800 ~ 1000r/min，使怠速排放大大下降。较高的怠速，对驱动性和附件驱动也有利。

近年来对车辆驱动舒适性要求越来越高，不仅要求发动机怠速稳定、不熄火，又要有良好的瞬态响应，即一旦节气门开启，发动机就能迅速平稳地过渡到所需要的任何工况，如部分节气门加速和节气门全开加速等工况。一般说来，较高的怠速转速有利于瞬态响应。此外，车辆空调和动力转向系统等，也要求发动机以较高的转速空转。这时，发动机除了克服本身摩擦损耗和驱动水泵、机油泵等必要的附件外，空调压缩机、转向液压泵等额外附件也需要“怠速”的发动机驱动，所以怠速时发动机虽然不输出动力，但实际上已输出一定负荷。

发动机的怠速运转是排放很严重的工况。用均匀混合气的汽油机怠速运转时，进气系统节气门关得很小，气缸内残余废气量很大，发动机转速很低，气体流动缓慢，混合气形成不均匀，导致 CO 和 HC 排放很高。不过，由于燃烧温度很低，怠速时 NO_x 的排放很少，因此怠速工况的设定转速对怠速排放有很大影响。

车用内燃机在实际使用中怠速工况占很大比例，汽车在交通密集的城市道路行驶时，有近 30% 的燃油消耗在怠速工况中，因此怠速工况控制对发动机的经济性和排放均有很大影响。近年来，针对发动机怠速控制问题，经典 PID 控制 [40]、增量式数字 PID 控制 [41]、模糊 -PID 控制 [42]、自适应卡尔曼滤波器 [43]、模糊控制 [44-47]、滑模控制 [48]、多滑模面控制 [49]、模型参考自适应控制 [50]、动态神经网络 [51]、径向基神经网络 [52]、模型算法控制 [53]、动态矩阵控制 [54] 和广义预测控制 [55] 均在发动机怠速控制系统中得到初步应用。随着发动机先进燃烧模式的出现，例如均质压燃模式，增加了发动机燃烧的不稳定性，也给汽油机怠速控制系统提出了新的挑战。未来，先进燃烧模式下的汽油机怠速控制系统开发将是重点研究方向。

6.1.2 燃烧系统

燃烧系统减排主要依靠稀燃技术和汽油直接喷射技术来完成。分层燃烧技术是实现稀薄燃烧和缸内直喷的辅助措施。同时，提高汽油机的压缩比，采用多气门技术和增压技术也可以改善汽油机的排放。

1. 缸内直接喷射技术

20 世纪 90 年代以来，日益严峻的能源和环境问题使得人们在追求车用汽油机良好动力性的同时，对汽油机的燃油经济性和排放提出了越来越高的要求。为此，近年来世界各大汽车公司和科研机构相继开发了许多发动机新技术。其中，缸内直接喷射技术已成为汽油机一个十分重要的发展方向。随着电子控制技术的进步，各国都加大了对汽油机缸内直接喷射技术的研究 [56-57]。

目前，采用缸内直接喷射技术的汽油喷射泵的供油压力已达 5 ~ 10MPa，采用单孔涡流喷嘴，可达到较大的喷雾锥角（50° ~ 100°），促进油气的宏观分布均匀性。喷雾的平均油滴直径可小到 20μm 左右，这样的油滴在温度为 200℃的空气中仅需 3ms 左右就能完全蒸发。因此，油气混合可以主要依靠喷雾来实现。

由于缸内直接喷射技术改善了汽油机的油气混合过程，冷起动时不再需要过量供油，HC 排放将大为降低。与此同时，缸内直接喷射技术还可带来很多其他好处。进气道喷射与缸内直喷结构对比如图 6-8 所示。缸内直喷汽油机的充量系数可比进气道喷射汽油机高 2% ~ 3%。可燃混合气温度的降低使得缸内直喷汽油机的爆燃倾向也大为降低，在其他条件相同的情况下，压缩比可比进气道喷射汽油机提高 1 ~ 2 倍。

图 6-8 进气道喷射与缸内直喷示意图

2. 稀薄燃烧技术

稀薄燃烧就是使过量空气系数从 1 左右提高到远远超过 1.1 的水平。由理论循环热效率的公式可知，热效率将随着绝热指数 K 的增加而提高。汽油机工质是汽油蒸气与空气以及燃烧产物的混合体，其燃烧产物主要由 CO_2 和 H_2O 等多原子成分组成。因此，当混合气较浓时，多原子成分的比例较大，绝热指数 K 较小，当混合气较稀时，绝热指数 K 反而增大。从理论上讲，混合气越稀，K 值越大，热效率也越大。因此在汽油机不使其失火的前提下，应尽可能进行稀薄燃烧[58]。

在稀薄燃烧技术应用方面，王志望等[59]在一款热力学单缸机上应用电晕点火系统，结合快速燃烧系统和超高压缩比等技术，实现了汽油机长时间超稀薄稳定燃烧（过量空气系数 >1.8），同时发动机的燃油消耗率和原机的 NO_x 排放均有大幅度的改善；杨靖等人[60]基于某款改型稀薄燃烧发动机，提出了利用响应面模型对正时策略进行分析和优化的研究方法，最终稀薄燃烧发动机最低燃油消耗率下降 3.9%，最大功率提升 9.7%；朱登豪等人[61]针对汽油机小负荷工况燃油经济性较差的问题，在一台压缩比为 16 的直喷汽油机上将稀燃极限从 1.5 拓宽到 1.65，降低了泵气损失和传热损失，缩短了滞燃期和燃烧持续期，最终最大相对热效率提升了 22%。

3. 分层燃烧技术

分层燃烧技术就是合理地组织气缸内的混合气分布，使在火花塞周围有较浓的混合气，而在燃烧室内的大部分区域具有很稀的混合气，这样可确保正常点火和燃烧，同时也扩展了稀燃失火极限，并可提高经济性，减少排放。分层燃烧技术如图 6-9 所示。

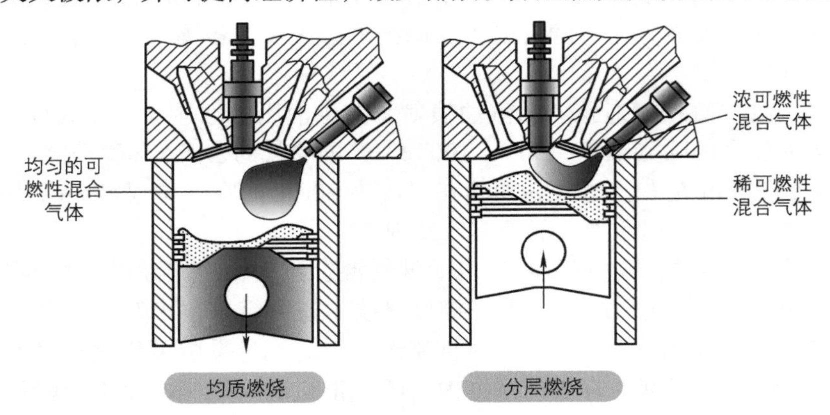

图 6-9　分层燃烧技术

发动机在进气行程活塞移至下止点时，ECU 控制进行一次少量的喷油，使气缸内形成稀薄混合气；在活塞压缩行程末端时再进行第二次喷油，这样在燃烧室内形成了不同当量比的空气 - 燃油混合物。较浓可燃性混合气靠近火花塞附近，稀薄的可燃性混合气远离火花塞。活塞上的椭圆形空腔用于燃烧。该空腔在活塞上的位置与喷油器的位置一致，用于在燃料喷射过程中产生涡流，以便在点火时使具有最佳空燃比的混合气位于火花塞附近[62]。火花塞点火后，只有火花塞附近的浓可燃性混合气进行燃烧，底部稀薄可燃性混合气能够把缸壁传导所损失的热量降到最低，从而提高发动机整体的热效率。

分层燃烧技术能够使燃烧过程中的热量损失最小化，由于燃烧温度较低，因此排放也较低。同时，汽油机的燃烧室可以用更少的燃油达到同样的燃烧效果，降低了发动机的油耗。分层燃烧模式常在低负荷和低速度工况使用，而在加速、高负荷、高转矩的工况时，就需要转换到均质燃烧模式。

4. 高压缩比燃烧技术

点燃式发动机的压缩比是最重要的结构参数之一，一般都是在燃料辛烷值允许的前提下尽可能用较高的压缩比，以获得较好的功率和油耗指标[63]。然而一味提高压缩比对排气净化不利，在这方面的性能与排放是有矛盾的。压缩比提高使燃烧室更扁平，面容比增大，导致 HC 排放量增加。压缩比提高使排温下降，未燃 HC 氧化减弱，使 HC 排放量增大。高压缩比发动机最高燃烧温度较高，使得 NO_x 生成量增加，热分解产生的 CO 也增多。但这并不意味为降低污染物排放要人为降低发动机的压缩比，事实上恰恰相反。现代汽油机则选择更高一些的压缩比，在大部分工况下能正常燃烧，而在少数工况发生爆燃时，通过爆燃传感器得到信号并传给 ECU，后者可通过适当推迟点火消除爆燃。电控点火系统的采用使精确控制点火定时成为可能，为高压缩比点燃式发动机在性能与排放方面得到更好的折中提供很大的潜力[64]。

在高压缩比燃烧技术应用方面，齐鹏冲等[65]以非道路单缸风冷 170F 汽油机为研究对象，对燃烧室形状和压缩比进行了优化。其仿真数据结果表明，通过燃烧室和压缩比的优化，整机指示热效率较原机提升至 46.61%，理论燃油消耗率下降至 252.69g/（kW・h）；施佳叶等人[66]基于一台自然吸气缸内直喷汽油机，研究高能点火、被动预燃室和两者结合对当量比和稀薄燃烧工况下燃烧与排放特性的影响。结果表明，高能点火结合被动预燃室，能够在小负荷工况下显著降低循环波动、缩短点火延迟期和燃烧持续期，两者效果相互叠加，能够进一步提高热效率；张志永等采用光学诊断技术，研究了高压缩比汽油机缸内直喷持续期、喷油时刻及轨压对分层引燃压燃效果的影响，结果表明：高压缩比发动机维持常规气门定时，利用气道喷射预混，缸内直喷辅助火花点火，可以实现分层引燃压燃燃烧。通过合理标定直喷喷油持续期、喷油时刻和轨压，可以提高压燃成功率、提升压燃稳定性并降低碳烟排放[67]。

5. 汽油机均质压燃技术

随着汽油机技术的发展以及排放法规的日益严格，特别是欧Ⅵ法规，对现有汽油机技术提出了更为严峻的挑战。目前已应用的技术，如汽油机的分层稀薄混合气燃烧和缸内直喷，以及废气催化转化等，都难以满足新法规的要求。近几年提出并正在积极研究的一种汽油机均质混合气压燃技术则有望使汽油机技术在性能与排放方面获得新的突破。汽油机均质压燃技术是均质混合气压燃技术（homogeneous charge compression ignition，HCCI）的一种，简单来说就是以往复式汽油机为基础采用压燃方式的新型燃烧模式[68-72]。与传统的火花点火汽油机相比，HCCI 技术利用燃料的自燃能力，采用高的压缩比和稀燃技术，实现空气和燃料均质混合压缩着火。

在 HCCI 技术研究应用方面，Kumar 等人[73]详细分析了使用不同燃料和添加剂的均质压燃发动机的排放特性；此外，还分析了不同工况对 HCCI 发动机排放的影响。Çelebi 等人[74]采用试验和统计方法，研究了使用石脑油 - 柴油和石脑油 - 汽油混合燃料对 HCCI 发动机性能和排放值的影响，试验结果为汽油混合燃料相比柴油混合燃料能够提升发动机的功率，同时降低 NO_x、CO 等污染物的排放。郑太雄等人[75]基于长短期记忆神经网络，建立了黑箱模型，用以估计复杂工况下使用混合燃料的 HCCI 发动机燃烧正时。天津大学谢晖团队在 HCCI 发动机燃烧控制的相位检测方面进行深入研究，揭示了汽油 HCCI 燃烧过程的离子电流拐点相位、峰值相位与HCCI燃烧相位的线性关系[76]，分别采用了Elman神经网络[77]和Elman动态递归神经网络[78]对HCCI汽油发动机的燃烧相位进行了在线辨识，还采用时域方法从爆燃传感器信号和瞬时转速信号中辨识了HCCI汽油机燃烧模式信息[79]。

6.1.3 进排气系统

1. 排气再循环技术

EGR技术是控制NO_x排放的主要措施，它将汽油机排出的一部分废气重新引入发动机进气系统，与混合气一起再进入气缸燃烧。废气混入的多少用EGR率表示，其定义如下：

$$\text{EGR率} = \text{返回废气量} / (\text{进气量} + \text{返回废气量}) \times 100\%$$

NO_x是在高温和富氧条件下N_2和O_2发生化学反应的产物。燃烧温度和氧浓度越高，持续时间越长，NO_x的生成物也越多。一方面废气对新气的稀释作用意味着降低了氧浓度；另一方面，考虑到除怠速外的其他工况下的CO、HC和NO_x体积分数均小于1%，废气中的主要成分为N_2、CO_2和H_2O，而且三原子气体的比热较高，从而提高了混合气的比热容，加热这种经过废气稀释后的混合气所需要的热量也随之增大，在燃料燃烧放出的热量不变的情况下，最高燃烧温度可以降低。从而可使NO_x在燃烧过程中的生成受到抑制，明显地降低NO_x排放[80-81]。

随着EGR率的增加，NO_x排放量迅速下降。但EGR率过大会使燃烧恶化，燃油消耗率增大，HC排放上升。小负荷下用EGR会导致燃烧不稳定，表现为缸内压力变动率增大，甚至导致缺火；中等负荷时使燃油消耗率增大，HC排放上升。为此，一般在汽油机大负荷、起动及暖机、怠速和小负荷时不使用EGR，而其他工况时的EGR率一般不超过20%，由此可降低NO_x排放50%～70%。

由此可见，应用EGR控制NO_x排放的技术关键是适当控制EGR率，使之在各种不同工况下得到各种性能（动力性、经济性、燃烧稳定性、HC排放、NO_x排放等）的最佳选择，实现NO_x的控制目标。Lamani等人[82]采用三维计算流体动力学方法，研究了不同的EGR率（0～20%）和二甲醚/柴油（0～20%）对发动机燃烧特性和排放的影响，结果表明，采用EGR的缸内压力比不采用EGR的缸内压力略有降低。随着EGR速率的增加，氮氧化物的生成减少，而碳烟则略有增加。Huang等人[83]研究了EGR耦合电动增压器对发动机性能和排放变化的影响，试验结果表明，较高的EGR率可以将NO_x排放抑制到极低的水平，同时电动增压器可以弥补EGR降低发动机动力性能的缺点。Park等人[84]根据汽油直喷发动机在不同转速和制动平均有效压力下的试验结果，对发动机脉谱图内的EGR范围进行了实验，结果表明，采用冷却式EGR系统后，油耗降低了3.63%，氮氧化物排放降低了4.34%。

2. 增压技术

增压技术就是利用增压器将空气或可燃混合气预先进行压缩，再送入汽油机气缸的过程。根据汽油机增压的方式分为四种类型：机械增压、废气涡轮增压、气波增压、复合增压。增压后，虽然气缸的工作容积不变，但每循环进入气缸的新鲜空气或混合气充量密度增大，使实际混合气充量增加，因此不仅可使燃料燃烧更加充分，还可增加每个循环的燃料添加量，从而达到提高汽油机功率和经济性，改善排放性能的目的。

增压压力控制对于汽油发动机性能有着非常重要的影响，目前关于如何根据发动机实时运行工况对增压压力进行快速、精准控制调节是增压器电控系统的研究热点。王恩华等采用数字 PID 控制方法，通过对增压压力的调节，验证了可变喷嘴涡轮增压器对发动机性能的改善效果[85]。日本日产公司与美国的 Allied signal 公司、Garret 公司共同开发的可变喷嘴涡轮增压系统，采用 PI 控制对增压压力进行闭环控制，同时增加了前馈控制提高非稳态工况下系统的稳定性和平滑性，与传统的、控制方式相比，该系统达到调压快速性和燃油经济性能均有提高[86]。Wang 等人[87]基于反馈理论设计了发动机增压压力和 EGR 率多输入多输出控制系统，有效增强了系统的鲁棒性，降低了外界不确定扰动对增压压力控制效果的影响。

3. 可变气门正时技术

可变气门正时技术（variable valve timing，VVT）是近些年来被逐渐应用于汽油机上的一种新技术，其原理是根据汽油机的状态调整配气相位，优化进、排气门开启和关闭时刻，从而获得最佳的配气正时，提高进气充量，在所有速度范围内使汽油机的转矩和功率得到进一步的提高，实现改善燃油经济性和提高汽油机排放性能的目的。可变配气机构，按照有无凸轮轴可分为两大类：基于凸轮轴的可变气门配气机构和无凸轮轴的可变配气机构。其中，基于凸轮轴的可变气门配气机构又可分为可变凸轮相位、可变凸轮型线和可变凸轮从动件三类。目前液压式 VVT 已被广泛使用，是市场上的主流产品。主要汽车厂商开发的 VVT 技术见表 6-1。

表 6-1　主要汽车厂商开发的 VVT 技术

公司	VVT 技术	技术特点
日本丰田汽车公司	VVT-i	连续可变气门正时
	Dual VVT-i	智能连续可变气门正时
	VVTL-i	分级可变气门升程 + 连续可变气门正时
日本本田汽车公司	VTEC	分级可变气门升程 + 分级可变气门正时
	i-VTEC	分级可变气门升程 + 连续可变气门正时
日本日产汽车公司	C-VTC	连续可变气门正时
德国宝马汽车公司	Valvetronic	连续可变气门升程
	Double VANOS	连续可变气门正时
韩国现代汽车公司	CVVT	连续可变气门正时
法国标致汽车公司	VTCS	可变涡流控制阀

在 VVT 技术研究方面，Kim 等[88]设计了一种新型电磁发动机气门执行机构，该机构采用永磁体锁紧气门，不仅取代了传统凸轮轴气门机构系统，而且避免了螺线管的电磁执行器功耗高的问题。Li 等人[89]提出了一种新的节气门开启与变气门正时组合策略，将 VVT 控制策略应用于冷却、加热和动力系统中。Lee 等人[90]通过设计耦合无刷直流电机和摆线针轮减速机，实现了对电动连续变阀正时系统控制性能的改进。Mohammed 等人[91-92]利用 Hilbert Huang 变换分析可变气门正时系统各个机械部件发出的不同声音，实现了缺陷部件的精准故障诊断。

4. 多气门技术

高转速的汽油机需要燃烧更多的燃料，相应也需要更多的新鲜空气，二气门已很难在这么短的时间内完成换气工作。在一段时间内气门技术甚至成为阻碍汽油机技术进步的瓶颈，唯一的办法只能是扩大气体出入的空间，采用多气门技术。20 世纪 80 年代，正是由于多气门技术的推广，汽油机的整体质量有了一次质的飞跃。

进气门流通截面与气门数的关系如图 6-10 所示。当缸径大于 80mm 时采用二进二排结构，当缸径小于 80mm 时采用三进二排结构，可获得最大开启面积，进气体积流量可大幅度增加。因此四气门与二气门相比，功率和转矩均有不同程度的提高，且动态响应特性比增压技术发动机灵敏，成为汽车提高发动机功率的主流技术之一。在各种多气门汽油机中，除了 2 个进气门和 1 个排气门的三气门式汽油机，目前市场上更常见的是 2 个进气门和 2 个排气门的四气门或 3 个进气门和 2 个排气门的五气门式汽油机。

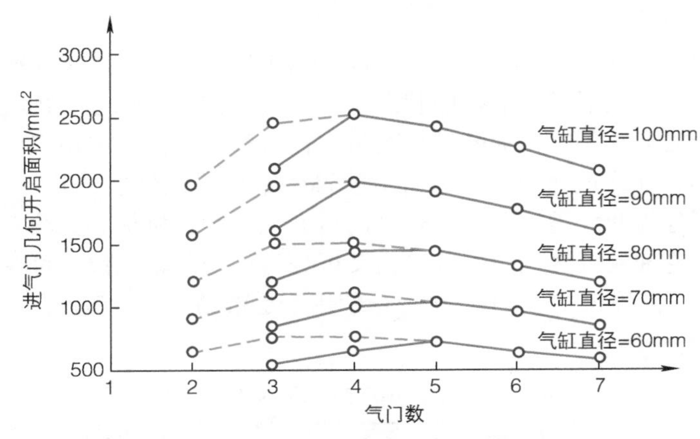

图 6-10　气门数与进气门几何开启面积的关系

6.1.4　曲轴箱排放控制系统

汽油机运转时，气缸内由燃料和空气构成的可燃混合气和燃烧后形成的已燃气体，在内燃机工作循环的压缩过程、燃烧过程和膨胀过程，会通过活塞组与气缸之间的间隙进入曲轴箱空间内，称为窜气。这是因为由活塞、活塞环、气缸构成的气体密封系统，实质上是一个往复运动的移动式密封系统，永远存在漏气通道，不可能保证绝对的密封。一般在状态正常的情况下，窜气量相当于发动机总排气量的 0.5% ~ 1.0%。

气缸的窜气使发动机曲轴箱内产生压力。为防止曲轴箱压力过高，早期内燃机都通过机油加油口让曲轴箱与大气相通，进行“呼吸”，这就是曲轴箱通风系统。但因为汽油机采用预混合的可燃混合气，进入曲轴箱的窜气中含有大量未燃碳氢化合物及其不完全燃烧产物和少量 CO、NO_x 等有害物质，排入大气会造成污染。

为了防止曲轴箱排放污染物的危害，世界各国的车用汽油机从 20 世纪 60 年代起先后采用曲轴箱强制通风装置——闭式曲轴箱通风系统，把曲轴箱排放物吸入进气管，在气缸中烧掉。

图 6-11 所示为曲轴箱强制通风系统的结构。曲轴箱空间一方面通过出气管与进气管道相通，另一方面又通过进风管与空气滤清器的净气室相通。在进气管真空度吸引下，曲轴箱排放物通过通风管被吸入进气管，其受到曲轴箱强制通风阀（positive crankcase ventilation，PCV）的控制。PCV 阀的流量应大于气缸的窜气量，使曲轴箱内保持一定真空度。进风管让干净的空气流入曲轴箱，以免曲轴箱内真空度过大[19]。

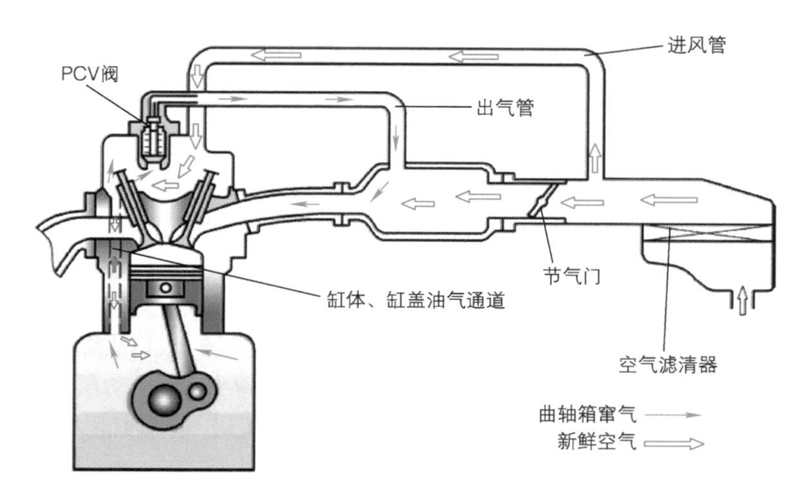

图 6-11　曲轴箱强制通风系统结构

曲轴箱强制通风系统现在已成为汽油机必须采用的系统。柴油机曲轴箱窜气中虽然也有燃烧产物，但因为未燃 HC 很少，所以污染物浓度要大大低于汽油机。但在排放控制日益严格的今天，柴油机也用闭式曲轴箱通风系统，把曲轴箱与有真空度的进气管相连，不过不必用计量阀等进行控制，因为柴油机对空燃比变化不像汽油机那样敏感。

6.1.5　蒸发排放控制系统

汽油的蒸发排放是移动源 HC 排放的主要来源，为了控制车用汽油机的 HC 蒸发排放，国外从 20 世纪 70 年代起就开始研制并采用燃油蒸发排放控制装置。燃油蒸发控制的方法大致可分为两类，即曲轴箱存储式和活性炭罐吸附式。曲轴箱存储式蒸发控制系统结构简单，它应用曲轴箱空间来存储燃油蒸气，然后通过前述的燃油蒸发控制系统加以清除，但效果较差。活性炭罐式蒸发控制系统虽略为复杂，但控制效果好，现已得到广泛应用。第 9 章将对蒸发排放控制控制系统进行详细介绍。

6.2　柴油机机内净化技术

就燃烧过程而言，柴油机远比汽油机复杂得多，因而可用于控制有害物生成的燃烧特性参数也远比汽油机复杂得多，研究兼顾排放、热效率等各种性能的理想放热规律成为柴油机排放控制的核心问题。为达到此目的，目前主要应用的柴油机机内净化技术主要包括以下几种：增压技术、排气再循环技术、高压喷射技术、均质压燃技术等[93-94]。各个机内净化技术的主要控制污染物见表 6-2。

表 6-2　不同技术路线主要控制污染物

技术路线	实施方法	主要控制对象
增压技术	增压、增压中冷、可变几何参数增压	PM
排气再循环	EGR、中冷 EGR	NO_x
高压喷射	电控高压油泵、共轨系统、泵喷嘴	PM
均质压燃	HCCI	NO_x、PM

6.2.1 增压技术

增压不仅是提高柴油机功率密度的重要手段，而且是控制排放的必然选择。增压柴油机（包括增压中冷型柴油机）的主要特性是进气量大、平均过量空气系数大，这样可以减少 CO、HC 及 PM 的排放，但是增压后发动机的燃烧温度上升会导致 NO_x 排放量增大。随着国六阶段 NO_x 排放限值的进一步加严，大部分增压柴油机需要采用 EGR 技术。因此，为了实现排气再循环，涡轮增压器必须同时在高速和低速时提供足够的 EGR 驱动压差，尤其是低速工况，增压器需要匹配更小的占空比来产生低速 EGR。例如，采用放气阀式增压器，为适应排放区向低速延伸的要求，需匹配更小涡轮排气侧入口处最窄的横切面积 / 中心点到涡轮本体中心点（A/R）方案的增压器用来产生低速 EGR 驱动压差，由于涡轮进气道截面面积固定，因此发动机在高转速工况运行时会导致进气流通能力不足、空燃比小、泵气损失大，将导致发动机性能恶化和排放的变差 [95-96]。

随着增压技术的提升，一种可变涡轮截面增压器（variable geometry turbocharger，VGT）技术越来越受到国内外关注，结构上通过调整机械机构从而改变涡轮机壳体进气通道截面面积，如图 6-12 所示。VGT 的出现，可以改善低速时增压系统涡轮的效率。有些机构经过研究得出了 VGT 增压器匹配国六柴油机有明显的优势。VGT 增压器通过调节 VGT 开度满足不同工况下驱动 EGR 压差的要求 [97-99]，还具备发动机热管理功能，尤其是低速低负荷工况，可以通过 VGT 的工作效率提高发动机排气温度，满足后处理起燃温度的要求，同时 VGT 还可以快速实现排气制动功能，满足许多商用柴油车的需求。如江西五十铃推出的 VM 2.5T 柴油发动机采用了 VGT、双轴平衡、四气门四气缸、双顶置凸轮轴等技术。

图 6-12　VGT 结构

在 VGT 控制技术方面，Bahiuddin 等人 [100] 设计推导了主动控制涡轮增压器的控制模型，增加了涡轮角速度和转矩计算功能。通过模拟结果与试验结果的比较，证明该模型能够满足高脉动流动条件下控制系统的开发需求。Bahiuddin 等人 [101] 还利用键合图框架构建了由 VGT 涡轮、进气路径和被动执行器三个主要部分组成的统一系统，通过改变驱动器的两个可调参数，对仿真结果与试验数据进行了基准测试，该模型误差小于周期平均功率的 6.5%。Samoilenko 等人 [102] 基于 VGT 的新设计理念，将无叶涡轮蜗壳和双进气壳体的商用涡轮增压器改造为可调涡轮增压器，并在无电机试验台上对可调式涡轮增压器进行了试验，分析了变几何涡轮在大范围气体流量下的特性，改善了柴油机转矩和功率特性。

6.2.2 排气再循环系统

排气再循环技术是国六柴油机采取的重要技术。为了进一步降低排放和燃油消耗，小排量国六柴油机越来越多地采用高压 EGR/ 低压 EGR 双系统，大排量国六柴油机为了达到 EGR 率，一般需要采用双通道 EGR 系统。国六标准 EGR 系统开发流程能确保 EGR 系统开发满足目标。EGR 耐高温性、防积碳能力、各缸 EGR 混合均匀性、高低压 EGR 控制策略等是 EGR 系统的关键技术 [103-104]。

1. 热端 EGR 阀部件的耐高温技术

国六发动机加大了 EGR 流量、提高了 EGR 入口温度，为了确保 EGR 阀部件在高温下可靠工作，需要对 EGR 阀座设计专用冷却流道，确保 EGR 阀杆、密封圈、阀座及其紧固螺栓、EGR 阀驱动电机等部件的最高温度低于限值。

2. EGR 冷却器开发关键技术

EGR 冷却器性能直接影响到 EGR 冷却后的温度，并进一步影响到发动机的性能和排放。因此，开发冷却效率更高的翅板以加大国六标准 EGR 散热功率，在外形尺寸不增加的情况下满足 EGR 冷却功率增加的需求，从而可以有效控制设计成本和空间布置。另一方面，积炭堵塞是 EGR 冷却器开发和使用过程中遇到的最严重的问题，积炭堵塞会直接引起冷却效率和冷却功率的下降，从而导致排放超标。防止 EGR 冷却器积炭堵塞的有效技术包括：设计匹配合理的 EGR 冷却器散热功率，防止 EGR 冷却后的温度过低；EGR 冷却器带旁通阀，在低温环境下，旁通阀打开，EGR 废气不经过冷却器冷却，降低柴油机 HC 排放。由于柴油机后处理带有 DPF，因此 DPF 再生需要采用后喷处理来提高排气温度，但同时排气中的 HC 排放也增长得比较快。因此，在 DPF 再生过程中，需要通过优化标定控制策略来主动关闭 EGR 阀门，防止过多的 HC 进入 EGR 冷却器造成积炭堵塞。

3. 高 / 低压 EGR 技术

发动机为了满足运行工况更大范围内限值及更严苛的油耗目标，高 / 低压 EGR 系统是小排量柴油机发展趋势。较低温度的低压 EGR 在增压器入口和新鲜空气混合后进入增压器，相比高压 EGR，低压 EGR 可以进一步降低发动机的进气温度，提高发动机的进气量和空燃比。相比采用高压 EGR 系统，在发动机中高速和中高负荷并达到相同 NO_x 值的条件下，仅采用低压 EGR 比仅用高压 EGR 可以使燃油消耗降低 2% ~ 4%，烟度也会有明显改善。

低压 EGR 取气点位置位于 DPF 和 SCR 之后，而且在取气口设计 1 个过滤器，目的是减少柴油机排气颗粒对低压增压器压气机叶轮的腐蚀和损坏，防止因腐蚀和叶片损坏而影响增压器的性能及可靠性。另外，低压 EGR 在进行发动机总体布置时要考虑管路长度，以提高 EGR 系统的响应性，同时降低低压 EGR 流动的阻力损失并降低废气调节阀的使用频率，降低排气背压。另外，管路短流动损失小也能提高低压 EGR 率。大众公司推出的 EA288 柴油机，把低压 EGR 冷却器集成在后处理中，同时后处理采用紧耦合技术，低压管路设计得十分紧凑。

4. 大排量重型柴油机双通道高压 EGR 技术

对于排量大于 7.0L 以上的柴油机，为了满足国六排放，EGR 率高达 15% 以上，8.0L 左右柴油机高压 EGR 率的最大流量高达 210kg/h。另外由于排气压力与进气压力压差较小，为了达到较高的 EGR 流量，需要采用双通道高压 EGR 系统，包括双通道 EGR 阀、双通道 EGR 冷却器和双单向阀。为了与双通道 EGR 阀匹配，发动机排气管是由 1 ~ 3 缸排气歧管和 4 ~ 6 缸排气歧管组成，分别各有 1 个 EGR 取气口对应双通道 EGR 阀的入口。

6.2.3 电控柴油喷射系统

1. 低排放柴油喷射系统

柴油机燃油喷射系统的基本任务就是要根据柴油机输出功率的需要，在每一循环中，将精确的燃油量，按准确的喷油正时并以一定的喷射压力喷入燃烧室。为了降低柴油机的排放，燃油喷射系统的改进是关键。

（1）喷油压力

喷油过程中，喷油压力是对柴油机性能影响极大的一个因素，特别是直喷式柴油机。在直喷式柴油机中，无论其燃烧室中有无旋流，燃油的雾化、贯穿和混合气形成的能量主要依靠喷油的能量。喷油压力越大，则喷油能量越高、喷雾越细、混合气形成和燃烧越完全，因而柴油机的排放性能、动力性和经济性都得以改善[105]。

（2）喷油规律

喷油规律是影响柴油机排放的主要因素。为降低柴油机的排放，必须有较理想的燃烧过程，如抑制预混合燃烧以降低 NO_x，促进扩散燃烧以降低微粒和提高热效率。为了实现这种理想的燃烧过程，必须有合理的喷油规律——初期缓慢，中期急速，后期快断。这种理想的喷油规律的形状近似于“靴型”。初期的喷油速率不能太高，这是为了减少在滞燃期内形成的可燃混合气量，降低初期燃烧速率，以降低最高燃烧温度和压力升高率，从而抑制 NO_x 生成及降低燃烧噪声。喷油中期采用高喷油压力和高喷油速率以加速扩散燃烧，防止生成大量微粒和降低热效率。喷油后期要迅速结束喷射，以避免在低的喷油压力和喷油速率下燃油雾化变差，导致燃烧不完全而使 HC 和微粒排放增加。

（3）喷油时刻

喷油定时是间接地通过滞燃期来影响发动机性能的。喷油提前角过大，则燃料在柴油机的压缩行程中燃烧的数量就多，不仅增加压缩负功，使燃油消耗率上升，功率下降，而且因滞燃期较长，最高燃烧温度、压力升高，使得柴油机工作粗暴、NO_x 排放量增加；如果喷油提前角过小，则燃料不能在上止点附近迅速燃烧，导致后燃增加，虽然最高燃烧温度和压力降低，但燃油消耗率和排气温度增高，发动机容易过热。

2. 电控柴油喷射系统

20 世纪 90 年代以来，电控技术在柴油机上的应用逐渐增多，控制精度不断提高，控制功能不断增加，配合增压技术和直喷式燃烧在小缸径柴油机上的应用也逐渐成熟，加上多气门结构和高压喷射技术，大大提高了柴油机轿车和轻型车的竞争力。燃油供给系统的性能是影响缸内燃烧过程的重要因素，改进燃油供给系统是改善柴油机排放的重要措施之一。对柴油机采用电控燃油喷射技术，能够获得更高的燃烧效率，同时降低燃烧峰值温度，从而减少柴油机的各种有害排放[106-107]。

在传统的柴油喷射系统基础上，首先发展起来的电控喷射系统是位置控制系统，即第一代电控喷射系统。基于电磁阀的时间控制系统，则被称为第二代电控喷射系统。而第三代电控高压共轨系统已成为目前柴油机燃油喷射系统的主流。

（1）位置控制系统

第一代柴油机电控燃油喷射系统采用的是位置控制。它保留了传统喷射系统的基本结构，只是将原有的机械控制机构用电控元件取代，在原机械控制循环喷油量和供油正时的基础上，用线位移或角位移电磁执行机构控制油量调节杆的位移和提前器运动装置的位移，实现循环喷油量和供油正时的电控，使控制精度和响应速度较机械式控制高。

（2）时间控制系统

时间控制系统是第二代柴油机电控燃油喷射系统，它改变了传统喷射系统的结构，将原有的机械式喷油器改用高速强力电磁阀喷油器，以脉动信号来控制电磁阀的吸合与断开，以此来控制喷油器的开启与关闭。泵油机构和控制机构相对分开，燃油的计量是由喷油器开启时间的长短和喷油压力的大小所确定，喷油正时由电磁阀的开启时刻控制，从而实现喷油量、喷油正时的柔性控制和一体控制，且极为灵活，其控制自由度和控制性能都是位置式控制系统所无法比拟的。

（3）电控高压共轨系统

电控高压共轨系统是第三代电控燃油喷射系统。高压共轨电控燃油喷射系统主要由电控单元、高压油泵、共轨管和高压油管、电控喷油器以及各种传感器和执行器等组成，如图 6-13 所示。柴油的可压缩性和高压油管中柴油的压力波动，使实际的喷油状态与喷油泵所规定的柱塞供油规律有较大的差异，油管内的压力波动有时会在主喷射之后，使喷油器处的压力再次上升到可以令针阀开启的压力，产生二次喷射。由于二次喷射的燃油雾化不良，不可能完全燃烧，因此微粒和 HC 的排放量增加，油耗增加。此外，每次喷射循环后高压油管内的残余压力都会发生变化，随之引起不稳定喷射，其在低转速区域，严重时不仅喷油不均匀，而且会发生间歇性喷射现象。而电控高压共轨系统彻底解决了这种燃油压力变化带来的缺陷。

柴油机电控高压共轨系统中超高压、分布式结构、良好的适应性、采用新一代电控喷油器和双压共轨系统是未来的发展方向[108-109]，这不仅对共轨系统的结构、材料、燃油温度范围、布置方式提出了更加苛刻的要求，同时对轨压、控制时间等提出了更加精准的控制要求。

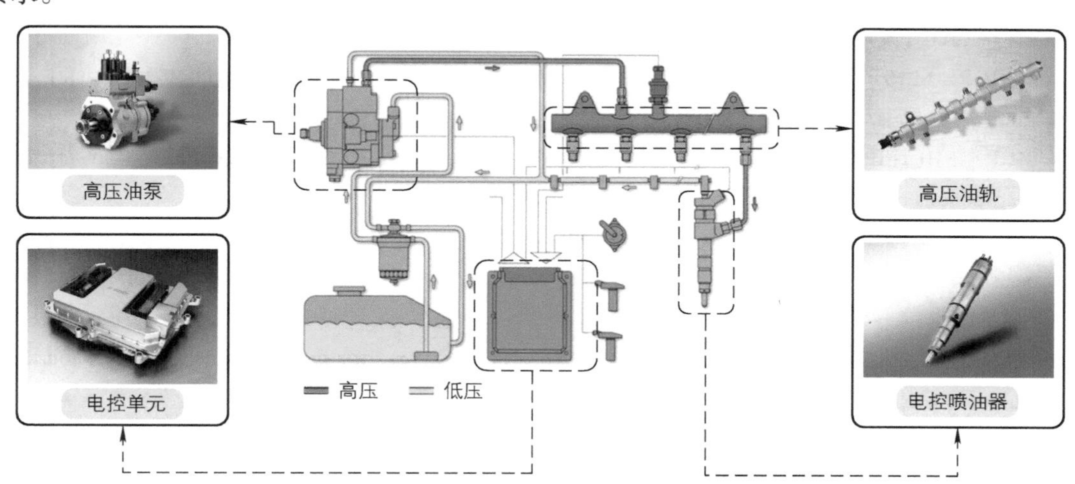

图 6-13　高压共轨电控燃油喷射系统

6.3 本章结语

移动源发动机的机内净化技术可以从根本上减少或抑制发动机燃烧过程中生成的各种污染物，是治理移动源发动机排气污染的关键措施。本章在汽油机方面详细介绍了电控汽油喷射系统、燃烧系统、进排气系统、曲轴箱排放控制系统和蒸发排放控制系统。在柴油机方面详细介绍了增压技术、排气再循环技术和电控柴油喷射系统。随着移动源排放法规日趋严格，在对发动机采用机内净化技术的同时，必须结合后处理净化技术才能满足要求，下一章将详细介绍后处理净化技术。

参考文献

[1] 雷先华，杨启正，叶幸．现代汽油发动机燃油喷射技术综述 [J]. 机电工程技术，2020, 49(6):19-20.

[2] 李文熙，王猛猛．现代汽油机燃油喷射技术的发展及应用 [J]. 林业机械与木工设备，2017, 45(5):9-11.

[3] 帅石金，郑荣，王银辉，等．缸内直喷汽油机微粒排放特性的试验研究 [J]. 汽车安全与节能学报，2014, 5(3): 304-310.

[4] REIF K. Gasoline engine management systems and components[M]. Wiesbaden: Springer, 2015.

[5] 王耀南，申永鹏，孟步敏，等．车用汽油发动机电子控制系统研究现状与展望 [J]. 控制理论与应用，2015, 4: 432-447.

[6] STOTSKY A, KOLMANOVSKY I. Application of input estimation techniques to charge estimation and control in automotive engines[J]. Control Engineering Practice, 2002, 10(12): 1371-1383.

[7] STOTSKY A. Automotive Engines: Control, Estimation, Statistical Detection [M]. Berlin: Springer, 2009.

[8] ANDERSSON P. Air charge estimation in turbocharged spark ignition engines [D]. Linkoping: Linkoping University, 2005.

[9] 谭德荣，刘正林，严新平．电控汽油机进气量的最优估计算法 [J]. 交通运输工程学报，2006, 6(2): 39-42.

[10] 刘奇芳，宫洵，胡云峰，等．缸内直喷汽油机的自抗扰轨压跟踪控制器设计 [J]. 控制理论与应用，2013, 3012: 1595-1601.

[11] 欣白宇．GDI 发动机的轨压控制研究 [D]. 长春：吉林大学，2012.

[12] MAJORS M, STORI J,CHO D I. Neural network control of automotive fuel-injection systems[J]. IEEE Control Systems, 1994, 14(3): 31-36.

[13] SHIRAISHI H,IPRI S L,CHO D I. CMAC neural network controller for fuel-injection systems[J]. IEEE Transactions on Control Systems Technology,1995,3(1):32-38.

[14] MANZIE C, RALPH D,WATSON H,et al. Model predictive control of a fuel injection system with a radial basis function network observer[J]. Journal of Dynamic Systems, Measurement, and Control, 2002, 124(4): 648-658.

[15] MANZIE C, PALANISWAMI M,WATSON H. Gaussian networks for fuel injection control[J]. Journal of Automobile Engineering,2001, 215(10): 1053-1068.

[16] WHITE A, CHOI J, NAGMUNE R,et al. Gain-scheduling control of port-fuel-injection processes[J]. Control Engineering Practice, 2011, 19(4): 380-394.

[17] CHINCHOLKAR S P,SURYAWANSHI J G. Gasoline direct injection: an efficient technology[J]. Energy

Procedia, 2016, 90: 666-672.

[18] REDDY K, REDDY B M, REDDY K, et al. Comparative investigation of electronic fuel injection in two-wheeler applications: a review[J]. IOP Conference Series Materials Science and Engineering, 2021, 1116(1): 012073.

[19] WALKER T D,PEACOCK G L,BREND M A,et al. Heat transfer and residence time in lean direct injection fuel galleries[J]. Journal of Engineering for Gas Turbines and Power: Transactions of the ASME, 2022, 144(5): 051001-051014.

[20] ZHU S, AKEHURST S, LEWIS A, et al. A review of the pre-chamber ignition system applied on future low-carbon spark ignition engines[J]. Renewable and Sustainable Energy Reviews, 2022, 154: 111872.

[21] 徐冰 . 车用汽油发动机电子控制系统研究现状与展望 [J]. 内燃机与配件 , 2021,5: 16-17.

[22] 吴俊峰 . 车用汽油发动机电子控制系统研究现状与展望 [J]. 汽车测试报告 , 2021, 1:4-5.

[23] 闫周 . 车用汽油发动机电子控制系统现状与展望 [J]. 工业 , 2016, 5:246.

[24] REIF K. Fundamentals of automotive and engine technology: standard drives, hybrid drives, brakes, safety systems[M]. Singapore City: Springer, 2014.

[25] KUMAR A,PAL A,KACHHWAHA S S,et al. Recent advances in mechanical engineering select proceedings of RAME 2020[M]. Singapore City: Springer, 2020.

[26] ELGOWAINY A. Electric, hybrid, and fuel cell vehicles A volume in the encyclopedia of sustainability science and technology, second edition[M]. New York: Springer, 2021.

[27] WANG W, CHIRWA E, ZHOU E, et al. Fuzzy ignition timing control for a spark ignition engine[J]. Journal of Automobile Engineering, 2000, 214(3): 297-306.

[28] WANG W, CHIRWA E, ZHOU E, et al. Fuzzy neural ignition timing control for a natural gas fuelled spark ignition engine[J]. Journal of Automobile Engineering, 2001, 215(12): 1311-1323.

[29] CHANG J, KIM M, MIN K. Detection of misfire and knock in spark ignition engines by wavelet transform of engine block vibration signals[J]. Measurement Science and Technology, 2002, 13(7): 1108-1114.

[30] ETTEFAGH M, SADEGHI M, PIROUZPANAH V, et al. Knock detection in spark ignition engines by vibration analysis of cylinder block: a parametric modeling approach[J]. Mechanical Systems and Signal Processing, 2008, 22(6): 1495-1514.

[31] 王良煜 , 尚秀镜 , 刘文胜 , 等 . 火花点火发动机爆震燃烧特性的研究识 [J]. 内燃机学报 , 1998, 16(2): 176-183.

[32] 书静思 , 舒歌群 , 卫海桥 . 内燃机爆震燃烧过程中燃烧室内声学分析 [J]. 内燃机学报 , 2010, 28(5): 427-434.

[33] BOUBAL O, OKAMAN J. Knock acoustic signal estimation using parametric inversion[J]. IEEE Instrumentation and Measurement Magazine, 2000, 49(4): 890-895.

[34] 邢建国 , 许沧粟 , 孙优贤 . 火花塞离子电流信号及其在发动机检测和控制中的应用 [J]. 内燃机工程 , 2001, 22(3): 70-73.

[35] 汪映 , 周龙保 , 吴筱敏 . 离子电流法检测发动机失火和爆震的研究 [J]. 西安交通大学学报 , 2002, 36(9): 895-898.

[36] 许沧粟 , 邢建国 . 基于火花塞离子电流信号的发动机爆震检测研究 [J]. 内燃机工程 , 2002, 23(2): 12-14.

[37] 吴筱敏，李福明，蒋德明，等．离子电流法爆震强度信号的评价分析 [J]. 内燃机学报，2001, 19(3): 222-224.

[38] OLLIVIER E, BELLETTRE J, TAZEROUT M, et al. Detection of knock occurrence in a gas SI engine from a heat transfer analysis[J]. Energy Conversion and Management, 2006, 47(7): 879 -893.

[39] STOTSKY A. Statistical engine knock modelling and adaptive control[J]. Journal of Automobile Engineering, 2008, 222(3): 429-439.

[40] 樊林，裴普成，杨武，等．电控汽油机怠速控制方式 [J]. 汽车工程，2002, 24(6): 490-493.

[41] 姚栋伟，吴锋，杨志家，等．基于增量式数字 PID 的汽油机怠速控制研究 [J]. 浙江大学学报（工学版），2010, 44(6): 1122-1126.

[42] 李岳林，王立标，曾志伟，等．汽油机怠速稳定性的复合模糊 -PID 控制方法研究 [J]. 内燃机工程，2010, 31(3): 57-60.

[43] PAVKOVIC D,DEUR J,KOLMANOVSKY I. Adaptive Kalman filter-based load torque compensator for improved SI engine idle speed control[J]. IEEE Transactions on Control Systems Technology, 2009, 17(1): 98-110.

[44] 张付军，黄英，甘海云，等．汽油机怠速转速的模糊控制方法 [J]. 北京理工大学学报，2000, 9(4): 408-414.

[45] 张翠平，杨庆佛，韩以仑．汽油机怠速稳定性的模糊控制仿真研究 [J]. 内燃机工程，2003, 24(4): 38-41.

[46] 赵光宙，杨志家．应用神经网络模糊控制器的发动机怠速控制 [J]. 内燃机工程，2000, 21(1): 59-62.

[47] LAWONN F, GEBHARDT J, KRUSE R. Fuzzy control on the basis of equality relations with an example from idle speed control[J]. IEEE Transactions on Fuzzy Systems, 1995, 3(3): 336-350.

[48] LI X,YURKOVICH S. Sliding mode control of delayed systems with application to engine idle speed control[J]. IEEE Transactions on Control Systems Technology, 2001, 9(6): 802-810.

[49] ALT B, BLATH J P,SVARICEK F, et al. Multiple sliding surface control of idle engine speed and torque reserve with dead start assist control[J]. IEEE Transactions on Industrial Electronics, 2009, 56(9): 3580-3592.

[50] CZARNIGOWSKI J. A neural network model-based observer for idle speed control of ignition in SI engine[J]. Engineering Applications of Artificial Intelligence, 2010, 23(1): 1-7.

[51] PUSKORIUS G V,FELDKAMP L A,DAVIS J R L I. Dynamic neural network methods applied to on-vehicle idle speed control[J]. Proceedings of the IEEE, 1996, 84(10): 1407-1420.

[52] GORINEVSKY D,FELDKAMP L A. RBF network feedforward compensation of load disturbance in idle speed control[J]. IEEE Control Systems, 1996, 16(6): 18-27.

[53] 李姝．基于预测控制的汽油发动机怠速控制方法研究 [D]. 长春：吉林大学，2010.

[54] SHARMA R, NESIC D, MANZIE C. Sampled data model predictive idle speed control of ultra-lean burn hydrogen engines[J]. IEEE Transactions on Control Systems Technology, 2013, 21(2): 538-545.

[55] DI C S, YANAKIEV D, BEMPORAD A, et al. Model predictive idle speed control:design, analysis,and experimental evaluation[J]. IEEE Transactions on Control Systems Technology, 2012, 20(1): 84 -97.

[56] WALTER P, GUY H, AXEL B, et al. Strategies towards meeting future particulate matter emission requirements in homogeneous gasoline direct injection engines[J]. SAE International Journal of Engines, 2011, 4(1): 1455-1468.

[57] ZIMMERMAN N, WANG J M, JEONG C H, et al. Assessing the climate trade-offs of gasoline direct injection engines[J]. Environmental Science & Technology, 2016, 50(15): 8385-8392.

[58] 胡轲 , 张华 , 韦虹 , 等 . 汽油机均质稀燃点火系统的试验研究 [J]. 小型内燃机与车辆技术 , 2020, 49(4): 9-15.

[59] 王志望 , 张华 , 胡轲 , 等 . 超稀薄燃烧对汽油发动机性能影响的试验研究 [J]. 小型内燃机与摩托车 , 2021, 50(5): 9-12.

[60] 杨靖 , 罗贤芳 , 何联格 , 等 . 稀薄燃烧发动机改型设计及正时策略优化 [J]. 汽车工程 , 2020, 42(4): 439-444, 476.

[61] 朱登豪 , 邓俊 , 李理光 . 稀薄燃烧结合高能点火对高压缩比汽油机小负荷工况燃油经济性的影响 [J]. 燃烧科学与技术 , 2021, 27(4): 394-404.

[62] 秦秋实 , 吴志军 , 于秀敏 , 等 . 缸内直喷发动机分层燃烧过程仿真 [J]. 吉林大学学报 (工学版), 2017, 47(1): 105-112.

[63] SHIN J, KIM D, SON Y, et al. Effects of swirl enhancement on in-cylinder flow and mixture characteristics in a high-compression-ratio, spray-guided, gasoline direct injection engine[J]. Case Studies in Thermal Engineering, 2022, 34: 101937.

[64] 周磊 , 刘宗宽 , 李潇 , 等 . 不同压缩比对湍流射流点火发动机性能和爆震影响的试验研究 [J]. 天津大学学报 , 2022, 55(8): 876-885.

[65] 齐鹏冲 , 刘宇恒 , 张奇 , 等 . 单缸风冷汽油机高压缩比燃烧室的优化设计仿真研究 [J]. 汽车实用技术 , 2022, 3: 41-48.

[66] 施佳叶 , 王金秋 , 邓俊 , 等 . 基于两级高能点火和被动预燃室的高压缩比汽油机燃烧及排放特性研究 [J]. 汽车工程 , 2021, 9: 1300-1307.

[67] 张志永 , 高定伟 , 赖海鹏 , 等 . 高压缩比汽油机分层压燃效果的光学诊断 [J]. 汽车安全与节能学报 , 2021, 12(3): 410-416.

[68] 翟俊萌 . 内燃机均质混合气压燃燃烧 (HCCI) 技术专利分析综述 [J]. 科技展望 , 2017, 27(9)283.

[69] 张开强 , 李忠照 , 章健勇 , 等 . 压缩比对汽油 HCCI 燃烧和排放特性的影响 [J]. 内燃机工程 , 2016, 37(6): 79-86.

[70] JADE S, HELLSTRÖM E, LARIMORE J, et al. Reference governor for load control in a multicylinder recompression HCCI engine[J]. IEEE Transactions on Control Systems Technology, 2014, 22(4): 1408-1421.

[71] 苏万华 , 赵华 , 王建昕 . 均质压燃低温燃烧发动机理论与技术 [M]. 北京 : 科学出版社 , 2010.

[72] 吴涛阳 , 李国田 , 郝婧 , 等 . 基于 HCCI 的内燃机高效清洁燃烧技术研究进展 [J]. 动力系统与控制 , 2022, 3: 87-91.

[73] KUMAR V S, SUBHASHISH G,TABISH A,et al. Emissions from homogeneous charge compression ignition (HCCI) engine using different fuels: a review[J]. Environmental Science and Pollution Research,2022, 29(34): 50960-50969.

[74] ÇELEBI S, KOCAKULAK T, DEMIR U, et al. Optimizing the effect of a mixture of light naphtha, diesel and gasoline fuels on engine performance and emission values on an HCCI engine[J]. Applied Energy, 2023, 330: 120349.

[75] 郑太雄 , 贺吉 , 张良斌 . 基于 LSTM 神经网络的混合燃料 HCCI 发动机复杂工况下燃烧正时估计 [J].

仪器仪表学报, 2020, 10: 100-110.
[76] 谢辉, 吴召明, 孙艳辉. 基于内部残余废气的汽油 HCCI 燃烧过程离子电流特性 [J]. 天津大学学报, 2008, 41(5): 547-552.
[77] 谢辉, 孙艳辉, 吴召明. 基于离子电流的汽油 HCCI 发动机燃烧相位传感方法 [J]. 天津大学学报, 2007, 40(9): 1089-1093.
[78] 谢辉, 孙艳辉, 夏超英. 基于动态递归神经网络的 HCCI 发动机燃烧相位辨识模型 [J]. 内燃机学报, 2007, 25(7): 352-357.
[79] 张宏超, 谢辉, 陈韬, 等. 基于振动信号及瞬时转速信号的 HCCI 燃烧模式辨识 [J]. 燃烧科学与技术, 2012, 18(2): 144-148.
[80] 谭丕强, 周捷, 楼狄明, 等. 废气再循环率对高压缩比增压直喷汽油机燃烧与排放特性的影响 [J]. 内燃机工程, 2022, 43(3): 100-108.
[81] 朱忠攀, 林瑞, 杜爱民. EGR 稀释的高膨胀比汽油机研究综述 [J]. 汽车技术, 2018(1): 15-19.
[82] LAMANI V T, YADAV A K, NARAYANAPPA K G. Influence of low-temperature combustion and dimethyl ether-diesel blends on performance, combustion, and emission characteristics of common rail diesel engine: a CFD study[J]. Environmental Science & Pollution Research, 2017, 24(18): 1-10.
[83] HUANG Z, LI J, SHEN K, et al. Comprehensive effects on performance and emission of GDI gasoline engine with electric supercharger and EGR[J]. International Journal of Automotive Technology, 2022, 23(3): 867-873.
[84] PARK S K,LEE J,KIM K, et al. Experimental characterization of cooled EGR in a gasoline direct injection engine for reducing fuel consumption and nitrogen oxide emission[J]. Heat and Mass Transfer, 2015, 51: 1639-1651.
[85] 王恩华, 周明, 李建秋, 等. 可变喷嘴涡轮增压器电控系统的设计与匹配 [J]. 内燃机学报, 2002, 206: 559-563.
[86] OGAWA H, HAYASH M, YASHIRO M. 重型货车可调喷嘴涡轮增压系统连续反馈控制的发展 [J]. 车用发动机, 1998, 1: 9-15.
[87] WANG Y Y, HASKARA I, YANIV O. Quantitative feedback design of air and boost pressure control system for turbocharged diesel engines[J]. Control Engineering Practice, 2011, 19(6): 626-637.
[88] KIM J, LIEU D K. A new electromagnetic engine valve actuator with less energy consumption for variable valve timing[J]. Journal of Mechanical Science & Technology, 2007, 21(4): 602-606.
[89] LI Y, HAN D, WANG Z, et al. A novel combined throttle opening and variable valve timing strategy for combined cooling, heating, and power system flexibility[J]. Applied Thermal Engineering, 2023, 219: 119688.
[90] LEE S, BAEK S. A study on the improvement of the cam phase control performance of an electric continuous variable valve timing system using a cycloid reducer and BLDC motor[J]. Microsystem Technologies, 2020, 26: 59-70.
[91] MOHAMMED A A. Performance analysis of variable valve timing engine to detect some engine faults by using Hilbert Huang transform[J]. Applied Acoustics, 2022, 194: 108775.
[92] MOHAMMED A A, HARIS S M. Using energy time-frequency of Hilbert Huang transform to analyze the performance of the variable valve timing engine[J]. Scientific Reports, 2022, 12: 2382.

[93] HILGERS M. The diesel engine[M]. Berlin: Springer, 2021.

[94] 周松，肖友洪，朱元清 . 内燃机排放与污染控制 [M]. 北京：北京航空航天大学出版社，2010.

[95] 夏慧鹏，王希波，邓康耀，等 . 柴油机增压系统瞬态特性测控系统 [J]. 农业机械学报，2007, 38(2): 48-51.

[96] 焦宇飞，刘瑞林，张众杰，等 . 高原环境条件下柴油机增压与喷油参数协同优化 [J]. 农业工程学报，2019, 35(17): 66-73.

[97] PARK I, HONG S, SUNWOO M. Robust air-to-fuel ratio and boost pressure controller design for the EGR and VGT systems using quantitative feedback theory[J]. IEEE Transactions on Control Systems Technology, 2014, 22(6): 2218-2231.

[98] KIM S, JIN H, CHOI S B. Exhaust pressure estimation for diesel engines equipped with dual-loop EGR and VGT[J]. IEEE Transactions on Control Systems Technology, 2018, 26(2): 382-392.

[99] WAHLSTRÖM J, ERIKSSON L, NIELSEN L. EGR-VGT control and tuning for pumping work minimization and emission control[J]. IEEE Transactions on Control Systems Technology, 2010, 18(4): 993-1003.

[100] BAHIUDDIN I, MAZLAN S A, IMADUDDIN F, et al. A new control-oriented transient model of variable geometry turbocharger[J]. Energy, 2017, 125: 297-312.

[101] BAHIUDDIN I, MAZLAN S A, IMADUDDIN F, et al. A transient model of a variable geometry turbocharger turbine using a passive actuator[J]. Arabian Journal for Science and Engineering,2021, 46(3): 2565-2577.

[102] SAMOILENKO D, MARCHENKO A, CHO H M. Improvement of torque and power characteristics of V-type diesel engine applying new design of Variable geometry turbocharger (VGT)[J]. Journal of Mechanical Science and Technology, 2017, 31(10): 5021-5027.

[103] 李苏龙，潘剑锋 . 基于 EGR 耦合米勒循环的柴油机排放控制技术 [J]. 机械与电子，2022, 40(5): 52-56.

[104] 王云超，鲁志远，刘占强，等 . EGR 对柴油机低温燃烧影响的试验及仿真研究 [J]. 小型内燃机与车辆技术，2015, 44(6): 31-37.

[105] HONG S, JUN D, SUNWOO M. Adaptation strategy for exhaust gas recirculation and common rail pressure to improve transient torque response in diesel engines[J]. International Journal of Automotive Technology, 2018, 19(4): 585-595.

[106] 李云强，王裕鹏，陈文淼，等 . 柴油机喷油的轨压降规律及一致性方法 [J]. 内燃机学报，2022, 40(3): 263-269.

[107] 魏云鹏，范立云，陈康，等 . 船用柴油机高压共轨系统多构型喷油一致性研究 [J]. 哈尔滨工程大学学报，2021, 42(9): 1330-1339.

[108] 杨强，杨建国 . 船用中速柴油机高压共轨系统的现状与发展趋势 [J]. 船海工程，2019, 48(3): 142-146.

[109] LEE Y, LEE C H . An uncertainty analysis of the time-resolved fuel injection pressure wave based on BOSCH method for a common rail diesel injector with a varying current wave pattern[J]. Journal of Mechanical Science & Technology, 2018, 32(12): 5937-5.

第 7 章 移动源后处理净化技术

机内净化技术以改善发动机燃烧过程为主要内容，对降低排气污染起到了较大作用，但其效果有限，且不同程度地给汽车的动力性和经济性带来了负面影响。随着排放要求日趋严格，基于机内净化技术改善发动机排放的难度越来越大，统筹兼顾动力性、经济性和排放性能的技术路线越来越复杂，成本也急剧上升。因此，世界各国都先后开发了废气后处理净化技术，在不影响发动机性能的同时，在排气系统中安装各种净化装置，采用物理和化学方法降低流向大气环境中的排放污染物。

7.1 车用汽油机后处理净化技术

7.1.1 三元催化转化器

三元催化转化器主要由载体、催化剂、垫层和壳体组成，而其中的催化剂是核心部分，三元催化转化器技术的产生和发展与催化剂技术的发展是密不可分的。

1. 三元催化转化器的基本结构

三元催化转化器一般由壳体、垫层和三元催化剂（TWC）组成，其基本结构如图 7-1 所示。

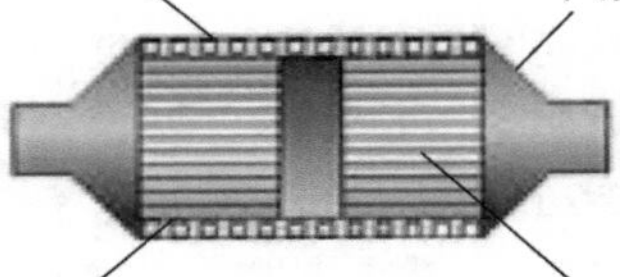

图 7-1 三元催化转化器的基本结构

（1）壳体

壳体用于封装三元催化器的垫层与载体，是整个三元催化器的支撑体，其材料和形状的选择非常重要，关乎三元催化器的整体性能，因此一般采用耐腐蚀性强、耐高温的材料，如含铬、镍等金属的不锈钢。

（2）垫层

垫层用来连接载体和壳体，由软质耐热材料组成，以避免排气管振动对载体的损坏，另外壳体金属材料和载体陶瓷材料会随着尾气温度的增加而产生不同程度的热膨胀，会导致壳体与载体之间产生缝隙，而选择具有合适热膨胀系数的垫层可以弥补这个缝隙，确保载体外圆周气密性良好，同时也能起到良好的减振、隔热作用。应用较多的垫层主要有两种：陶瓷密封垫和金属网垫，通常陶瓷密封垫的主要成分为陶瓷纤维（硅酸铝）、蛭石和有机黏合剂。

（3）三元催化剂

TWC 主要组成包括 Pt、Pd 和 Rh 等贵金属的活性成分、稀土储氧材料（助剂）、氧化铝（γ-Al_2O_3）涂层和蜂窝载体。其中，稀土储氧材料商用常用的为铈（Ce）基固溶体或复合氧化物，γ-Al_2O_3 为贵金属和铈基复合氧化物的第二载体，又称水洗层，可以提高其热稳定性，通常添加镧（La）或钡（Ba）等结构稳定剂，最后将贵金属 - 储氧材料 - 氧化铝制成的浆料涂覆到蜂窝载体上。

2. 三元催化转化器的工作原理与反应机理

TWC 的作用是将汽车尾气中的三种有害气体（CO、HC、NO_x）经过氧化还原反应变为无害气体。这些反应是在催化剂表面催化层上发生的非均相反应（反应物汽车尾气为气态，催化剂为固态），气固间的总反应过程包括以下七个步骤：

1）尾气组分由流体相本体进入到催化剂表面，即外扩散过程。

2）尾气组分由催化剂外表面进入到催化剂孔道内表面，即内扩散过程。

3）尾气组分分子在表面活性位上吸附，即吸附过程。

4）被吸附分子在表面活性位上反应，即表面反应过程。

5）反应产物从催化剂表面脱附，即脱附过程。

6）产物由催化剂内表面向外扩散，即内扩散过程。

7）产物由催化剂外表面进入流体相，即外扩散过程。

其中，1）、2）、6）和 7）为传质过程：3）、4）和 5）为表面反应过程。

由于实际应用于汽车的催化剂组分和涂层多变，且汽车运行工况复杂，因此催化反应机理很复杂。在 TWC 中发生的主要反应有：氧化反应和还原反应。

氧化反应：

$$2CO + O_2 \rightarrow 2CO_2 \quad (7\text{-}1)$$

$$2H_2 + O_2 \rightarrow 2H_2O \quad (7\text{-}2)$$

$$4HC + 5O_2 \rightarrow 4CO_2 + 2H_2O \quad (7\text{-}3)$$

还原反应：

$$CO + NO \rightarrow CO_2 + \frac{1}{2}N_2 \quad (7\text{-}4)$$

$$4HC + 10NO \rightarrow 4CO_2 + 2H_2O + 5N_2 \quad (7\text{-}5)$$

$$2H_2 + 2NO \rightarrow 2H_2O + N_2 \quad (7\text{-}6)$$

水蒸气重整反应：

$$2HC + 2H_2O \rightarrow 2CO + 3H_2 \quad (7\text{-}7)$$

水蒸气转换反应：

$$CO + H_2O \rightarrow CO_2 + H_2 \quad (7\text{-}8)$$

在过量空气系数 $\alpha = 1$ 附近，三元催化剂对 CO、HC 和 NO_x 能同时达到较好的净化效果，如图 7-2 所示。其中 Pt 和 Pd 是氧化 CO 和 HC 的组分，也可以促进水煤气转换反应，但易受 S 中毒影响；Rh 是催化 NO 的主要组分，这种高活性与其能有效离解 NO 的内部分子有关。此外，它对 CO 的氧化以及 HC 的重整反应也有重要作用。

3. 三元催化转化器的性能指标

三元催化器性能评价的指标体系主要有以下几个方面：

（1）流动特性

三元催化器的流动阻力增大了发动机的排气背压，导致排气过程的推出功增加，消耗同样燃料所输出的有用功减少；同时背压过大还会使残余废气量增大，发动机的充气效率降低，使得每循环同样气缸容积所能利用的燃料化学能减少。此外，残余废气量的增加还会引起燃烧热效率下降，这些因素都会使发动机的经济性和动力性降低。催化器的流动特性还包括流动截面上的速度分布均匀性。国外从 20 世纪 70 年代就针对这一问题展开了相关研究，发现由于流速分布不均匀不但会影响流动阻力，还会造成载体中心区域的流速及温度过高，导致催化剂沿径向的劣化程度不均匀，缩短了催化剂整体的寿命，并且过大的温度梯度会使陶瓷载体破裂。因此，探讨车用催化转化器流动阻力的影响因素、研究减小流动阻力的途径是非常必要的。

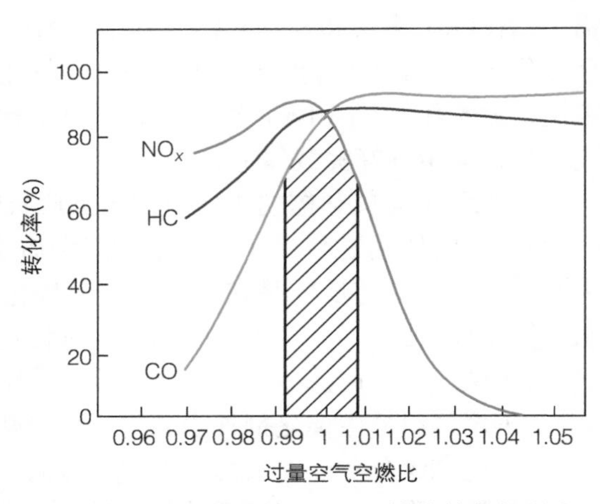

图 7-2 过量空气系数对 TWC 转化效率的影响

（2）空燃比特性

催化剂净化效率的高低与发动机的空燃比或过量空气系数有关，催化效率随空燃比的变化规律称为催化器的空燃比特性。研究发现，三元催化器在化学计量比附近的狭窄区间内的净化效率达到最高，这个区间被称为“工作窗口”。在实际使用中为使催化剂能保持在这个高效窗口内工作，需要基于氧传感器闭环控制燃油供给系统，窗口越宽则表示催化剂的实用性能越好，同时也对电控系统控制精度的要求降低。

（3）起燃特性

催化器净化效率的高低与温度有密切关系，催化剂只有达到一定温度以上才能开始工作即“起燃”。催化转化器的起燃特性主要为起燃温度特性，它表示了转化率随催化器入口温度的变化，而转化率达到 50% 时所对应的入口温度称为起燃温度。显然起燃温度越低，催化器在汽车冷起动时就越能迅速起燃，因此一直被视为催化器活性的重要特征值。起燃温度特性一般是在化学试验室或发动机台架上进行测试，在空速和空燃比一定的条件下，逐点或连续改变催化器入口温度，并在充分稳定后测取转化率。

（4）空速特性

空速被定义为标准状态下每小时流过催化剂的排气体积流量与催化剂容积之比。净化效率随空速的变化称为催化剂的空速特性。空速越高，反应气体在催化剂中停留的时间越短，导致净化效率降低，但同时反应气体流速和湍流度的增加有利于反应气体向催化剂表面的扩散以及反应生成物的脱附。因此在一定范围内，净化效率对空速的变化并不敏感，一般在大于 1 后转化率才出现下降。在催化剂实际应用中，人们总希望用较小体积的催化剂实现较高的转化率，达到降低催化剂成本的目的，因此这就要求催化剂有很好的空速特性。一般催化剂容积与发动机排量之比为 0.5 ~ 1.0，这主要是根据催化剂的空速特性以及要求达到的排放性能指标来确定的，在同样空速条件下比较转化率就可以比较出催化剂活性的高低。

（5）净化效率

由发动机排出的废气在催化器中进行催化反应后，其有害污染物浓度得到不同程度的降低。催化器的净化效率定义如式（7-9）所示：

$$Conv_{\mathrm{f}}=\frac{c_{i,1}-c_{i,2}}{c_{i,1}}\times 100\% \tag{7-9}$$

式中，$Conv_{\mathrm{f}}$ 为排气污染物 i 在催化器中的净化效率；$c_{i,1}$ 为排气污染物 i 在催化器入口处的浓度；$c_{i,2}$ 为排气污染物 i 在催化器出口处的浓度。

（6）催化器耐久性

耐久性即催化剂在保持良好活性前提下的使用寿命。催化剂经长期使用后，其性能将发生劣化，亦称失活。显然，耐久性是催化器的一个重要指标，它直接关系到催化器的实际使用成本，故各国法规对此都有一定的限制。

4. 三元催化剂劣化失活机理

根据研究发现，TWC 的老化和失效机理主要包括热老化和油品质量两个因素，下面将从以下两个方面对 TWC 的转化性能进行对比分析，并给出解决思路。

（1）热老化机理

TWC 经过高温后会出现热老化现象，引起热老化的主要原因有发动机失火、不正常燃烧及 TWC 在车辆上的空间布置。发动机失火及不正常燃烧会导致部分未完全燃烧的混合气体进入 TWC 内部发生氧化反应并产生大量热量，这也是 TWC 热老化的主要原因；其次是布置，如 TWC 布置与发动机越近，其温度也越高。同时由于排气流场原因，TWC 载体各部分的温度也存在差异。陈晓珍等人[1]在催化剂的失活原因分析中，阐述了在高温条件下所有的催化剂都会逐渐发生不可逆的结构变化，但其变化的快慢程度又会因催化剂的不同而有差异；同时又从催化剂失活动力学方面论述了催化剂在活性衰退的时候反应速率下降的原因。赫崇衡等人[2]在 Pd/Al_2O_3 催化剂的高温烧结研究中，研究了低负载量贵金属 Pd 型催化剂在高空速的模拟反应气流下，在 500 ~ 1000℃的温度范围内的烧结行为、烧结动力学和对 CO 催化氧化活性的影响，研究结果表明 Pd 晶粒大小会随烧结时间的长短而发生变化。卞龙春等人[3]在汽车三效催化剂失活研究的进展中，针对 TWC 中涂层基体 $\gamma\text{-}Al_2O_3$ 与贵金属老化进行了研究，对 TWC 的热老化给出了更深入的解释，指出氧化铝颗粒的生长是通过颗粒间相互接触部分的羟基基团脱水实现的，随着小分子的不断脱除，Al-O-Al 键生成，从而导致氧化铝的表面积衰减；同时还指出，贵金属与贵金属氧化物更容易发生烧结，当温度过高时贵金属小晶粒会与载体发生反应，使贵金属颗粒长大，从而导致 TWC 失去活性。

（2）中毒机理

催化剂中毒是指车辆所使用燃料中的铅、硫、锰、硅等组分，以及润滑油中的磷、锌等组分与催化剂涂层发生化学反应，形成氧化物覆盖在涂层表面，使 TWC 的转化效率快速下降，最终导致转化性能失效。

硫中毒是第一大原因，催化裂解汽油是硫的主要来源。Truex 等人[4]研究了硫对 TWC 的影响，发现硫使车辆排放劣化的主要原因是硫与涂层基础材料中的 Al_2O_3 和 CeO_2 发生反应生成了硫酸盐，导致涂层失效；同时，通过研究硫对 TWC 储氧性能的影响发现，TWC 的储氧性能与硫含量成负相关，随着硫含量的增加，TWC 的储氧量逐步下降。

此外，研究表明石油裂解中的消泡剂中含有硅，从而导致燃油中含有硅，并在 TWC 进气端面形成沉积物使其堵塞。此外，除了汽油中的硫、硅等对 TWC 的性能有影响外，机油中的磷等也会对 TWC 的性能产生影响，原因是机油可以通过活塞与气缸壁间隙、进排气门的导杆以及曲轴通风系统进入燃烧室，随后经过燃烧后的机油会随废气一同经过 TWC，并且随着发动机磨损的增大，机油消耗量也相应增加，对 TWC 的影响也就越来越明显。

5. 提高催化剂的高温稳定性

（1）提高载体的高温稳定性

通常情况下，随温度从 600 到 1050℃的升高，Al_2O_3 会按照 γ-（δ）-θ-α 的顺序发生晶相转变。γ-Al_2O_3 比表面积大，结构性能好，对催化剂载体“扩表”起重要作用。但是，当 γ-Al_2O_3 随温度升高转变为 α-Al_2O_3 稳定相后，其比表面积急剧降低，催化剂的催化活性也会受到一定程度影响。故为了提高 γ-Al_2O_3 的高温热稳定性，抑制其晶相转变，人们尝试将 La、Ba、Ce、Zr、Sr 和 Cr 等氧化物负载或掺杂到 γ-Al_2O_3 中，原因是这些氧化物的掺杂可提高 γ-Al_2O_3 晶相转变的温度，并降低晶相转变的速度[5]。研究发现，La 和 Ba 对稳定 γ-Al_2O_3 晶相的效果最佳，此外，CeO_2 可稳定 CeO_2-Al_2O_3 体系中的路易斯（Lewis）酸中心，也对抑制 γ-Al_2O_3 晶相转变有较好的作用。不过，另外一些文献报道称，稳定的 α-Al_2O_3 相表面上易出现表面终端、表面重建以及表面羟基化现象，这些性质对提高催化剂的催化性质有一定促进作用，且由于 α-Al_2O_3 良好的高温热稳定性质，使得其在一些催化反应（如光催化剂反应）中得以应用。面对这种情况，氧化铝的高温热稳定性不再作为研究的热点。

众所周知，CeO_2 具有良好的储放氧能力，添加到汽车尾气 TWC 中，可有效缓解因发动机贫富燃波动所带来的冲击（稀氧：$CeO_2 \rightarrow CeO_{2-\delta}+\delta/2O_2$，富氧：$CeO_{2-\delta}+\delta/2O_2 \rightarrow CeO_2$）。但是，$CeO_2$ 高温下（850℃以后）易烧结和团聚，致使其储氧能力大幅度降低，为此，人们将具有较高热稳定性的 ZrO_2 引入到 CeO_2 中，制备成固溶体。不过，研究发现大量经球磨法、共沉淀法、溶胶 - 凝胶法、燃烧法、水热法制备的 $Ce_xZr_{1-x}O_2$ 固溶体在高温时依然会出现比表面积急剧降低和热稳定性较差的现象，原因是高温下 $Ce_xZr_{1-x}O_2$ 固溶体会产生相分离。为解决这一问题，第三金属组分被引入其中，如 La、Hf、Gd、Pr、Y、Tb 等低价态稀土元素，这些元素可以有效抑制高温下固溶体相分离现象的发生。另外，制备方法的不同对三元 $Ce_xZr_{1-x}O_2$ 储氧材料的催化性质好坏有较为明显的影响。有研究发现，共沉淀法比其他方法制备的三元 $Ce_xZr_{1-x}O_2$ 储氧材料具有更好的高温热稳定性质。Aneggi 等人[6]利用共沉淀法制备了 $Ce_{0.47}Zr_{0.48}Fe_{0.05}O_{1.975}$、$Ce_{0.48}Zr_{0.50}La_{0.02}O_{1.99}$、$Ce_{0.48}Zr_{0.50}Pr_{0.02}O_{1.99}$、$Ce_{0.48}Zr_{0.50}Sm_{0.02}O_{1.99}$ 和 $Ce_{0.48}Zr_{0.50}Tb_{0.02}O_{1.99}$ 这一系列 $Ce_xZr_{1-x}O_2$ 基三元氧化物，发现掺杂后的氧化物高温热稳定性提高。Li 等人[7] 用类似的方法合成了 Y、La 和 Pr 掺杂的三元 $Ce_xZr_{1-x}O_2$ 氧化物，发现 Y^{3+} 对提高储氧能力、比表面积和催化活性有更好的促进作用。Moretti 等人[8] 报道了通过共沉淀法在不同煅烧温度下制备的具有花状形态的 Ce-Zr-Cu 三元氧化物，结果发现，低温时（623 和 723K），样品以单一的立方 CeO_2 相存在，未检测到 ZrO_2 物相；而温度较高时（823 和 923K），则三种物相共存，包括富 Ce 的立方 $Ce_xZr_{1-x}O_2$ 固溶体、富 Zr 的四方 $Ce_xZr_{1-x}O_2$ 固溶体和 Cu 晶相。Masui 等人[9] 还比较了富 Ce 的立方 $Ce_xZr_{1-x}O_2$ 固溶体和富 Zr 的四方 $Ce_xZr_{1-x}O_2$ 固溶体的储氧能力，结果发现，富 Ce 的立方 $Ce_xZr_{1-x}O_2$ 固溶体氧储存能力更强。Wang 等人[10] 利用共沉淀方法制备 CeO_2-ZrO_2-Nd_2O_3 复合氧化物，并首次使用三烷基胺 [N235，N（C_nH_{2n+1}），n = 8 ~ 10] 作为表面活性剂，结果显示，用这种方法制备的氧化物在 1000℃经 5h 老化后，仍具有高比表面积和良好的氧化还原性质，原因是颗粒孔隙中的表面活性剂可修饰水的表面张力，从而防止在干燥和煅烧过程中氧化物网状结构的收缩和塌陷；而且，在升温过程中，由表面活性剂分解产生的气体有利于维持氧化物的松散堆积结构。此外，研究发现，Al_2O_3 材料对提高 Ce-Zr 氧化物的高温热稳定性也具有明显效果，原因是该材料可以在 $Ce_xZr_{1-x}O_2$ 固溶体之间形成一层扩散隔离层，可有效阻止高温下储氧颗粒的团聚和生长。

（2）提高贵金属活性组分的高温稳定性

将复合型金属氧化物掺杂到贵金属中是提高贵金属活性组分高温稳定性的方法之一。其中将贵金属引入钙钛矿是目前最普遍的一种方法，钙钛矿的结构通式为 ABO_3，A 主要为稀土元素，B 主要为过渡金属元素，由于铂族元素与过渡金属元素关系紧密，易发生轨道杂化，故极少量贵金属元素与钙钛矿结构掺杂时，很容易进入到钙钛矿晶格中取代少量 B 位元素，使得钙钛矿结构晶格畸变，自由氧离子增多，进而提高催化剂的催化活性和热稳定性。Katz 等人[11] 研究高温下 Pd/$LaFeO_3$ 与 $LaFe_{0.95}Pd_{0.05}O_3$ 的氧化还原性质发现，在高温氧化条件下，Pd 纳米颗粒可以扩散到 $LaFeO_3$ 钙钛矿型氧化物的晶胞形成 $LaFe_{0.95}Pd_{0.05}O_3$；而在高温还原条件下，Pd 又从 $LaFe_{0.95}Pd_{0.05}O_3$ 中分离出来，从而实现 Pd 的再生，提高了催化剂的热稳定性和寿命。Nishihata 等人[12] 和 Tanaka 等人[13] 研究了 $LaFe_{0.57}Co_{0.38}Pd_{0.05}O_3$ 的三效催化性质，也发现了 Pd 在氧化还原反应循环过程中的再生性质，使得 $LaFe_{0.57}Co_{0.38}Pd_{0.05}O_3$ 在 900℃经过 100h 热处理后，表现出比 Pd/Al_2O_3 催化剂更为优异的催化活性。Jarrige 等人[14] 在钙钛矿结构 $CaTi_{0.95}Pt_{0.05}O_3$ 和 $CaZr_{0.95}Pt_{0.05}O_3$ 催化剂中，通过 RIXS 表征发现 Pt 5d、Ti 3d 和 Zr 4d 与 CO 中的 O_p 相接触，形成一种 d-band 杂化轨道，发现对氧化还原反应起到催化作用的是 d-band 杂化轨道而不是 Pt-O 键起作用，这个发现有利于对贵金属的可重复利用和再生性能的研究。Yoon 等人[15] 比较了 Pd/Al_2O_3、Al_2Pd（0.8）O_3、Pd/$LaAlO_3$ 和 LaAlPd（0.8）O_3 在不同温度（600、1000 和 1050℃）下的织构性质和金属分散度等性质，发现 LaAlPd（x）O_3 材料在高温煅烧后物理化学性质变化最小，而且通过活性测试，LaAlPd（x）O_3 催化剂表现出的催化活性最好，高温热稳定性最高。由此可见，贵金属掺杂的以 La 为骨架结构的钙钛矿型复合氧化物，可有效改善贵金属活性组分的高温热稳定性。

其次，有研究发现使用耐高温氧化物作为载体也能提高催化剂的稳定性。常使用的载体包括耐高温性能较好的 Al_2O_3 和 SiO_2，以及具有较好储放氧性能的 CeO_2 和 ZrO_2 等。但是，单一氧化物载体的三效催化剂在进行催化反应时，不能保证既表现出良好的催化性能，又拥有优越的高温热稳定性质。因此，人们开始将单一的氧化物改进成复合氧化物载体，如 CeO_2-ZrO_2，CeO_2-Fe_2O_3 等，从而提高载体的比表面积及高温热稳定性质，进而提高催化剂的催化活性。Lin 等人[16] 利用两种方法制备了 PdO_x/（Ce，Zr）$_xO_2$-Al_2O_3 混合氧化物催化剂，一种是通过机械混合方法制备的（CZA-m）催化剂；另一种是共沉淀法制备的（CZA-c）催化剂，并研究了它们的三效催化性质。结果显示，对于 CZA-c 新鲜催化剂，PdO_x 主要分散在富 Al_2O_3 表面，而对于热处理温度为 900 ~ 1000℃的老化催化剂，一些 PdO_x 物种则由于与（Ce，Zr）$_xO_2$ 产生强相互作用而迁移到富（Ce，Zr）$_xO_2$ 表面而得以稳定存在，防止了 PdO_x 物种在单一 Al_2O_3 表面的烧结现象，从而使得 CZA-c 催化剂呈现出更好的热稳定性。Papavasiliou[17]、Hirata[18] 和 Nagai 等人[19] 研究指出，将 Pt 分别负载到单一氧化物 Al_2O_3 和复合氧化物 CeO_2-ZrO_2-Y_2O_3（CZY）载体上，发现负载复合氧化物载体的 Pt 三效催化剂催化效果更好，通过两种催化剂在 EXAFs 谱图上 Pt 的成键情况分析，得知 Pt 在 Al_2O_3 载体上以 Pt-Pt 键存在，在高温下容易烧结；而 Pt 负载到 CZY 载体上，不仅有 Pt-Pt 键存在，还形成了 Pt-O-Ce 键，使得 Pt 原子在载体表面的吸附能力更强，有效防止了 Pt 的烧结，提高了催化剂的热稳定性质。Hirata[20] 还通过 Rh 的 EXAFs 谱图比较了 Rh 在 SiO_2 和 Nd_2O_3 上的沉积情况，发现 Rh_2O_3 和 SiO_2 之间没有强相互作用，而 Rh_2O_3 和 Nd_2O_3 之间出现了 Rh-O-Nd 键，有效阻止了 Rh 在高温时的烧结，使得 Rh/Nd_2O_3 对 NO_x 还原表现出更好的催化活性。除此之外，Kawabata 等人[21] 将 Rh 负载到分别含有 La、Ce、Pr 和 Nd 的 ZrO_2 载体上并研究其三效催化性质，发现这些催化剂均表现出较好的还原能力和更好的高温热稳定性；但是，Pd/Zr-La-O 催化剂效果更佳，原因是 Rh 在 Zr-La-O 载体上，能够始终以较低价态存在。综上可知，将贵金属活性组分负载到具有较强储氧能力和耐高温的载体上，对提高催化剂的催化活性和热稳定性具有重要作用。

以贵金属为核、以氧化物为壳的核壳结构催化剂由于其核壳界面间较强的相互作用和电子转移能力可有效提高催化剂对氧化还原反应的催化活性。同时，所用的氧化物壳通常具有良好的高温热稳定性，能够达到防止高温下贵金属活性组分烧结的目的，因此，核壳结构催化剂的研究引起了人们的高度重视。目前已有大量文献报道了利用惰性或活性孔材料包裹贵金属纳米粒子的核壳结构催化剂，如 Pt@CeO_2、Pt@CoO、Pt@SiO_2、Pd@SiO_2、Pt@C 和 Au@SnO_2 等。由于 CeO_2 具有良好的储放氧功能和较多可自由移动的离子，故近年来，以贵金属为核、以 CeO_2 为壳的核壳结构催化剂研究较多。Cargnello 等人[22] 在 2009 年首次提出 Pd@CeO_2 核壳结构催化剂的制备，他们发现 Pd 粒子表面吸附的巯基十一烷酸（$C_{11}H_{22}O_2S$）的羧基（-COOH）可以与氧化铈前驱体（Ce（$C_{10}H_{21}O$）$_4$）结合，使得 CeO_2 包裹在 Pd 的表面。此后，对 Pd@CeO_2 核壳纳米材料展开了一系列研究，例如，利用三乙氧基辛基硅烷（TEOOS）作为耦合剂，通过 CVD 沉积技术，将 Pd@CeO_2 核壳结构沉积到 YZr 复合氧化物材料表面，处理后，Pd@CeO_2 纳米材料经 1000 K 高温煅烧后在 YZr 复合氧化物表面仍能高度分散，具有极高的热稳定性，而且与裸露的 Pd 纳米颗粒相比，Pd@CeO_2 中的 Pd 能够在高温下仍然保持孤立状态，未发生烧结现象。另外，Zhang 等人[23] 合成了一种多个微小 Pd 颗粒被 CeO_2 包裹的中空 Pd@CeO_2 核壳结构。合成碳纳米球模板和 Pd 纳米颗粒胶质，然后将 Pd 纳米颗粒负载到碳纳米球上，再通过水热处理将 CeO_2 负载到 Pd/C 纳米球表面，最后，通过煅烧将核壳结构里面的 C 除去，得到具有中空结构 Pd@CeO_2 纳米颗粒。

7.1.2　热反应器

汽油机工作过程中的不完全燃烧产物 CO 和 HC 在排气过程中可以继续氧化，但必须有足够的空气和温度以保证其高的氧化速率，热反应器为此提供必要的温度条件。在排气道出口处安装用耐热材料制造的热反应器，使尾气中未燃的碳氢化合物和一氧化碳在热反应器中保持高温并停留一段时间，使之得到充分氧化从而降低其排放量。

7.1.3　空气喷射

空气喷射又称二次空气法，其工作原理就是将新鲜空气喷射到排气门的后面，使尾气中的 HC 化合物和 CO 在排气管内与空气进行二次混合以实现进一步的氧化。当喷射的新鲜空气与尾气结合时，空气中的氧和 HC 化合物反应生成水，并成蒸气状；而氧和 CO 反应生成 CO_2。空气喷射装置可分为主动式和被动式两种：主动式空气喷射装置带空气泵，主要用在化油器式的发动机上；而被动式空气喷射装置（不带空气泵）用在电控发动机上。被动式空气喷射装置与主动式空气喷射装置的区别在于没有空气泵，结构更简单。

7.2　车用柴油机后处理净化技术

柴油机污染排放控制技术大体可分为两类：机内净化技术和机外控制技术（即排放后处理技术），其中柴油机排放后处理技术是现阶段最有效的污染物减排技术。柴油车排放后处理技术包括柴油氧化催化技术（DOC）、颗粒捕集器技术（cDPF）、选择催化还原技术（SCR）等。国六阶段柴油机一般采用 DOC+cDPF+SCR 后处理集成技术路线。三个核心单元的作用分别是：DOC 深度氧化去除一氧化碳、碳氢化合物和可溶性有机成分；cDPF 过滤拦截大部分颗粒物；SCR 在还原剂的作用下净化 NO_x。最终，经后处理装置将污染物转化为无害的气体排放到空气中。

7.2.1　NO_x 后处理净化技术

柴油机 NO_x 后处理净化技术主要包括：选择催化还原技术、低温等离子体（non-thermal plasma，NTP）辅助还原技术、NO_x 催化分解技术、NO_x 储存还原（NO_x storage reduction，NSR）技术、稀油 NO_x 捕集器（lean NO_x trap，LNT）技术和 NO_x 被动吸附剂（passive NO_x adsorbent，PNA）技术等。其中，在富氧尾排中喷射尿素分解产生氨气，在催化剂上将 NO_x 选择性还原为 N_2 的技术，即尿素选择催化还原技术（urea-SCR），是解决车用柴油机 NO_x 排放最高效且应用最广泛的技术之一。

1. NO_x 后处理净化技术概述

（1）选择性催化还原技术

选择性催化还原技术是国际公认的高效 NO_x 后处理技术。该技术具有 NO_x 转化率高，燃油经济性好等优势。按照还原剂种类，可细分为 HC-SCR、H_2-SCR 和 NH_3-SCR 技术。国四标准以来，NH_3-SCR 技术经过系统的商业化应用，现已成为车用柴油机最成熟的 NO_x 消除技术。鉴于液氨的安全性和腐蚀性，实际应用中以尿素作为还原剂氨气的来源，通过热裂解尿素的方式产生还原剂 NH_3，故该技术又称为尿素选择性催化还原技术。

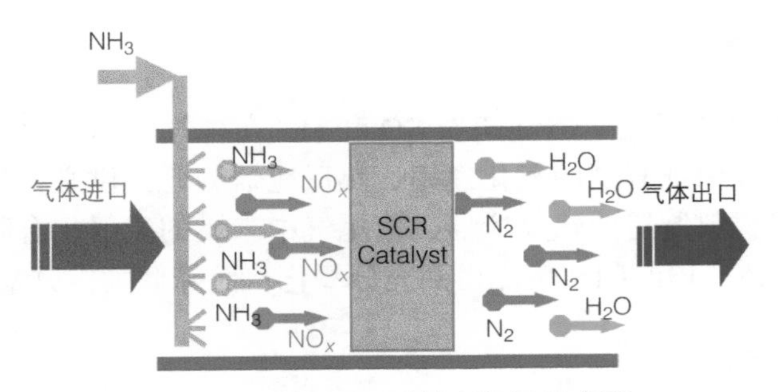

图 7-3　NH_3-SCR 后处理装置示意图

图 7-3 为 NH_3-SCR 后处理装置示意图。SCR 装置通常由三部分构成：SCR 净化单元、尿素喷射系统和电控系统。作为 SCR 净化单元的核心，整体式 SCR 催化剂是消除 NO_x 污染物的关键，其结构组成包括表面催化剂涂层、蜂窝陶瓷载体和保温密封机械结构。该装置工作原理是 SCR 系统中的传感器根据车辆工况反馈尾气中 NO_x 含量信号，经过尿素喷射系统将尿素水溶液喷射到排气管道中，尿素在高温环境中分解成还原剂 NH_3 和 CO_2，NH_3 与尾气中的 NO_x 在催化剂表面发生选择性催化还原反应转化为无污染的 N_2 和 H_2O。该过程中涉及的主要化学反应如下：

$$\text{尿素水溶液蒸发反应：} NH_2\text{-}CO\text{-}NH_2\,(l) \rightarrow NH_2\text{-}CO\text{-}NH_2\,(s) \tag{7-10}$$

$$\text{热分解反应：} NH_2\text{-}CO\text{-}NH_2\,(s) \rightarrow NH_3\,(g) + HCNO\,(g) \tag{7-11}$$

$$\text{异氰酸水解反应：} HCNO(g) + H_2O(g) \rightarrow NH_3(g) + CO_2(g) \tag{7-12}$$

$$\text{标准 SCR 反应：} 4NH_3 + 4NO + O_2 \rightarrow 4N_2 + 6H_2O \tag{7-13}$$

$$\text{快速 SCR 反应：} NO + NO_2 + 2NH_3 \rightarrow 2N_2 + 3H_2O \tag{7-14}$$

$$\text{慢速 SCR 反应：} 8NH_3 + 6NO_2 \rightarrow 7N_2 + 12H_2O \tag{7-15}$$

研究表明，当 NO 单独存在时，发生标准 SCR 反应，这也是排放后处理系统实际发生的反应；当 NO、NO_2 共存且二者比例为 1 时，发生快速 SCR 反应；当二者比例大于 1 时，诱发慢速 SCR 反应，其反应速率与标准 SCR 反应相近。NH_3-SCR 反应过程存在 Eley-Rideal（E-R）和 Langmuir-Hinshelwood（L-H）两种机理。

1）Eley-Rideal（E-R）机理：NH_3 选择吸附在催化剂表面上的酸性中心位上（Brøsted 酸和 Lewis 酸）并得到活化，气相或微弱吸附的 NO 和 NO_2 分子与其反应，并消耗催化剂表面活性氧而生成 N_2 和 H_2O，气相中的氧通过催化剂内传递而更新表面氧，从而完成催化循环。

2）Langmuir-Hinshelwood（L-H）机理：NH_3 和 NO 分别在催化剂表面相邻活性中心位上吸附活化，同时活性位被 NH_3 还原；吸附活化后的 NH_3（S-NH_3）与 NO 吸附物种（S-NO）在催化剂表面结合，反应生成 N_2 和 H_2O。最后，被还原的活性位与 O_2 发生氧化反应完成催化循环。

（2）NO_x 储存还原技术

随着排放法规升级，低温 NO_x 消除已成为排放后处理技术亟待解决的难题之一。柴油车处于冷起动阶段及怠速工况时，排气温度较低，影响尿素分解以及 SCR 催化剂活性高效发挥，导致该情况下排放的 NO_x 占比超过 60%。因此，低温吸附存储、高温脱附选择性还原的 NO_x 储存还原技术被提出。按照储存状态，该技术可分为两种：主动吸附技术和被动吸附技术。

1）目前，常见的主动吸附技术包括 NSR 技术、LNT 技术两种。该类技术集 NO_x 的吸附储存、催化净化于一体。其主要机理是在稀薄燃烧阶段，利用贵金属催化剂将 NO 氧化为更活泼的 NO_2，随后 NO_2 与碱金属 / 碱土金属发生反应形成硝酸盐或亚硝酸盐存储下来；当存储量接近饱和时，通过 ECU 控制发动机切换至短暂的富燃阶段运行，提升尾气排温，同时产生还原性气体（CO 和 HC）；排温升高后，NO_x 脱附，并与还原性气体反应生成 N_2。总而言之，主动吸附技术是通过在稀燃和富燃阶段的交替工作，在稀燃周期存储 NO_x，在浓燃周期生成还原性气体与 NO_x 反应，进而控制低温阶段 NO_x 的排放。

NSR 技术最早由丰田汽车公司提出，并应用于轻型柴油车上。然而，该技术需要周期性地在浓稀混合气下切换，对于发动机的控制系统提出较高的要求，并且会明显降低发动机的燃油经济性。此外，氧化物吸附材料存储 NO_x 能力有限，特别是在低温冷起动阶段，大量 NO 因无法转化为硝酸盐 / 亚硝酸盐而直接排出。贵金属催化剂在 NSR 技术中发挥 NO 转化枢纽作用，但是，该类催化剂价格昂贵且耐硫中毒能力差。鉴于上述情况，国内外学者尝试将 NSR 与 SCR 技术进行联用，如图 7-4 所示。

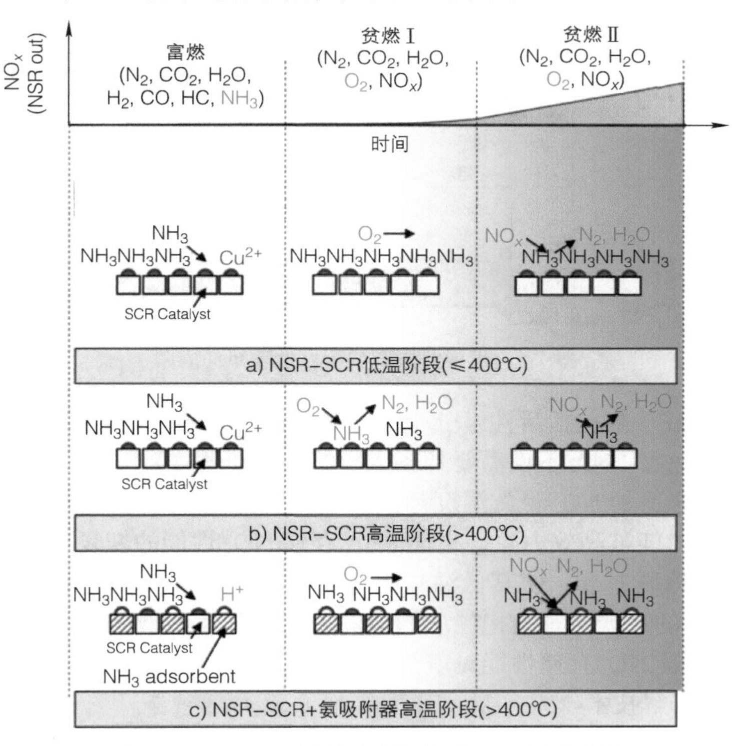

图 7-4　NSR-SCR 联用催化剂消除 NO_x 化学机制

2）NO_x 被动吸附技术

柴油机作为典型的稀燃发动机，通常采用 Urea-SCR 技术对尾气中 NO_x 进行机外消除。但低温冷起动 NO_x 去除技术是满足下一阶段排放法规的重点。该技术只有在达到催化剂起燃温度（>200℃）后才能实现良好的 NO_x 减排效果，当温度低于 200℃时，SCR 催化剂活性较低限制了 NO_x 净化效率。因此，机动车低温冷起动阶段的 NO_x 基本得不到任何处理就被直接排放到空气中。

冷起动阶段为发动机起动后排气温度低于 180℃的最初 3 ~ 5min，且周围环境温度越低，冷起动效应的持续时间和强度更为显著，如何控制冷起动阶段 NO_x 的排放逐渐引起业界关注。1997 年，Cole 提出 NO_x 可在催化剂预热期间吸附在吸附剂上这一概念，该 NO_x 吸附剂被用来与三元催化转化剂结合使用。2001 年，美国 Ford Motor 公司首次提出用 Pt/Al_2O_3 作为被动 PNA 与下游 NO_x 还原催化剂相结合的方式来净化柴油车冷起动阶段排放的 NO_x。所谓被动 NO_x 吸附剂，是指在低温下吸附存储 NO_x，在冷起动阶段结束之后，随着尾气温度的升高，吸附的 NO_x 能够被迅速释放（热释放）出来，经过下游 SCR 催化剂被高效转化为 N_2。美国康明斯公司提出 DOC/PNA-DPF-SCR 的 NO_x 后处理系统组合方式，如图 7-5 所示。随着排放法规的严苛，采用 PNA 捕捉冷起动阶段 NO_x 技术引起业界的广泛关注，众多国家（美国、韩国、英国、中国等）对 PNA 的相关研究日益增多，PNA 技术已发展成冷起动阶段 NO_x 排放控制最有前景的技术之一。

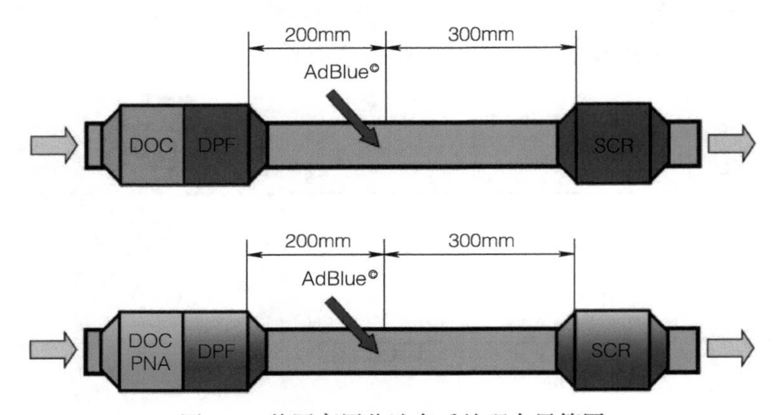

图 7-5　美国商用柴油车后处理布局简图

PNA 材料的组成一般包括活性组分（贵金属、稀土金属等）和载体（金属氧化物、分子筛）。在实际应用中，PNA 不仅需要具备优异的 NO_x 低温（80 ~ 180℃）存储能力和捕集效率；而且应具备合适的 NO_x 释放温度范围（200 ~ 350℃），以保证所释放 NO_x 在经过下游 NO_x 还原催化剂时能被高效去除，实现 PNA 存储 NO_x 性能的恢复。不同类型的 PNA 材料存在物理、化学性质差异，使其低温吸附 - 脱附 NO_x 过程中表现出不同的性能。因此，明确不同 PNA 材料的性能与其结构性质的构效关系是开发新型高效 PNA 的重要前提，常见的 PNA 催化材料及 NO_x 存储性能见表 7-1。

（3）NO_x 催化分解技术

NO_x 直接催化分解技术通常是利用催化剂将 NO_x 直接分解为 N_2 和 O_2。该技术的主要优势在于无须添加还原剂，方法简单，反应过程不产生有毒有害物质、无二次污染等，是一种理想的 NO_x 排放控制技术。然而，NO_x 直接催化分解技术虽然在热力学上可行，但是动力学上需要的活化能高达 364kJ/mol。因此，需要选用适宜的催化剂降低反应能垒，相关催化剂种类包括贵金属、金属氧化物以及分子筛型等。研究表明，NO_x 直接催化分解技术

的速控步骤是 O_2 的脱附，当 O_2 不能及时脱附时，会导致贵金属类催化剂和金属氧化物类催化剂活性中心覆盖，进而影响催化剂性能。例如，钙钛矿和分子筛类催化剂对 O_2 的脱附能力较弱，与贵金属或金属氧化物相比具有优异的低温催化 NO_x 性能，然而这两类催化剂受尾气环境中 SO_2、H_2O 等的影响较大。

表 7-1　常见 PNA 催化材料及 NO_x 存储性能

催化剂组分		负载量质量分数（%）	存储温度/℃	存储性能（NSE[①]值或 NO_x/Pd）	释放性能（NDE[②]值或温度范围）
载料	金属				
CeO_2	Pt	1-2	80 ~ 120	NSE-40%	< 350℃，NDE 值 -20% 350 ~ 500℃
	Pd	1-2	80 ~ 120	NSE 25% ~ 50%	< 350℃，NDE 值 -40% 180 ~ 500℃
	Pd-Pt	1-1	80	—	280 ~ 500℃
Al_2O_3	Pt	0.43g/L	80 ~ 200	NSE-37%	380 ~ 500℃
	Pd	0.43g/L	80 ~ 200	NSE-14%	150 ~ 350℃
	Pt-La	1-1	80 ~ 160	NSE 60% ~ 90%	250 ~ 500℃，NDE 值 -60%
	Pd-Pt	1-1	80	—	150 ~ 500℃
	Ag	1.3	120	NSE-40%	250 ~ 470℃
ZrO_2	Pd	1	120	NSE-33%	< 350℃，NDE 值 -70%
	—	—	—	NSE-10.5%	< 350℃，释放量与吸附量相当
CeO_2-Pr_2O_3	Pt	1	120	NSE-68%	< 350℃，NDE 值 -40%
	Pd	1	120	NSE-50%	< 350℃，NDE 值 -41%
CeO_2-ZrO_2	Pt	1	120	NSE-70%	< 350℃，NDE 值 -60%
	Pd	1-2	80 ~ 120	NSE-20%	< 350℃，NDE 值 -80% 250 ~ 500℃
	Pt-Pd	0.5-0.5	120	NSE-50%	< 350℃，NDE 值 -70%
CeO_2-Al_2O_3	Pt	2.3	80	NSE-10%	300 ~ 400℃
	Pd	2.3	80	NSE-5%	100 ~ 200℃
WO_3-ZrO_2	Pd	1	120	NSE-80%	< 350℃，NDE 值 -100%
	—	—	—	NSE-10%	< 350℃，释放量与吸附量相当
SSZ-13	Pd	1-2	80 ~ 120	NSE-90% NO_x/Pd 0.41	250 ~ 450℃
	Co	—	100	NSE-96%	250 ~ 400℃
Beta	Pd	1	100	NSE-90%	200 ~ 450℃
	CaO	10	40	NO_x 穿透时间 102min	500 ~ 550℃
ZSM-5	Pd	0-2	50 ~ 150	NSE-90% NO_x/Pd 0.3 ~ 0.83	200 ~ 450℃
LTA	Pd	1.4	80	NO_x/Pd 0.52	300 ~ 400℃
SSZ-39	Pd	0.7	100	NSE-90%	230 ~ 350℃
FER	Pd	1.8	100	NO_x/Pd 0.9	200 ~ 300℃
MCM-22	Pd	1.22	100	NO_x/Pd 0.55	180 ~ 300℃

① NO_x 存储效率（NO_x storage efficiency，NSE）。
② NO_x 释放效率（NO_x desorption efficiency，NDE）。

（4）选择性非催化还原技术

选择性非催化还原（selective non-catalytic reduction，SNCR）技术是在没有催化剂的情况下，向高温排气中加入还原剂 NH_3，与 NO_x 反应后生成 N_2 和 H_2O。SNCR 技术通常应用于工业脱硝，涉及的主要化学反应如下：

$$4NO + 4NH_3 + O_2 \rightarrow 4N_2 + 6H_2O \tag{7-16}$$

$$NO + NO_2 + 2NH_3 \rightarrow 2N_2 + 3H_2O \tag{7-17}$$

从反应式可以看出，O_2 在这一反应过程中是不可缺少的，或者说，比起在化学计量比工作的汽油机来说，这种催化反应更适合于富氧工作的柴油机。

（5）低温等离子体协同净化技术

SCR、NSR、LNT 等技术属于热催化，虽然在实际应用中表现出较理想的 NO_x 净化效果，但极其考验催化剂的水热稳定性、低温活性和耐久性等。低温等离子体协同净化技术克服了极端工作环境对催化剂的苛刻要求，兼具设备简单、能耗低、易操作和二次污染物少等优点，被国内外学者广泛应用于固定源和移动源减排领域。NTP 技术通过气体放电方式将电极间的气体电离，产生电子、离子、自由基等带电粒子，可在常温常压下实现气体污染物催化净化。NO_x 经高能电子碰撞激发所产生的大量 N、O、O_3 等活性基团，以 O 自由基为主，协同 N 自由基发生氧化还原反应产生无害的 N_2 或是强氧化性的 NO_2。进一步，与 SCR 技术结合，通过添加 NH_3、HC、H_2 等还原剂，可大幅提升 NO_x 转化效率和 N_2 选择性。

2. NO_x 后处理催化剂研究进展

催化剂是柴油车 NH_3-SCR 技术的核心和关键。根据活性组分种类，可分为钒基氧化物催化剂和分子筛催化剂。在国四、国五标准阶段，应用最广泛的 SCR 催化剂为钒基氧化物。2021 年 7 月 1 日，重型柴油车国六排放标准的实施，污染物排放限值进一步降低，更加考验后处理装置低温性能，以 Cu-SSZ-13 为代表的铜基小孔分子筛催化剂成为主流 SCR 催化剂。

（1）钒系氧化物催化剂

20 世纪 60 年代，美国 Eegelhard 公司率先申报了 NO_x 选择性催化还原材料的发明专利，随后，日本企业在 80 年代开发出钒钛体系工业脱硝催化剂，并逐渐在世界各地实现产业化应用。钒基氧化物 SCR 催化剂在抗硫中毒性能和中高温催化活性方面具备明显优势（表 7-2），尤其在 300 ~ 400℃区间内，NO_x 转化效率接近 100%。在移动源排放后处理领域，钒基 SCR 催化剂通常是以锐钛矿型 TiO_2 为载体负载活性钒氧化物，MoO_3 或 WO_3 为稳定助剂。其中，助剂的主要作用是改善催化剂载体的热稳定性、活性物种的分散性以及耐硫性等。研究表明，Mo 元素有助于提升钒基 SCR 催化剂的低温活性，拓宽活性温度窗口，进而大幅提升催化剂的 NH_3-SCR 性能。W 元素通过促进聚合钒酸盐形成，提升更多的活性位点，进而提升 NO_x 选择性催化还原转化率。此外，常用的改性助剂元素还有 Cu、Cr、Ta、Ba、Fe 等。

表 7-2　常见钒基氧化物的活性温度窗口数据

催化剂种类	转化率	温度 /℃
V_2O_5/TiO_2	>90%	150 ~ 400
V_2O_5-WO_3/TiO_2	>90%	250 ~ 400
Cu-V_2O_5/WO_3-TiO_2	>90%	275 ~ 400
Ce-Sb-V_2O_5/TiO_2	>87%	220 ~ 500

基于 V_2O_5/TiO_2 体系的 NH_3-SCR 反应机理，认为催化剂中的 B 酸和 L 酸位共同参与。酸位点（V^{5+}-OH）吸附 NH_3 形成的 NH_4^+ 直接影响到催化剂的活性，L 酸位点（V^{5+}=O）吸附 NH_3 并脱氢活化，两者协同作用使得 NH_3-SCR 反应持续进行。

$$NH_3 + V^{5+}\text{-OH} \rightarrow V^{5+}\text{-O}^- \cdots H\text{-}H \tag{7-18}$$

$$V^{5+}\text{-O}^- \cdots H\text{-}H_3N^+ + V^{5+} = O \rightarrow V^{5+}\text{-O}^- \cdots H\text{-}H_3N^+ \cdots H\text{-O-}V^{4+} \tag{7-19}$$

$$V^{5+}\text{-O}^- \cdots H\text{-}H_3N^+ \cdots H\text{-O-}V^{4+} + NO \rightarrow V^{5+}\text{-O}^- \cdots H\text{-}H_3N\text{-}N = O \cdots H\text{-O-}V^{4+} \tag{7-20}$$

$$V^{5+}\text{-O}^- \cdots H\text{-}H_3N\text{-}N = O \cdots H\text{-O-}V^{4+} \rightarrow V^{5+}\text{-O}^- \cdots H\text{-}H_3N\text{-}N = O + H\text{-O-}V^{4+} \tag{7-21}$$

$$V^{5+}\text{-O}^- \cdots H\text{-}H_3N\text{-}N = O \rightarrow V^{5+}\text{-OH} + H_2O + N_2 \tag{7-22}$$

$$H\text{-O-}V^{4+} + O_2 \rightarrow V^{5+} = O + H_2O \tag{7-23}$$

近年来，国内外研究人员长期致力于开发具有更高 SCR 活性、更宽活性温度窗口且环境友好的新型催化剂体系以取代商用钒基催化剂。其中，有许多通过掺杂改性来改善其缺点的研究，即在 V_2O_5 体系中引入改性金属元素，构建如 $Fe_{1-x}V_xO_\delta$、$FeVO_4$、$CeVO_4$、Zr/$CeVO_4$、W/$CeVO_4$、Mn/V_2O_5/TiO_2、Cu/V_2O_5/WO_3-TiO_2 和 Sb/$Cu_3V_2O_8/TiO_2$ 等新体系。此外，关于 SCR 催化剂载体性能优化方面也有诸多研究，包括 V_2O_5/micro-TiO_2、V_2O_5/TiO_2-SiO_2、$V_2O_5/Ce_{1-x}Ti_xO_2$、V_2O_5/AC 和 V_2O_5/CNTs。但钒基催化剂固有的低温活性差、活性温窗窄、热稳定性差以及剧毒性等问题尚未得到解决，因此，越来越多的研究集中在非钒基 SCR 催化剂上。

（2）非钒基氧化物催化剂

因具有易变的价态和良好的氧化还原能力，使 MnO_x 显示出优异的 NH_3-SCR 性能。通过调节 MnO_x 催化剂的晶相、形貌和空间结构，可进一步提高 MnO_x 催化剂的性能。Yang 等人 [25] 研究了 MnO_2 的晶型对 De-NO_x 性能的影响。与 β-MnO_2、γ-MnO_2、δ-MnO_2 相比，α-MnO_2 具有更好的催化活性。Tian 等人 [26] 合成了 MnO_2 纳米管、MnO_2 纳米棒和 MnO_2 纳米晶。其中，MnO_2 纳米棒在低温（100 ~ 300°C）下表现出最好的催化活性。Wang 等人 [27] 制备了 α-MnO_2 纳米棒、α-MnO_2 纳米线、α-MnO_2 纳米管和 α-MnO_2 纳米花，其 SCR 活性表现由高到低依次为：α-MnO_2 纳米棒 > α-MnO_2 纳米管 > α-MnO_2 纳米花 > α-MnO_2 纳米线。此外，还成功地合成了多孔有序的 MnO_2，MnO_2 纳米片、MnO_2 空心球、MnO_2 核壳结构，均显示出良好的 SCR 活性。Gao 等人 [28] 合成了具有尖晶石相的 $NiMn_2O_4$，其具备优异的低温活性，活性温度窗口范围为 150 ~ 300℃。Tang 等人 [29] 合成了在 140 ~ 220℃ 下 NO_x 转化率超过 90% 的 MnCo-CMS 催化剂。Shi 等人 [30] 合成了一种中空纳米管结构的 $MnCoO_x$ 催化剂，具备较好的低温催化性能。MnO_x 基催化剂由于其优良的氧化性能而表现出优异的低温催化活性，但 MnO_x 的强氧化性也带来了一些负面影响。其中，最主要的

影响是 MnO_x 催化剂易导致 NH_3-SCR 反应中的还原剂 NH_3 发生氧化，逐步脱氢 [31] 并最终生成大量的 N_2O，导致 N_2 选择性大幅降低，如图 7-6 所示。此外，由于 MnO_x 的氧化性过高，极易将 SO_2 氧化为 SO_3，进而生成硫酸锰，毒害表面金属活性位，最终导致催化剂中毒失活。近年来，许多研究通过掺杂其他金属（如 Ce、W、Cr、Cu、Sn、Fe、Co、Nb、Ni、Zr）来提高 MnO_x 催化剂的 N_2 选择性，如稀土掺杂 MnO_x/ASC、MnO_x-ZnO/ 堇青石陶瓷、MnO_x-FeO_x/Silicalite-1 和 MnO_x-FeO_x/TS-1 等。同时，国内外学者围绕如 MnO_x/TiO_2、MnO_x/Al_2O_3、MnO_x/AC、MnO_x/CeO_2-ZrO_2-Al_2O_3 等催化剂体系，基于催化剂载体开展大量的催化机理研究工作 [32]，使锰基氧化物 SCR 催化剂具备更高的 N_2 选择性和抗硫性能。

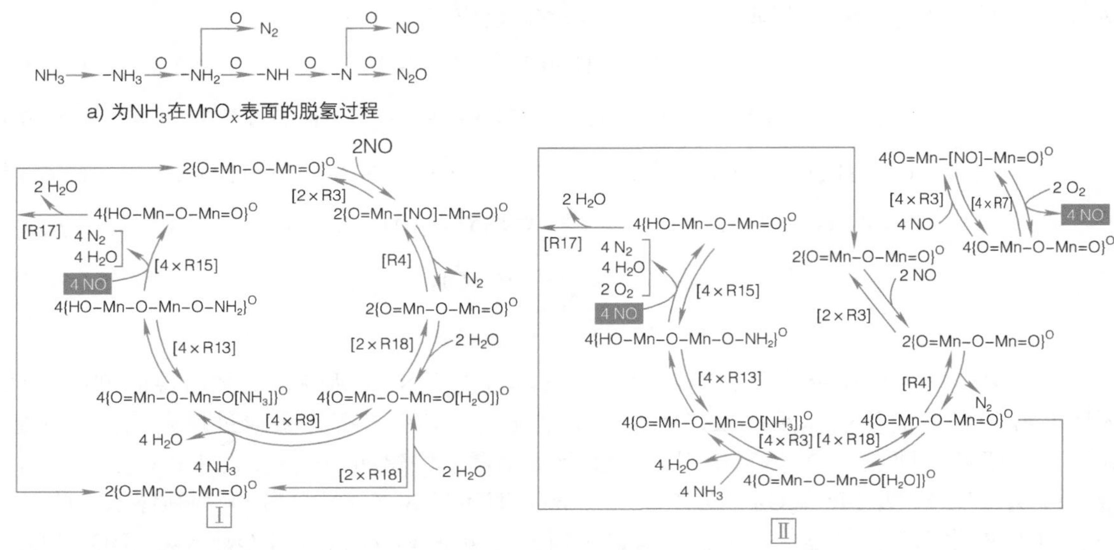

图 7-6

Ce^{4+}/Ce^{3+} 电子对使得 CeO_2 具有良好的氧化还原性能以及优异的储氧能力。对于 NH_3-SCR 催化剂来说，CeO_2 发挥的功能是多样的。CeO_2 不仅可以作为催化剂助剂应用于钒基催化剂、锰基催化剂、铁基催化剂和分子筛催化剂中，同时也可以作为活性组分的载体。随着研究的不断深入，研究者发现 CeO_2 作为活性组分，同样表现出非常优异的 NH_3-SCR 活性。因此，国内外学者们纷纷关注与研究，并开发出诸多 CeO_2 体系的 SCR 催化剂，如 CeO_2-TiO_2、CeO_2-WO_3、CeO_2-Nb_2O_5、CeO_2-MoO_3、CeO_2-SnO_2 和 CeO_2-NiO。然而，CeO_2 因表面酸性弱，不能有效吸附 NH_3，通过掺杂修饰方式可明显改善 Ce 基 SCR 催化剂的上述缺点，例如用过渡金属物种（W、Mo、Nb、Al、Ti、Cu）来修饰 CeO_2。虽然，CeO_2 基 SCR 催化剂的酸度可以通过掺杂等方法得到改善，但 CeO_2 基 SCR 催化剂的低温催化活性较差，阻碍了其工业应用。需要强调的是，Ce 基催化剂的催化机理比较复杂（图 7-7），活性中心的确定和 SCR 反应路径机理仍存在争议，需要进一步的研究。

此外，研究发现 MnO_x-CeO_2 催化剂具有优异的 SCR 活性，是最有前途的催化剂之一。Yang 等人 [35] 合成了比 CeO_2、MnO_x 具有更好 SCR 活性的 MnO_x-CeO_2 纳米棒。Ren 等人 [36] 成功合成了 CeO_2@α-MnO_2、CeO_2@β-MnO_2 和 CeO_2@γ-MnO_2 三种催化剂，在 75～250℃的反应温度范围内，NO_x 转化率均达到 95% 以上。Ni 等人 [37] 合成了以三维泡沫镍为载体的

Mn-CeO_x/NF 催化剂，由于 Mn 和 Ce 的协同作用，Mn-CeO_x/NF 在 150～225℃下的 NO 转化率超过 85%。Wang 等人[38]通过原位自组装设计了层状多孔纳米线结构催化剂（MnCe-N），在 100～400℃下 NO_x 转化率超过 90%；并且 MnCe-N 催化剂的 NO_x 转化率几乎没有受到 SO_2（250ppm）的抑制。Mn-CeO_2 基催化剂近年来也得到了广泛的应用，如 $CeMnO_x$/ACFN、MnO_x-CeO_2 空心纳米管、MnO_x-CeO_2 空心纳米球、Mn-Ce/ZSM-5、Mn-Ce/zeolite、MnO_x-CeO_2 核壳结构和 Mn-Ce/CeAPSO-34 等。Mn-Ce 催化剂的开发虽然取得了重要进展，但其低温催化活性、对 N_2 的选择性、抗 SO_2 和抗 H_2O 性能仍有待提高。

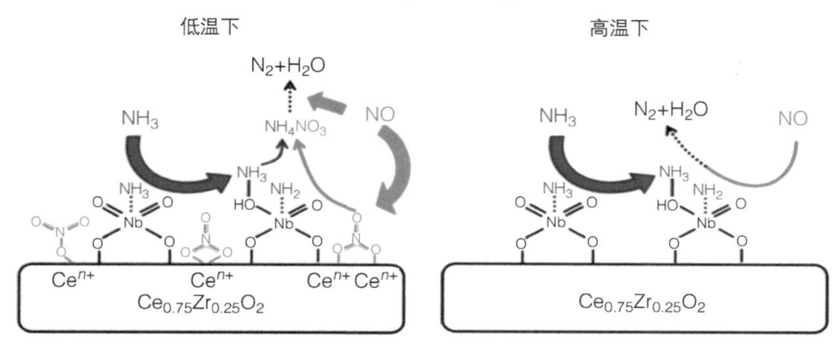

a) 为Nb-$Ce_{0.75}Zr_{0.25}O_2$催化剂上NH_3-SCR反应在低温和高温下分别遵循L-H和E-R机制

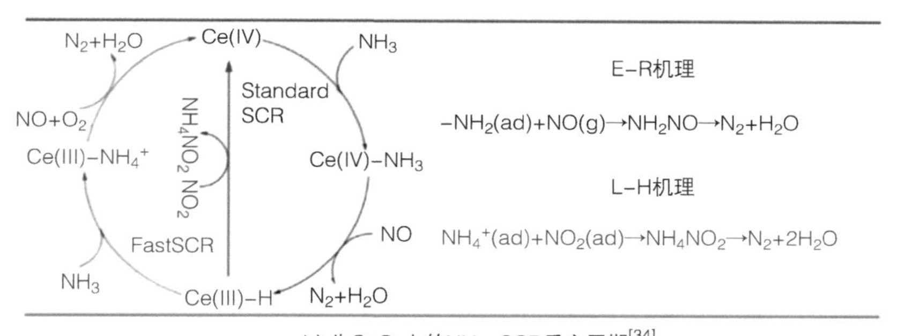

b) 为CeO_2上的NH_3-SCR反应周期[34]

图 7-7

Fe_2O_3 是一种储量丰富、价格低廉、中高温 SCR 活性高、N_2 选择性好、抗 SO_2 中毒能力强的环保型催化材料，在 SCR 反应中具有良好的性能。最近，通过在可还原 Fe_2O_3 的（001）表面上锚定一个 Mo 离子，研发了一种单原子 Mo_1/Fe_2O_3 催化剂，其中一个 Mo 离子和相邻的 Fe 离子构成双核位。Fe 基 SCR 催化剂的活性温度窗集中在中高温，低温活性较差。因此，有必要对铁基催化剂进行进一步改性以获得具有良好中低温活性和较宽活性温窗的 SCR 催化剂。

由于 Cu（Cu^{2+}/Cu^+）的可变价态，CuO 基催化剂具有很强的氧化还原性能，有望应用于 NH_3-SCR 中。CuO 基催化剂的活性和选择性主要受制备方法的影响，而制备方法对 CuO 的性质和分散状态起着决定性的调节作用。Cu 基催化剂的主要问题是温度窗口窄和 CuO 的强氧化性导致 NH_3-SCR 反应中的 NH_3 发生氧化。因此，拓宽温度窗口是铜基氧化物催化剂实际应用前必须要克服的技术难点。

钒基催化剂因低温活性差、温度窗口窄、热稳定性差、钒金属易挥发且有剧毒等问题无法适用于国六标准阶段。锰基催化剂的氧化能力太强，在 NH_3-SCR 反应过程中产生大

量副产物 N_2O，同时氧化 SO_2 生成 SO_3，最终形成硫酸盐，导致催化剂不可逆失活，严重限制其实际应用。铈基催化剂的活性窗口集中在 250 ~ 450℃，低温活性仍然很差。同样，Fe_2O_3 基催化剂的低温 SCR 效率也不尽如人意。因此，开发低温催化活性优异、抗 H_2O/SO_2 性能优良、成本较低的环境友好型 NH_3-SCR 催化剂仍是工业界和学术界迫切需要解决的问题。尤其是金属氧化物 SCR 催化剂（CeO_2、Fe_2O_3、MnO_2）具有应用潜力大、成本低、工业应用前景广阔的特点，进一步提高它们的低温活性和中高温 N_2 选择性也迫在眉睫。

（3）分子筛催化剂

传统钒基氧化物 SCR 催化剂在实际应用过程中存在如下缺陷：①活性组分钒氧化物具有较强的生物毒性，且高温时易挥发进入大气环境中；②低温活性较差，无法在柴油车冷起动阶段有效转化 NO_x；③氮气选择性低等。上述不足导致钒基 SCR 催化剂不适用于国六标准。因此，具有环境友好、长寿命、宽窗口和高稳定性的分子筛催化剂体系被广泛研究。该类催化剂由分子筛作为载体负载活性金属构成，常见的分子筛骨架构型包括 MFI、AEI、BEA、LTA、CHA、AFX 等，常见的活性组分元素有 Cu、Fe、Ce、Mn 等。以 CHA 结构分子筛为代表的分子筛基 SCR 催化剂因其独特的微孔孔道结构和适宜的表面酸性，其中铜基分子筛催化剂在 NH_3-SCR 反应中表现出良好的低温活性、较宽的活性温度窗口和高的氮气选择性，成为欧六 / 国六阶段应用最广泛的商用 SCR 催化剂。铜基催化剂性能见表 7-3。

表 7-3　系列 Cu 基分子筛 SCR 催化剂性能

催化剂种类	制备方法	NO 转化率（%）	气氛条件				
			φ_{NO}（%）①	φ_{NH_3}(%)	φ_{O_2}(%)	φ_{H_2O}(%)	GHSV/h^{-1}
Cu/ZSM-5	浸渍	>90（225 ~ 405℃）	0.1	0.1	5	6	30 000
Cu/SAPO-34	一锅法	>90（225 ~ 400℃）	0.05	0.05	5	—	400 000
Cu/SSZ-13	离子交换	>100（240 ~ 480℃）	0.035	0.035	14	—	30 000
Cu/SAPO-44	离子交换	>100（200 ~ 400℃）	0.05	0.05	5.3	—	1000 000
Cu-Ce/SAPO-34	离子交换	>93（175 ~ 350℃）	0.06	0.06	5	—	60 000
Cu-Ce/SAPO-18	离子交换	>90（200 ~ 600℃）	0.06	0.06	14	5	130 000
Mn-Ce/Cu/SSZ-13	离子交换	>90（125 ~ 450℃）	0.05	0.05	3	—	50 000

① φ_{NO} 表示 NO 的体积分数，余同。

作为载体，分子筛结构类型直接影响 SCR 催化剂的性能。在早期的 NH_3-SCR 催化剂研究中，具有 12-MR 结构的分子筛，如 BEA 和 FAU 型分子筛，在氮气选择性方面不如 8-MR 和 10-MR 结构分子筛。然而，BEA 结构的 Beta 分子筛，因其独特的微孔构型和表面酸性，被广泛用于各种反应，如 Baeyer-Villiger 氧化和 NO_x 还原。Brandenberger 等人[39]研究发现 BEA 分子筛比中孔 MFI（10 元环）分子筛具有更强的水热稳定性。Liu 等人[40]构建了一系列 Fe/Beta 核壳结构催化剂来提高其水热稳定性和抗 HC 中毒能力。研究发现，该催化剂表现出良好的抗丙烯和 SO_2 中毒能力、出色的水热稳定性以及在高空速度下较宽的活性温度窗口（325 ~ 600℃），这是因为 SBA-15 外壳的介孔结构降低了扩散限制，促进了反应物进入活性部位。此外，该催化剂不仅可以防止焦炭和硝酸盐物种的生成和沉积，还可以抑制活性 FeO_x 纳米颗粒在高温下的团聚，使其具有比 Fe/Beta 更高的耐丙烯性。

ZSM-5 具备由一个十元环直通道和一个十元环正弦通道构成的二维结构，直通道的尺寸是 5.3Å。早在 1986 年，Iwamoto 等人[41]首次将金属基 ZSM-5 用于脱除 NO_x。与钒基催化剂相比，Cu-ZSM-5 催化剂具有较好的低温 SCR 活性（<350℃），而 Fe-ZSM-5 催化剂具有较好的高温活性（> 350℃）和较宽的活性温度窗口。研究表明，与单金属 Cu-ZSM-5 或者 Fe-ZSM-5 相比，Cu-Fe-ZSM-5 催化剂在更宽的温度窗口内表现出 90% 以上的 NO_x 转化率，这是由于 Cu 和 Fe 同时存在改变了电子特性，增强了氧化还原能力并且产生了更多的酸性位点。但是，由于 ZSM-5 较大的孔道直径，金属基负载 ZSM-5 催化剂存在高温水热稳定差和易中毒等缺陷，在实际应用中受到了限制。

SAPO-34 和 SSZ-13 均具有八元环、孔道直径为 3.8 Å 的 CHA 结构。与 Cu-MFI、Cu-BEA 催化剂相比，以 Cu-SAPO-34 和 Cu-SSZ-13 为代表的 Cu-CHA 催化剂表现出更宽的温度窗口、更高选择性和耐久性，并且已被广泛应用于国六和欧六柴油车后处理系统中。Kwak 等人[42] 首次报道了 Cu-SSZ-13 在 NH_3-SCR 反应中的性能，并与 Cu-BEA 和 Cu-ZSM-5 进行了比较，活性结果显示：Cu-SSZ-13 > Cu-ZSM-5 > Cu-BEA。据报道，Cu-SSZ-13 和 Cu-SAPO-34 样品即使在 800℃的水热老化后仍能保持较高的 SCR 性能。尽管 SAPO-34 和 SSZ-13 具有相同的 CHA 结构，但 Cu-SAPO-34 比 Cu-SSZ-13 更复杂。原因是，后者的 B 酸位点高度依赖于 Al 含量，而前者的 B 酸位点是由于在中性的 $AlPO_4$-34 框架中引入了 Si 原子。Ma 等人[43] 比较了 Cu-SSZ-13 和 Cu-SAPO-34 催化剂的水热稳定性。在含水模拟废气中经 750℃老化处理 16h 后，上述两种催化剂均保持了良好的性能。然而，在 850℃的水热老化后，这两种样品之间出现了明显的差异。Cu-SAPO-34 催化剂仍然保持其高性能，在低温范围内的 NO_x 转化率甚至略有增加，而 Cu-SSZ-13 样品则出现明显的活性劣化。随着研究的进一步深入，发现 Cu/SAPO-34 在低温条件下（70℃）会因大量铜位点转化为非活跃状态而失活，出现低温水热老化失活的问题。

研究表明，相同条件下 NH_3-SCR 活性由高到低的分子筛载体依次为：SSZ-13≈SAPO-34>Beta>ZSM-5>USY>FER，如图 7-8 所示。经 800 ℃水热老化处理 16h 后，Cu/HY 基本丧失 SCR 活性，Cu/ZSM-5 和 Cu/Beta 低温活性明显劣化（< 350℃），且 Cu/ZSM-5 下降更加明显，与此相反，Cu/SSZ-13 的活性基本不受影响。进一步，研究分子筛微孔尺寸影响催化性能时发现，小孔分子筛 Cu/SSZ-13、Cu/SSZ-16 和 Cu/SAPO-34 催化剂具有比中孔 Cu/ZSM-5 催化剂更优异的活性和水热稳定性。其中，小孔分子筛水热稳定性优异的原因是 SSZ-13 和 SAPO-34 归属于 CHA 型分子筛，该类分子筛为八元环小孔分子筛，微孔尺寸为 3.8 × 3.8Å，水热过程产生的脱铝产物 $Al(OH)_3$ 的动力学直径约为 5.03Å，不容易脱出。随着温度降低，$Al(OH)_3$ 回归分子筛骨架结构，进而保持结构完整性。

柴油车尾气排放伴随着高温高水汽，极易导致分子筛 SCR 催化剂性能劣化，严重时会彻底失活。研究发现，铜基分子筛催化剂发生高温水热失活主要原因有两个：一是分子筛载体发生骨架脱铝；二是活性铜物种迁出离子交换位点。这两种因素直接影响到催化剂结构稳定性、酸性以及活性位点数量。Ce、La 等是三效催化剂常用的改性元素，将其引入 Cu/SAPO-34 催化剂体系中，发现分子筛骨架脱铝和 Cu^{2+} 离子迁移聚集现象得到抑制，催化剂水热稳定性明显提升。经 Fe 元素改性后，会产生更多的活性位点和更强的氧化还原能力，可明显提升 Cu/SSZ-13 催化剂的 NH_3-SCR 活性，N_2 选择性和水热稳定性。此外，Mn、Ce 元素是提升催化剂低温性能的重要助剂，在 Cu/CHA 催化剂中离子交换引入 Mn、Ce 后，发现抗 SO_2 能力、水热稳定性以及 N_2 选择性均有明显提升。同时，采用浸渍法引入 MnO_x-CeO_2 后现改性后 Cu/SSZ-13 催化剂的活性温度窗口为 125 ~ 450℃，并具有良好

的 H_2O 和 SO_2 耐受性。

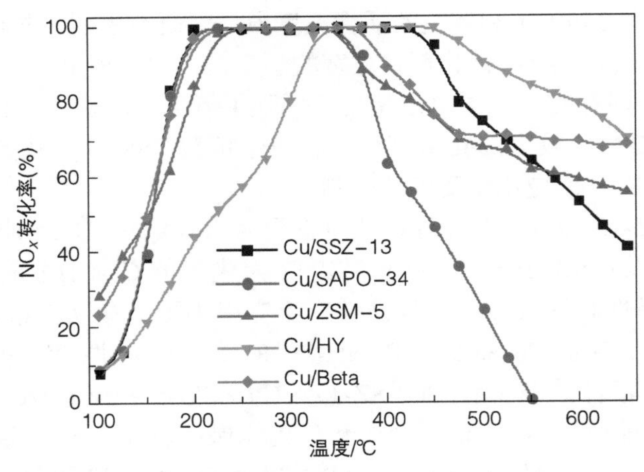

图 7-8 五种分子筛 SCR 催化剂 NO_x 转化率曲线

（反应条件：[NO] = [NH_3] = 500ppm、[O_2] = 10%、N_2 作平衡气、GHSV = 30000h^{-1}）

AEI 与 CHA 结构的区别在于 D6Rs 的连接模式，前者相邻的 D6Rs 呈镜面对称性，而后者是平行排列的，进而形成不同的通道和空穴。Moliner 等人 [44] 首次利用具有 AEI 结构 SSZ-39 分子筛制备成 SCR 催化剂，并考察其 NH_3-SCR 性能。贺泓院士团队 [45] 通过对比发现，较之 Cu-SSZ-13，Cu-SSZ-39 表现出更高的水热稳定性，N_2O 的产生量低于 10ppm。SSZ-39 含有更多的配对 Al，这有利于形成稳定的 Cu^{2+}-2Al 物种，这是活性位点稳定性更高的缘由。然而，相较于 Cu-SSZ-13 中的 $[Cu(OH)]^+$Al，该物种使 Cu-SSZ-39 的 De-NO_x 效率更低。此外，SSZ-39 拥有更弯曲的孔道结构，这种结构可以抑制水热脱离的 $Al(OH)_3$ 离开 AEI 分子筛框架的孔隙，而 $Al(OH)_3$ 物种在催化剂冷却后重新融入框架，进而保障了分子筛载体结构的稳定性，如图 7-9 所示。与之相应，弯曲的孔道抑制活性 $Cu(NH_3)^+$ 物种的流动性，不利于 NO_x 催化转化。

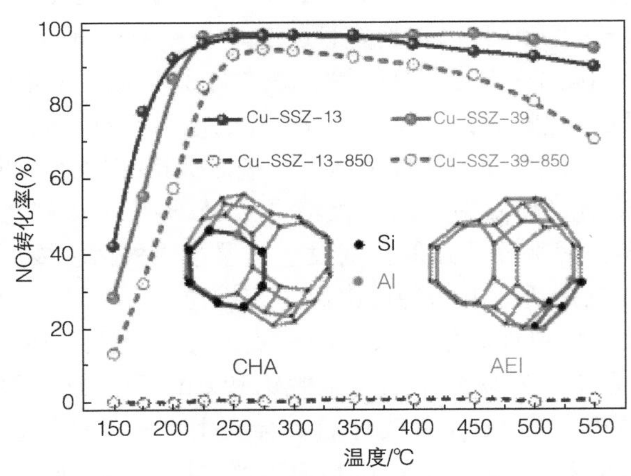

图 7-9 Cu/SSZ-13 和 Cu/SSZ-39 水热老化前后性能对比

除 Cu-SSZ-39，高硅 Cu-LTA 也属于一种高稳定性 SCR 分子筛催化剂。Ahn 等人 [46] 首次报道，Cu 交换的高硅 LTA 分子筛在 NH_3-SCR 反应中具有良好的水热稳定性。即使经

900℃水热老化后，仍表现出较好的 NO_x 转化率。而相同条件下，Cu-SSZ-13 结构已经崩塌。此外，研究发现 Si/Al 为 23 和 Cu/Al 为 0.5 的 Cu-LTA 在水热老化后低温“标准 SCR 反应”活性提升，其原因是 LTA 结构的 SOD 笼中与 4 元环配位的非活性 Cu^+ 离子转化为 6 元环（D6R）中心的活性 Cu 物种。Wang 等人[47]发现，水热老化促使 Cu/LTA 催化剂上的 CuO_x 和 Cu^{2+} 转变成 $Cu(OH)^+$ 物种，这与 Cu-SSZ-13 相反。与 Cu-SSZ-13 不同的另一个方面是，在“快速 SCR 反应”条件下，Ryu 等人[48]发现，Cu-LTA 中的 Cu^{2+} 和 $Cu(OH)^+$ 都主要集中在单一的六元环上，导致产生的硝酸氨量较少。与 Cu-SSZ-13 相比，该催化剂中的 $Cu(OH)^+$ 物种与分子筛框架结构的相互作用较弱，更容易受到 SO_2 的毒害。然而，Cu-LTA 经过 750℃高温处理后，可再生并完全恢复。因此，Cu-LTA 分子筛显示了优异的水热稳定性、较好的 Fast-SCR 性能以及良好的抗 SO_2 中毒性。

AFX 结构的 SSZ-16 分子筛拥有八元环船尾笼和较小的 gme 笼，与铝磷酸盐 SAPO-56（AFX）同型。铜基 AFX 分子筛催化剂最近引起了广泛关注，Fickel 等人[49]对比了 Cu-SSZ-13 和 Cu-SSZ-16 的催化活性。研究发现，Cu-SSZ-13 比 Cu-SSZ-16 具有更好的热稳定性。Cu-SSZ-16 存在两个不同的铜离子位点，每个位点都与框架内明显不同的六元环之一相关。

以 OFF-ERI 为代表的混相结构分子筛催化剂具有较好的抗脱 Al 能力，直链型孔道结构有利于形成二聚体 $[Cu\text{-}O\text{-}Cu]^{2+}$，而 8 元环封闭的笼型有利于形成孤立的单体 Cu^{2+} 和 $Cu(OH)^+$。双 6 元环与可接触的 8 元环封闭笼相连，阳离子质点与 Cu 离子单体交换，是笼型 SCR 催化剂活性和选择性的重要结构成分。基于此，北京工业大学张润铎教授团队[50]还发现存在于其他骨架结构离子交换位点上的 Cu 物种也具备 SCR 活性，使其具备良好的低温活性。然而，$[Cu\text{-}O\text{-}Cu]^{2+}$ 位点在高温下显示出较低的氮气选择性，副产物 N_2O 生成量较多，这是由于二聚体位点提高了催化剂的氧化性。

金属有机骨架材料（MOFs）这种新型的多孔聚合材料由于其多活性位点、高比表面积、结构可修饰、易于功能化而表现出突出的多相催化性能，近年来在低温工业脱硝领域逐渐受到关注。据报道，Mn-MOF-74 可在 220℃下实现 99% 的氮氧化物选择性催化还原，而 Co-MOF-74 在 210℃下的氮氧化物转化率为 70%。同样，抗硫中毒性能也是评价该类 SCR 催化剂的重要指标之一，而通过提高催化剂的酸性来减少对 SO_2 的吸附是行之有效的途径之一。$Mn_3[Co(CN)_6]_2 \cdot nH_2O$ 的 MOF 衍生的 $Mn_xCo_{3-x}O_4$ 纳米笼在低温下表现出良好的 SO_2 耐受性，这是因为分层的多孔结构、更多数量的活性位点以及 MnO_x 和 CoO_x 之间的强相互作用。金属有机框架（MOFs）衍生的金属氧化物不仅可以引入 B 酸位点，而且由于其高孔隙率和高比表面积，因此还可以促进酸位点的高度分散。

同时，有研究表明在 100 ~ 200℃内，碳基催化剂均展现出优异的低温 NH_3-SCR 活性。活性炭（AC）和活性炭纤维（ACF）具备高的比表面积及大量的孔隙结构，能吸附多种物质，同时具有优异的导电性能和低温活性，常被用作催化剂的载体。研究发现，SO_2 能促进 V_2O_5/AC 催化剂低温 SCR 性能，其主要归因于 SO_2 的吸附导致酸性位点的增加，增强了催化剂对反应物种的吸附性能，进而提高了 V_2O_5/AC 催化剂的 SCR 反应活性。Wu 等人[51]通过浸渍法在活性炭上负载活性组分（Mn、Cr、Fe 和 Cu），研究结果表明 8%Mn/AC 催化剂在 210℃达到了最大脱硝率（95%）。Ge 等人[52]考察 Cr 的添加量及其浓度对 Fe/AC 催化性能的影响，发现 Cr 的加入促进了 8Fe/AC 催化剂的低温 SCR 活性，在 160 ~ 240℃时，NO_x 转化率大于 90%。引入 Cr 元素增大了催化剂的比表面积和弱酸、中强酸位点数量，并

改善了 Fe^{3+}/Fe^{2+} 的比例。Li 等人[53]对一系列 V_2O_5-CeO_x/TiO_2-CNTs 复合材料进行了 NH_3-SCR 性能研究，结果显示 200℃下的氮氧化物转化率达到 92%，在 175 ~ 300℃内超过 80%。与常见的催化剂载体（TiO_2 和 γ-Al_2O_3）相比，活性炭（AC）具有更大的表面积、更强的吸附能力和丰富的表面官能团，使 AC 表现出一定的内在催化活性。经氧化性酸处理后，该活性可进一步增强。因此，活性炭在开发低温 NH_3-SCR 催化剂方面具有应用前景。

综上所述，由于 ZSM-5 和 BEA 分子筛 SCR 催化剂催化活性和水热稳定性较差，无法满足排放法规要求。Cu 基小孔分子筛催化剂因其较小的孔道结构限制了水解 $Al(OH)_3$ 的扩散和铜活性物种的迁移，表现出较好的水热稳定性。另外，分子筛孔道抑制长链碳氢和大分子有机物接触活性位点，进一步保障了催化剂的耐久性。Cu-SSZ-13 已在国六标准阶段的排放后处理系统中广泛应用，而 AFX 分子筛催化剂与其性能相近，Cu-AEI 和 Cu-LTA 则表现出更好的水热稳定性，这类铜基小孔分子筛作为高效和稳定的 NH_3-SCR 催化剂均具有良好的应用前景。

7.2.2 柴油车颗粒物捕集器

1. 柴油车颗粒物捕集器

柴油机颗粒物过滤器 DPF 具有较高的颗粒物 PM 捕集效率，被公认为柴油机 PM 后处理的最有效方式。颗粒物过滤器（图 7-10）采用壁流式的结构设计以提高过滤效率。这种微粒捕集器的壁面是多孔陶瓷，相邻通道的盲端正好相反，迫使尾气由入口敞开的通道进入，穿过多孔陶瓷壁面进入相邻的出口敞开通道，颗粒物则被过滤截留在通道壁面上，实现了颗粒物的过滤分离。

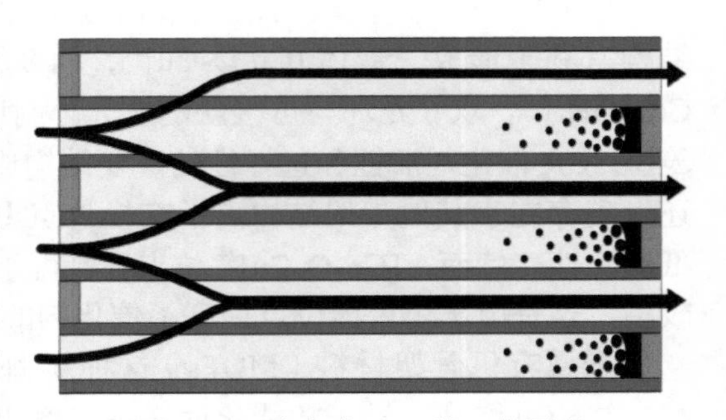

图 7-10　壁流式 DPF 的工作原理

2. 颗粒捕集器过滤材料

目前，用来制造 DPF 的材料主要是碳化硅陶瓷、钛酸铝陶瓷和堇青石陶瓷。堇青石材质的 DPF 由于制备工艺简单、价格低廉等优点而受到广泛关注，从汽车尾气后处理材质的发展来看，堇青石基的 DPF 的研究仍然是目前首选的主流材料。为了提高对颗粒物的捕集效果，均采用壁流式的结构设计和挤压成型工艺制备，再通过高温烧结得到多孔陶瓷过滤器。颗粒物的过滤依靠陶瓷晶粒相互搭接、堆积形成的不规则的孔隙来实现。若是采用细颗粒的堇青石制备更微小的过滤孔以实现对纳米级颗粒物的过滤，虽然可以提高颗粒物的过滤精度，但是尾气排放的压降会增大，即柴油机排气背压增大，这是发动机正常工作绝对不允许的。因此，既要保证过滤器的通透性同时又要提高颗粒物的过滤效率（尤其是对纳米颗粒物的过滤）是矛盾的，即：提高通透性则过滤效率降低，提高过滤效率则通透性降低，排气背压升高。

利用当前的多孔陶瓷成型技术难以对超细颗粒物进行精密的过滤分离，但是，随着人们环保意识的逐渐增强，汽车排放法规也日益严格。我国 2023 年全面实施柴油车国六 b 排放标准。国六排放总体目标是在国五排放标准的基础上加严 30%，进一步严格控制 NO_x 和 PM 的排放限值，尤其是加强对颗粒物数量的控制，这也将给柴油机颗粒物排放控制技术提出更大的挑战。因此，如何在保证不增加发动机尾气排气背压的同时，实现对尾气中颗粒物的高效精密过滤，是 DPF 研究面临的重大挑战。

通过熔盐反应处理，在堇青石 DPF 的表面生长出大量的莫来石晶须，晶须直径约 50 ~ 200nm，长度可达到几个微米。采用溶胶凝胶制备莫来石凝胶粉体，再通过熔盐反应可以在堇青石陶瓷基体上生长出莫来石纳米管，纳米管的管径约 100 ~ 200nm，长度可达到几个微米。当含有超细颗粒物的尾气通过“纤毛状”的堇青石 / 莫来石晶须的孔壁时，颗粒物会与晶须碰撞从而改变其运动轨迹，高温气体在孔道里面的流场也会发生变化。莫来石晶须的根部有大量由晶须围绕形成的微小区域，流动的颗粒物进入这一区域时，运动速度降低而实现颗粒物的“捕获”，这为提高壁流式堇青石 DPF 的过滤效率提供了新的思路。

3. DPF 颗粒吸附机理

DPF 对颗粒物的捕集主要包括扩散捕集、拦截捕集、惯性捕集和重力捕集四种方式。

（1）扩散捕集机理

布朗运动在自然界中普遍存在，在发动机排气装置中也不例外。在布朗运动作用下，颗粒物的运动是随机的，当颗粒物运动到捕集单元附近时，颗粒物就会被捕集，此时捕集单元附近颗粒物的浓度将会降低，在过滤体内便形成了浓度梯度，高浓度处的颗粒物将会不断向捕集单元附近扩散，因此颗粒物将会不断被捕集。布朗运动的强弱与颗粒物的大小、流体的温度有关，颗粒物粒径越小，流体的温度越高，布朗运动就越剧烈，此时布朗扩散捕集机理就会越明显。

无量纲佩克莱特数 P_e 表示运动的粒子与扩散导致沉积的粒子之比，可以被用来描述粒子的布朗运动：

$$P_e = \frac{ud}{D} \tag{7-24}$$

$$D = \frac{Ck_bT}{3\pi\mu d_p} \tag{7-25}$$

式中，u 和 μ 分别表示气流速度和动力学黏度；d 表示通道直径；D 表示扩散率；k_b 表示麦克斯韦常数；d_p 表示 PM 的直径；C 表示系数因子；T 表示温度。

（2）拦截捕集机理

在布朗扩散运动中，速度较高的 PM 的捕集过程大多依据拦截机理。颗粒物随气体流动，当颗粒物与过滤体或滤饼层表面接触时，颗粒物在表面附着，从而发生拦截捕集。一般颗粒物直径较小，滤饼层的过滤作用远强于壁面，因此拦截捕集主要发生在过滤体捕集后期。

可由拦截系数 N_R 表示为

$$N_R = \frac{d_p}{d} \tag{7-26}$$

（3）惯性捕集机理

尾气进入 DPF 通道后，气流会不断改变流动方向，此时颗粒物会因惯性作用脱离气流流线，从而碰撞并吸附在单元壁面上。可由斯托克斯数 S_t 表示：

$$S_t = \frac{Cu\rho_p d_p^2}{9\mu d} \tag{7-27}$$

（4）重力捕集机理

发动机尾气中流速较慢的颗粒物因为重力的作用改变运动轨迹，最后附着在壁面上。PM 的粒径大小不同，过滤体捕捉 PM 的机理也不同。对于小于 200nm 的 PM，以布朗扩散捕集机理为主；对于大于 200nm 的 PM，则主要是拦截捕集机理，重力和惯性捕集机理基本可以忽略，而且只在捕集初期起到一些作用。当 DPF 捕集了一定量的颗粒物后，过滤机理开始转变为深床捕集阶段。

4. 颗粒捕集器的再生技术

在 DPF 的实际使用过程中，随着捕集时间的增加，越来越多的微粒沉积在捕集器内，造成排气背压增加，发动机的经济性和动力性恶化，因此必须及时地将捕集的可燃微粒氧化燃烧掉，实现微粒捕集器的再生。在柴油机正常工作的转速和负荷下，排气温度一般在 250 ~ 500℃，而微粒的燃点一般为 550 ~ 600℃，因此，依靠柴油机的排气温度很难触发并维持微粒捕集器再生。要实现捕集器再生，必须降低微粒的燃点或提高排气温度。

颗粒捕集器的再生技术主要分为两种：主动再生和被动再生，具体分类如图 7-11 所示。主动再生技术主要分为：电加热再生、喷油助燃再生、复合再生系统；被动再生技术主要分为：催化再生技术、燃油催化再生等。现有主动再生技术应用主要是喷油助燃再生技术，在排气管中喷射燃油，或者通过缸内后喷，利用氧化型催化剂在催化氧化 HC 时的放热来提升排气温度，主动再生要求发动机工况相对稳定，否则，再生过程易引发热失控，载体损坏。

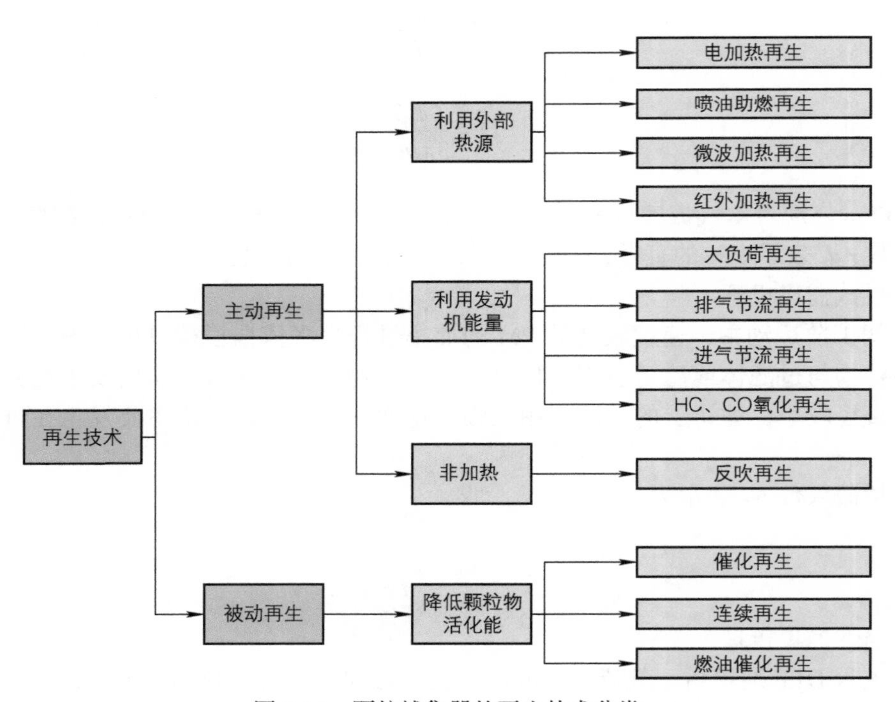

图 7-11　颗粒捕集器的再生技术分类

5. 颗粒物捕集催化材料

在 DPF 表面引入催化剂制备出催化型颗粒物捕集器（Catalyzed DPF；cDPF）可有效改善氧化性气体和碳烟之间的化学作用，从而能降低碳烟燃烧的温度，实现 DPF 低温再生，这是被动再生的一种方式，也是目前的研究热点。此外，颗粒物燃烧温度的降低能够降低捕集器热应力，减少 DPF 的损坏，延长其使用寿命。随着人们对燃油经济性和燃油效率要求的逐步提高，更节能的先进发动机技术（例如低温燃烧技术）将进入市场，这些先进发动机的共同特点就是会显著降低发动机排放尾气的温度。因而，开发低温活性高的 cDPF 是一个亟须解决的科学技术难题。

6. DOC/CDPF 催化剂研究进展

按照催化剂的种类和组成不同，可分为铂（Pt）催化剂、银（Ag）催化剂、非铂贵金属、钙钛矿、尖晶石、铈基催化剂、金属氧化物、碱金属催化剂等。

（1）贵金属催化剂

1）Pt 基催化剂。Pt 是一种常用的氧化型催化剂，在柴油机前端 DOC 系统中得到了广泛的应用。影响 Pt 催化活性的原因有很多，主要有贵金属与载体的相互作用、前驱体选择、Pt 晶粒大小等因素。Uchisawa 等人[54] 比较了一系列 Pt 前驱体和载体组合后发现，以 $Pt(NH_3)_4(OH)_2$ 为前驱体负载 SiO_2 上催化活性最佳，在模拟反应气氛下的最低起燃温度可达 247℃。Uchisawa 等人[55] 进一步考察了 Pt 负载于复合氧化物载体上研究了耐硫性能及催化作用机理，发现 Pt/（TiO_2 +SiO_2）的催化活性最佳，这是由于 TiO_2 表面储存更多的硫酸盐物种。Shrivastava 等人[56] 通过动力学计算得到碳烟在 NO_2 气氛下氧化活化能更低，而 Pt 促进了 NO 向 NO_2 的转化如图 7-12 所示。Xue 等人[57] 进一步研究发现更大 Pt 粒径促进 NO 转化为 NO_2，SO_2 转化为 SO_3 进而增强材料的氧化性。选择合适的氧化物载体能够增强催化剂的催化活性。Uchisawa 等人[58] 探讨了 Pt 负载一系列金属氧化物催化剂在含硫气氛下氧化碳烟的性能，发现 Ta_2O_5 负载 Pt 活性最佳，作者认为可能是由于催化剂非碱性表面抑制了硫酸盐的生成。Pt 负载于复合氧化物载体上有助于进一步改善催化剂的氧化性能。Liu 等人[59] 研究了 Pt-Mg/Al_2O_3 系列催化剂后发现，尽管部分 Pt 的活性位被覆盖，Pt 与 Mg 之间的协同效应能加速 NO 氧化为 NO_2 的速率，足以弥补 Pt 活性位的损失，并且降低了碳烟的起燃温度，同时发现大的 Pt 颗粒有助于碳烟的催化氧化。此外，Pt 元素还能与其他贵金属产生相互协同作用。Wei 等人[60] 在三维有序大孔 Ce-Zr 固溶体上成功负载核壳结构的 Pt 与 Au，Pt 和 Au 产生的协同作用促进了活性氧（O^-）的生成，进而降低碳烟的起燃温度，其起燃温度可低达 220℃左右，Pt 包裹 Au 组成的核壳结构有效促进了催化活性的改善。

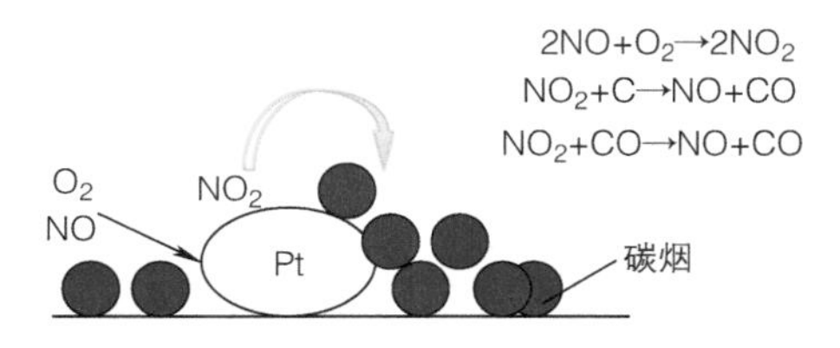

图 7-12　Pt 基催化剂的 PM-NO-O_2 相互协同反应示意图

Bensaid[61] 考察了用有机硅或有机锡稳定浸渍于氧化铈载体上的 Pt 和 Pt_3Sn 纳米粒子的性质，作为 NO_x 辅助碳烟燃烧反应的活性位点。结果表明，由于 Pt 和 Pt_3Sn 活性位点对催化剂结构的高度依赖性。无 NO_x 存在时，Pt 和 Pt_3Sn 活性位点对催化碳烟颗粒氧化活性的影响不如空白载体形貌明显，然而，Sn 的存在降低了氧化反应温度。在 NO_x 存在下，金属活性位点无疑提高了碳烟颗粒氧化的催化活性，由于活性金属纳米颗粒和活性氧化铈纳米晶的协同作用，因此其显示出了优异的活性。特别要指出的是，与之对应的合金（Pt_3Sn/CeO_2-NC）的催化活性接近于 Pt/CeO_2-NC，高温老化的铂催化剂具有良好的抗烧结性能，这表明了该催化剂作为减少贵金属在汽车尾气中使用，具有一定的替代贵金属的潜力。Oi Uchisawa[62] 等报道了用不同 Pt 前驱体与不同氧化物载体（ZrO_2、Al_2O_3 和 SiO_2）制备的负载型催化剂对碳烟颗粒催化燃烧的影响。研究结果表明，以 $Pt(NH_3)_4(OH)_2$ 为前驱体、以 SiO_2 为载体制备的 Pt/SiO_2 催化剂表现出优越的低温碳烟颗粒催化燃烧性能，其碳烟颗粒起燃温度（T_i）为 247℃，最快燃烧速率对应的峰温 T_p 仅为 321℃。此外，Oi Uchisawa 等人 [63] 还系统研究了不同复合氧化物载体负载 Pt 基催化剂对碳烟颗粒燃烧性能的影响。在一系列 TiO_2-SiO_2，TiO_2-ZrO_2，ZrO_2-SiO_2，TiO_2-Al_2O_3，SiO_2-Al_2O_3 和 ZrO_2-Al_2O_3 复合氧化物的载体中，Pt/TiO_2-SiO_2 催化剂表现出了卓越的碳烟颗粒燃烧性能，并且具有更加优良的抗硫性能。这是由于载体性质不同，不同载体上的 SO_4^{2-} 盐的积累情况不同导致的。Pt/TiO_2-SiO_2 催化剂运用到在实际工况下的低硫燃料柴油车 DPF 中仍然表现了优良的碳烟颗粒去除性能。

研究学者合成三维有序大孔（3DOM）$Ce_{0.8}Zr_{0.2}O_2$ 负载铂催化剂 [64]，利用 3DOM 结构提高催化剂与碳烟的接触效率，金属（Pt）- 载体（Ce）协同效应增加了输送到碳烟的活性氧数量。3DOM $Pt/Ce_{0.8}Zr_{0.2}O_2$ 催化剂具有较高的碳烟燃烧催化活性和热稳定性。铂和镁之间的协同作用 [65] 也有研究证明增强了 Pt-Mg /Al_2O_3 催化剂的 NO 氧化活性和 NO_x 存储能力。Pt -Mg /Al_2O_3 催化剂在碳烟氧化温度范围内产生的 NO_2 要多于相同 Pt 粒径的无 Mg Pt/Al_2O_3 催化剂，从而有效地促进了碳烟燃烧。NSR 催化剂具有加速碳烟燃烧的性能，主要反应为 NO_2 催化碳烟氧化、NO 循环生成 NO_2 和 NO_2 辅助 O_2 催化碳烟氧化。在稀薄的条件下，只有一部分储存的 NO_x 在高温下分解，被发现对碳烟氧化有用。在碳烟氧化条件下，这些 NSR 催化剂的氮氧化合物存储容量随着老化而降低。Pt/ K-Al_2O_3 催化剂更活跃，但稳定性不如 Pt/ Ba-Al_2O_3，因为对 Pt/ K-Al_2O_3 起协同作用的活性组分是不稳定的。也有人提出了表面硝酸盐直接参与 Pt/ K-Al_2O_3 NSR 催化剂上的碳烟氧化，而不需要硝酸盐的初步热分解 [66]。这种机制被认为是由于吸附的 NO_x 物种是流动的，而不是由铂促进的。这种表面反应机制与 NO_2 和 O_2 分解所产生的气相碳烟氧化相似。钾基催化剂比含钡催化剂更有活性，这是因为与钡相比，钾基催化剂上吸附的 NO_x 物种具有更高的迁移率。

2）Ag 基催化剂。相比其他贵金属，Ag 工业属性较强，价格也较为低廉。近年来由于燃油含硫量的下降及移动源脱硫系统的效率不断提高，Ag 基催化剂越发受到重视，其催化燃烧碳烟的性能也极为突出。Shimizu 等人 [67] 研究者在探索了大量金属氧化物碳烟起燃活性后发现，在所有金属氧化物中 Ag_2O 具有最佳的催化活性，然而 Ag_2O 在反应温度窗口热稳定性较差，在 200℃左右容易分解为 O_2 与单质 Ag，第二次反应的催化活性也因此大大下降。即便如此，Ag 依然是一种高活性催化剂，其催化机理值得深入探究。Li 等人 [68] 通过理论计算发现 Ag（111）面为催化氧化的活性晶面，氧原子能较容易地在此晶面上解离活化。同其他贵金属一样，Ag 也需要一个与其匹配的高活性载体以改善催化剂表面 Ag 的分散度及催化体系的稳定性。Güngör 等人 [69] 将 Ag 负载在海泡石有助于显著降低载体碳烟燃烧温度，并在材料表面发现了 AgO_x 物种，推断 Ag 与载体相互作用形成了 Ag-O-M 物种。Shimizu 课题组也有类似的发现 [70]，观察到 Ag 与载体中的 Sn 物种（还原态的 Sn 与氧化态的 Sn）有很强的相互作用，提出了催化剂表面的 Ag-O-Sn 物种是 Ag/SnO_2 抗烧结的关键因素，进而，他还证明了此催化剂具有自再生效应，高温还原性气氛下表面的大颗粒 Ag_3Sn 物质在氧化性气氛下能二次分散为 Ag 纳米粒子，这种独特的性质降低了催化剂失活的风险。Villani 等人 [71] 发现了水蒸气与 NO_2 预处理后的 Ag/Al_2O_3 催化燃烧碳烟的性能甚至优于 Pt/Al_2O_3。在众多载体中 Ag/CeO_2 良好的催化活性及独特的性质受到了广泛的关注，其催化体系形貌对活性有着显著的影响。Kayama 等人 [72] 创新性地合成了“rich ball”形貌的催化剂即中心的大颗粒单质 Ag 被周围 CeO_2 小颗粒包裹，这种形貌的催化剂催化活性优于普通浸渍法负载制备的 Ag/CeO_2 催化剂。Yamazaki 等人 [73] 进一步深入研究，发现 Ag 吸附氧通过 Ag 与 CeO_2 界面迁移至 CeO_2 表面并形成活性氧的过程，他还发现 Ag/CeO_2 通过灰分二次转移活性氧物种以远程催化燃烧碳烟。Aneggi 等人 [74] 则提出了另一种观点，他发现 Ag/TiO_2、Ag/Al_2O_3 及 Ag/CeO_2 均存在着 Ag/AgO_x 的混合相，其中 CeO_2 表面 AgO_x 的比例较高；此外，他们分别测试了新鲜样品和老化样品后，指出 Ag^0 是催化活性组分，而表面 AgO_x 比例过高不利于碳烟起燃活性的提高。Corro 等人 [75] 研究比较了一系列负载金属的 SiO_2 催化氧化碳烟的性能后发现金属的种类会影响碳烟的氧化性能。

3）其他贵金属催化剂。相比 Ag 及 Pt，其他贵金属在碳烟催化氧化领域也有应用。Dhakad 等人 [76] 对 Ru/TiO_2 催化剂研究后发现，TiO_2 载体有助于增加催化剂的比表面积，强化催化剂与载体间的相互作用，从而大幅改善催化剂的起燃性能，催化剂表面 Ti-Ru 固溶体的生成也有助于催化剂的热稳定性提高。同时，制备 $Co\text{-}Ru/ZrO_2$ 系列催化剂，在催化剂与碳烟松接触的情形下取得了较好的催化效果。Co-Ru 形成的固溶体有助于提高 Ru 在 ZrO_2 分散度，并提高催化剂整体热稳定性。Villani 等人 [77] 研究了 Ru/Na-Y 分子筛催化燃烧碳烟的活性后发现，Ru^0 为催化剂的活性组分且其在氧化性气氛下会被逐渐氧化成 RuO_2，RuO_2 组分比例越高，催化剂活性越差，这证明了 RuO_2 相不是催化的活性相。Khan 等人 [78] 利用溶剂热法制备出 $Au\text{-}CoFe_2O_4$ 纳米复合材料，研究发现在含有 10% O_2 的气体条件下通入 NO，$Au\text{-}CoFe_2O_4$ 催化剂对碳烟氧化表现出显著的催化性能。同时，Au 的引入将 $CoFe_2O_4$ 催化剂的 T_{50} = 411℃降低至 341℃，通入 NO 气体后，$Au\text{-}CoFe_2O_4$ 催化剂的 T_{50} 再度降低至 310℃，Au 的引入使催化剂与 Au 的界面上产生了大量的活性位点，活性位点和 Au 可以激活气态氧，使电子从金的表面向 O_2 转移，从而产生活性氧。Au 的电负性比载体 $CoFe_2O_4$ 高，因此二者之间发生电子转移，同时催化剂表面的氧原子也参与反应产生了更多的活性氧物种，这些活性氧物种极大地促进了碳烟的氧化。碳烟燃烧时消耗了催化剂表面的活性氧，而催化剂表面产生的氧空位变成 NO_2 的活化剂，NO_2 作为中间体可以将活性氧从催化剂表面转移到碳烟颗粒，因此 NO 的加入进一步促进了碳烟的燃烧。

（2）非贵金属催化剂

贵金属价格昂贵，很容易积碳硫中毒，限制了其广泛研究，寻找非贵金属代替贵金属催化剂，已成为该领域研究科学家们努力的方向。常用的非贵金属催化剂，包括单组分金属氧化物和复合金属氧化物，如稀土金属氧化物、碱金属或碱土金属氧化物和复合金属氧化物，它们的储量丰富、价格相对便宜，目前已成为该领域的研究热点。

1）稀土金属氧化物。稀土金属存在特殊的电子结构，4f 轨道电子的不完全填充使稀土金属的储氧能力较强，催化活性高 [79]，其中最有代表的铈元素就广泛应用在该催化领域。铈的电子构型为 $4f^25d^06s^2$，CeO_2 的晶格离子迁移率高，有很多立方间隙的萤石型立方晶体结构使离子可以在间隙中快速地移动，实现 Ce^{4+} 与 Ce^{3+} 之间的互相转化，具有很好的储氧能力。

针对 CeO_2 催化碳烟的机理已经研究了多年。Setialbudi 等人[80]研究了 CeO_2 在 NO_x 气氛下氧化碳烟的过程后指出，其表面的硝酸盐分解得到的 NO_x 及其储存的活性氧（超氧物种及过氧物种）分别加速了碳烟的燃烧。Bueno-López 等人[81]采用产物实时分析技术进一步研究了 CeO_2 的氧化碳烟过程，发现 400℃以上时反应气中的氧原子能够取代催化剂的晶格氧，且这些被置换出来的氧物种比反应气氛中的分子氧具有更强的催化氧化能力。Machida 等人[82]研究发现，一旦 O_2 接触到还原态的 CeO_2 表面，其将会转化为超氧物种，而这个过程在 150℃下即能迅速进行。Guillén-Hurtado 等人[83]利用同位素对 CeO_2 的碳烟反应机理进行了深入的研究。在没有碳烟的情形下，CeO_2 的晶格氧能促进 NO 转化为 NO_2，而反应气中的氧分子却不能加速此过程。在 O_2 气氛下，CeO_2 中的晶格氧即会转移到碳烟表面，碳氧形成中间体。而在 NO_x 气氛下，CeO_2 中的晶格氧还能有效氧化 NO。Simonsen 等人[84]也认为 CeO_2/ 碳烟界面与催化机理有很大的关联。

其中，Ce-Zr 固溶体材料也应用于催化碳烟燃烧其结构如图 7-13 所示。Atribak 等人[85]对 Ce-Zr 固溶体催化去除碳烟的活性及材料的稳定性做了深入细致的研究。首先他们发现 $Ce_{0.76}Zr_{0.24}O_2$ 在 NO_x 及 O_2 气氛下具有最佳的碳烟起燃活性，这不仅仅与材料结构特性（BET、晶粒尺寸）有关，而且与材料的氧化还原性能及晶格氧的移动性相关，Ce-Zr 固溶体材料的热稳定性也相对 CeO_2 大幅提高。随后此研究组报道了 NO_2 的浓度是影响 Ce-Zr 固溶体催化碳烟在 NO_x 气氛下燃烧的决定因素，他们发现催化剂 Ce 的组分含量越高，焙烧温度较低（500℃）生成 NO_2 的能力越强，催化活性也越好。此后他们通过进一步改进制备方法，证实了比表面积对催化活性的影响存在一个阀值，即比表面积在 $90m^2/g$ 以下时，Ce-Zr 固溶体结晶度及颗粒分布对反应活性有巨大的影响，但比表面积高于 $90m^2/g$ 时，反应速率受到催化组分的限制，催化活性保持稳定。Liang 等人[86]也观察到了类似的比表面积阀值现象。近期 Atribak 研究组则比较了 Ce-Zr 固溶体与 Pt 基催化剂在 NO_x 气氛下的性能，发现 Ce-Zr 催化活性更好，他们认为这归因于协同作用——即碳烟起燃是由 NO_2 及催化剂表面活性氧物种共同作用导致的。相关研究也提出了类似观点，即低温下 NO_2 的浓度是影响 CeO_2 及 Ce-Zr 固溶体催化活性的关键因素。

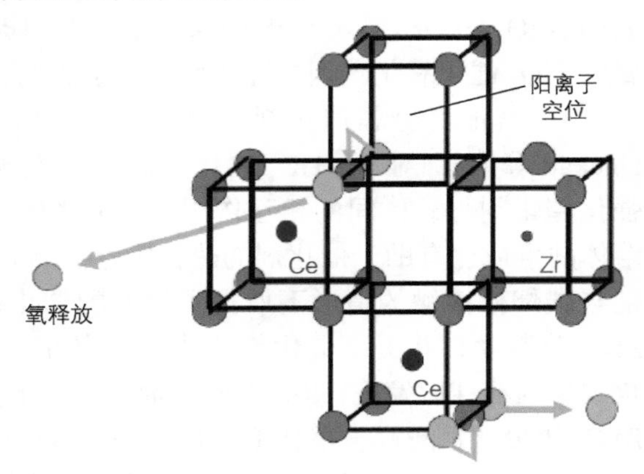

图 7-13 铈锆储氧材料结构示意图

Ce-Zr 的催化活性并非是所有 Ce 基固溶体中最佳的，Ce-La 固溶体比 Ce-Zr 活性更好。Bueno-López 等人[87]发现 La^{3+} 掺入 CeO_2 晶格形成固溶体改善了催化剂比表面积增强催化剂氧化还原性能，从而提高碳烟起燃活性。Krishina 等人[88]对 CeO_2 掺杂不同稀土元素（La、Pr、Sm、Y）的固溶体催化剂在不同气氛下的催化性能做了系统的研究。他发现掺杂 Pr、La 的 CeO_2 样品不仅增加了介孔和大孔的孔容及外表面比表面积，而且抑制了 CeO_2 晶粒的长大，提高了催化剂的热稳定性，催化剂的活性也因此得到改善。实验还揭示了样品的催化活性对储氧能力变化不敏感，催化剂表面的氧物种溢流至碳烟表面是反应的重要中间步骤。在 NO_x 气氛中，Ce-Pr 固溶体氧化物活性最优，这主要是由于 Ce-Pr 之间有着很强的

协同作用，并催化了 NO 向 NO_2 转化的过程。除了 La、Pr 外，Ce 与 Y 也能形成固溶体，改善催化活性。Atribak 课题组 [89] 利用高温固相法成功合成了 $Ce_{1-x}Y_xO_2$ 及 $Ce_{0.85-x}Zr_{0.15}Y_xO_2$ 系列催化剂。掺杂 Y 后 CeO_2 催化性能明显提高，其中 $Ce_{0.99}Y_{0.01}O_2$ 活性最佳，但是掺杂 Y 对 Ce-Zr 固溶体的催化性能影响不大。CeO_2 与 Ce-Zr 不仅是一种良好催化剂，也是一种很好的载体，在其表面负载过渡金属及贵金属有助于促进碳烟去除。很多研究指出，Cu/CeO_2 显著降低了碳烟在 NO_x 的起燃温度及 CO_2 的选择性。Liu 等人 [90] 则对 CeO_2 上负载 Co 进行了全面的研究后认为，催化剂整体的氧化还原能力因为 Co 的引入而增强。Dhaked 等人 [91] 则提出另一种观点，他认为部分 Co 进入了 Ce 的晶格，导致了 Co-Ce 复合氧化物活性的改善。Wu 等人 [92] 研究证明了 MnO_x 与 CeO_2 的协同作用是高催化活性的原因，在 Mn-Ce 复合氧化物上负载 Cu 效果更佳 [93]。而 Sun 等人 [94] 利用柠檬酸络合法制备 Ce-Al 复合氧化物较好的活性和极高的热稳定性，在 CeO_2 上单载钼（Mo）对催化性能也起着积极的作用。

Aneggi 等人 [95] 采用水热法制备了不同形貌的 CeO_2，从形貌研究中发现与传统的 CeO_2 相比，纳米立方体结构的 CeO_2 以 (100) 晶面为主，纳米棒状的 CeO_2 的主要晶面是 (100)、(110)，而传统的 CeO_2 主要以 (111) 晶面为主。与 (111) 晶面相比，(100)、(110) 型晶面形成氧空位的能量较低，因此活性更强。活性较强的晶面对碳烟氧化有更积极的影响，因此纳米材料的 CeO_2 活性更好。Guillén 等人 [96] 通过调节 Ce：Pr 配比，用硝酸煅烧法制备出的 $Ce_{0.5}Pr_{0.5}O_{2-\delta}$ 具有最佳活性。这是因为镨以 Pr^{3+} 的方式掺杂进 CeO_2 晶格内部，导致该氧化物中存在大量的阴离子空位，从而增加了晶格氧的与表面活性氧的迁移率。Liu 等人 [97] 用溶胶凝胶法制备了 $Ce_{0.84}Zr_{0.16}O_2$ 催化剂，发现粒径更小的 Zr 掺杂使催化剂颗粒内部产生孔隙，增大了比表面积，改善了催化剂与碳烟颗粒的接触。Zr 的引入调节了催化剂晶格氧的迁移率，增加了氧空位的形成，从而促进了活性氧的产生，有利于碳烟的氧化。但是掺杂大量的 Zr 会降低催化剂的活性，这是因为过量的 Zr 富集在催化剂表面，使催化剂的晶格氧流动性受到抑制。刘爽等人 [98] 将 Pt 负载在 $Ce_{0.6}Zr_{0.4}O_2$ 载体上发现，Pt 与 Ce-Zr 固溶体存在一定的相互作用，使催化剂大幅度提高对活性氧的利用，尤其是在 NO_x 气氛中，促进了碳烟与 NO_2 的反应，从而降低了碳烟燃烧的温度。Venkataswamy 等人 [99] 用沉淀法分别将 Fe、Mn 掺杂进 CeO_2 内部，形成了 Ce-Fe 固溶体和 Ce-Mn 固溶体。研究发现，Fe 与 Mn 的掺杂均形成了 Ce-O-M（M=Fe、Mn）键，为了保持电中性使 Ce^{4+} 转化为 Ce^{3+}，促进 Ce^{3+} 的产生，同时增加了催化剂的活性氧物种。此外发现催化剂对 NO_x 的吸附能力增强，增强了 NO_x 参与碳烟氧化的能力。与纯的 CeO_2 相比，Ce-Fe 固溶体和 Ce-Mn 固溶体的热稳定性都提高了，其中 Ce-Mn 的热稳定性最高。Fu 等人 [100] 用不同方法制备了 Ce-Cu 固溶体催化剂，发现 Cu^{2+} 进入到 CeO_2 晶格内部，造成晶格缺陷从而促进了氧空位的形成，进而增加了催化剂表面活性氧，在催化碳烟燃烧生成 CO_2 过程中表现出优异活性，如图 7-14 所示其中柠檬络酸法制备的催化剂活性更好，其表面活性物种更加丰富。

2）碱金属催化剂。在碳烟燃烧的研究中，碱金属是一类热门的催化剂，主要以负载或掺杂的方式为主。碱金属的熔点较低，因此在高温下流动性强，尤其碳酸盐类的碱金属对碳烟具有良好的催化性能，但是碱金属中的氯化物并没有太多活性，这是因为碳酸盐中的碱金属会生成 C-O-M，C-O-M 与碳烟反应生成 CO_2 后被还原成 C-M，再被氧化成 C-O-M，该循环有利于碳烟燃烧中 O_2 的高效利用。Legutko 等人 [101] 将不同种类的碱金属负载至 Fe_3O_4，得到了碱金属的活性顺序：Cs > K > Na > Li，这与碱金属的电负性有一定关系。Li

等人[102]发现 Cs 负载的典型氧化物与大多数研究的 K 负载同类氧化物相比，在碳烟燃烧方面表现出更好的催化性能。与 K_2O 相比，Cs_2O 更容易向 O_2 提供电子，这使活性氧种类更多，电荷密度更高。Cs_2O 表面的氧基团更容易被激活，导致更多的电子从 Cs_2O 转移至碳烟颗粒，进一步促进了碳烟的氧化。许多研究发现钾化合物的高迁移率提高了催化剂与碳烟的有效接触，因此含钾的催化剂具有良好的活性，但是钾的高迁移率在经过水洗或者其他因素易造成钾流失。为解决这个问题，一般的方法将其他金属引入与碱金属相互作用。例如 Cao 等人[103]发现 K 负载至 Co_3O_4 后使碳烟的起燃温度降低至 279℃。K 的负载提供了新的活性位点，增加了催化剂表面的活性氧，改善了催化剂与碳烟颗粒的接触。K 与氧化钴相互作用，可以稳定一部分 K 来降低 K 的流失，从而提高催化剂的稳定性，稳定的钾物种可以促进连续的碳烟燃烧循环的催化活性。

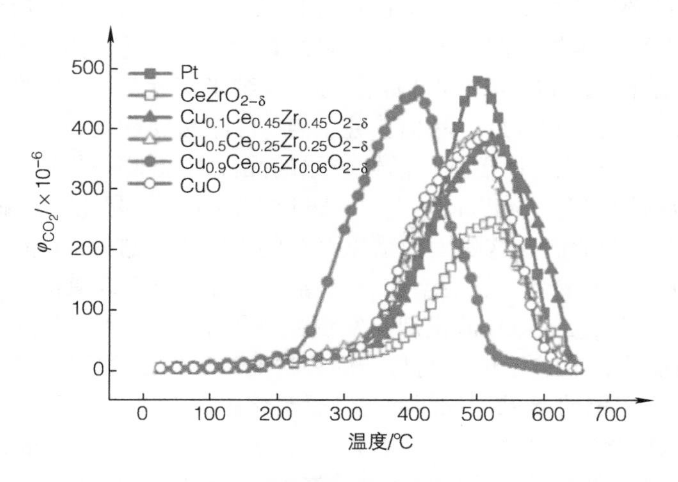

图 7-14 系列催化剂的碳烟催化燃烧性能曲线

3）复合金属氧化物。研究表明，除稀土氧化物、碱金属催化剂外，钙钛矿类催化剂和尖晶石类催化剂也表现出优异的低温催化氧化碳烟颗粒活性。

① 尖晶石型。尖晶石型复合氧化物（AB_2O_4）是一种典型的离子晶体催化剂。A 位离子呈 +2 价，填充在 O^{2-} 立方堆积的四面体中，B 位离子为 +3 价阳离子，堆积在八面体中，如图 7-15 所示。尖晶石催化剂因其良好的热稳定性及优异的催化活性引起了广泛的关注与研究。

在 20 世纪末，Shangguan 等人[104]就首先将尖晶石型复合氧化物应用于碳烟与 NO_x 同时催化去除中。他通过一系列的实验研究证明了尖晶石 A 位及 B 位离子对 N_2 的选择性有着重要的影响，在所有研究的尖晶石中，$CuFe_2O_4$ 对 N_2 的选择性最佳，相应的产物（CO_2、N_2 及 N_2O）的 Arrhenius 曲线的线性度较好。基于此，作者深入探讨了 $CuFe_2O_4$ 的催化反应动力学[105]。在此催化剂 A 位掺杂入少量的 K，不仅有助于降低催化的起燃温度，也利于促进 N_2 的还原。随后 Teraoka 等人[106]系统总结了 $CuFe_2O_4$ 在不同 NO_x 气氛下的反应机理，结果认为 NO_2 有利于改善起燃活性，而 NO_x 与 O_2 的共存的气氛条件则促进了 N_2 的生成。Lin 等人[107]则对 $Cu_{0.95}K_{0.05}Fe_2O_4$ 氧化 PM 过程进行了分析，他指出 O_2 存在并不利于 N_2 的还原，这可能是由于碳烟与 PM 表面物种不同导致的。Co_3O_4 也是一种由 CoO 及 Co_2O_3 组

成的复合尖晶石型氧化物，其具备较好的碳烟催化氧化方面性能，有着广泛的应用。Sun 等人[108]在 Co_3O_4 表面负载 K 成功改善了 Co_3O_4 在松接触状态下的起燃活性，最大燃烧温度 T_m 降低了 80℃。这是由于 K 不仅改善了碳烟与催化剂的接触状态，同时也将更多的低价钴离子氧化为高价钴离子，增强了催化剂整体氧化还原性能。Sui 等人[109]制备了基于 Co_3O_4 的 Co-Sr 和 Co-Sr-K 催化剂，并对其催化燃烧碳烟的活性进行了研究。他们发现在催化剂中加入适当的 Sr，可以加速碳烟氧化速率，降低催化剂与碳烟接触不良的影响，而 Co-Sr-K 催化剂在紧接触下明显降低了碳烟起燃温度。

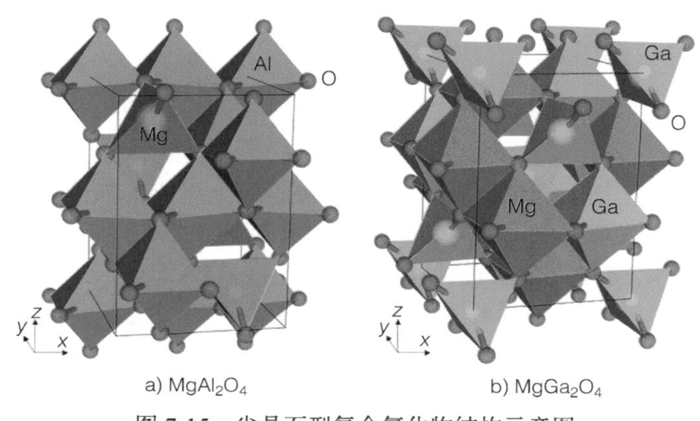

a) $MgAl_2O_4$　　b) $MgGa_2O_4$

图 7-15　尖晶石型复合氧化物结构示意图

② 钙钛矿型。钙钛矿型复合氧化物（ABO_3）也是一种热稳定性及耐硫性较好的催化材料。其中 A 位为稀土金属离子（La^{3+}，Pr^{3+} 等）及碱金属离子（K^+，Na^+ 等），它们的离子半径都较大，处于 12 个氧原子组成的 14 面体的中央，而 B 位离子主要为半径较小过渡金属（Co、Fe、Mn 等）离子，其位于 6 个氧原子八面体中心。当离子半径满足一定条件时，ABO_3 的 A 位和 B 位均可以被其他金属离子取代，创造了更多的表面缺陷，为催化活性的改善提供了可靠的途径。Teraoka 等人[110]早在 1994 年即初步研究了钙钛矿型催化剂同时去除碳烟和 NO_x 的性能，他认为碳烟的起燃温度和 NO_x 还原的选择性取决于 A 位离子和 B 位离子，在 A 位掺杂 K 离子改善了催化性能。他探索研究了 $La_{1-x}K_xMnO_3$ 体系，发现 x = 0.2 及 0.25 时，起燃温度在 220℃左右，N_2 对 C 的选择性也最佳。Peng 等人[111]进一步优化 $La_{1-x}K_xMnO_3$ 体系，在 B 位掺入 Cu，750℃焙烧后得到的 $La_{0.8}K_{0.2}Mn_{0.95}Cu_{0.05}O_3$ 起燃温度可低达 260℃，NO 转化为 N_2 的最大转化率可高达 54.8%，此催化剂的高活性可归因于大比表面积，高浓度的 Mn^{3+} 及 Mn^{3+} 与 Cu^{2+} 的协同作用。$LaCoO_3$ 也是一种典型的钙钛矿型化合物，柠檬酸络合法则是常见的合成手段。Furfori 等人[112]创新性采用自蔓延燃烧法（SHS）合成了 $LaCoO_3$，在紧接触和松接触情形下均能较好催化碳烟燃烧。Zhang 等人[113]研究了不同反应气氛对 $LaCoO_3$ 催化碳烟燃烧的速率影响，发现 10% H_2O > 3000ppm NO_x > 1% H_2 或 3000ppm C_3H_6。很多研究表明，通过对 La^{3+} 的部分取代能够明显改善催化活性。Hong 等人[114]首先考察了碱金属种类及 La^{3+} 取代量对颗粒物催化燃烧活性的变化，发现 Cs > K >Na。尽管如此，由于 K 价格低廉，因此大量研究依然集中在 K^+ 取代 La^{3+} 的复合氧化物催化剂研究。A 位和 B 位离子的共掺杂进一步改善了 $LaCoO_3$ 的活性，Fang 等人[115]制备了一系列 $La_{1-x}K_xCo_{1-y}Mg_yO_3$ 系列钙钛矿型催化剂，发现 $La_{0.6}K_{0.4}Co_{0.9}Mg_{0.1}O_3$ 去除碳烟

效果最佳，其碳烟燃烧的峰值温度为 359℃。

7.2.3 氧化性催化转化器

柴油车尾气污染物中的 CO 和 HC 主要是经过柴油车 DOC 催化氧化转化成 CO_2 和 H_2O；同时部分的 NO 也可以通过 DOC 环节转化成 NO_2，这将对后续的 SCR 反应也起到促进作用。另外颗粒物中的部分可溶性有机成分 SOF 仍然可通过 DOC 进行催化氧化，式（7-29）~ 式（7-31）分别为 CO、HC 和 NO 的催化氧化反应式：

$$2CO + O_2 \rightarrow 2CO_2 \tag{7-28}$$

$$4HC + 5O_2 \rightarrow 4CO_2 + 2H_2O \tag{7-29}$$

$$2NO + O_2 \rightarrow 2NO_2 \tag{7-30}$$

DOC 主要是由催化剂、壳体、载体和减振层四部分组成，如图 7-16 所示。其中催化剂是评价 DOC 性能的主要指标，常用的 DOC 催化剂有 Pt、Pd、Rh 等贵金属催化剂，以及 Cu、Fe 等复合氧化物非贵金属催化剂。常用的载体有 Al_2O_3、TiO_2、SiO_2 等，而往往单一载体表现出的催化氧化性能以及抗硫性能较差，因此通常采用复合金属氧化物作为催化剂的载体，使各载体优异性能相结合。此外，DOC 既可以单一使用，又可以和其他后处理技术联合使用。柴油车在冷起动阶段时，尾气排放温度较低，会导致燃料燃烧不充分且伴有含硫气体的生成，含硫量较高会导致催化剂中毒失活。因此，需要 DOC 催化剂同时具备优异的低温催化性能和良好的耐硫性能。

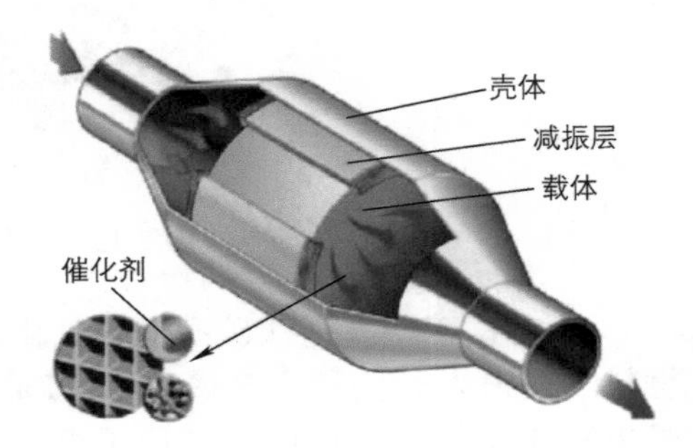

图 7-16　柴油车 DOC 主要结构组成图

1. DOC 催化剂

（1）活性组分

1）贵金属催化剂。铂（Pt）、钯（Pd）、铑（Rh）等贵金属催化剂通常因为对 CO、HC、NO 和 PM 中的有机组分 SOF 具有良好的催化氧化作用而受到人们的广泛关注。Over 等人[116]采用溶胶 - 凝胶法制备系列 Pd-Al_2O_3 催化剂，探究了 pH 值对催化剂性能的影响。研究表明：当 pH 等于 10 时所制备的 Pd-Al_2O_3-B 催化剂活性组分的分散度比 pH 等于 4 时，制备的 Pd-Al_2O_3-A 催化剂分散度高，催化剂高的分散性更有利于吸附反应物，因此当 pH 等于 10 时制备的催化剂具有更好的催化活性。Yang 等人[117]分别采用共沉淀法和浸渍法制备了系列铂基催化剂，Pt/TiO_2-YO_x 与 Pt/TiO_2 催化剂相比，氧化钇的引入更能有效地提高 Pt/TiO_2-YO_x 催化剂的活性和稳定性，同时也能保持未改性催化剂优良的耐硫性。通过表征进一步证明钇的添加可以稳定催化剂的多孔结构，增大 TiO_2 的比表面积，这是具有较好的低温活性和稳定性的主要原因。Gu 等人[118]采用浸渍法制备了 Pt/Ce-Zr-SO_4^{2-} 催化剂，研究了催化剂对 CO 和 C_3H_6 的性能影响。与 Pt/Ce-Zr 相比，当制备含有 10%SO_4^{2-}（质量分数）的 Pt/Ce-Zr-SO_4^{2-} 催化剂时，CO 和 C_3H_6 的 T90 明显降低。即使在 240℃下 0.02% SO_2 中毒 20h 后，转化率也超过 95%。通过表征发现，Pt/Ce-Zr-SO_4^{2-} 催化剂上活性组分分布更加均匀，为催化氧化 CO 和 C_3H_6 的过程提供了更多的吸附位点，因此 Pt/Ce-Zr-SO_4^{2-} 的催化剂活性比 Pt/Ce-Zr 好。另外，总酸度的增加和表面新的布朗斯特酸位点为 Pt/Ce-Zr-SO_4^{2-} 催化剂提供了良好的抗硫性。Sheng 等人 [119] 往 MnO_x-CeO_2/GR 催化剂掺杂贵金属（Rh、Ru、Pt、Pd），发现在较低温度下对 NH_3 选择性催化还原（SCR）有促进作用。活性测试结果表明，添加贵金属 Pd 所制备的 MnO_x-CeO_2-Pd/GR 催化剂表现出最佳的催化性能和很好的抗硫性。对催化剂进行了一系列表征，结果表明：掺杂剂与 MnO_x-CeO_x 固溶体之间相互作用的增强提高了催化剂的低温活性。此外，Rh、Ru、Pt 或 Pd 的掺杂增加了化学吸附氧和表面酸位的含量，对于 SCR 反应过程也起到了至关重要的作用。刘洋 [120] 采用混涂法将 Pt 负载在 Y-Al_2O_3/ 稀土催化剂涂层上，研究不同含量的 Pt 对于催化剂性能的影响。结果表明，该催化剂有优良的耐久性能，对 PM 的氧化能力较好同时又不会氧化 SO_2 生成硫酸盐覆盖催化剂活性点位。Schott 等人 [121] 研究了低温富氧条件下利用氢气还原氮氧化合物的还原性能。作者分别合成了 Pt/ZrO_2 和 Pt/WO_3/ZrO_2 催化剂，发现负载 0.3%Pt、11%W/ZrO_2（质量分数）型催化剂具有最强的催化活性。该催化剂在 200℃以下对氮氧化物有很高的还原性能，而且还原产物 90% 左右为 N_2。另外，催化剂还具有良好的水热稳定性和抗硫性能。康守方等人 [122] 考察了 Pt/Al_2O_3、Pt/TiO_2 和 Pt/TiO_2-Al_2O_3 整体式催化剂，发现三种催化剂在以丙烯为还原剂的条件下对于柴油车模拟尾气中的 NO_x 都有很高的催化性能。Pt 能氧化 SO_2，但与此同时也增加了硫酸盐颗粒物的排放。Pd 的低温催化活性不如 Pt，但它能抑制硫酸盐物质的生成。Ozawa 等人 [123] 发现在贵金属 Pd 中引入 Pt 后，催化剂初始催化活性下降，但双组分催化剂稳定性得到提高，Pd-Pt 双组分催化剂比 Pd 单组分催化剂具有较好的稳定性。通过 BET、XPS、TPO、TEM 等表征方法对加入 Pt 之后的 Pd-Pt 双组分催化剂进行表征测试，发现在接近 PdO 的地方形成了 Pd-Pt 合金。Pd-Pt 合金的形成抑制了活性组分 PdO 的分解。在高温条件下 Pd 基催化剂的活性组分容易发生迁移、表面团聚，催化剂催化性能下降，加入 Pt 之后能提高 Pd 活性组分的分散度，催化剂稳定性提高。一直以来，人们认为 Au 催化活性很差，但后来的研究表明纳米金（< 10nm）具有很高的催化活性。它对烃类具有很好的氧化还原特性，Au 作为催化剂在 CO 的低温氧化方面被人们尤为看重。在室内空气质量、工业污染控制、汽车尾气处理（特别是在发动机冷起动阶段）等各方面，人们均在研究金的催化活性。

此外，由于贵金属储量有限，价格昂贵，不适宜于大规模工业化生产，有时会用非催化剂来掺杂或取代贵金属催化剂，以来减少贵金属用量。

2）非贵金属催化剂。非贵金属催化剂通常指成本低的过渡元素的复合氧化物或混合物，如 Cu、Ni、Mn、Fe 等催化剂。系列研究表明，铜基催化剂对 CO 具有很好的催化氧化效果。由于金属氧化物催化剂活性影响因素较多，贾春江课题组 [124] 对 CuO-CeO_2 催化剂体系中的活性位点以及精准调控策略进行总结，并探讨新反应机理的研究进展。研究发现，不同形貌的 CeO_2 暴露的不同晶面可以与铜物种产生不同的相互作用，对铜物种的活化程度各不相同，从而导致了根本的催化性能差异。Zhu 等人 [125] 通过浸渍法（IM）、沉积沉淀法（DP）和水热法（HT）制备了 Co_3O_4/ZSM-5 催化剂，探究了催化剂对 C_3H_8 催化氧化性能的影响。研究结果表明，不同方法制备的催化剂对 C_3H_8 的催化氧化活性按以下顺序：HT > DP > IM。水热法（HT）制备的 Co_3O_4/ZSM-5 催化剂具有优良的催化活性，可能是因为该方法制备的催化剂 Co^{3+} 含量较高、表面浓度较高、迁移速度快，Co_3O_4 的晶格氧促进了 C_3H_8 的反应。Co_3O_4/ZSM-5（HT）催化剂对 C_3H_8 催化氧化的活性甚至高于 1.5%Pd/ZSM-5。根据文献报道，锰基催化剂对于 NO_x 选择性催化还原具有较好的活性。Liu 等人 [126] 通过水热法制备的 Mn-Ce-Ti 混合氧化物催化剂，在氧气存在的情况下用 NH_3 选择性催化还原 NO_x。研究发现，Mn-Ce-Ti 催化剂对 NH_3-SCR 表现出优异的性能，同时具备较强的抗 H_2O 和抗 SO_2 性能，且具有较宽的操作温度窗口，对控制柴油机 NO_x 的排放具有重大意义。这主要归因于 $Mn^{4+} + Ce^{3+} \rightarrow Mn^{3+} + Ce^{4+}$、$Mn^{4+} + Ti^{3+} \rightarrow Mn^{3+} + Ti^{4+}$ 发生的双氧化还原循环以及非晶态结构。DRIFTS 研究表明，Mn 和 Ce 之间的协同效应有助于活性中间物的形成，从而促进 NH_3-SCR 的进行。对于镍基催化剂，Varkolu 等人 [127] 介绍了高表面积介孔 Ni-CeO_2-ZrO_2-SiO_2 复合催化剂，探究 Ce/Zr 摩尔比和 Ni 的负载量对水蒸汽重整为合成气的影响。结果表明：CeO_2 与 ZrO_2 形成固溶体，促进了活性组分 Ni 的分散，增强了氧的储存和释放能力。随着 CeO_2/ZrO_2 摩尔比的增加，合成气碳的转化率（CCSG）和 H_2 收率也随着提高。但当摩尔比高于 1∶2 时，碳转化率略有下降。另外，当催化剂中 Ni 的负载量（质量分数）增加到 20% 时，CCSG 和 H_2 收率也得到提升。因此，当 CeO_2/ZrO_2 摩尔比为 1∶2 和 Ni 理论负载量为 20% 时，催化剂活性最佳。

（2）载体

1）单一金属氧化物载体。许多金属氧化物对 CO 和 HC 有一定的催化氧化能力，近年来，用 CuO、CeO_2、TiO_2、SnO_2、ZrO_2 和 Co_3O_4 等金属氧化物催化剂来代替贵金属催化剂具有广阔的应用前景。Sun 等人 [128] 通过浸渍法，采用不同种类 Cu 前驱体（醋酸铜、硝酸铜、氯化铜和硫酸铜）在 500℃或 800℃下焙烧，制备了 CuO/CeO_2 催化剂用于催化氧化 CO，探究 Cu 前驱体种类和焙烧温度对催化氧化 CO 性能的影响。结果表明，采用醋酸铜作为前驱体，在 500℃焙烧条件下制备的 CuO/CeO_2 催化剂表现出最好的 CO 氧化活性。归因于 CeO_2 表面分散着更精细的 CuO，并且 CeO_2 和 CuO 有更强的协同作用，这种协同作用会导致 Cu^+ 的形成，并活化晶格氧增加晶格氧的流动性，进而提高了催化剂的氧化性能。Zhang 等人 [129] 采用分散沉淀法，以氢氧化钴和醋酸为原料合成了晶粒尺寸为 5 ~ 15nm、比表面积为 $82m^2/g$ 的 Co_3O_4 催化剂。相比于传统的碱沉淀法，用分散沉淀法制备的纳米级 Co_3O_4 催化剂含有更多的表面氧物种，在 CO 和 C_3H_8 氧化过程中具有更好的催化氧化活性。Al_2O_3 由于其较大的比表面积、吸附性能好、活性组分能够均匀地分散在载体上而受到广泛关注。通常单一载体表现出较差的催化性能，因此需要引入不同元素与其形成复合金属氧化物来达到各自优点。Wandondaeng 等人 [130] 通过浸渍法将 La 负载在 Pt/g-Al_2O_3 催化剂上，研究了 La 引入对催化剂催化氧化 CO 活性的影响。根据 CO_2-TPD 显示，La 的引入增加了催化剂的碱性，从而增加了氧迁移率，提高了催化剂对 CO 的催化氧化性能。另外，通过 CO 化学吸附测量的 Pt 分散度，当 La/Al 摩尔比小于 0.05 时，发现 Pt 分散度随着 La 添加量的增加而增加，活性组分较好的分散性是 CO 催化活性高的关键因素。但是当 La/Al 摩尔比大于 0.05 时，活性组分 Pt 的分散性随着 La 添加量的增加而降低。Jiang 等人 [131] 采用溶胶 - 凝胶法、浸渍法制备了 Pt/TiO_2-Al_2O_3 催化剂，考察了催化剂中 TiO_2 不同添加量对丙烷脱氢性能的影响。研究结果表明，由于部分还原的 TiO_x（$x < 2$）的电子转移到 Pt 原子上，加入适量的 TiO_2 可以提高丙烯的选择性和稳定性。TiO_2 的加入也增加了载体上强酸中心的数量；然而，引入过量 TiO_2 可能会导致大量焦炭的形成。所以，当 TiO_2 的添加量（质量分数）为 10% 时，可以获得更高的丙烯选择性和稳定性。Aghamohammadi 等人 [132] 分别采用浸渍法和溶胶凝胶法制备了 Ni/CeO_2-Al_2O_3 催化剂，探究了 CeO_2 引入量及不同方法对甲烷干重整。研究结果表明，引入 10% 的 CeO_2 后，催化剂的粒径分布更加均匀，

从而有利于催化氧化反应。另外发现，溶胶凝胶法制备的催化剂晶粒尺寸更小，活性组分 Ni 的分散性更好，因此溶胶凝胶法相比于浸渍法制备的催化剂具有更好的催化活性。Italiano 等人[133] 采用沉淀法合成了不同载体（CeO_2、CeO_2-Al_2O_3 和 Al_2O_3），然后通过浸渍法制备了系列 Rh 基催化剂，对甲烷蒸汽转化（MSR）反应进行了活性评价。通过系列表征发现，Rh/ CeO_2-Al_2O_3 催化剂具有较大的比表面积，载体与活性组分的相互作用较强，提高了活性组分的分散度，从而增强了催化剂的活性。同时也观察到含 Al_2O_3 载体的催化剂即使在高空速下对 MSR 反应的稳定性也很好。

2）复合金属氧化物载体。单金属氧化物催化剂存在活性低、热稳定性差和抗毒性差等缺点，因此需要添加另一种金属对其改性，使之性质互补从而制备复合金属氧化物，提高其催化性能。Huang 等人[134] 通过共沉淀法制备了一系列 $Ti_xSn_{1-x}O_2$（$x = 1$、0.7、0.6、0.5、0.3、0）固溶体，采用沉积沉淀法负载 CuO 得到 8%（质量分数）$CuO/Ti_xSn_{1-x}O_2$ 催化剂，应用于 CO 氧化，并探究不同 x 和焙烧温度对 CO 催化氧化活性的影响。结果表明，$CuO/Ti_{0.6}Sn_{0.4}O_2$ 催化剂在 300℃焙烧 3h 的反应条件下其催化活性最优，归因于 SnO_2 的引入改善了催化剂的稳定性，$CuO/Ti_xSn_{1-x}O_2$ 催化剂主要以 Cu^{2+} 存在。Bai 等人[135] 通过溶胶 - 凝胶法向 SO_4^{2-}/TiO_2 中掺杂不同量的 Sn 制备了系列 SO_4^{2-}/TiO_2-SnO_2 新型固体酸催化剂，探究 Sn 的引入对其结构、酸性和热稳定性的影响。结果发现，Sn 的引入使催化剂比表面积增大，晶粒尺寸减小，总酸量增加，B 酸量显著增加，SO_4^{2-}/TiO_2-6%SnO_2 在 630℃分解，比 SO_4^{2-}/TiO_2 的分解温度（535℃）高近 100℃，说明 Sn 的引入显著提高了 TiO_2 的热稳定性。Dong 等人[136] 通过共沉淀法制备了一系列不同 Ti/Sn 摩尔比的 $Ti_xSn_{1-x}O_2$，采用浸渍法负载 CuO 制备 $CuO/Ti_xSn_{1-x}O_2$ 催化剂，应用于催化氧化 CO。探究不同 Ti/Sn 摩尔比和不同焙烧温度对 CO 催化氧化性能影响。结果表明，当 Ti∶Sn = 3∶1、焙烧温度为 600℃时，$CuO/Ti_xSn_{1-x}O_2$ 催化氧化 CO 性能最佳。归因于 Ti^{4+} 与 Sn^{4+} 具有相似的电负性（Ti^{4+}: 1.5，Sn^{4+}: 1.8）和离子半径（Ti^{4+}: 0.068nm，Sn^{4+}: 0.071nm）从而能够形成固溶体，并且 CuO 在 $Ti_xSn_{1-x}O_2$ 上高度分散，形成更多的氧空位，进而提高 CO 催化氧化性能。Song 等人[137] 以钛酸四丁酯 [$Ti(OC_4H_9)_4$] 为钛源、八水合二氯氧化锆（$ZrOCl_2 \cdot 8H_2O$）为锆源以及六水合硝酸铈 [$Ce(NO_3)_3 \cdot 6H_2O$] 为铈源通过溶胶 - 凝胶法合成 $Ti_{0.9}Zr_{0.1}O_2$ 和 $Ti_{0.9}Ce_{0.1}O_2$ 复合金属氧化物，采用浸渍法负载 Ru 合成 $Ru/Ti_{0.9}Zr_{0.1}O_2$ 和 $Ru/Ti_{0.9}Ce_{0.1}O_2$ 催化剂，用于催化氧化苯胺。结果表明，$Ru/Ti_{0.9}Zr_{0.1}O_2$ 催化剂具有最优的催化活性，归因于 Ru 在 $Ti_{0.9}Zr_{0.1}O_2$ 上高度分散而且具有更多的表面氧物种。Mattos[138] 比较了 Pt/Al_2O_3，Pt/ZrO_2 和 Pt/Ce-ZrO_2 催化剂对于甲烷的催化氧化性能。CeO_2 立方相的峰出现在 $2\theta = 28.6°$、33.1°，ZrO_2 四方相的峰出现在 $2\theta = 30.2°$、34.5°、35.3°，而 XRD 表征发现 $Ce_{0.75}Zr_{0.25}O_2$ 的峰出现在 29.0°、33.5°，同时没有检测到 ZrO_2 特征峰，因为掺入的锆已完全进入了 CeO_2 的晶格中形成了立方相的铈锆固溶体，使得 CeO_2 的峰从 28.6° 移动到 29.0°，33.1° 移动到 33.5°。作者发现，Pt/Ce-ZrO_2 比 Pt/Al_2O_3，Pt/ZrO_2 具有更加的催化活性、热稳定性、选择性，该催化剂可以不断地去除附着在活性中心沉积的碳烟微粒。把不同含量的钼分别负载到 $Zr_{0.75}Ce_{0.25}O_2$ 和 $Zr_{0.5}Ce_{0.5}O_2$ 表面，发现随着钼负载量的提高，铈锆固溶体的比表面积都下降了，前者的比表面积从 $44m^2/g$ 下降到 $22m^2/g$，而后者的比表面积只是从 $42m^2/g$ 下降到 $36m^2/g$。原因是高度溶解的氧化钼进入富铈的铈锆固溶体，增加了固溶体的多孔性，使得比表面积下降较少。铈锆固溶体表面氧空位的大量形成可以高效地将 NO 降解为 N_2。同时发现在 Ce^{4+}/Ce^{3+} 氧化还原对的作用下，NO 在 Ce^{3+} 的位点被还原。在 NO 的还原中 ZrO_2 并不是以活性中心出现，它可以促进表面氧的移动，从而出现大量的氧空位。Atribak 等人[139]用共沉淀法制备了 $Ce_{0.76}Zr_{0.24}O_2$ 和 $Ce_{0.16}Zr_{0.84}O_2$，通过 XPS 表征后发现表面富铈的固溶体活性明显好于表面富锆的。经 800℃焙烧后，催化剂活性明显低于 500℃时的活性。原因在于催化剂表面铈锆比例的下降，表面的锆发生了分凝现象。合适的铈锆比例能阻止 Zr 从固溶体表面脱离，提高了催化剂的抗硫性。虽然铈锆比例对于 NO 的氧化没有太大影响，但对于维持固溶体的晶型结构却是十分关键的。

（3）助剂

助剂是指其本身不具有催化活性或催化活性很低，引入后便会极大程度地提高催化剂的活性和抗中毒等能力。常用的助剂有 Ce、La、Ni、Zr 和 Y 等，Wandondaeng 等人[130]通过浸渍法将 La 负载在 Pt/g-Al_2O_3 催化剂上，研究了 La 引入对催化剂催化氧化 CO 活性的影响。根据 CO_2-TPD，La 的引入增加了催化剂的碱性，从而增加了氧迁移率，提高了催化剂对 CO 的催化氧化性能。Yang 等人[117]分别采用共沉淀法和浸渍法制备了系列铂基催化剂，Pt/TiO_2-YO_x 与 Pt/TiO_2 催化剂相比，氧化钇的引入更能有效地提高 Pt/TiO_2-YO_x 催化剂的活性和稳定性，同时也能保持未改性催化剂优良的耐硫性。通过表征进一步证明钇的添加可以稳定催化剂的多孔结构，增大 TiO_2 的比表面积，这是具有较好的低温活性和稳定性的主要原因。Ikryannikova 等人[140]发现，当铈的比例比较低时（30%），将 Y^{3+} 或 La^{3+} 掺入到铈锆固溶体的晶格中可有效稳定其立方相，且 Y^{3+} 的加入还增加了程序升温还原中的耗氢量。加入氧离子的铈锆固溶体催化活性和热稳定得到了进一步的提高，在 1220K 温度下经多次氧化 - 还原循环时氧化还原活性不变。当温度高于 1470K 时，部分固溶体的相发生分解，比表面积剧烈下降。Fomasiero 等人[141]也发现，加入 M^{3+} 的 $Ce_{0.6}Zr_{0.4}O_2$ 固溶体低温时有很好的氧交换能力，无论对于固溶体的构造属性还是稳定其立方相意义重大。同时柠檬酸盐的加入可使更多的氧离子进入 CeO_2 的晶格中。

2. DOC 催化反应机理研究

（1）CO 氧化

一般 CO 氧化较易发生，但柴油车尾气温度较低，且 DOC 靠近发动机出气口容易老化失活，使得采用 DOC 氧化 CO 存在一定问题。CO 在催化剂表面的吸脱附以单分子形式进行，脱附时温度一般需达到 150 ~ 350℃。事实上，为使 CO 氧化为 CO_2，催化剂表面温度必须达到 CO 脱附温度。关于 CO 氧化反应机理主要存在两种观点：一种观点认为反应遵从 Eley-Rideal 机理，即多相反应是吸附在活性中心上的一种反应物和气相中的另一种反应物结合，而非在相邻活性中心位吸附物种结合，CO 氧化反应发生在吸附的氧原子与气相的 CO 之间，氧吸附是速控步骤；另一种观点则认为反应遵从 Lamgmuir-Hinshelwood 机理，即反应物通过在催化剂表面相邻的活性中心上吸附而结合，CO 氧化反应发生在吸附的 C 与邻近的吸附氧原子之间，在催化剂表面，CO 更具有可移动性。因此，CO 氧化反应需要 CO 迁移到氧原子上，反应步骤如下：

$$CO + [^*] \leftrightarrow [CO^*] \tag{7-31}$$

$$O_2 + 2[^*] \leftrightarrow 2[O^*] \tag{7-32}$$

$$[O^*] + [CO^*] \rightarrow CO_2 + 2[^*] \tag{7-33}$$

式中，$[^*]$ 为活性位；$[CO^*]$ 为活性自由基。

研究表明，对于CO氧化反应，Pd/Al_2O_3 催化剂比 Pt/Al_2O_3 催化剂具有较好的低温活性；Pd/Al_2O_3 催化剂中加入少量Pt（质量比Pd：Pt = 4：1），可使CO氧化反应起燃温度降低。此外，贵金属粒径大小对CO氧化活性有一定的影响。研究表明，2.8、7.8和100nm等不同粒径大小的Pt催化剂中，100nm粒径大小的催化剂具有较高的CO氧化速率。

（2）HC氧化

由于燃料的不完全燃烧，柴油车尾气中存在许多种碳氢化合物，包括芳香族碳氢化合物、烷烃及烯烃等；对于这些碳氢化合物，传统的处理方法是催化氧化。在柴油车尾气中碳氢的氧化伴随 NO_x 的还原反应一起进行。DOC可以用来氧化SOF成分，改善柴油机颗粒物过滤器DPF的性能。此外，对于分子筛载体制备的DOC，可以吸附冷起动阶段释放的HC，直到达到其氧化温度。对于不同的碳氢化合物，DOC表现出不同的反应速率。如随着碳链的变长，反应速率变小。

与CO氧化反应类似，HC氧化反应遵循Lamgmuir -Hinshelwood机理。表面吸附的碳氢和吸附的氧之间的反应是速控步骤。在温度低于HC起燃温度时，HC吸附强于氧吸附，限制了表面氧参与反应。此外，由于不同碳氢物种在催化剂表面具有不同的优先吸附性能，因此对于氧的阻滞作用存在差异，这种竞争性吸附行为遵循Mars-van Krevelen机理：

$$O_2 + [^*] \rightarrow [O_2^*] \rightarrow 2[O^*] \tag{7-34}$$

$$HC + [\#] \leftrightarrow [HC\#] \tag{7-35}$$

$$[HC\#] + [O^*] \rightarrow CO_2 \tag{7-36}$$

式中，[*] 和 [#] 为活性位。

持非竞争性行为观点认为，不同HC会使催化剂表面降低到不同的程度。

$$[O^*] + HCa \rightarrow [^*a] + CO_2 + H_2O \tag{7-37}$$

$$2[^*a] + O_2 \rightarrow 2[O^*] \tag{7-38}$$

$$[O^*] + HC_b \rightarrow [^*b] + CO_2 + H_2O \tag{7-39}$$

$$2[^*b] + O_2 \rightarrow 2[O^*] \tag{7-40}$$

式中，HC_a、HC_b 为催化剂表面吸附不同种类HC的a、b位点，$[^*a]$ 和 $[^*b]$ 为a、b活性位。

对于HC氧化，含Pt催化剂表现出较好的起燃特性，少量Pt的存在对Pd基催化剂起到明显促进作用。Pd通常被认为是甲烷氧化最有效的活性组分。一般而言，随着催化剂活性组分含量增加，起燃温度降低；随着HC浓度增大，起燃温度升高。载体对HC氧化有较大的影响。研究表明，由于酸性载体会削弱Pt的氧化，因此活性组分Pt负载在酸性载体上有助于丙烷氧化温度的降低，此外，随着载体碱性增大HC的转化率降低。

（3）NO氧化

柴油车尾气中90%以上为NO，对于选择性催化还原技术（selective catalytic reduction，SCR）及氮氧化物存储还原技术（NSR）技术而言，在低温时（$< 250℃$），NO_x 脱除效率很低。研究表明，通过增加排气中 NO_2 的含量可以大大促进 NO_x 的转化率。此外，对于连续再生捕集器（continuously regenerating trap，CRT）系统而言，NO_2 相比于 O_2 对于碳

烟颗粒更具强氧化性。因此，柴油车后处理系统中通过前置 DOC 来增加 NO_2 的浓度进而促进其后处理系统的净化效果。NO 氧化为 NO_2 的反应过程如下：

$$NO + {}^* \leftrightarrow NO^* \tag{7-41}$$

$$NO_2 + 2^* \leftrightarrow NO^* + O^* \tag{7-42}$$

$$O_2 + {}^* \leftrightarrow O_2^* \tag{7-43}$$

$$O_2^* + {}^* \leftrightarrow 2O^* \tag{7-44}$$

Mulla 等研究表明，NO 氧化速率方程为：

$$r_f = \exp\left(A - \frac{E_a}{RT}\right)[NO]^{\alpha}[O_2]^{\delta}[NO_2]^{\gamma} \tag{7-45}$$

式中，A 为指前因子；E_a 为活化能；R 为气体常数；T 为绝对温度；α、δ、γ 为反应级数。

正反应对于 NO 和 O_2 的反应级数为 1，对 NO_2 的反应级数为 −1。对于逆反应（NO_2 分解为 NO 和 O_2），低温时（<300℃），在 Pt 活性位上反应速率极慢，归因于该反应中氧的脱附为控速步骤。

3. DOC 失活机理

DOC 失活属于自然现象，主要由于活性组分的烧结、中毒失活及积炭等因素的影响。由于 DOC 一般装于排气管的最前面，因此其所处环境最为恶劣。

（1）热失活及再生

尽管相对于汽油车而言，柴油车排气温度较低，但尾气排放长期处于温度波动状态，在高温水热和氧气的作用下，就会导致 DOC 催化剂的活性组分贵金属因高温迁移聚集而不可逆失活、催化剂载体 γ-Al_2O_3 因高温相变而引起比表面积大幅下降、催化剂助剂分子筛因高温骨架脱落坍塌而失去吸附功能。助剂掺杂改性是提高 DOC 催化剂高温热稳定性的方式之一，助剂包括稀土氧化物、BaO、SiO_2、ZrO_2 等。研究发现，掺杂稀土元素如镧、铈等可有效地提高 γ-Al_2O_3 以及分子筛的稳定性；在 DOC 催化剂涂层中添加氧化镧、氧化铈，有利于提升比表面积，改善表面贵金属分散度，进而增强抗烧结能力。基于制备工艺，研究者发现原位涂覆工艺，即在制备涂层过程中实现催化剂的合成，能够有效增强 DOC 催化剂抗热失活能力，同时提高催化涂层与蜂窝陶瓷载体间的结合力。此外，构造多贵金属体系，譬如 Pt-Pd、Pt-Rh、Pt-Pd-Rh 等，也被视为改善 DOC 催化剂高温稳定性的主要技术途径之一。

（2）化学失活及再生

催化剂活性位上由于吸附了其他物质造成催化剂活性和比表面积下降，导致催化剂孔道堵塞，从而使得催化剂活性下降，该过程属于化学过程，故称为化学失活。一般而言，化学失活是由发动机燃料和润滑油的组成引起的。柴油中一般都含有少量的硫，在燃料燃烧过程中大部分硫被氧化成 SO_2，而且氧化催化剂的活性组分也可将尾气中的 SO_2 催化氧化成 SO_3。SO_3 可以和尾气中的水生成硫酸进而生成硫酸盐，造成尾气中硫酸盐颗粒物的排放量增大；另一方面，尾气中 SO_2 的存在也会造成催化剂中的贵金属发生硫中毒。研究表明，DOC 在燃料硫含量不大于 350ppm 时具有较好的净化作用。

关于抑制柴油车 DOC 催化剂对 SO_2 氧化以及硫酸盐沉积的问题，当前主要研究工作集中在以下几个方面：一是调变贵金属的催化活性，以便降低或减弱其对 SO_2 的深度氧化反应，常见技术途径包括提升 DOC 催化剂中耐硫中毒高的贵金属 Pd 的比例、掺杂改性元素（钒、锡和铈等）等；二是开发耐硫酸盐的载体材料，降低硫化合物在催化剂表面的吸附和释放几率，相关氧化物包括 TiO_2、SiO_2、ZrO_2 及其复合物氧化物等；三是研究催化剂再生过程中，利用还原剂实现表面硫化物的消除。除硫化物引发的失活外，随着燃油品质的不断提高，由润滑油中的 Zn、P、As 等引起的催化剂中毒越来越受到人们的关注。研究表明，由于燃料添加剂二烷基二硫代磷酸锌使用，因此在失活的催化剂中发现有大量 $Zn_3(PO_4)_2$ 的存在。通过乙酸浸洗可以解决 Zn、P 等中毒问题，但拆卸催化剂存在诸多不便。

7.3　船舶及非道路柴油机净化技术

7.3.1　船舶柴油机净化技术

船舶排放的大气污染物主要包括 CO、SO_2、NO_x、颗粒物、HC、重金属等。其中，颗粒物组成及成因复杂，形成途径包括燃料燃烧不充分、燃油自身灰分和气体污染物二次合成等；SO_2 是由燃油中含硫成分燃烧形成；HC 和 CO 形成的主要原因是燃料未充分燃烧；NO_x 主要是在燃油燃烧产生的高温高压环境中，由氮气与氧气反应生成，称为热力型 NO_x。1964 年，Zeldovich 提出热力型 NO_x 生成机理，认为氧原子在高温下撞击氮分子发生如下反应：

$$O^* + N_2 \rightarrow NO + N^* \tag{7-46}$$

$$N^* + O_2 \rightarrow NO + O^* \tag{7-47}$$

船舶污染物排放控制技术可分为燃料替换、燃烧过程控制和尾气治理三大类，在目前燃料替换和发动机改造成本较高的条件下，船舶尾气治理是实现达标排放的有效措施。此外，PM 和 NO_x 之间存在此消彼长的“trade-off 效应”，基于发动机优化改造的机内控制技术尚不能同时降低 SO_x、NO_x 和 PM。

1. 船舶柴油机颗粒物控制技术

船舶尾气颗粒物控制技术包括机内控制和机外烟气治理（尾气除尘）两大类。其中，机内控制技术包括燃油替换、机油消耗量降低、发动机结构及运行参数优化（如电控技术、缸盖结构改进、共轨燃油喷射、优化增压和增压中冷技术）等。清洁燃料代替高硫油可明显减少 PM 的生成和排放，研究发现，使用 LNG 燃料可减少至少 85% 的颗粒物排放；通过增加燃油在喷嘴处的压力以保持最佳空燃比，共轨燃油喷射技术可实现颗粒物高效减排。

船舶尾气除尘技术主要途径有柴油颗粒物捕集器 DPF、氧化催化器 DOC、连续性再生颗粒捕集系统 CRT、电晕放电静电吸附技术、旋风除尘、静电除尘、湿式洗涤等。

DPF 是应用较广的柴油机烟气颗粒物控制技术，该技术利用装有极小孔隙滤芯的过滤器，通过惯性碰撞、物理截留、重力沉降等作用将尾气中的颗粒物去除，其中滤芯常用材料包括陶瓷基和金属基两种。但随着颗粒物在滤芯多孔壁面和孔道中不断累积，过滤器会出现堵塞情况，严重影响柴油机正常运行。因此，DPF 需要定期再生。DPF 再生可分为被动和主动再生两种技术。被动再生是通过向燃油或滤芯表面添加催化剂，降低 PM 起燃温度，催化氧化去除 PM；主动再生是通过电加热、喷油辅助燃烧等技术提高排气温度，实现 PM 自燃以达到再生目的。DPF 一般适用于低硫油柴油机（硫含量小于 50μL/L），对颗粒物去除率为 70% ~ 90%；当使用超低硫时，DPF 可实现颗粒物减排 90% 以上，还能减少 60% ~ 90% 的 CO 和 HC 排放。当硫含量过高时，燃烧会生成大量硫酸盐，导致过滤器堵塞失效。目前，DPF 已在使用低硫燃油（国四、国五柴油）的内河船、近海渔船等船用柴油机上应用，而使用高硫燃油的大型沿海、远洋船舶尚无法大规模应用 DPF 技术。

CRT 是由氧化催化器和颗粒物过滤器两个模块串联安装组成，其中氧化催化器在前，过滤器在后。前端氧化催化器将 HC、CO 深度氧化成 H_2O 和 CO_2，将部分 NO 转变成强氧化性的 NO_2。利用 NO_2，在 250℃低温下催化燃烧后端过滤器内捕集的颗粒物，去除效率达到 90% 以上。与 DOC+DPF 技术相似，CRT 技术不适用高含硫尾气，常应用于无硫或低硫燃油（国四、国五柴油）船用柴油机。

电晕放电静电吸附技术是一种新型的高效除尘技术，该技术采用电离段和吸附段两级处理结构，先通过电离段使颗粒物荷电，然后经吸附段消除带电的颗粒物。该技术与 DOC、DPF 技术相比具有系统阻力小、污染负荷适应性好、去除率高等优点。我国中船重工第 704 研究所研制出的静电式尾气净化装置（YJD 型）对 $PM_{2.5}$ 去除率高达 81%，可实现 PM 的高效去除。但该技术也存在投资运行成本较高、占地较大等缺点，需要加以改进。此外，旋风除尘、静电除尘等常规除尘技术对颗粒物也具有较好去除能力，但旋风分离器对粒径小于 0.5μm 的颗粒物去除率不高。

2. 船舶柴油机氮氧化物控制技术

与柴油机相似，船舶尾气脱硝技术主要包括选择性催化还原 SCR 技术、等离子辅助还原技术等。SCR 技术是指在催化剂的作用下（目前常用催化剂为 V-W-T 系列），以氨、尿素（32.5% 或 40% 溶液）等为还原剂，在 300~500℃条件下选择性将尾气中 NO_x 还原成 N_2，V_2O_5-WO_3-TiO_2 催化剂的抗硫中毒能力和在 350℃以上的 NO 转化率均好于含铁沸石催化剂。商用 V_2O_5-WO_3-TiO_2 催化剂在反应温度超过 300℃后，脱硝效率可达 90% 以上。该技术是目前国际上公认的唯一一项可应用于各类型船机和船型的发动机 NO_x 减排技术。目前，全球已有几百艘船安装了 SCR 设备（主要是德国、瑞典、芬兰、美国、日本等国家，我国广船国际股份有限公司、南京金陵船厂等生产的船舶也有部分安装了 SCR 装置），NO_x 去除率一般为 70% ~ 90%，船舶尾气净化后可达到 IMO 第Ⅲ阶段标准。但目前 SCR 技术仍存在占地面积大、投资和运行成本高（单位投资约为 40~135 美元 /kW，运行成本约为船舶在 ECA 中航行时燃料成本的 7%~10%）、催化剂易失活（尤其是船舶使用高硫油时）等问题，需要不断优化完善。此外，近年来研究的等离子辅助还原技术也表现出很好的 NO_x 去除效果，其去除率可达 97%，并具成本较低、占地面积小等优点，但该技术目前还处于研究阶段，未见实船应用报道。

国际上普遍采用单一污染物控制技术，如采用 DPF 控制颗粒物、采用湿式洗涤技术控制 SO_2、采用 EGR 或 SCR 技术控制 NO_x 等，但上述技术组合存在占地面积较大、系统复杂、投资运行成本高等问题。因此，如何在船舶有限的空间实现多种烟气污染物的去除是科研工作者需要重点关注的问题。

船舶尾气处理装置的体积、处理效率、安全性能等都有别于陆地上交通工具的尾气后处理技术，应用中应结合船舶的实际运行情况综合考虑，以便确定最优可行性技术。为满足硫氧化物和氮氧化物的排放要求，加装脱硫塔装置和脱氮装置是实现船舶尾气排放控制的最佳可实现路径。但随着人们对环境质量要求的日益严格，单一化的船舶尾气后处理技术势必将因无法满足环保要求而淘汰，而开发复合式协同一体化技术是降低船舶各类尾气污染，实现绿色航运的未来趋势和发展方向。

3. 船舶柴油机二氧化硫控制技术

船舶尾气 SO_2 控制技术与固定源烟气脱硫技术相似，可分为干法脱硫和湿法洗涤脱硫技术。湿法洗涤脱硫技术包括以海水作为洗涤剂的开环式废气洗涤技术、以碱液作为洗涤剂的封闭式废气洗涤技术以及结合两者优点的混合式洗涤技术。开环式废气洗涤技术的原理是利用海水吸收尾气中的硫氧化物，将之转化为硫酸盐与亚硫酸盐，洗涤液经过滤、曝气、pH 调节后直接排入大海。该方法成本低，工艺简便，代表性技术有 Hamworthy-Krystallon 公司的废气海水洗涤系统，可实现超过 97% 的脱硫率和 85% 的 PM 去除率。然而，该技术会伴随大量洗涤液排入大海，严重威胁到海洋生态环境。

封闭式废气洗涤技术是在封闭循环系统中利用苛性碱洗涤液往复不断吸收尾气中的硫氧化物，经过固液分离后，靠岸去除废渣。代表性技术有 Wärtsilä 公司开发的闭式脱硫系统，由于可直接实时调控洗涤液碱度，该系统的脱硫率高达 98%、脱硝率为 3% ~ 8%、PM 去除率为 30% ~ 60%。封闭式废气洗涤技术适用范围广，污染物去除效率高。

混合式洗涤系统集开环与闭环洗涤技术的优点，代表性技术有丹麦 Alfa Laval Aalborg 公司开发的混合脱硫系统，其脱硫率达 98%、PM 去除率达 80% 左右。但混合系统工艺复杂、初始投资成本高且占地较大。此外，我国大连海事大学环境污染治理研究所开发的镁基 - 海水法船舶废气脱硫技术，该技术具备脱硫效率高、运行风阻低、节省能耗等优势，具有较好的应用前景。

船舶尾气干法脱硫技术则是将尾气与固体碱性吸附剂充分接触，使之转变为硫酸盐或亚硫酸盐已达到去除硫氧化物的目的。代表性技术有德国 Couple Systems 和 MAN B &W 公司共同开发的 Dry EGCS 干法脱硫系统，硫氧化物去除率高达 99%、PM 去除率达 60% 左右。相较而言，干法脱硫技术不产生废水，同时能耗较低；但固 - 气两相有效接触低，故要求反应器具备较大的体积，以延长吸附剂与硫氧化物的接触时间。

目前，在美国和欧盟地区，每套船舶尾气脱硫装置的投资成本在 70 万 ~ 400 万美元之间。相较于使用低硫清洁燃料，安装船舶尾气脱硫装置更加经济且可持续性更强。从长远来看，船舶废气处理技术是控制排放的最佳选择。未来针对船舶尾气脱硫技术的研究热点将集中在如下几个方面：①开发体积小、结构紧凑的成套脱硫系统；②开发新型高效吸附材料或是海水添加剂，实现多污染物在同一设备中协同脱除；③开发基于湿法脱硫系统的联合脱硫脱硝技术研究等。

7.3.2　非道路柴油机净化技术

相较于道路用柴油机，非道路柴油机普遍存在工况负荷大、工作环境恶劣复杂、功率范围宽、布局差异大等情况，加剧了排放后处理技术的应用难度。据统计，非道路移动源 NO_x 排放量接近于机动车，对空气质量的影响不容忽视。

我国非道路移动机械排放的标准实施较晚，《非道路移动机械用柴油机排气污染物排放限值及测量方法（国一、国二阶段）》于 2007 年 10 月 1 日起全面实施。2015 年 10 月 1 日起，所有制造和销售的非道路移动机械用柴油机，其排气污染物排放必须符合非道路移动机械用柴油机排气污染物排放限值及测量方法（中国第三、四阶段）》中第三阶段要求。2020 年 12 月 28 日，国家生态环境部结合实际保护环境的需要，发布并实施了非道路第三、四阶段标准第 1 号修改单。自 2022 年 12 月 1 日起，所有进口、生产和销售的 560kW 以下（含 560kW）的非道路移动机械及装用的柴油机发动机均应符合国四标准要求，其限值见表 7-4。

表 7-4　非道路移动机械柴油机排气污染物第四阶段排放限值

阶段	额定净功率 P	CO	HC	NO_x	HC+NO_x	PM	NH_3	PN
		g/（kW·h）					ppm	#/（kW·h）
第四阶段	$P>560$	3.5	0.4	3.5（0.67①）	—	0.10		—
	$130 \leqslant P \leqslant 560$	3.5	0.19	2.0	—	0.025		
	$56 \leqslant P<130$	5.0	0.19	3.3	—	0.025	25②	5×10^{12}
	$37 \leqslant P<56$	5.0	—	—	4.7	0.03		
	$P<37$	5.5	—	—	7.5	0.60		—

① 适用于可移动式发电机组额定净功率大于 900kW 的柴油机。
② 适用于使用反应剂的柴油机。

非道路四阶段标准相关要求与柴油车国五阶段标准相当，选择性催化还原装置（SCR）和颗粒捕集器（DPF）是非道路国四主流的后处理技术路线，部分厂商还会采用柴油氧化催化器（DOC）和废气再循环（EGR）等辅助技术。这些技术在国五柴油车上已实现成熟应用，欧美非道路相应产品已在多年前供应市场。

从国三到国四，不同功率段非道路移动机械采用不同的排放控制技术，增加成本有所不同。37kW $\leqslant P<$ 75kW 功率段主要采用的技术路线是加装颗粒捕集器（DPF），DPF 能够有效过滤尾气中的 PM。然而，排气背压随着颗粒捕集量累积而快速增大，再生仍然是非道路柴油机（DPF）技术面临的最主要问题。通常情况下，根据 DPF 传感器反馈信号，在 ECU 辅助控制下通过调节电子节气门的开度、柴油机的后喷等来提升排气温度，实现 DPF 主动再生。75kW $\leqslant P<$ 130kW 功率段主要技术路线是加装氧化型催化转化器（DOC）+ 颗粒捕集器（DPF）。研究表明，加装 DOC 净化单元后，非道路国四柴油机尾气中的 SOF 排放量下降 40%～85%、CO 下降 30%～40%、HC 下降 40%～50%。130kW $\leqslant P \leqslant$ 560kW 功率段主要技术路线是加装氧化型催化转化器（DOC）+ 颗粒捕集器（DPF）+ 选择性催化还原装置（SCR），升级成本约占总成本的 10%～15%。37kW 以下功率段的柴油机，技术上只需要进一步优化进气、燃油喷射系统即可，技术增加成本在量产的情况下几乎可以忽略不计。

排放标准的升级将带动后处理生产企业等排放控制相关行业发展，推动柴油机行业技术升级。据测算，随着标准的实施，国四非道路移动机械保有量占比逐步增加，2025 年当年可减排 NO_x37.5 万 t、PM 3.2 万 t、减排比例分别为 12.5% 和 19.3%；2030 年当年可减排 NO_x 106.4 万 t、PM 7.7 万 t，减排比例分别为 35.0% 和 46.8%。

7.4　本章结语

本章节全面地介绍了道路车辆、非道路工程机械和船舶后处理技术的具体内容，包括汽油车后处理技术、柴油车后处理技术、船舶后处理技术和升级非道路机械后处理技术。针对其中提出的后处理催化剂老化失活问题是未来车辆污染控制技术进步的关键点，除此之外，应积极主动发展与之相关的后处理系统集成技术和装备，并为下一阶段更加严苛的污染排放管控标准做好相关配套技术研发，建立相关法规制度，实现污染排放减量和大气环境的持续改善。

参 考 文 献

[1] 陈晓珍，崔波，石文平，等．催化剂的失活原因分析 [J]. 工业催化，2001, 9(5): 8-15.

[2] 赫崇衡，汪仁．Pd/Al_2O_3 催化剂的高温热烧结研究 [J]. 催化学报，1997, 18(2): 93-96.

[3] 卞龙春，盛世才，随伟，等．汽车三效催化剂失活研究的进展 [J]. 浙江化工，2010, 41(12): 12-16.

[4] TRUEX T J. Interaction of sulfur with automotive catalysts and the impact on vehicle emissions-a review[J]. SAE Technical Papers, 1999, 1: 113-119.

[5] 贺泓，李俊华，何洪，等．环境催化—原理及应用 [M]. 北京：科学出版社，2008.

[6] ANEGGI E, DE L C, DOLCETTI G, et al. Promotional effect of rare earths and transition metals in the combustion of diesel soot over CeO_2 and CeO_2-ZrO_2[J]. Catalysis Today, 2006, 114(1): 40-47.

[7] LI M, LIU Z G, HU Y H, et al. Effect of doping elements on catalytic performance of CeO_2-ZrO_2 solid solutions[J]. Journal of Rare Earths, 2008, 26(3): 357-361.

[8] MORETTI E, STORARO L, TALON A, et al. Effect of thermal treatments on the catalytic behaviour in the CO preferential oxidation of a CuO-CeO_2-ZrO_2 catalyst with a flower-like morphology[J]. Applied Catalysis B: Environmental, 2011, 102(3): 627-637.

[9] MASUI T, NAKANO K, OZAKI T, et al. Redox behavior of ceria-zirconia solid solutions modified by the chemical filing process[J]. Chemistry of Materials, 2001, 13(5): 1834-1840.

[10] WANG S N, WANG J L, HUA W B, et al. Designed synthesis of Zr-based ceria-zirconia-neodymia composite with high thermal stability and its enhanced catalytic performance for Rh-only three-way catalyst[J]. Catalyis Science & Technology, 2016, 6(20): 7437-7448.

[11] KATZ M B, GRAHAM G W, YINGWEN D, et al. Self-regeneration of Pd-$LaFeO_3$ catalysts: new insight from atomic-resolution electron microscopy[J]. Journal of the American Chemical Society, 2011, 133(45): 18090-18093.

[12] NISHIHATA Y, MIZUKI J, AKAO T, et al. Self-regeneration of a Pd-perovskite catalyst for automotive emissions control[J]. Nature, 2002, 418(6894): 164-167.

[13] TANAKA H. An intelligent catalyst: the self-regenerative palladium-perovskite catalyst for automotive emissions control[J]. Catalysis Surveys from Asia, 2005, 9(2): 63-74.

[14] JARRIGE I, ISHII K, MATSUMURA D, et al. Toward optimizing the performance of self-regenerating Pt-based perovskite catalysts[J]. ACS Catalysis, 2015, 5(2): 1112-1118.

[15] YOON D Y, KIM Y J, LIM J H, et al. Thermal stability of Pd-containing $LaAlO_3$ perovskite as a modern TWC[J]. Journal of Catalysis, 2015, 330: 71-83.

[16] LIN S, YANG L, YANG X, et al. Redox behavior of active PdO_x species on (Ce, Zr)xO_2-Al_2O_3 mixed oxides and its influence on the three-way catalytic performance[J]. Chemical Engineering Journa, 2014, 247: 42-49.

[17] PAPAVASILIOU A, TSETSEKOU A, MATSOUKA V, et al. Synergistic structural and surface promotion of monometallic platinum three way catalysts: Effectiveness and thermal aging tolerance[J]. Applied Catalysis B: Environmental, 2011, 106(1-2): 228-241.

[18] HIRATA H. Recent research progress in automotive exhaust gas purification catalyst[J]. Catalysis Surveys from Asia, 2014, 18(4): 128-133.

[19] NAGAI Y, HIRABAYASHI T, DOHMAE K, et al. Sintering inhibition mechanism of platinum supported on ceria-based oxide and Pt-oxide-support interaction[J]. Journal of Catalysis, 2006, 242(1): 103-109.

[20] HIRATA H. Recent research progress in automotive exhaust gas purification catalyst[J]. Catalysis Surveys from Asia, 2014, 18(4): 128-133.

[21] KAWABATA H, KODA Y, SUMIDA H, et al. Self-regeneration of three-way catalyst rhodium supported on La-containing ZrO_2 in an oxidative atmosphere[J]. Catalysis Science & Technology, 2014, 4(3): 697-707.

[22] CARGNELLO M, DELGADO J J J, HERNANDEZ G J C, et al. Exceptional activity for methane combustion over modular Pt@CeO_2 subunits on functionalized Al_2O_3[J]. Science, 2012, 43(47): 713-717.

[23] ZHANG N, XU Y J. Aggregation-and leaching-resistant, reusable, and multifunctional Pt@CeO_2 as a robust nanocatalyst achieved by a hollow core-shell strategy[J]. Chemistry Materials, 2013, 25(9): 1979-1988.

[24] 潘柔杏，于庆君，唐晓龙，等．被动 NO_x 吸附剂在柴油车冷启动排放控制中的研究进展 [J]. 化工进展，2022, 41(1): 400-417.

[25] YANG J, REN S, SU B, et al. Insight into N_2O formation over different crystal phases of MnO_2 during low-temperature NH_3-SCR of NO[J]. Catalysis Letters, 2021, 151: 2964-2971.

[26] TIAN W, YANG H, FAN X, et al. Catalytic reduction of NO_x with NH_3 over different-shaped MnO_2 at low temperature[J]. Journal of Hazardous Materials, 2011, 188: 105-109.

[27] WANG F, DAI H, DENG J, et al. Manganese oxides with rod-, wire-, tube-, and flower-like morphologies: highly effective catalysts for the removal of toluene[J]. Environmental Science & Technology, 2012, 46: 4034-4041.

[28] GAO F, TANG X, SANI Z, et al. Spinel-structured Mn-Ni nanosheets for NH_3-SCR of NO with good H_2O and SO_2 resistance at low temperature[J]. Catalysis Science & Technology, 2020, 10: 7486-7501.

[29] WANG C, TANG X, YI H, et al. MnCo nanoarray in-situ grown on 3D flexible nitrogen-doped carbon foams as catalyst for high-performance denitration[J]. Colloids and Surfaces A: Physicochemical and EngineeringAspects, 2021, 612: 126007-126018.

[30] SHI Y, YI H, GAO F, et al. Facile synthesis of hollow nanotube MnCoOx catalyst with superior resistance to SO_2 and alkali metal poisons for NH_3-SCR removal of NO_x[J]. Separation and Purification Technology, 2021, 265: 118517-118523.

[31] KAPTEIJN F, SINGOREDJO L, ANDREINI A, et al. A. Activity and selectivity of pure manganese oxides in the selective catalytic reduction of nitric oxide with ammonia[J]. Journal of Physical Chemistry B, 1994, 3, 173-189.

[32] MARBÁN G, VALDÉS-SOLÍS T, FUERTES A B. Mechanism of low-temperature selective catalytic

reduction of NO with NH_3 over carbon-supported Mn_3O_4: Role of surface NH_3 species: SCR mechanism[J]. Journal of Catalysis, 2004, 226, 138-155.

[33] MA Z, WU X, HÄRELIND H, et al. NH_3-SCR reaction mechanisms of NbOx/$Ce_{0.75}Zr_{0.25}O_2$ catalyst: DRIFTS and kinetics studies[J]. Journal of molecular catalysis a-chemical, 2016, 423, 172-180.

[34] CHEN L, SHEN Y, WANG Q, et al. Phosphate on ceria with controlled active sites distribution for wide temperature NH_3-SCR[J]. Journal Of Hazardous Materials, 2022, 427, 128148.

[35] YANG C, YANG J, JIAO Q, et al. Promotion effect and mechanism of MnOx doped CeO_2 nano-catalyst for NH_3-SCR[J]. Ceramics International, 2020, 46(4): 4394-4401.

[36] CHEN L, REN S, XING X, et al. Effect of MnO_2 crystal types on CeO_2@MnO_2 oxides catalysts for low-temperature NH_3-SCR[J]. Journal of Environmental Chemical Engineering, 2022, 10: 108-119.

[37] NI S, TANG X, YI H, et al. Novel Mn-Ce bi-oxides loaded on 3D monolithic nickel foam for low-temperature NH_3-SCR de-NO_x: Preparation optimization and reaction mechanism[J]. Journal of Rare Earths, 2022, 40: 268-275.

[38] WANG C, GAO F, KO S, et al. Structural control for inhibiting SO_2 adsorption in porous MnCe nanowire aerogel catalysts for low-temperature NH_3-SCR[J]. Chemical Engineering Journal, 2022, 434: 134729-134734.

[39] BRANDENBERGER S, KRÖCHER O, TISSLER A, et al. The state of the art in selective catalytic reduction of NO_x by ammonia using metal-exchanged zeolite catalysts[J]. Catalysis Reviews, 2008, 50: 492-531.

[40] LIU J, LIU J, ZHAO Z, et al. Fe/Beta@SBA-15 core-shell catalyst: Interface stable effect and propene poisoning resistance for no abatement[J]. AIChE Journal, 2018, 64: 3967-3978.

[41] IWAMOTO M, FURUKAWA H, MINE Y, et al. Copper(Ⅱ) ion-exchanged ZSM-5 zeolites as highly active catalysts for direct and continuous decomposition of nitrogen monoxide[J]. Journal of the Chemical Society, Chemical Communicationsm, 1986(16), 1272-1273.

[42] KWAK J H, TRAN D, BURTON S D, et al. Effects of hydrothermal aging on NH_3-SCR reaction over Cu/zeolites[J]. Journal of Catalysis, 2012, 287: 203-209.

[43] MA L, CHENG Y, CAVATAIO G, et al. In situ DRIFTS and temperature-programmed technology study on NH_3-SCR of NO_x over Cu-SSZ-13 and Cu-SAPO-34 catalysts[J]. Applied Catalysis B: Environmental, 2014, 3(5): 156-157, 428-437.

[44] MOLINER M, FRANCH C, PALOMARES E, et al. Cu-SSZ-39, an active and hydrothermally stable catalyst for the selective catalytic reduction of NO_x[J]. Chemical Communications, 2012, 48: 8264-8266.

[45] SHAN Y, SHAN W, SHI X, et al. A comparative study of the activity and hydrothermal stability of Al-rich Cu-SSZ-39 and Cu-SSZ-13[J]. Applied Catalysis B: Environmental, 2020, 264: 118511-118534.

[46] AHN N H, RYU T, KANG Y, et al. The origin of an unexpected increase in NH_3-SCR activity of aged Cu-LTA catalysts[J]. ACS Catalysis, 2017, 7: 6781-6785.

[47] WANG A, OLSSON L. Insight into the SO_2 poisoning mechanism for NO_x removal by NH_3-SCR over Cu/LTA and Cu/SSZ-13[J]. Chemical Engineering Journal, 2020, 395: 125048-12567.

[48] RYU T, KIM H, HONG S B. Nature of active sites in Cu-LTA NH_3-SCR catalysts: A comparative study with Cu-SSZ-13[J]. Applied Catalysis B: Environmental, 2019, 245: 513-521.

[49] FICKEL D W, ADDIOA E D, LAUTERBACH J A, et al. The ammonia selective catalytic reduction activity of copper-exchanged small-pore zeolites[J]. Applied Catalysis B: Environmental, 2011, 102: 441-448.

[50] WANG H, XU R, JIN Y, et al. Zeolite structure effects on Cu active center, SCR performance and stability of Cu-zeolite catalysts[J]. Catalysis Today, 2019, 327: 295-307.

[51] WU H, WANG X, GUI K. Performance of SCR denitration of impregnated catalysts using activated carbon as support[J]. Journal of Southeast University(Natural Science Edition), 2013, 43: 814-818.

[52] GE T, ZHU B, SUN Y, et al. Investigation of low-temperature selective catalytic reduction of NO_x with ammonia over Cr-promoted Fe/AC catalysts[J]. Environmental Science and Pollution Research, 2019, 26: 33067-33075.

[53] LI Q, HOU X, YANG H, et al. Promotional effect of CeO_x for NO reduction over V_2O_5/TiO_2-carbon nanotube composites[J]. Journal of Molecular Catalysis A-chemical, 2012, 356: 121-127.

[54] UCHISAWA J O, OBUCHI A, ZHAO Z, et al. Carbon oxidation with platinum supported catalysts[J]. Applied Catalysis B: Environmental, 1998, 18 (3): 183-187.

[55] UCHISAWA J O, WANG S, NANBA T, et al. Improvement of Pt catalyst for soot oxidation using mixed oxide as a support[J]. Applied Catalysis B: Environmental, 2003, 44 (3): 207-215.

[56] SHRIVASTAVA M, NGUYEN A, ZHENG Z, et al. Kinetics of soot oxidation by NO_2[J]. Environmental science & technology, 2010, 44 (12): 4796-4801.

[57] XUE E, SESHAN K, ROSS J R H. Roles of supports, Pt loading and Pt dispersion in the oxidation of NO to NO_2 and of SO_2 to SO_3[J]. Applied Catalysis B: Environmental, 1996, 11 (1): 65-79.

[58] UCHISAWA J O, OBUCHI A, ENOMOTO R, et al. Catalytic performance of Pt supported on various metal oxides in the oxidation of carbon black[J]. Applied Catalysis B: Environmental, 2000, 26 (1): 17-24.

[59] LIU S, WU X D, WENG D, et al. NO_x-Assisted soot oxidation on Pt-Mg/Al_2O_3 catalysts: magnesium precursor, Pt particle size, and Pt-Mg interaction[J]. Industrial & Engineering Chemistry Research, 2012, 51 (5): 2271-2279.

[60] WEI Y C, ZHAO Z, LIU J, et al. Multifunctional catalysts of three-dimensionally ordered macroporous oxide-supported Au@Pt core-shell nanoparticles with high catalytic activity and stability for soot oxidation[J]. Journal of Catalysis, 2014, 317: 62-74.

[61] ANDANA T, PIUMETTI M, BENSAID S, et al. Ceria-supported small Pt and Pt_3Sn nanoparticles for NO_x-assisted soot oxidation[J]. Applied Catalysis B: Environmental, 2017, 209: 295-310.

[62] UCHISAWA J O, OBUCHI A, XU J, et al. Oxidation of carbon black over various Pt/MO_x/SiC catalysts[J]. Applied Catalysis B: Environmental, 2001, 32: 257-268.

[63] UCHISAWA J O, WANG S, NANBA T, et al. Improvement of Pt catalyst for soot oxidation using mixed oxide as a support[J]. Applied Catalysis B: Environmental, 2003, 44: 207-215.

[64] WEI Y C, LIU J, ZHAO Z, et al. Structural and synergistic effects of threedimensionally ordered macroporous $Ce_{0.8}Zr_{0.2}O_2$-supported Pt nanoparticles on the catalytic performance for soot combustion[J]. Applied Catalysis A: General, 2012, 453: 250-261.

[65] LIU S, WU X D, WENG D, et al. NO_x-assisted soot oxidation on Pt-Mg/Al_2O_3 catalysts: Magnesium precursor, Pt particle size, and Pt-Mg interaction[J]. Industrial& Engineering Chemistry Research, 2012,

51: 2271-2279.

[66] MATARRESE R, CASTOLDI L, LIETTI L, et al. Removal of NO_x and soot over Pt-Ba/Al_2O_3 and Pt-K/Al_2O_3 DPNR catalysts[J]. Topics in Catalysis, 2009, 52: 2041-2046.

[67] SHIMIZU K, KAWACHI H, SATSUMA A. Study of active sites and mechanism for soot oxidation by silver-loaded ceria catalyst[J]. Applied Catalysis B: Environmental, 2010, 96(1): 169-175.

[68] LI W, STAMPFL C, SCHEFFLER M. Why is a noble metal catalytically active? The role of the O-Ag interaction in the function of silver as an oxidation catalyst[J]. Physical review letters, 2003, 90(25): 256102-256124.

[69] GÜNGÖR N, IŞÇI S, GÜNISTER E. Characterization of sepiolite as a support of silver catalyst in soot combustion[J]. Applied Clay Science, 2006, 32(3): 291-296.

[70] SHIMIZU K, KATAGIRI M, SATOKAWA S. Sintering-resistant and self-regenerative properties of Ag/SnO_2 catalyst for soot oxidation[J]. Applied Catalysis B: Environmental, 2011, 108: 39-46.

[71] VILLANI K, BROSIUS R, MARTENS J A. Catalytic carbon oxidation over Ag/Al_2O_3[J]. Journal of Catalysis, 2005, 236(1): 172-175.

[72] KAYAMA T, YAMAZAKI K, SHINJOH H. Nanostructured ceria-silver synthesized in a one-pot redox reaction catalyzes carbon oxidation[J]. Journal of the American Chemical Society, 2010, 132(38): 13154-13155.

[73] YAMAZAKI K, KAYAMA T, DONG F. A mechanistic study on soot oxidation over CeO_2-Ag catalyst with "rice-ball" morphology[J]. Journal of Catalysis, 2011, 282(2): 289-298.

[74] ANEGGI E, LLORCA J, LEITENBURG C D, et al. Soot combustion over silver-supported catalysts[J]. Applied Catalysis B: Environmental, 2009, 91(1): 489-498.

[75] CORRO G, PAL U, AYALA E. Effect of Ag, Cu, and Au incorporation on the diesel soot oxidation behavior of SiO_2: role of metallic Ag[J]. Topics in Catalysis, 2013, 56(1-8): 467-472.

[76] DHAKAD M, RAYALU S, SUBRT J. Diesel soot oxidation on titania-supported ruthenia catalysts[J]. Current Science, 2007, 92(8): 1125-1128.

[77] VILLANI K, KIRSCHHOCK C E, LIANG D. Catalytic carbon oxidation over ruthenium-based catalysts[J]. Angewandte Chemie International Edition, 2006, 45(19): 3106-3109.

[78] KHAN A U, ULLAH S, YUAN Q, et al. In situ fabrication of Au-$CoFe_2O_4$: an efficient catalyst for soot oxidation[J]. Applied Nanoscience, 2020(24): 1-10.

[79] 于学华，迟克彬，王斓懿，等. 铈基、镧基稀土催化剂催化燃烧柴油碳烟颗粒的研究进展 [J]. 中国稀土学报，2016, 34(06): 693-714.

[80] SETIABUDI A, CHEN J, MUL G, et al. CeO_2 catalysed soot oxidation[J]. Applied Catalysis B: Environmental, 2004, 51 (1): 9-19.

[81] BUENO L A, KRISHNA K, MAKKEE M, et al. Active oxygen from CeO_2 and its role in catalysed soot oxidation[J]. Catalysis Letters, 2005, 99(3-4): 203-205.

[82] MACHIDA M, MURATA Y, KISHIKAWA K, et al. On the reasons for high activity of CeO_2 catalyst for soot oxidation[J]. Chemistry of Materials, 2008, 20(13): 4489-4494.

[83] GUILLÉN H N, GARCÍA G A, BUENO L A. Isotopic study of ceria-catalyzed soot oxidation in the presence of NO_x[J]. Journal of Catalysis, 2013, 299: 181-187.

[84] SIMONSEN S B, DAHL S, JOHNSON E, et al. Ceria-catalyzed soot oxidation studied by environmental transmission electron microscopy[J]. Journal of Catalysis, 2008, 255(1): 1-5.

[85] ATRIBAK I, BUENO L A, GARCIAGARCIA A. Combined removal of diesel soot particulates and NO_x over CeO_2-ZrO_2 mixed oxides[J]. Journal of Catalysis, 2008, 259(1): 123-132.

[86] LIANG Q, WU X, WU X, et al. Role of surface area in oxygen storage capacity of ceria-zirconia as soot combustion catalyst[J]. Catalysis Letters, 2007, 119(3-4): 265-270.

[87] BUENO L A, KRISHNA K, MAKKEE M, et al. Enhanced soot oxidation by lattice oxygen via La^{3+}-doped CeO_2[J]. Journal of Catalysis, 2005, 230(1): 237-248.

[88] KRISHNA K, BUENO L A, MAKKEE M, et al. Potential rare earth modified CeO_2 catalysts for soot oxidation[J]. Applied Catalysis B: Environmental, 2007, 75(3-4): 189-200.

[89] ATRIBAK I, BUENO L A, GARCÍA G A. Role of yttrium loading in the physico-chemical properties and soot combustion activity of ceria and ceria-zirconia catalysts[J]. Journal of Molecular Catalysis A: Chemical, 2009, 300(1-2): 103-110.

[90] LIU J, ZHAO Z, WANG J, et al. The highly active catalysts of nanometric CeO_2-supported cobalt oxides for soot combustion[J]. Applied Catalysis B: Environmental, 2008, 84(1): 185-195.

[91] DHAKAD M, MITSHUHASHI T, RAYALU S, et al. Co_3O_4-CeO_2 mixed oxide-based catalytic materials for diesel soot oxidation[J]. Catalysis Today, 2008, 132(1-4): 188-193.

[92] WU X, LIN F, XU H, et al. Effects of adsorbed and gaseous NO_x species on catalytic oxidation of diesel soot with MnO_x-CeO_2 mixed oxides[J]. Applied Catalysis B: Environmental, 2010, 96(1-2): 101-109.

[93] LIANG Q, WU X, WENG D, et al. Oxygen activation on Cu/Mn-Ce mixed oxides and the role in diesel soot oxidation[J]. Catalysis Today, 2008, 139(1-2): 113-118.

[94] SUN S, CHU W, YANG W. Ce-Al mixed oxide with high thermal stability for diesel soot combustion[J]. Chinese Journal of Catalysis, 2009, 30(7): 685-689.

[95] ANEGGI E, WIATER D, LEITENBURG C, et al. Shape-dependent activity of ceria in soot combustion[J]. ACS Catalysis, 2014, 4: 172-181.

[96] GUILLEN N, GIMÉNEZ M J, MARTÍNEZ M J C, et al. Study of Ce/Pr ratio in ceria-praseodymia catalysts for soot combustion under different atmospheres[J]. Applied Catalysis A-General, 2020, 590: 117339-117359.

[97] LIU P, LIANG X, DANG Y, et al. Effects of Zr substitution on soot combustion over cubic fluorite-structured nanoceria: Soot-ceria contact and interfacial oxygen evolution[J]. Journal of Environmental Sciences, 2021, 101: 293-303.

[98] 刘爽，吴晓东，林雨，等．$Pt/Ce_{0.6}Zr_{0.4}O_2$ 催化剂催化氧化碳烟过程中活性氧对 NO-NO_2 循环及表面含氧物种的分解作用 [J]. 催化学报，2014, 35(3): 407-415.

[99] VENKATASWAMY P, JAMPAIAH D, KOMATEEDI N R, et al. Nanostructured $Ce_{0.7}Mn_{0.3}O_2$-delta and $Ce_{0.7}Fe_{0.3}O_2$-delta solid solutions for diesel soot oxidation[J], Applied Catalysis A-General, 2014, 488: 1-10.

[100] FU M, YUE X, YE D, et al. Soot oxidation via CuO doped CeO_2 catalysts prepared using co-precipitation and citrate acid complex-combustion synthesis[J]. Catalysis Today, 2010, 153(3-4): 125-132.

[101] LEGUTKO P, KASPERA W, KOTARBA A, et al. Boosting the catalytic activity of magnetite in soot oxidation by surface alkali promotion[J]. Catalysis Communications, 2014, 56: 139-142.

[102] LI Q, XIN Y, ZHANG Z L, et al. Electron donation mechanism of superior Cs-supported oxides for catalytic soot combustion[J]. Chemical Engineering Journal, 2018(337): 654-660.

[103] CAO C M, XING L L, YANG Y X, et al. Diesel soot elimination over potassium-promoted Co_3O_4 nanowires monolithic catalysts under gravitation contact mode[J]. Applied Catalysis B: Environmental, 2017, 218: 32-45.

[104] SHANGGUAN W F, TERAOKA Y, KAGAWA S. Simultaneous catalytic emoval of NO_x and diesel soot particulates over ternary AB_2O_4 spinel-type oxides[J]. Applied Catalysis B: Environmental, 1996, 8(2): 217-227.

[105] SHANGGUAN W F, TERAOKA Y, KAGAWA S. Kinetics of soot-O_2, soot-NO and soot-O_2-NO reactions over spinel-type $CuFe_2O_4$ catalyst[J]. Applied Catalysis B: Environmental, 1997, 12(2): 237-247.

[106] TERAOKA Y, SHANGGUAN W F, KAGAWA S. Reaction mechanism of simultaneous catalytic removal of NO_x and diesel soot particulates[J]. Research on Chemical Intermediates, 2000, 26(2): 201-206.

[107] LIN H, HUANG Z, SHANGGUAN W F. Characteristics of oxidation of diesel paticulate matter over a spinel type $Cu_{0.95}K_{0.05}Fe_2O_4$ catalyst[J]. Chemical engineering & technology, 2008, 31(10): 1433-1437.

[108] SUN M, WANG L, FENG B, et al. The role of potassium in K/Co_3O_4 for soot combustion under loose contact[J]. Catalysis Today, 2011, 175(1): 100-105.

[109] SUI L, YU L, ZHANG Y. Catalytic combustion of diesel soot on Co-Sr-K catalysts[J]. Energy & fuels, 2007, 21(3): 1420-1424.

[110] TERAOKA Y, NAKANO K, KAGAWA S, et al. Simultaneous removal of nitrogen oxides and diesel soot particulates catalyzed by perovskite-type oxides[J]. Applied Catalysis B: Environmental, 1995, 5(3): 181-185.

[111] PENG X S, LIN H, SHANGGUAN W F, et al. Surface properties and catalytic performance of $La_{0.8}K_{0.2}Cu_xMn_{1-x}O_3$ for simultaneous removal of NO_x and Soot[J]. Chemical Engineering Technology, 2007, 30(1): 99-104.

[112] FURFORI S, RUSSO N, FINO D, et al. Lanthanum cobaltite nano-structured catalysts for diesel soot combustion[J]. 2006, 83(1-2): 85-95.

[113] ZHANG R, YANG W, XUE J, et al. The Influence of O_2, Hydrocarbons, CO, H_2, NO_x, SO_2, and Water Vapor Molecules on Soot Combustion over $LaCoO_3$ Perovskite[J]. Catalysis Letters, 2009, 132(1-2): 10-15.

[114] YONG H L, LEE G D, PARK S S, Hong S S. Catalytic combustion of carbon particulates over perovskite-type oxides[J]. Reaction Kinetics and Catalysis Letters, 1999, 66(2): 305-310.

[115] FANG S, WANG L, SUN Z, etc. Catalytic removal of diesel soot particulates over K and Mg substituted $La_{1-x}K_xCo_{1-y}Mg_yO_3$ perovskite oxides[J]. Catalysis Communications, 2014, 49: 15-19.

[116] OVER H. Surface chemistry of ruthenium dioxide in heterogeneous catalysis and electrocatalysis: from fundamental to applied research[J]. Chemical Reviews, 2012, 43(33): 3356-3426.

[117] YANG Z Z, LI J, ZHANG H L, et al. Size-dependent CO and propylene oxidation activities of platinum nanoparticles on the monolithic Pt/TiO_2-YO_x diesel oxidation catalyst under simulative diesel exhaust conditions[J]. Catalysis Science & Technology, 2015, 5, 2358-2365.

[118] GU L, CHE X, ZHOU Y, et al. Propene and CO oxidation on Pt/Ce-Zr-SO_4^{2-} diesel oxidation catalysts: Effect of sulfate on activity and stability[J]. Chinese Journal of Catalysis, 2017, 38(3): 607-615.

[119] YANG L, YOU X C, SHENG Z Y, et al. The promoting effect of noble metal (Rh, Ru, Pt, Pd) doping on the performances of MnO_x-CeO_2/graphene catalysts for the selective catalytic reduction of NO with NH_3 at low temperatures[J]. New Journal of Chemistry, 2018, 42, 11673-11681.

[120] 刘洋，徐岘，王家明，等．柴油车超低贵金属催化剂性能研究 [J]. 内燃机学报，2008 26: 31-34.

[121] SCHOTT F J P, BALLE P, ADLER J, et al. Reduction of NO_x by H_2 on Pt/WO_3/ZrO_2 catalysts in oxygen-rich exhaust[J]. Application Catalysis B: Environment, 2009, 87: 18-29.

[122] 康守方，於俊杰，胡春，等．铂整体式催化剂柴油车排放 NO_x 的去除 [J]. 中国稀土学报，2003, 21: 55-58.

[123] OZAWA Y, TOCHIHARA Y, WATANABE A, et al. Deactivation of Pt · PdO/Al_2O_3 in catalytic combustion of methane[J]. Applied Catalysis A General, 2004, 259(1): 1-7.

[124] YU W Z, WANG W W, JIA C J. The recent developments and applications of efficient copper-ceria catalysts[J]. Scientia Sinica Chimica, 2021, 51: 703-713.

[125] ZHU Z Z, LU G Z, ZHANG Z G, et al. Highly active and stable Co_3O_4/ZSM-5 catalyst for propane oxidation: effect of the preparation method[J]. ACS Catalysis, 2013, 3(6): 1154-1164.

[126] LIU W J, LONG Y F, ZHOU Y Y, et al. Excellent low temperature NH_3-SCR and NH_3-SCO performance over Ag-Mn/Ce-Ti catalyst: Evaluation and characterization[J]. Molecular Catalysis, 2022, 528, 112510.

[127] VARKOLU M, KUNAMALLA A, JINNALA S A K, et al. Role of CeO_2/ZrO_2 mole ratio and nickel loading for steam reforming of n-butanol using Ni-CeO_2-ZrO_2-SiO_2 composite catalysts: A reaction mechanism[J]. International Journal of Hydrogen Energy, 2021, 46(10): 7320-7335.

[128] SUN S, MAO D, YU J, et al. Low-temperature CO oxidation on CuO/CeO_2 catalysts: the significant effect of copper precursor and calcination temperature[J]. Catalysis Science&Technology, 2015, 5: 3166-3181.

[129] ZHANG W, WU F, LI J, et al. Dispersion-precipitation synthesis of highly active nanosized Co_3O_4 for catalytic oxidation of carbon monoxide and propane[J]. Applied Surface Science, 2017, 411: 136-143.

[130] WANDONDAENG T, AUTTHANIT C, JONGSOMJIT B. Observation of increaseddispersion of Pt and mobility of oxygen in Pt/g-Al_2O_3 catalyst with La modification in CO oxidation[J]. Bulletin of Chemical Reaction Engineering and Catalysis, 2019, 14(3): 579-585.

[131] JIANG F, ZENG L, LI S R, et al. Propane dehydrogenation over Pt/TiO_2-Al_2O_3 catalysts[J]. ACS Catalysis, 2014, 5(1): 438-447.

[132] AGHAMOHAMMADI S, HAGHIGHI M, MALEKI M, et al. Sequential impregnation vs. sol-gel synthesized Ni/Al_2O_3-CeO_2 nanocatalyst for dry reforming of methane: Effect of synthesis method and support promotion[J]. Molecular Catalysis, 2017, 431: 39-48.

[133] ITALIANO C, LUCHTERS N T J, PINO L, et al. High specific surface area supports for highly active Rh catalysts: Syngas production from methane at high space velocity[J]. International Journal of Hydrogen Energy, 2018, 43(26): 11755-11765.

[134] HUANG J, WANG S, GUO X, et al. The preparation and catalytic behavior of CuO/$Ti_xSn_{1-x}O_2$ catalysts for low-temperature carbon monoxide oxidation[J]. Catalysis Communications, 2008, 9(11-12): 2131-2135.

[135] BAI X, PAN L, ZHAO P, et al. A new solid acid SO_4^{2-}/TiO_2 catalyst modified with tin to synthesize 1, 6-hexanediol diacrylate[J]. Chinese Journal of Catalysis, 2016, 37(9): 1469-1476.

[136] DONG L, TANG Y, LI B, et al. Influence of molar ratio and calcination temperature on the properties of $Ti_xSn_{1-x}O_2$ supporting copper oxide for CO oxidation[J]. Applied Catalysis B Environmental, 2016,

180(10): 451-462.

[137] SONG M, WANG Y, GUO Y, et al. Catalytic wet oxidation of aniline over Ru catalysts supported on a modified TiO_2[J]. Chinese Journal of Catalysis, 2017, 38(7): 1155-1165.

[138] MATTOS L V, OLIVERA E R, RESENDE P D, et al. Partial oxidation of methane on Pt/Ce-ZrO_2 catalysts[J]. Catalysis Today, 2002, 77: 245-256.

[139] ATRIBAT I, GUILLEN H N, BUENO L A. Influence of the physico-chemical properties of CeO_2-ZrO_2 mixed oxides on the catalytic oxidation of NO to NO_2[J]. Applied Surface Science, 2010, 256: 7706-7712.

[140] IKRYANNIKOVA L N, AKSENOV A A, MARKARYAN G L, et al. The red-ox treatments influence on the structure and properties of M_2O_3-CeO_2-ZrO_2(M=Y, La) solutions[J]. Applied Catalysis A: General, 2001, 210: 225-235.

[141] FOMASIERO P, FONDA E, MONT R D, et al. Relationships between structural/textural properties and redox behavior in $Ce_{0.6}Zr_{0.4}O_2$ mixed oxides[J]. Journal of Catalysis, 1999, 187: 177-185.

第 8 章 移动源替代燃料发动机排放控制技术

近年来，我国经济高速发展，汽车保有量呈现出迅猛增长的态势。据相关数据显示，我国汽车行业所消耗的石油占全国石油总消耗量的 30% 以上，并且这一比例仍在持续上升。然而，作为一个煤炭资源丰富、石油资源相对匮乏的国家，我国对外原油进口的依赖程度已超过 70%，这无疑给我国的能源安全带来了严峻的挑战。此外，汽车尾气中的二氧化碳排放占总废气排放量约 20%，对全国碳排放贡献约 10%。在当前能源与环保政策日益严格的大背景下，寻求一种可再生、清洁环保的替代燃料对于我国移动源排放控制领域具有重大意义。

本章将重点介绍天然气、液化石油气、氢燃料、甲醇、二甲醚、生物燃料等可替代燃料的特性及其后处理技术，并进一步探讨这些燃料的发展趋势[1-3]。

8.1 天然气

8.1.1 天然气燃烧特性

1. 物化特性

天然气是一种混合气体，主要成分为甲烷，含有少量的乙烷和丙烷以及硫化物惰性气体等，多存在于油田和天然气田。由于天然气储量丰富、来源广、燃烧特性良好、辛烷值高、自燃温度高，已经广泛用于汽油机，成为替代石油的主要燃料之一。甲烷易压缩，着火界限为 4%～15%，燃料低热值为 45.8MJ/kg[4-5]。天然气与汽油、柴油的物化特性对比见表 8-1。

表 8-1 天然气与汽油、柴油的物化特性对比

物化特性	天然气	柴油	汽油
分子式	CH_4	C_{10}-C_{22}	C_5-C_{12}
沸点 /℃	−161.5	175～361	40～210
理论空燃比	17.3	14.3	14.7
低热值 /（$MJ \cdot kg^{-1}$）	39.82	42.5	43.9
汽化潜热 /（$kJ \cdot kg^{-1}$）	—	230	290
自燃温度 /℃	537	260	350
闪点 /℃	−188	55	−45
辛烷值	108	20～30	80～98
十六烷值	—	40～56	5～25

2. 燃烧特性

天然气作为一种替代燃料，可应用于内燃机。得益于其低气化温度和高辛烷值特性，天然气能够迅速与空气混合均匀。通过提高内燃机的压缩比，可以提高燃烧的热效率。与汽油和柴油相比，天然气的自燃温度较高，因此在运输和使用过程中更为安全。由于天然气本身具有可压缩性，在进气道喷射方式下，喷射过程中的气体膨胀会降低发动机的充量系数，从而导致发动机功率相较于汽油机减少约 15%。此外，天然气中所含的微量硫化物可能导致气缸壁、气门及气门座的磨损和腐蚀[6-8]。

（1）优点

1）天然气与汽油相比其辛烷值较高，表征其抗爆燃的能力更强，因此可以通过提升发动机的压缩比来提升热效率。

2）天然气的燃点为 537℃，汽油燃点为 350℃，与汽油相比天然气的燃点更高。也就是说车辆在使用的过程中自燃的可能性比较低，从而相对更安全；与汽油相比，天然气燃烧时爆燃倾向更小，可以通过提升发动机压缩比来提升热效率。

3）天然气相较于汽油更加安全，由于天然气摩尔质量比空气低，自燃温度高，在发生泄漏后会向上挥发，扩散到空气中，因此当发生交通事故导致燃料泄漏后不易爆炸。

4）天然气的储量要比汽油和柴油大很多，因此其价格更加便宜，同时可以长期开采，有利于加气站的增建，使加气变得更加便捷。

（2）缺点

1）天然气的沸点为 −161.5℃，会在进气道中发生气阻现象，影响燃料的供给，同时，又由于天然气的理论空燃比比汽油大，单位天然气燃烧所需要的空气也要比汽油多，因此与汽油机相比，天然气发动机功率降低约为 15%，甚至更多。

2）天然气的沸点很低，常温为气态，需要利用高压储气罐来储存，但是，其能量密度与汽油和柴油相比依旧较低，不利于续驶里程的增加。

3）天然气中含有微量的硫化氢，具有腐蚀性，会对进气系统、燃料供给系统等造成腐蚀和磨损，进而缩短发动机的寿命。

4）天然气的主要成分为甲烷，是一种比 CO_2 温室效应更强的气体，天然气为高压储气罐运输储存，如果在运输和储存过程中发生泄漏，则会加剧环境中温室气体排放，对环境造成较大影响。

5）由于天然气在常温下为气态，因此在进入燃烧室前与液态燃料相比不会蒸发吸热，导致进气温度较高，增加发动机的热负荷。

3. 排放特性

天然气内燃机在使用过程中主要产生的污染物排放为 NO_x、CO、HC 以及 PM，但是相较于汽油机而言，其污染物排放量显著减少[9-11]，主要有以下几个原因：

1）尾气中有害碳氢化合物（如苯、芳香族聚合物）的含量相对较低。

2）稀燃条件下，高空燃比和低燃烧温度进一步限制了氮氧化物的生成。

3）天然气的碳含量（质量分数）为 75%，而汽油车或柴油车为 86% ~ 88%，因此产生单位能量，天然气汽车的二氧化碳排放量较少。

4）与汽油和柴油相比，压缩天然气（compressed natural gas，CNG）与空气混合更加均匀，燃烧也更加彻底。所以，与用汽油和柴油车相比，以天然气作为燃料，汽车尾气污染物明显减少，而且天然气的生产和使用处于封闭状态，不会对水和土地产生二次污染[12-13]。

8.1.2 天然气汽车后处理技术

1. 天然气后处理催化剂及反应机理

（1）理论空燃比燃烧

天然气在汽车尾气净化中的主要成分有：CH_4、NMHC、CO 和 NO，其中，CO 和 CH_4 的氧化反应进行净化，使其产生无害的 CO_2 和 H_2O；而对于其中的 NO_x，需要采用催化还原法将其转化为无害的 N_2。因此，对于理论空燃比燃烧天然气车，需要研发高性能的三效催化剂，以实现对三种污染物同时催化净化。天然气汽车 TWC 尾气净化过程中涉及的主要化学反应包括：

$$\text{氧化反应：} CO+O_2 \longrightarrow CO_2 \quad (8\text{-}1)$$

$$CH_4+O_2 \longrightarrow CO_2+H_2O \quad (8\text{-}2)$$

$$\text{还原反应：} NO_x+CO \longrightarrow CO_2+N_2 \quad (8\text{-}3)$$

$$NO_x+CH_4 \longrightarrow CO_2+H_2O+N_2 \quad (8\text{-}4)$$

$$NO_x+H_2 \longrightarrow H_2O+N_2 \quad (8\text{-}5)$$

$$\text{水汽变换反应：} CO+H_2O \longrightarrow CO_2+H_2 \quad (8\text{-}6)$$

$$\text{蒸气重整反应：} CH_4+H_2O \longrightarrow CO_2+H_2O \quad (8\text{-}7)$$

天然气汽车 TWC 中通常以 CeO_2 或 CeO_2-ZrO_2 改性的 Al_2O_3 为载体，以铂、钯、铑为活性组分，其失活机理与汽油车 TWC 类似。

（2）稀薄燃烧

对于采用稀薄燃烧的天然气汽车，其尾气中的污染物主要包括 CH_4 和 CO，因此需要使用氧化型催化剂进行净化，净化过程中涉及的主要化学反应包括：

$$\text{氧化反应：} CH_4+2O_2 \longrightarrow CO_2+2H_2O \quad (8\text{-}8)$$

$$2CO+O_2 \longrightarrow 2CO_2 \quad (8\text{-}9)$$

$$\text{水汽变换反应：} CO+H_2O \longrightarrow CO_2+H_2 \quad (8\text{-}10)$$

$$\text{蒸气重整反应：} CH_4+2H_2O \longrightarrow CO_2+4H_2 \quad (8\text{-}11)$$

2. 天然气后处理催化剂研究进展

三效催化剂通常由基础载体材料、水洗层材料和贵金属材料三部分组成。目前，天然气汽车常采用具备优异耐热冲击性能和高气孔率的堇青石蜂窝陶瓷作为整体式催化剂。然而，堇青石蜂窝陶瓷的比表面积通常不足 $1m^2/g$，无法满足三效催化过程所需的有效气固界面。

活性氧化铝（γ-Al_2O_3）因其较大比表面积、强烈吸附能力以及与堇青石蜂窝陶瓷的良好相容性，通常被用于涂覆在骨架载体上作为活性载体。Samain 等人[14]研究者发现，三效催化剂中使用的 γ-Al_2O_3 具有高度多孔结构，由厚度小于 5nm 的棒状颗粒堆积而成。晶体内含有许多晶胞空隙和缺陷，这使 γ-Al_2O_3 具有较高的活性，但同时也是处于亚稳态的 γ-Al_2O_3 容易发生相变和烧结的根本化学热力学原因。

在实际工况中，汽车排放温度比较高，因此要求氧化铝涂层具有良好的耐热稳定性。然而，在高温情况下（超过 1000℃），γ-Al_2O_3 会通过表面的阳离子和阴离子空位迁移以及羟基间脱水发生转晶。在 800～1200℃的温度下转化成 α-Al_2O_3，从而导致表面积减小[15]。

目前三效催化剂的水洗层材料主要包括简单金属氧化物（M_xO_y、Co_2O_3、NiO、Ce_2O_3 等，其中 M 表示金属元素）、复杂金属氧化物（$A_xB_yO_z$：ABO_3 钙钛矿、ABO_7 烧绿石等）。简单金属氧化物在目前国六阶段 TWC 三效催化剂中的应用非常普遍。由于金属原子特殊的电子轨道结构，在反应过程中容易实现多个价态的转换，该类金属氧化物的催化活性较高且容易实现晶格氧的释放和再储存，因此在反应过程中表现出较强的碳物质催化氧化能力和氧的储放能力。尤其是当金属氧化物强度较低的 M-O 键能易受到温度的影响失去晶格氧，表现出更好的高温活性，基于国内外的研究工作证实[8-10]，不同电子轨道结构的金属原子形成的金属氧化物对含碳组分呈现出不同的催化活性：$Co_3O_4 > MnO_2 > NiO_2 > CuO > Cr_2O_3 > Fe_2O_3 > ZnO > V_2O_3 > TiO_2 > Sr_2O_3$。同时简单金属氧化物表现出的高效储氧能力，能够调节汽车尾气中的氧含量，极大提高三效催化剂的催化效果。大量研究发现，CeO_2 通过 $CeO_2 \longrightarrow CeO_2(1-x)+xO_2$ 的可逆循环而具有氧存储和释放能力，即在氧含量不足时释放氧，而在氧过量时储存氧，从而提高尾气组分波动情况下三效催化剂的使用效率。

复杂金属氧化物具备较强的热稳定性和良好的催化活性，因此被广泛地应用在 VOCs 治理、HC 催化氧化等环境催化领域。复合金属氧化物以钙钛矿为例 ABO_3，A 位离子（稀土、碱金属）在体心位置与 12 个氧离子配位，而 B 位离子（过渡金属）占据八面体中心位置与 6 个氧离子配位，稳固的连接也为钛矿材料后续的应用提供了良好的结构基础，尤其是稀土元素的掺入提升了催化剂的反应活性。20 世纪 70 年代初，国外的研究首先提出含有稀土金属的钙钛矿结构用于控制汽车尾气污染的设想，将稀土元素掺入锰酸盐钙钛矿性催化剂中使得原始钙钛矿产生晶格畸变及点阵空位，从而表现出较好的催化活性以及抗硫化、抗铅污染的能力。

三效催化剂的贵金属组分中，主要包含 Pt、Pd、Rh 三种元素，其中 Pt、Pd 主要起着催化氧化 HC 和 CO 的作用，Rh 起着将 NO_x 还原生成 N_2 的作用。随着各国排放法规的加严，天然气尾气净化催化剂贵金属的选择经历了以下几个阶段：第一阶段主要以氧化 HC 和 CO 的氧化型催化剂为主，选择 Pt、Pd 为活性组分，因其价格昂贵，且易受铅中毒而逐渐失去市场；第二阶段以 Pt/Rh 双贵金属催化剂为主，但是不能有效地消除 NO_x，逐步被淘汰；第三阶段，1985—1990 年出现了 Pt-Pd-Rh 三金属三效催化剂，它可以有效消除 CO、HC 和 NO_x，但成本过高限制了商业化应用；第四阶段，由于 Pd 的三效活性不弱于 Pt、Rh 且成本更低，因此现阶段主要开展关于 Pd 催化剂的研究[10-15]。

吴世华等人[16]以 MgO 为载体，制备了高分散负载型 Pd 催化剂，Pd 的粒径为 17.6nm，分散度可达 57.4%。南春实[17]在溶剂热条件下，以 Pd 配位离子（$PdCl_4^{2-}$）插层的 MgAl-LDHs 为载体，以葡萄糖为改性剂，制备了新型 Pd 基催化剂。Pd 粒径均匀且分散良好，其平均粒径为 5.3nm，在改性后载体上的分散度为 32.24%。乔文龙等人[18]以 C_2H_6O 为还原剂、以聚乙烯吡咯烷酮为保护剂、以 γ-Al_2O_3 为载体，制备了新型 Pd 基催化剂，平均粒径为 8nm 且分布均匀。Pengfei Qu[19]在不使用任何有机稳定剂的情况下，采用不同还原剂的胶体合成方法，通过两步法制备了以 La 改性 Al_2O_3 为载体的 Pd 基催化剂，采用温和还原试剂乙二醇制备的催化剂分散度最高（32.6%）；与普通浸渍法相比，胶体合成法催化剂上的 CH_4 和 NO 起燃温度分别降低了 39℃和 27℃，如图 8-1 和图 8-2 所示。

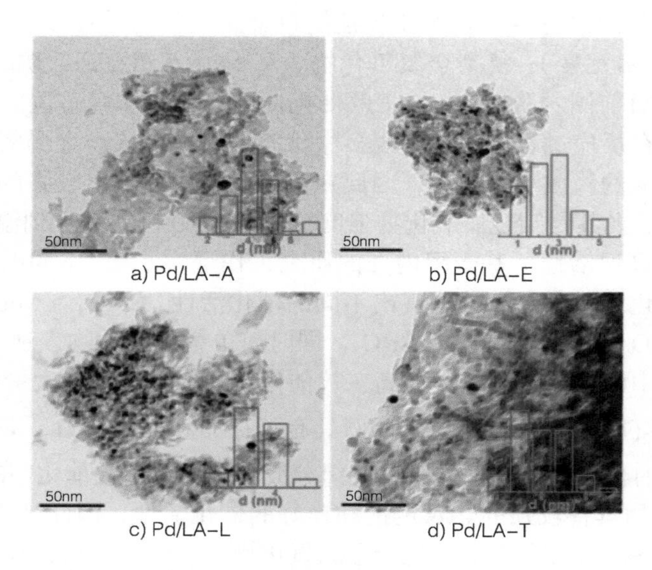

a) Pd/LA-A　b) Pd/LA-E
c) Pd/LA-L　d) Pd/LA-T

图 8-1　催化剂的 TEM 图及 Pd NPs 对应的尺寸分布

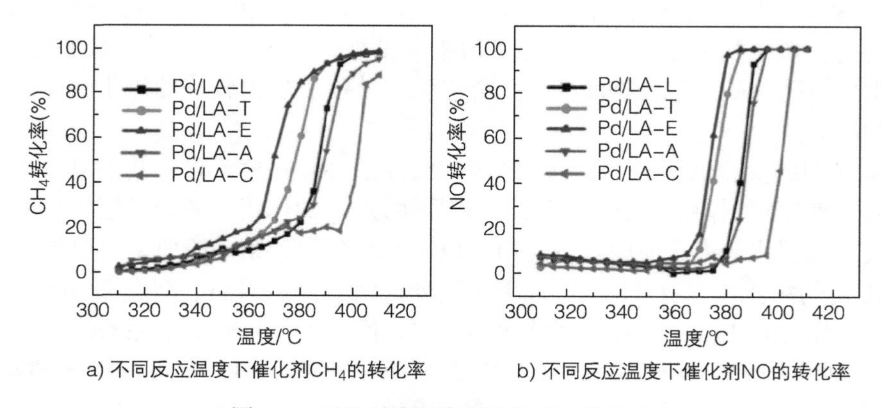

a) 不同反应温度下催化剂CH_4的转化率　b) 不同反应温度下催化剂NO的转化率

图 8-2　不同反应温度下催化剂的转化率

8.2　液化石油气

8.2.1　液化石油气燃料特性

1. 物化特性

液化石油气（liquefied petroleum gas，LPG）主要由丙烷、丁烷或其混合物构成，同时含有一定比例的丙烯、丁烯以及微量的乙烷和戊烷。LPG 具备较高的辛烷值，可高达 112，这使得 LPG 机动车能够实现较高的燃料压缩比，从而提升热效率。在释放相同热量的情况下，LPG 的消耗量约为汽油的 90%。此外，LPG 燃料中简单的化学成分可以充分燃烧，有效降低尾气中的 CO 和 HC 含量。在常温下，LPG 呈气态，能够迅速燃烧，为机动车提供充足动力。良好的气态燃料分布在气缸内使得机动车在加速和怠速过程中具有平稳的性能 [20-22]。

2. 燃烧特性

与天然气类似，LPG 具有减少温室气体二氧化碳排放的优势。由于其在低温工况下比汽油燃料具有更好的与空气混合的性能，因此当发动机冷起动时，液化石油气燃料发动机在低温下的燃烧效率和尾气排放均优于汽油。液化石油气燃料发动机冷起动时释放的氮氧化物、一氧化碳和碳氢化合物较少 [23]。

8.2.2　液化石油气汽车后处理技术

近些年来，我国成品油消费增速逐渐放缓，但 LPG 的需求却呈现加速增长趋势。自 2009 年起，大量的 LPG 深加工项目投产，推动国内 LPG 消费从低谷反弹至快速增长阶段。在 2011—2020 年期间，我国液化石油气的表观消费量逐年上升。2019 年，国内液化石油气表观消费量接近 6063.37 万 t，同比增长 8.54%；2020 年，则达到了 6319.06 万 t，同比增长 4.22%。

在 2020 年，我国 LPG 的国内消费主要用于化工原料，占比达 44.78%。在燃料使用方面，民用、商用和工业占比分别约为 25.8%、16.9% 和 12.1%。伴随着中国天然气产业的快速发展，管道天然气对 LPG 的替代将成为必然趋势。尤其在人口和工业集聚度较高的大中城市地区，管道天然气的集中供应具有明显优势。因此，LPG 作为燃料的消费量正逐渐减少，而作为原料使用的 LPG 消费量则呈现上升态势 [24]。

未来包括工业燃料和化工燃料在内的工业用途将是拉动 LPG 需求增长的主要动力，将超过民用气成为主导需求，重点是丙烷脱氢（propane dehydrogenation，PDH）项目和烷基化项目的集中大批应用。近年来，随着丙烯需求量的迅速增长以及 PDH 产能的不断扩张，国内丙烷的需求量逐年增加，PDH 的主要成本便来自于原料丙烷。目前，全球 PDH 产能约为 1320 万 t，中国约 570 万 t，约占全球 45%。截至目前，中国共有 16 个丙烷脱氢和混合烷烃脱氢项目投入运行，涉及丙烯总产能 660 多万 t/ 年，占到中国丙烯总产能的 17.5%。有数据显示，预计到 2025 年底，中国 PDH 丙烯产能将达 1550 万 t/ 年左右，年均复合增速在 15% 左右，在中国丙烯总产能中的占比将达到 25%[25-28]。

8.3 氢气

8.3.1 氢气燃料特性

1. 物化特性

在能源供应方面，氢气主要是从石油、煤炭和天然气等矿物燃料中转化得来，例如，通过甲醇裂解制取氢气。矿物燃料转化产生的氢气约占氢气来源的 90%。此外，氢气还可以从工业产品如氯气和纯碱生产过程的“副产品”中提取。尽管电解水也能制取氢气，但由于耗电量较大，因此应用相对较少。氢能源的推广取决于合理的低碳制氢技术、高能量密度储氢技术和完善的加氢站网络建设等因素。

氢气具有极高的扩散和燃烧性能，在空气中的扩散系数为 $0.61cm^2/s$，燃烧低热值为 120MJ/kg[29]。氢气最小点火能量仅为 0.02mJ，自燃温度为 858K，辛烷值为 130，着火界限范围为 4% ~ 75%，火焰传播速度极快，大约为 1.85m/s[30-32]。氢气在氧气中完全燃烧后生成水，对环境的影响几乎为零。制取氢气的方式多样，包括电解水制氢、天然气重整制氢、生物制氢以及太阳能和风能制氢等，来源广泛，满足了车用替代燃料的可持续再生要求。

氢气在生产、运输和储存过程中对密封性要求极高，使用过程中需要面临巨大的安全挑战。通过合理设置氢气储存位置，可以有效避免氢气泄漏，从而提高氢气使用的安全性。

2. 燃烧特性

氢气作为替代燃料应用于内燃机的研究已经非常广泛，由于其火焰传播速度快、着火界限宽、质量能量密度高，被广泛应用于发动机，以改善发动机的燃烧过程，并降低污染物排放。

氢气应用于发动机的燃烧方式主要有两种：第一种是掺氢燃烧，即将氢气以一定比例加入到汽油或柴油中，共同注入气缸内进行燃烧放热；第二种是纯氢燃烧，即通过对现有内燃机（主要为汽油机）进行改造，使其结构适于氢气的注入和燃烧放热[33-34]。

3. 排放特性

根据燃烧反应方程式可知，氢气的燃烧产物只有水，基本不含有 CO、HC 和 CO_2 等环境污染物。但由于氢气热值高，燃烧后缸内温度和压力较汽油机高，在实际燃烧过程中会发生一系列的副反应，基本反应机理如下[35-37]：

$$O_2 \longleftrightarrow 2O^* \tag{8-12}$$

$$N_2+O^* \longleftrightarrow NO+N^* \tag{8-13}$$

$$O_2+N^* \longleftrightarrow NO+O^* \tag{8-14}$$

$$N^*+OH \longleftrightarrow NO+H^* \tag{8-15}$$

式中，* 表示自由基。根据反应机理及试验测得 NO_x 的排放量较汽油机明显偏高。针对 NO_x 排放过高的问题，众多学者对其产生的原因及如何控制进行了深入研究，包括 NO_x 的生成机理和降低 NO_x 排放的策略。段俊法等人[38]通过建立一个包含详细化学反应机理的氢内燃机的计算流体动力学（computational fluid dynamics，CFD）仿真模型，发现随着过量空气系数的减小，火焰内部温度升高、OH 浓度升高、NO_x 排量增加，其中 NO_x 主要由 NO、NO_2 和 N_2O_3 3 种或多成分组成 [39]。徐普燕等人 [40] 通过控制点火正时，实现了在富氢燃烧状态下冷起动时氢燃料发动机的较低排放，并且最大缸内压力和成功起动时间随点火正时的延迟先增大后减小。

8.3.2　氢燃料汽车后处理技术

氢气在发动机上的应用包括纯氢燃料发动机和混氢燃料发动机。对现有汽油机适当改装后直接燃用氢气是较理想的氢能源利用方式。在发动机适应性方面，氢的自燃温度高，适用于电火花点火发动机。在混合气形成方面，氢气的扩散速率约为 0.65cm^2/s，汽油的扩散速率约为 0.08cm^2/s，混氢后利于形成均匀可燃混合气。在发动机寿命方面，由于氢气热值高，因此氢气过多时易引起缸压迅速上升，活塞负荷增大，影响发动机寿命。在发动机零部件方面，由于氢气的扩散率高，因此对零部件的密封性要求较高 [41-43]。氢内燃机的主要污染物是 NO_x，可以采用废气再循环、进气管喷水、稀薄燃烧等多种途径降低 NO_x 排放，过量空气系数大于 2 的稀薄燃烧表现出降低 NO_x 的更好潜力；为进一步降低 NO_x，需要采用后处理技术，氧化催化器（DOC）+ 选择性还原（SCR）是比较好的后处理组合方式 [44]。

8.4　甲醇

8.4.1　甲醇燃料特性

1. 物化特性

甲醇可溶解于水、醇、醚等有机溶剂中，燃烧低热值为 22.7MJ/kg，自燃温度为 658K，辛烷值为 112，着火界限为 6% ~ 36%。甲醇气体与空气混合可形成爆炸性混合物，遇明火、高温会引起燃烧爆炸，并且与氧化剂接触可发生化学反应或引起燃烧，燃烧速度达 0.52m/s。甲醇在空气中完全燃烧后生成二氧化碳和水等，相比石油的燃烧，其对环境污染较小且热值高，易点燃 [45]。

甲醇的制取方法一般有两种：一是合成法，即通过氢气和一氧化碳的高压合成反应生成粗甲醇，然后对粗甲醇进行精馏和化学处理，脱除二甲醚、高碳醇等杂质便得到甲醇；二是干馏法，即将木材进行干馏，使之产生甲醇。

2. 燃烧特性

甲醇作为一种替代燃料，在燃烧过程中可充分利用其含有氧原子、辛烷值高、高抗爆性、高汽化潜热以及相对于汽油的高火焰传播速度等特性，增大压缩比，提高充量系数，缩短燃烧滞燃期，进而提高燃烧热效率，减少因排气而造成的能量损失。

甲醇应用于发动机上的燃烧利用方式有两种：第一是改装汽油机，直接将甲醇喷入改装后的内燃机中燃烧放热，热能转化为机械能对外输出有用功；第二是通过甲醇分解产生氢气，然后以氢气为基础制作氢燃料电池组产生电能，进而驱动车辆运行 [46-48]。

（1）优点

1）当甲醇作为燃料时，发动机的爆燃倾向更小，可以采用提高压缩比来提升热效率。

2）甲醇与汽油相比，其汽化潜热很大，这就导致当发动机处于大负荷时，其汽化吸热降低燃烧温度，从而降低爆燃倾向，可以采用提高压缩比来提升热效率。

3）甲醇是含氧燃料，其含氧量高于汽油，因此燃烧速度更快、更充分，有利于提升热效率，同时减少尾气中的 HC、CO 和 PM 的排放，使排放更加清洁。

（2）缺点

1）甲醇对人体具有一定毒性，当其发生泄漏等事故时，会对人体和环境产生较大的影响。

2）甲醇燃烧后排放物与汽油相比会产生非常规的碳氧化合物如甲醛和甲酸等，它们会对喷嘴、活塞环等金属产生腐蚀作用，导致发动机的寿命和稳定性下降。

3）甲醇与汽油相比，其 50% 蒸发温度低很多，这就导致在夏天或者周围环境温度较高时，甲醇汽化，在燃料管路中发生气阻现象，影响燃料供应量。另外甲醇的汽化潜热比汽油的大很多，使进气温度、燃烧室温度较低，当处于低温环境时，发动机冷起动困难。

4）甲醇的热值为汽油的 45%，因此其与汽油相比做功能力差，同等工况下燃油消耗量增加。

3. 排放特性

根据甲醇完全燃烧的化学反应方程式可知，甲醇燃烧产物只有 CO_2 和 H_2O。但在实际燃烧过程中，由于甲醇在缸内空间的不完全燃烧，因此会生成少量的 HC、CO 以及 NO_x 等常规排放物，但 HC、CO 的排放量相对于汽油机会显著下降。而对于 NO_x 排放，一方面由于甲醇的蒸发热大，在缸内吸热量多，可减少 NO_x 的排放；另一方面由于甲醇燃烧速度快，燃烧定容度增加，缸内燃烧压力会上升，使得 NO_x 排放增加 [49-51]。

实验表明，燃烧甲醇时，NO_x 的排放量相对于汽油机变化不大，但是甲醇与空气在高温高压下接触会生成甲醛，危害人体健康。

朱建军等人 [52] 研究了聚甲氧基二甲醚引燃型甲醇双燃料压燃发动机，发现随甲醇掺混比例的增加，HC、CO 等排放量有所升高，NO_x 的排放量明显降低；随负荷的增大，NO_x 的排放量先增加后减小，HC、CO 等排放量则逐渐下降。姚春德等人 [53] 利用甲醇发动机实验台架探究了选择性催化还原技术对催化还原 NO_x 的影响，发现增大甲醇的喷射量、增大废气再循环率和延迟喷油，对降低甲醇 - 柴油发动机 NO_x 排放量有积极的影响。

8.4.2 甲醇发动机燃烧技术路线

1. 以吉利汽车为代表的汽油 / 甲醇（M100）燃烧技术

发动机采用汽油和甲醇两套燃料供给系统。用汽油起动，确保常温和低温环境状态下正常起动，稳定运作后自动切换为甲醇燃料。通过电子控制系统自动识别车辆运行状态，在两种燃料中平顺切换，使发动机平稳运转、车辆平稳运行。这种方式很好地解决了甲醇汽车低温冷起动困难的问题，但有两套燃料供给系统，增加了汽车结构的复杂度。

2. 以一汽技术中心为代表的甲醇（M85）燃烧技术

发动机采用单一燃料供给系统，需要对发动机进行适应性改动，采用适合甲醇燃烧的火花塞、大流量耐醇喷油嘴、无刷电机耐醇泵，并使用甲醇发动机专用润滑油等。通过对燃烧系统改进、燃料改性、进气加热、燃料加热、优化控制策略等方法来解决冷起动问题：在发动机进气道增设加热装置，提高进气温度；使用有加热功能的燃料喷射器，将燃料加热后再进行混合燃烧；安装进气滚流阀，提高滚流比，促进燃料和空气充分混合；提高发动机的压缩比，可有效提高缸内温度，提高混合气的着火性能；优化控制策略，寻找最佳燃油喷射量和点火提前角；在甲醇中加入 15% 的汽油，并加入石油醚、异戊烷、C4 ~ C8 轻馏分烷烃等添加剂，增强燃料的低温挥发性，可大幅提高甲醇混合气浓度。

3. 天津大学的柴油 / 甲醇（M100）组合燃烧技术

甲醇本身不易被压燃，因此在柴油机上使用甲醇燃料时需要先用柴油起动，待发动机温度达到设计要求后，甲醇通过进气道喷入由柴油引燃，使两者在柴油机内开始进行柴油 / 甲醇二元燃料混合燃烧 [34]。发动机采用柴油和甲醇两套燃料供给系统，甲醇的喷射时间和喷射量由电子控制系统自动控制，两个系统协同工作。柴油 / 甲醇双燃料组合燃烧技术的甲醇替代率为 35% ~ 45%，可大幅度提升燃料经济性，且发动机的动力性与原机无异，加速性能甚至超过原机。加入甲醇混合燃烧后排放水平大幅度改善，可以实现低碳、清洁的排放 [54]。

8.5　二甲醚

8.5.1　二甲醚燃料特性

1. 物化特性

常温常压下，二甲醚是一种无色、具有微弱的醚类芳香味的气体，室温环境下，它的蒸气压大约在 0.51MPa 左右，具有惰性，无腐蚀性、无致癌性，几乎无毒。二甲醚的分子式为 CH_3-O-CH_3，是最简单的醚类 [55]。二甲醚与汽油、柴油物化特性对比见表 8-2。

表 8-2　二甲醚与汽油、柴油物化特性对比

物化特性	二甲醚	柴油	汽油
分子式	CH_3-O-CH_3	C_{10}-C_{22}	C_5-C_{12}
沸点 /℃	−24.9	175 ~ 361	40 ~ 210
理论空燃比	9.0	14.3	14.7
低热值 /（MJ · kg^{-1}）	27.6	42.5	43.9
汽化潜热 /（kJ · kg^{-1}）	410	230	290
自燃温度 /℃	235	260	350
闪点 /℃	−85.9	55	−45
辛烷值	55 ~ 60	20 ~ 30	80 ~ 98
十六烷值	55 ~ 66	40 ~ 56	5 ~ 25

2. 燃烧特性

（1）优点

1）二甲醚相较柴油其分子结构中没有 C-C 键，只有 C-O 和 C-H 键，并且含氧量也要高一些，能够承受更多的废气再循环，因此燃烧更加成分，尾气排放中 CO、CH、NO_x、颗粒物更少，排放更加清洁。

2）二甲醚相较于柴油的十六烷值要高，自燃温度要低，因此比柴油机的发火性好，

滞燃期短，燃烧均匀，发动机发动平稳。

3）二甲醚的汽化潜热为柴油的 1.64 倍，与柴油相比，最大温度大幅降低，有利于减少 NO_x 和颗粒物的排放。

4）二甲醚常温为气体，当喷入缸内后立即汽化，因此其雾化特性比柴油更优，有利于降低燃料喷射系统的喷射压力。

5）二甲醚可以从煤和天然气中制取，因此其使用成本低于柴油[56]。

（2）缺点

1）二甲醚在常温常压下为气态，为了便于其供给，需要在低压供给系统中将其压缩成液态。因此，在低压燃料供给系统中二甲醚的压力远高于柴油燃料供给系统的压力。

2）二甲醚的黏度很低，大约是柴油的 5%，不足以润滑，需要燃料作为润滑剂的燃料系统中的精密件，导致部件磨损加剧，甚至出现泄漏卡死等状况，降低燃料系统的寿命和稳定性。

3）二甲醚的低热值为柴油的 65%，因此其做功能力差，燃料消耗量大，能量密度较低。

4）二甲醚的体积模量较低，在油管中二甲醚的压力传播速度低于柴油，导致二甲醚的喷油迟滞比柴油大[57]。

8.5.2　二甲醚发动机后处理技术

二甲醚作为分子结构最简单的醚类化合物，与其他醚类燃料不同，它自身的燃烧不会生成碳烟；而作为生物柴油的掺混燃料，它能够有效降低碳烟产生的趋势[58]。与醇类燃料相比，二甲醚作为一种无毒无害并且腐蚀性小的清洁燃料有着更大的优势；二甲醚具有较低的汽化潜热，能够提高混合燃料的燃烧效率，改善 CO 和未燃烧碳氢化合物（unburned hydrocarbon，UHC）的排放；二甲醚具有较高十六烷（cetane，CN）值，自燃温度低，能在柴油机中缸内迅速与空气混合，滞燃期短，有利于发动机的冷起动。二甲醚也凭借着 CN 值的优势，备受关注。较低的自燃温度和较短的滞燃期导致二甲醚的缸内温度和压力峰值都会低于柴油的峰值。这样既可减少 NO 的生成，又可减轻工作时的振动，从而达到降噪的效果。二甲醚的来源广泛，制备工艺成熟。作为含氧燃料，二甲醚有接近 35% 的氧，有利于无烟燃烧。

目前对于二甲醚发动机尾气排放控制技术的研究主要分为机内净化排放控制和机外净化排放控制两个主要方面。仅采用机前处理技术以及优化气缸设计以进行机内净化，和使用单一的后处理排放控制技术，已无法满足我国排放法规的限值要求，因此为进一步减少污染物的排放，需设计更有效、更可靠的尾气后处理技术路线。目前比较主流的机外净化控制技术有氧化催化技术、颗粒物捕集器和选择性催化还原技术[59]。SCR 技术是目前降低二甲醚发动机排放尾气中 NO_x 含量的主流技术手段。SCR 技术的原理是采用 NH_3 或 HC 作为还原剂对尾气中的 NO_x 进行还原。但是以 HC 为还原剂的 SCR 技术尚未取得突破性的研究进展，目前主流的 SCR 系统还是使用 NH_3 作为还原剂进行对 NO_x 的还原。由于 NH_3 不利于储存和运输，且还具有一定的毒性，因此 SCR 系统中一般使用 32.5% 的尿素水溶液喷射到排气管内进行反应，通过与高温气体的相互作用，发生复杂的热解和水解反应产生 NH_3。

8.6 生物燃料

8.6.1 生物燃料特性

生物燃料主要包括生物乙醇和生物柴油。在这其中，可再生柴油涵盖了氢化植物油和生物质合成燃料，这些属于第二代生物燃料。生物乙醇与汽油混合后，在全球汽车市场已得到广泛应用。尽管中国的生物燃料乙醇产量相对较低，但全球主要的生产和消费国家包括美国和巴西。生物柴油的主要产地则为欧洲、美国、阿根廷和巴西，而最大的市场则集中在欧洲。目前，美国、巴西、西班牙、德国和阿根廷拥有最大的生物燃料生产规模和能力[60-62]。

截至 2020 年，经国际海事组织认定的生物燃料有四个：叔戊基乙基醚、乙醇、脂肪酸甲酯、植物脂肪酸蒸馏油。实际装运和使用的多数是生物燃料和石油产品的混合物。

1. 物化特性

生物柴油又称脂肪酸甲酯，是以植物或动物脂肪油做原料，与低碳醇甲醇或乙醇经酯交换反应后生成的 C_{12}-C_{24} 的脂肪酸单烷基酯。

生物柴油的分子量与主要性能与柴油接近，可以以任意比例混兑在柴油中使用或单独使用来替代柴油。

2. 燃烧特性

（1）优点

生物柴油同时具有无硫、无芳烃、十六烷值高、润滑性好、闪点高的特点，而且生物降解性好。

（2）缺点

缺点是热值比柴油低 10% 左右，燃烧后 NO_x 排放增加。而且黏度大，易被氧化，倾点高，腐蚀性大，对涂覆层、橡胶件有一定的腐蚀作用。

3. 排放特性

生物柴油的燃烧特性接近重质燃料油，有害气体的排放更少。重质燃料油的脱硫要求增加了船用燃料的成本，为其他燃料的使用提供了机会。

8.6.2 生物燃料可行性应用研究现状

1）基于运输行业间的竞争。地面、航空运输、海运都有清洁、高效、低碳燃料的需求。相对而言，海运是能效最高的运输形式，排放最低。生物塑料的制造以及其他行业的能源要求也会增加未来生物燃料供应量需求。车辆多用乙醇汽油，航空需要高质量的煤油。用于生产高质量航空燃料的过程也会产生一些更适合船用柴油机的低质量的燃料。因此，在利用生物燃料及其混合物方面，地面、航空和航运是竞争和互补的关系，尤其在船舶领域有更大的应用前景[63]。

2）基于地面和航空运输的应用。乙醇、生物柴油在地面运输、航空运输中已经得到可行性验证和广泛使用。研究显示，随着生物柴油生产工艺的改进，无需作任何改动，生物柴油均可与普通柴油在油箱中以任何比例相混，对驾驶无任何影响，驾驶人根本无法区分两者的驾驶动力差别。近年来，在商业航空中使用生物燃料受到了相当多的关注，因为它目前被视为是减少航空中温室气体排放潜力最大的手段之一。商业航空中生物燃料的使用在技术上是可行的，航空生物燃料于 2011 年 7 月被美国国际测试和材料协会批准用于商业用途。国际民航组织通过大会决议，要求成员国自 2013 年制定政策行动，加速适当发展、部署和使用可持续的航空替代燃料。国际航空运输协会承诺 2050 年实现净零碳排放 [64]。

3）航运的应用。由于柴油机的改进，船用柴油机既可以使用低质燃料油，也可以使用高品质燃油，但同时带来了海洋油污染、大气污染，例如氮氧化物，硫氧化物、颗粒物以及黑炭的排放增加，这也是全球 CO_2 排放的重要来源 [65]。

8.7 本章结语

本章深入探讨了各类替代燃料如天然气、液化石油气、氢燃料、甲醇、二甲醚和生物燃料等的燃料特性，同时也展望了这些燃料的发展趋势。在未来的能源市场中，燃料将朝着多元化、经济性以及环保的方向发展，以满足不断增长的能源需求和减少环境污染。

发展替代燃料已成为我国能源战略的核心内容之一。通过推广替代燃料，我们可以减轻对石油进口的依赖，降低能源供应风险，提高能源安全。此外，这也有助于优化能源消费结构，提高能源利用效率，降低空气污染物排放，从而改善环境质量。

为了实现这一目标，我国政府采取了一系列政策措施，包括加大替代燃料研发投入、推广替代燃料使用的政策支持、补贴和优惠措施等。这些政策旨在促进替代燃料的产业化进程，提高我国在全球替代燃料市场的竞争力。

同时，我国在替代燃料领域的科研与技术创新也取得了显著的成果。在生物燃料、氢燃料等领域，我国已经初步掌握了一定的核心技术，并在一些重点领域实现了突破。这些成果将为我国替代燃料产业的发展提供强大的技术支撑。

总之，通过发展替代燃料，我国可以在保障能源安全、减轻环境压力和推动绿色发展等方面取得显著成果。在全球能源变革的大背景下，我国应抓住机遇，加快替代燃料产业的发展，为建设美丽繁荣的新时代贡献力量。

参考文献

[1] 马百坦，吕阳，康哲．车用替代燃料分析与展望 [J]. 重型汽车，2022(1): 28-30.

[2] 赵斐，张宏杰．氢动力内燃机 应用前景分析 [J]. 中国资源综合利用，2020, 38(6): 72-74.

[3] 袁海马，黄昌瑞，王雷，等．甲醇代用燃料在乘用车上的应用展望 [J]. 汽车实用技术，2019, 286(7): 32-34.

[4] 周龙保．内燃机学 [M]. 北京：机械工业出版社，2011.

[5] 郑尊清，王献泽，王浒，等．基于当量燃烧的天然气发动机燃烧室优化研究 [J]. 内燃机工程，2020, 41(4): 1-8.

[6] 孙博文，杨智．Merox 液化气脱硫技术及工业应用 [J]. 石油化工应用，2019, 38(2) : 118-120.

[7] AHMED S, MULVANEY W, NAIR M, et al. Next-generation catalyst improves reliability of LPG mercaptan extraction, hydrocarbon processing [J]. Hydrocarbon Processing, 2019, 98(7): 39-42.

[8] PARIS L, SVORONOS C D N, THOMAS J B. Carbonyl sulfide: A review of its chemistry and properties [J]. Ind Eng Chem Res, 2002, 41: 5321-5336.

[9] GIDEON F, ADEBISI T A, DAVID F. Natural gas consumption and economic growth: Evidence from

selected natural gas vehicle markets in Europe [J]. Energy, 2019, 169: 467-477.

[10] HUANG X B, ZHAO G X, WANG G, et al. Synthesis and applications of nanoporous perovskite metal oxides [J]. Chemical Science, 2018, 9: 3623-3638.

[11] KASPAR J, FORNASIERO P, HICKEY N. Automotive catalytic converters: Current status and some perspectives [J]. Catalysis Today, 2003, 77: 419-449.

[12] 张树华，刘岩，唐诗洋，等 . 关于车用替代燃料的发展状况与前景探析 [J]. 农机使用与维修，2012, 6: 102.

[13] 张保良 . 车用替代燃料及发展研究 [J]. 中原工学院学报，2021, 32(4): 16-21.

[14] SAMAIN L, JAWORSKI A, EDEN M, et al. Haussermann, Structural analysis of highly porous γ-Al_2O_3[J]. Journal of Solid State Chemistry, 2014, 217: 1-8.

[15] YANG X, WANG A, QIAO B, et al. Single-atom catalysts: a new frontier in heterogeneous catalysis[J]. Accounts of chemical research, 2013, 46(8): 1740-1748.

[16] 吴世华，杨树军，黄维平，等 . 溶剂化金属原子浸渍法制备高分散负载型催化剂 Pd 的 TEM, XRD, XPS 和化学吸附表征及催化活性研究 [J]. 催化学报，1990, 5(4): 290-297.

[17] 南春实 . 高分散负载型 Pd 基贵金属纳米催化剂制备、结构及其性能 [D]. 北京：北京化工大学，2013.

[18] 乔文龙，冯子洋，李亚丰，等 . 化学还原法制备胶体 Pd/γ-Al_2O_3 催化剂及其催化性能 [J]. 石油化工，2009, 38(3): 244-248.

[19] QU P, HU W, WU Y, et al. Pd-based catalysts by colloid synthesis using different reducing reagents for complete oxidation of methane[J]. Catalysis Letters, 2019, 149(2): 2098–2103.

[20] LI G, ZHANG C, ZHOU J. Study on the knock tendency and cyclical variations of a HCCI engine fueled with n-butanol/n-heptane blends[J]. Energy Conversion & Management, 2017, 133: 548-557.

[21] UYUMAZ A. An experimental investigation into combustion and performance characteristics of an HCCI gasoline engine fueled with n-heptane, isopropanol and n-butanol fuel blends at different inlet air temperatures[J]. Energy Conversion and Management, 2015, 98: 199-207.

[22] 李庚鸿，朱振兴，胡立峰，等 . 液化石油气脱硫技术研究进展 [J]. 现代化工，2022(42): 67-71 .

[23] 王加欣 . 未来主要低碳船用燃料是 LNG 和液化石油气 [J]. 石油化工设计，2021, 38(2): 31.

[24] 邓宝清，宫长明 . 汽油 / 液化石油气两用燃料摩托车的性能与排放研究 [J]. 内燃机学报，2003, 21(1): 49-52.

[25] 姜传东，黄玮，丛玉凤，等 . 液化石油气脱硫技术的研究进展 [J]. 石油化工，2020, 49(6) : 618-625.

[26] 张翠平 . 汽油和液化石油气双燃料供给系统的开发 [J]. 小型内燃机与车辆技术，2000, 29(2): 4-7.

[27] 刘凯，傅茂林，许维达 . 单一燃料液化石油气发动机的开发 [J]. 汽车技术，2002(10): 12-15.

[28] 单小晶 . LPG 市场供需及预测研究 [J]. 中国设备工程，2021, 23: 236-237.

[29] 李培文 . 氢气和天然气作为车用燃料的特性分析 [J]. 汽车实用技术，2018(4): 10-14.

[30] ALPASLAN A, YILMAZ N. A comparative analysis of n-butanol/diesel and 1-pentanol/diesel blends in a compression ignition engine[J]. Fuel, 2018, (234): 161-169.

[31] SHIRAZI S A, ABDOLLAHIPOOR B, WINDOM B, et al. Effects of blending C3-C4 alcohols on motor gasoline properties and performance of spark ignition engines: A review[J]. Fuel Processing Technology, 2020, (197): 106194.

[32] DUAN J, YANG Z, SUN B, et al. Study on the NO_x emissions mechanism of an HICE under high load[J]. International Journal of Hydrogen Energy, 2017, 42(34): 22027-22035.

[33] XU P, JI C, WANG S, et al. Realizing low emissions on a hydrogen-fueled spark ignition engine at the cold start period under rich combustion through ignition timing control[J]. International Journal of Hydrogen Energy, 2019, 44(16): 8650-8658.
[34] 杨振中 . 氢燃料发动机燃烧与优化控制 [D]. 杭州 : 浙江大学 , 2001.
[35] 孙艳 , 苏伟 , 周理 . 氢燃料 [M]. 北京 : 化学工业出版社 , 2005.
[36] 郑灵敏 , 刘志敏 , 祝清超 , 等 . 高性能 Pt/La-Ba-Al2O3/H-ZSM-5 氢燃料汽车尾气处理催化剂 [J]. 催化学报 , 2009, 30(5): 381-383.
[37] 杨振中 , 段俊法 , 连振中 , 等 . 氢发动机燃烧循环变动及其影响因素的研究 [J]. 车用发动机 , 2010(2): 46-49.
[38] 段俊法 , 刘福水 , 孙柏刚 . 进气道燃料喷射氢内燃机回火机理与控制研究 [J]. 农业机械学报 , 2013, 44(3): 1-5.
[39] DUAN J, YANG Z, SUN B, et al. Study on the NO_x emissions mechanism of an HICE under high load[J]. International Journal of Hydrogen Energy, 2017, 42(34): 22027-22035.
[40] XU P, JI C, WANG S, et al. Realizing low emissions on a hydrogen-fueled spark ignition engine at the cold start period under rich combustion through ignition timing control[J]. International Journal of Hydrogen Energy, 2019, 44(16): 8650-8658.
[41] 孙柏刚 , 包凌志 , 罗庆贺 . 缸内直喷氢燃料内燃机技术发展及趋势 [J]. 汽车安全与节能学报 , 2021, 12(3): 265-278.
[42] AHN J, YOU H, RYU J, et al. Strategy for selecting an optimal propulsion system of a liquefied hydrogen tanker[J]. International Journal of Hydrogen Energy, 2017, 6: 23-25.
[43] HUI X, CHARLES S, STEPHEN S, et al. Fuel cell power systems for maritime applications: progress and perspectives[J]. Sustainability, 2021, 13(1213): 12-15.
[44] 孙柏刚 , 包凌志 , 罗庆贺 . 缸内直喷氢燃料内燃机技术发展及趋势 [J]. 汽车安全与节能学报 , 2021, 12(3): 265-278.
[45] 裴勇 , 袁国辉 . 浅谈多燃料非道路移动机械的应用 [J]. 机械工业标准化与质量 , 2022, 7: 42-45.
[46] 陈以林 , 沈杜烽 , 杜海明 . "碳达峰" 背景下工程机械动力发展趋势研究 [J]. 现代车用动力 , 2022, 1: 11-13.
[47] 刘会勇 , 熊冶平 , 赵青 . 油电混合动力工程机械研究现状及发展趋势 [J]. 机床与液压 , 2017, 45(15): 166-171.
[48] 郑学通 , 赵军艇 . 混合动力工程机械动力系统的构成理论现状及研究进展 [J]. 汽车实用技术 , 2018, 13: 221-223.
[49] 王德刚 , 张尊华 . 船用 LNG- 柴油双燃料动力系统技术应用分析 [J]. 船海工程 , 2015, 44(2): 107-110.
[50] 冯立岩 , 翟君 , 杜宝国 , 等 . 中国气体燃料资源及开发利用前景展望 [J]. 天然气工业 , 2014, 34(9): 99-106.
[51] LI Y, TANG W, CHEN Y, et al. Potential of acetone-butanol-ethanol (ABE) as a biofuel[J]. Fuel, 2019, 242: 673-686.
[52] 朱建军 , 李鹏 , 武文捷 , 等 . PODE 引燃甲醇双燃料压燃发动机排放特性研究 [J]. 可再生能源 , 2020, 38(9): 1157-1162.
[53] 姚春德 , 陈超 , 姚安仁 , 等 . 基于 DMCC 发动机台架的甲醇 -SCR 催化还原 NO_x 的研究 [J]. 工程热物理学报 , 2020, 41(2): 498-506.
[54] 白秀军 . 甲醇汽车的应用技术及发展趋势分析 [J]. 汽车实用技术 , 2021, 46(13): 19-22.

[55] 陈正华，牛玉琴．二甲醚洁净燃料的开发与应用 [J]. 煤炭转化，1996, 19(4): 37-42.

[56] 翟君，冯立岩，王猛，等．气体燃料发动机发展对中国温室气体减排贡献的生命周期分析 [J]. 中国环境科学，2015, 1: 62-71.

[57] 彭国胜，范秀山，董贺新，等．利用煤炭资源发展洁净燃料二甲醚 [J]. 煤炭转化，2002, 25(2): 35-37.

[58] 刘海峰，张全长，黄华，等．甲醇和二甲醚燃料在发动机中的应用现状 [J]. 节能，2006, 25(4): 13-16.

[59] 汪善进，程远欧洲新能源汽车现状与发展趋势 [J]. 汽车安全与节能学报，2021, 12(2): 135-149.

[60] 刘瑾，邬建国．生物燃料的发展现状与前景 [J]. 生态学报，2008, 28(4): 1339-1353.

[61] 孙晓英，刘祥，赵雪冰，等．航空生物燃料制备技术及其应用研究进展 [J]. 生物工程学报，2013, 3: 285-298.

[62] 黄季焜，仇焕广．我国生物燃料乙醇发展的社会经济影响及发展战略与对策研究 [M]. 北京：科学出版社，2010.

[63] 马隆龙．生物质能利用技术的研究及发展 [J]. 化学工业，2007, 25(8): 9-14.

[64] 刘汝宽，肖志红，李昌珠，等．离子液体催化制备生物柴油研究进展 [J]. 中国油脂，2014, 39(9): 53-57.

[65] 杜兆龙，宋鹏翔，徐桂芝，等．合成燃料在可再生能源利用中的应用研究 [J]. 节能，2019, 38(7): 73-77.

第 9 章

移动源挥发性有机物排放控制技术

随着我国汽车保有量的逐年增加以及全球环境意识的不断提高，人们对空气污染问题越来越重视，挥发性有机物（volatile organic compounds，VOCs）作为 O_3 形成的重要前驱体之一，不仅会影响人类健康，诱导癌症的发生，还会对环境产生严重危害，如诱发雾霾天气、光化学烟雾等大气环境问题 [1-3]。VOCs 排放来源复杂，排放形式多样，物质种类繁多。移动源是 VOCs 的主要排放源之一，随着汽车保有量的大幅度增加，移动源 VOCs 污染越发突出，控制移动源 VOCs 的排放已刻不容缓 [4]。本章首先详细介绍了移动源 VOCs 的三大主要排放来源，其次总结了国内外汽车 VOCs 的相关标准及主要测试方法，最后重点介绍了目前针对不同排放来源采取的主要减排措施。

9.1 移动源 VOCs 排放来源

目前 VOCs 的主要排放源包括溶剂使用源、工艺过程源、移动源、固定燃烧源、生物质燃烧源、天然源和其他排放源，其中移动源排放的 VOCs 种类多且排放量占比大 [5-8]。针对北京的一项研究表明，北京的汽车蒸发污染贡献了 12% 的 VOCs 污染量，并且与其他 VOCs 污染源相比，汽车蒸发污染物形成 O_3 的潜力更高，对环境的危害更强 [9-10]。移动源 VOCs 排放来源主要包括燃油蒸发排放、车体挥发及尾气排放 [11-14]。

9.1.1 燃油蒸发排放

燃油蒸发排放主要指从车辆的燃油箱、燃油滤清器、化油器、输油泵和油管等部件组成的供油系统散发出燃油蒸气，是机动车 VOCs 排放的主要来源之一。车体挥发主要来源于新车中的饰品及涂料，尾气排放只在车辆启动后才会产生污染，而蒸发排放无时无刻不在发生 [15-16]。汽油主要由 C4 ~ C12 等短链烃类组成，分子相对较小，与柴油（C15 ~ C18）相比具有更高的挥发性，因此蒸发排放主要来自汽油车 [17-18]。根据产生的时间过程划分，车辆燃油蒸发排放的来源可分为以下五类：

（1）加油损失

指加油过程中从燃油箱溢出或由于燃油飞溅等产生的燃油蒸气。与柴油相比，汽油极易挥发，因此燃油箱内上半部分会漂浮着挥发的燃油蒸气，在加油前油箱内部处于气液平衡状态，但随着燃油的注入，受发动机工作时产生的热量以及温差变化的影响，燃油箱内的压力增加，加油前的平衡状态被打破，从而导致燃油蒸气排放。

（2）运行损失

指车辆运行过程中从燃油供给系统逸出的燃油蒸气。车辆运行时发动机产生的热量会使燃油箱内的温度上升，加速燃油蒸气的形成，燃油蒸发排放速率与燃油箱温度成正比。对于未安装燃油蒸发排放控制系统的车辆，当燃油蒸气的生成量超过燃油系统的存储能力时，燃油蒸气就会从燃油系统溢出；而对于安装燃油蒸发排放控制系统的车辆，如果产生的燃油蒸气超过了燃油系统本身的存储能力以及燃油蒸发排放控制系统的存储与脱附能力，燃油蒸气也会溢出。

（3）热浸损失

指车辆从发动机熄火开始，在规定时间内（约 1h）燃油系统排出的燃油蒸气。车辆发动机停止运转后，车辆风扇和迎风冷却也随之停止，此时燃油系统仍然具有较高的温度，虽然燃油系统的温度会逐渐降低，这种温度较高的状态只存在很短时间，但是这期间燃油系统的温度显著高于车辆全天的温度，使得这段时间燃油系统的蒸发量非常突出[19]。

（4）昼间换气损失

指停放在大气中的车辆受周围环境温度的影响引起燃油蒸气膨胀而产生的排放。车辆停放于大气中时，其油箱及整个燃油系统的温度都会受到大气的加热或冷却，引起汽油分子的运动，从而引起燃油蒸气的形成，当燃油蒸发量超过燃油系统和燃油蒸发排放控制系统的存储能力时，就会产生燃油蒸发排放，这种燃油蒸发排放在炎热的夏季更突出。

（5）渗透及迁移损失

燃油系统存在一些非金属元件，如油箱、油管、接头和密封件等，由于有机材料的特性，当使用时间过长后发生形变，燃油蒸气可通过这些非金属元件从燃油系统的内部渗透到大气中，形成燃油蒸发排放。此外，燃油蒸发排放控制系统元件，如敞底的炭罐，当炭罐内存储的燃油蒸气过多时，也会导致燃油蒸气迁移损失[20]。

9.1.2　车体挥发

汽车内部的 VOCs 排放主要来源于汽车内饰材料、零部件及车内涂层[21-23]。目前汽车制造业将大量聚氨酯、聚氯乙烯和聚丙烯等塑料以及皮革用于汽车仪表板、座垫、转向盘、门板、操纵杆、控制台和立柱等车内零部件中，导致车内 VOCs 大量增加。此外，由于我国经济的快速发展，汽车市场需求不断扩增，很多汽车下了生产线就直接进入市场，各种配件和材料的有害气体和气味没有经过释放期，用于车内的地毯、车顶毡、沙发、真皮、桃木、座垫、靠垫、顶棚衬里、各种橡胶部件、织物、油漆涂料、保温材料及黏合剂等材料中含有的有机溶剂、助剂和添加剂在汽车使用过程中释放出 VOCs，造成车内空气污染[24-25]。研究表明，车内劣质材料与胶粘剂是游离甲醛的重要来源，释放期长达 3 ~ 15 年；车内胶水、油漆、涂料和黏合剂是空气中苯的主要来源；油漆散发出的 VOCs 中，甲苯与二甲苯的含量最高[26]。

整车制造也是 VOCs 的主要来源，制造生产工序分为冲压、焊装、涂装和总装四大核心技术（即四大工艺），具体生产工艺流程如图 9-1 所示。其中涂装环节是涉及 VOCs 排放的主要环节，VOCs 排放占 95%。因此降低涂装车间的 VOCs 排放量，就能有效降低整车制造厂的 VOCs 废气排放水平[27-28]。

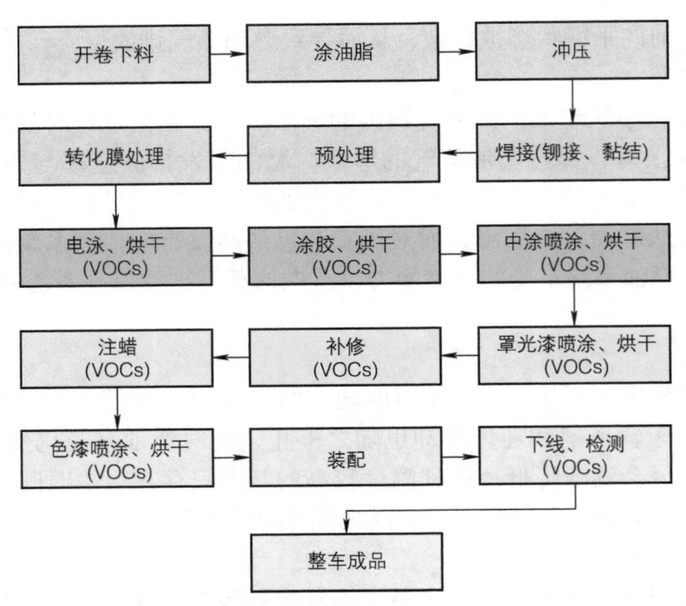

图 9-1　汽车整车制造过程中 VOCs 排放环节示意图

9.1.3　尾气排放

机动车尾气中 VOCs 的主要成分包括：烷烃、烯烃、芳香烃、含氧化合物、含硫化合物和乙炔等。汽油车尾气中的 VOCs 主要包括乙烯、芳香烃和异戊烷等，芳香烃中甲苯和二甲苯含量较高；柴油车尾气中的 VOCs 主要为丙烯和丙烷等短链碳氢化合物，此外还含有 C8 以上的直链烷烃，如壬烷、葵烷和十一烷等，柴油车尾气中的醛酮含量显著高于其他类型的机动车。摩托车尾气中的 VOCs 主要为乙炔和 2- 甲基己烷，以及以二甲苯和乙烯为主的芳香烃和烯烃类物质。液化石油气机动车尾气中的 VOCs 主要以低于 4 碳的烷烃和烯烃为主，其中丙烷、异丁烯和正丁烷 3 种化合物占了总量的很大一部分比重 [29-30]。

9.2　汽车 VOCs 相关标准及主要测试方法

9.2.1　汽车 VOCs 相关标准

国外主要汽车公司对于车内空气质量的控制主要通过对配套零部件的管控来实现。美国环保局要求汽车制造厂所使用的材料必须申报，并经过环保部门审查以确保对环境和人体危害程度达到最低点才能使用。美国加州 65 提案中对 VOCs 的限值为室内空气总挥发性有机物含量低于 0.5mg/m^3。欧盟 2005 年制定的《有关化学品注册、评估、授权与限制制定》（Reach 法规）对汽车相关材料做了部分规定。俄罗斯 1999 年制定并实施了国家标准 P51206-98 号《车辆车内污染物评价标准及方法》，对车内空气进行规范。德国环保署与德国汽车制造学会联合制定的《德国汽车车内环境标准》规定车内装饰、座垫套和胶粘剂等装饰材料含有的苯、甲醛、丙酮和二甲苯必须低于德国汽车内环保标准，如甲醛含量不能超过 0.08mg/m^3。日本汽车工业协会制定的 JASO M 902—2007《自动车部品　内装材　挥

发性有机化合物散发测定方法》，规定了专门针对汽车零部件及装饰品 VOCs 的测定方法。

我国对于移动源 VOCs 的控制起步较晚，2004 年 7 月，“车内空气质量标准”专家小组成立，开始进行国家标准的制定工作。2004 年 7 月 14 日，国家环保总局在北京召开标准开题认证会，正式启动国家环保标准《车内空气污染物浓度限值及测量方法》的制订。2007 年颁布了测量方法 HJ/T 400—2007《车内挥发性有机物和醛酮类物质采样测定方法》(以下简称《方法》)，该《方法》于 2008 年 3 月 1 日起实施，规定了乘用车车内空气质量检测的采样点设置、采样环境技术要求、采样方法及设备、相应的测量方法及设备、数据处理和质量保证等内容。2009 年底，环境保护部公布了《车内空气挥发性有机物浓度要求》(征求意见稿)，规定了车内空气中挥发性有机物的浓度要求，并确定了以苯、甲苯、二甲苯、苯乙烯、乙苯、甲醛、乙醛和丙烯醛等作为主要控制物质，2011 年颁布了 GB/T 27630—2011《乘用车内空气质量评价指南》，该指南于 2012 年 3 月 1 日实施。GB/T 27630—2011 第一次规定了车内空气中常见的八种挥发性有机物：苯、甲苯、二甲苯、乙苯、苯乙烯、甲醛、乙醛和丙烯醛的浓度要求，为国内车内空气质量控制提供了依据。国家环保部于 2016 年 1 月 22 日发布 GB 27630—201X《乘用车内空气质量评价指南》征求意见稿，该标准替代了我国现行车内空气质量标准 GB/T 27630—2011，这意味着中国将成为世界上首个出台乘用车强制性国家标准的国家，其他国家的标准或是行业自主举措，或是政府技术引导，抑或是后端市场召回。2016 年 12 月，《轻型汽车污染物排放限值及测量方法（中国第六阶段）》(以下简称《国六标准》) 正式发布，《国六标准》主要分为两个排放限制方案，国六 a 和国六 b，国六 a 于 2020 年开始执行，国六 b 于 2023 年起实施。《国六标准》从试验条件及要求上加严了蒸发排放控制，该试验参考美国蒸发排放测试流程，提高车辆运行过程中的热浸温度，循环工况由 NEDC 稳定工况变为世界轻型车辆测试程序（world light vehicle test procedure，WLTP）瞬态工况，昼间排放时间由 1 昼夜（24h）延长到 2 昼夜（48h），增加了加油污染物排放试验（即Ⅵ型试验）要求（限值为 0.05g/L），排放限值要求更加严格[31]。

中国出台的有关汽车 VOCs 的直接标准只有两个：HJ/T 400—2007《车内挥发性有机物和醛酮类物质采样测定方法》和 GB/T 27630—2011《乘用车内空气质量评价指南》。HJ/T400 规定了 M 类（载客）车辆和 N 类（载货）车辆车内挥发性有机物和醛酮类物质的采样和测定方法，但该标准只适用于车辆静止状态、恒温及恒湿条件下的车内空气采样，并未涉及车辆运行状态下的车内污染物采样，而且未对车内空气污染物的指标与限值进行规定。GB/T 27630 规定了车内空气中苯、甲苯、二甲苯、乙苯、苯乙烯、甲醛、乙醛和丙烯醛的浓度要求，给出了汽车车内各 VOCs 污染物的限值标准，但该指南只针对我国整车的 VOCs 标准，汽车的原材料和零部件并无相关国家标准。

根据国务院印发的《“十四五”节能减排综合工作方案》中关于挥发性有机物的综合整治工程指出，推进原辅材料和产品源头替代工程，实施全过程污染物治理，以工业涂装和包装印刷等行业为重点，推动使用低挥发性有机物含量的涂料、油墨、胶粘剂和清洗剂。为了针对性地控制整车制造过程中主要 VOCs 排放环节——涂装工艺的 VOCs 排放，生态环境部制定并发布了《汽车整车制造业挥发性有机物治理实用手册（一）》，对汽车整车制造业 VOCs 排放从源头到过程控制再到末端治理提出了可行建议，并且对汽车生产制造过程中所使用的含 VOCs 原辅材料的含量也做出了明确要求，见表 9-1。

表 9-1　汽车行业涂料中 VOCs 含量的要求

产品类型	车辆类型	产品类型		水性涂料限量值 /（g/L）	溶剂型涂料限量值 /（g/L）
汽车原厂涂料	乘用车	电泳底漆		≤ 250	—
		中涂		≤ 350	≤ 500
		底色漆	实色漆	≤ 530	≤ 520
			效应颜料漆	—	≤ 580
		本色面漆		≤ 420	≤ 500
		清漆	单组分	—	≤ 550
			双组分	—	≤ 500
	载货汽车	电泳底漆		≤ 250	—
		中涂		≤ 350	—
		底色漆		≤ 530	—
		本色面漆		≤ 420	≤ 500
		清漆			≤ 480
	客车（机动车）	电泳底漆		≤ 250	≤ 420
		其他底漆		≤ 420	≤ 420
		中涂		≤ 300	≤ 420
		底色漆		≤ 420	—
		本色面漆		≤ 420	≤ 420
		清漆		≤ 420	≤ 420
汽车修补用涂料	所有类型	底色漆		≤ 420	≤ 540
		中涂		—	≤ 540
		本色面漆		≤ 420	≤ 540
		清漆		—	≤ 420
轨道交通车辆涂料	动车组、客车（轨道车辆）、城市轨道交通车辆、牵引机车	底漆		≤ 250	≤ 420
		中涂		≤ 300	≤ 420
		底色漆		≤ 420	—
		本色面漆		≤ 420	≤ 420
		清漆		≤ 420	≤ 420
轨道交通车辆涂料	货车	底漆		≤ 250	≤ 540
		面漆		≤ 420	≤ 550
其他车辆涂料	专项作业车、低速汽车、挂车等	底漆		≤ 420	—
		底色漆		≤ 420	—
		本色面漆		≤ 420	—
		清漆		≤ 420	—

9.2.2　汽车 VOCs 主要测试方法

根据车内空气 VOCs 污染的来源，一般可以将 VOCs 挥发性能测试分为 3 个级别：整车、总成和内饰材料 [32-33]。整车分析的对象为车内空气，目前的方法主要为 HJ/T 400—2007《车内挥发性有机物和醛酮类物质采样测定方法》，整车空气测试出现问题，再溯源至总成和零部件，这一级别的主要测试方法为袋式法和厢式法，然后再溯源至材料，材料的测试有气味、雾化、总碳、甲醛、袋式法和热解析法 [34-36]。

1. 整车 VOCs 含量测试方法

不同国家整车 VOCs 含量的测试标准和测试方法见表 9-2。

表 9-2　不同国家整车 VOCs 含量的测试标准和测试方法

国家	测试标准	测试方法	测试条件	采样方法
德国	PV3938 标准	静态测试	23℃，50% RH	使用红外灯同时照射车内不同部位使其表面温度达到 65℃，封闭一定时间后采集车内空气样品
日本	车内 VOCs 试验方法	半动态测试	23℃，50% RH	温度调整到 40℃，保持 4.5h 后，采集车内空气 30min 后测定甲醛，采样结束后起动汽车发动机，使其空调正常工作，测定 VOCs
俄罗斯	GOSTR51206-2004 标准	动态测试	23℃，50% RH	模式一：以速度 50km/h 匀速行驶，行驶速度稳定 20min 后测试。模式二：以制造厂家规定的最小稳定转速空转 20min 后测试
中国	HJ/T 400—2007 标准	静态测试	25 ± 1℃，50 ± 10% RH	将受检车辆放入符合规定的车辆测试环境中，新车应为合格下线 28d ± 5d 并要求内部表面无覆盖物，将车窗和门打开，静止放置时间不小于 6h；关闭所有门窗，受检车辆保持封闭状态 16h 后采集车内空气样品

2. 总成 VOCs 含量测试方法

总成 VOCs 含量测试方法，又称零部件 VOCs 含量测试方法，主要有以下两种：一种是根据 VDA 276 的气候箱法，还有一种是袋子法。

1）气候箱法的试验空间是一个体积为（1 ± 0.05）m^3 的密闭空间，内部装有调节空气均匀度的装置和样品支架。为了调节空气交换率，试验箱体上安装有进气管和排气管。使用试验气体（丙烷）和氮气对火焰离子探测仪进行校准，压缩空气需经过湿度调节装置以规定的湿度通入检测舱。美国通用汽车公司、德国的大众汽车公司和宝马汽车公司等汽车企业及其合资企业采用此方法进行零部件的 VOC 检测。测试时将测试零部件置于规定的试验箱中，控制箱内温度、湿度及空气交换速率进行特定气候条件下的状态调节，零部件散发出的有机物在箱中不断循环，一定时间后通过采集箱内气体进而对零部件释放出的 VOC 进行定性及定量分析。气候箱法可以在控制的环境中（如温度、湿度、通风等）进行，这有助于提高测试结果的准确性和重复性，测试结果具有较高的准确度；除此之外，气候箱法可以适用于各种不同的产品和材料，无论是塑料、橡胶、涂料还是其他类型的材料，都可以通过调整测试舱的条件来进行测试；并且由于测试过程在一个封闭的舱内进行，因此可以有效防止有害物质的扩散和人员的暴露。然而相比于一些其他的测试方法，气候箱的设备和运营成本都较高、检测时间也较长，并且对操作者的技术有一定要求。

2）袋子法多为日系车企使用。该方法进行 VOC 采样使用的采样袋由厚度为 0.05mm 的聚氟乙烯（PVF）制成，根据采样袋容积分为大袋子和小袋子两种方法，分别用于测量总成零部件和材料的 VOC 含量。采样袋法主要被日系主机厂（包括丰田、日产和铃木等）及其合资企业采用。通常根据测试零部件类型，选择大小合适的 Tedler 材质的袋子，将零部件样品放入袋子内，用密封条密封，抽真空后充入一定体积的高纯氮气，放入温度和湿度设定的恒温恒湿舱内加热一定时间后，再采集袋子内的气体上机进行分析。袋子法不仅可以用于检测零部件，也可以是材料。它能够同时采集用于检测苯烃类有机组分和检测醛酮组分的气体样品，并且操作简便，只需将样品放入袋子中，然后进行加热和气体采集即可。由于袋子法是在控制的环境中进行，因此可以有效避免外界环境因素的影响，从而提高了数据的准确性和可靠性。然而袋子法的测试成本较高，特别是采样袋的使用次数有限，且需要消耗一次性的 DNPH 吸附管。与气候箱法相比，袋子法无法实时监控零部件、总成的 VOC 挥发情况。除此之外，袋子法需要专门的设备来进行气体采集和分析，这增加了设备的投入和使用成本。

3. 内饰材料 VOCs 含量测试方法

目前对于汽车内饰材料 VOCs 含量的测试标准主要有美系、欧系以及日系三种，分别对应顶空 - 气相色谱法、热脱附 - 气相色谱 / 质谱法、采样袋 - 热脱附 - 气相色谱 / 质谱法和高效液相色谱法 [37]。不同方法的优缺点及采用的汽车企业见表 9-3。

表 9-3　内饰材料的 VOCs 浓度检测方法优缺点及采用的汽车企业

检测方法	优缺点	采用的汽车企业
顶空 - 气相色谱法	操作简便，但没有富集步骤，灵敏度低，不能同时测得醛 / 酮类物质含量	奇瑞、通用、福特、大众和沃尔沃等
热脱附 - 气相色谱 / 质谱法	操作简便，灵敏度高，但取样量少，代表性差，不能同时测得醛 / 酮类物质含量	标志 - 雪铁龙集团和戴姆勒 - 克莱斯勒等
采样袋 - 热脱附 - 气相色谱 / 质谱法和高效液相色谱法	原理与整车的相关标准类似，内饰件接近于实际的装车状态，更有利于汽车生产企业对内饰件在实际使用状态下的混发行有机物含量做出评价	丰田、本田、日产、三菱、马自达、铃木、五十铃、长安和吉利等

美系汽车厂如通用、福特等主要采用顶空 - 气相色谱法检测 VOCs 的种类及含量 [38]。该方法将样品剪成 10 ~ 25mg 的小碎块，然后称取一定量样品于顶空瓶中，将顶空瓶中在 120℃加热 5h 后，用带氢火焰检测器的气相色谱仪分析顶空瓶气体中 VOCs 的含量，结果以每克样品含有的丙酮中的碳质量（μgC/g）来表示。参考标准为德国 VDA 277《汽车内饰件非金属材料挥发性有机物的测定》，主要分析仪器为顶空进样器和气相色谱仪。

欧系汽车厂如标致和戴姆勒 - 克莱斯勒等主要采用热脱附 - 气相色谱 / 质谱法检测 VOCs 的种类及含量 [39-40]。该方法称取 10 ~ 50mg 样品于热脱附管中，在热脱附仪中于 90℃加热 30min，样品中释放出来的 VOCs 由载气带到气相色谱 / 质谱联用仪中进行 VOCs 的定性或定量分析，结果以每克样品中含有的 VOCs 质量（μg/g）表示。参考标准为德国 VDA 278《热脱附分析非金属汽车饰材料中的有机挥发物 》，主要分析仪器为热脱附进样器和气相色谱 / 质谱联用仪。

日系汽车厂如丰田、本田和日产等主要采用采样袋 - 热脱附 - 气相色谱 / 质谱法和高效液相色谱法检测 VOCs 及醛 / 酮类物质的种类及含量。该方法从样品上裁出 1 块 10cm × 10cm 的样件，并密封于 10L 采样袋中，充入 5L 高纯氮气，放入烘箱中，在 65℃加热 2h 后，抽取采样袋中的 1L 气体使之经过 Tenax-TA 或 Tenax-GR 吸附管，抽取采样袋中的 2L 气体使之经过 DNPH 吸附管，样品中释放出来的 VOC 及醛 / 酮类物质被捕集到相应的吸附管中。以热脱附 - 气相色谱 / 氢火焰离子化检测器或热脱附 - 气相色谱 / 质谱法分析 Tenax 吸附管，获得 VOCs 含量，用 5mL 乙腈洗脱 DNPH 管，以高效液相色谱分析洗脱液，获得醛 / 酮类物质含量。参考标准为 JASO M902，主要分析仪器为热脱附进样器气相色谱 / 质谱联用仪、采样袋和高效液相色谱仪。

以上 3 类检测方法各有优缺点。由于采样袋 - 热脱附 - 气相色谱 / 质谱法和高效液相色谱法能同时检测 VOCs 和醛 / 酮类物质的含量，且测试原理和结果表示方法与 HJ/T 400—2007《车内挥发性有机物和醛酮类物质采样测定方法》一致，方便汽车生产企业评价内饰件 VOCs 含量是否符合该标准要求，且内饰件厂商根据待查样件的物理尺寸使用相应大小的采样袋，可以将整个零部件如顶篷、仪表板和座椅等直接密封到采样袋中进行 VOCs 和醛 / 酮类物质的测定。相对其他方法而言，其结果与整车的分析结果具有更好的关联性，因此倍受日系车厂商的青睐，国内一些汽车企业也对此方法进行了研究并最终予以采纳。

9.3　燃油蒸发排放控制技术

机动车污染物排放主要分为尾气排放、蒸发排放和其他排放（如制动和轮胎磨损）。尾气排放在全世界范围内都得到了有效控制，而蒸发排放却没有引起足够重视。除美国和加拿大对蒸发排放控制研究起步较早、排放限值较低外，世界大部分地区的城市大气中汽油蒸发排放占人为排放的 10.6% ~ 30.0%，中国机动车每年排放的 VOCs 中约有 40% 来源于蒸发排放 [41]。

挥发性是影响燃油蒸发的重要特性，一般用饱和蒸气压参数来表征。饱和蒸气压越大，燃油的挥发性越强。由于柴油的饱和蒸气压比汽油小得多，柴油车的燃油蒸发污染物排放量比较小，因此一般都没有配备燃油蒸发排放控制系统。汽油的蒸发排放是汽车碳氢化合物排放的主要来源 [42-43]。《中国移动源环境管理年报》（2022 年）数据显示 2021 年全国汽油车 HC 的排放量为 138.8 万吨，占汽车排放总量的 76.2%。

HC 的排放主要来源于油箱，因此减少油箱中 HC 的排放可以降低整车的燃油蒸发排放量。减少油箱 HC 排放的措施主要有：

1）降低汽油的蒸气压，从而减少汽油的挥发。

2）采用塑料或隔热油箱替代金属材质的油箱。

3）采用无回油式的发动机供油方式，防止燃油从发动机的油轨携带热量到油箱，使油箱内的燃油温度上升。

4）合理选用密封材料和密封设计，增加燃油系统的密封性。

5）使用燃油蒸发排放控制系统对燃油蒸发排放污染物进行减排控制。

6）改造加油站的加油系统或使用车载加油装置控制加油时的燃油蒸发 [44-45]。

9.3.1　燃油蒸发排放控制系统

燃油蒸发排放控制系统（evaporative emission control system，EVAP）的主要功能是将车辆在加油、行驶和停驻过程中产生的燃油蒸气进行回收并储存在炭罐中，在发动机运转时，电磁阀打开，通过发动机进气歧管处产生的负压从周围环境中吸入空气，对炭罐进行脱附清扫，并将炭罐中存储的燃油蒸气脱附到发动机进行燃烧 [46-47]。EVAP 主要由炭罐、炭罐控制阀、空气滤清器以及管路等组成（图 9-2），其中炭罐和炭罐控制阀是最关键的部件，它们的性能会直接影响燃油蒸发排放控制系统的功能 [48-50]。

（1）炭罐

炭罐主要用于收集油箱中的燃油蒸气，其下部与大气相连，上部由管路与油箱相连。炭罐内部装有活性炭，其对燃油蒸气具有很强的吸附和脱附能力。油箱中的燃油蒸气经过管路进入炭罐，吸附在活性炭上。炭罐出口由软管与发动机进气歧管相连 [51]，软管中装有一个炭罐电磁阀，其作用是控制管路的通断。炭罐与控制阀配合实现油气脱附，将吸附的燃油蒸气回收利用 [52]。

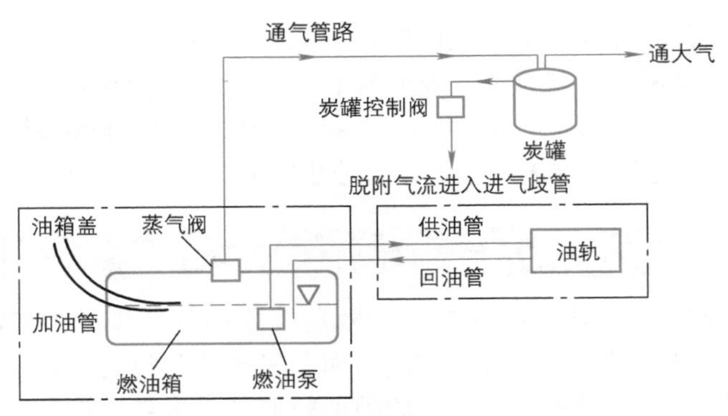

图 9-2 燃油蒸发排放控制系统结构

活性炭是炭罐中的核心材料，工作容量和强度是衡量活性炭性能的两个重要参数[53-55]。一般用单位体积或单位质量活性炭的正丁烷有效吸附工作容量来评价炭罐的汽油吸附容量。根据国家标准 GB/T 20449—2006《活性炭正丁烷工作容量测试方法》可以得到活性炭正丁烷工作容量和正丁烷吸附性等汽油吸附性能参数。随着车用排放标准的日趋严格，炭罐使用的活性炭的正丁烷工作容量标准也越来越高，满足第六阶段以上标准需要达到 15g/100cm^3 以上[56]。吸附在活性炭上的燃油蒸气需要在特定工作条件下脱附进入发动机燃烧掉，因此活性炭必须同时对汽油具有优良的吸附和脱附性能，活性炭的吸附能力需要控制在一定范围[57]。此外，安装在车辆上的炭罐必须保证与车辆保持相同寿命，因此要求炭罐用活性炭具有较高的强度，其强度检测标准参见国家标准 GB/T 20451—2006《活性炭球盘法强度测试方法》[58]。

活性炭的性能受孔结构、表面基团以及水的影响[59-60]。活性炭的正丁烷工作容量主要由比表面积和孔径分布决定。比表面积越大，活性炭的孔隙越多，有效吸附能力越高。此外，研究发现活性炭孔径为烃分子直径的 4 ~ 5 倍时，活性炭对燃油蒸气的吸附效果最佳。活性炭表面原子不饱和，会结合其他原子或基团，形成多种表面基团，这些基团以含氧官能团如羧基、酚羟基、醌羰基醚键、过氧化键、酯基、内酯基和羧酸酐等为主，其化学性质会影响活性炭的性能。因此，可以通过修饰或改性来改变活性炭表面的含氧官能团的种类和数量，从而调控其吸附行为。此外，空气中水蒸气的含量会影响活性炭对燃油蒸气的吸附。研究表明，当相对湿度低于 25% 时，水蒸气对活性炭正丁烷吸附的影响几乎可以忽略不计，但更高的水蒸气分压会导致水分子在活性炭表面酸性位凝聚，进入微孔，从而使得正丁烷的吸附容量急剧下降[61]。

化学法和化学物理耦合法是制备高比表面和大孔容活性炭的有效途径，而中国的高性能活性炭制备技术仍然停留在实验室研发阶段，很多高质量活性炭的制备及黏结成型技术仍然需要进口，开发适用于炭罐的高性能成型活性炭制备技术是中国活性炭产业迫切需要解决的课题之一。

（2）炭罐控制阀

炭罐控制阀又称炭罐清洁阀。发动机运行时，进气管中产生负压，从大气中吸入新鲜空气，空气经过炭罐流经炭罐控制阀进入进气管，同时吸收储存在炭罐中的燃油蒸气，并把它们带到发动机中以供燃烧。炭罐控制阀的作用是在进气管中按一定比例配送燃油蒸气，以保证发动机的燃烧工况需求。炭罐控制阀受电子控制单元（electronic control unit，ECU）

控制，在油气调节过程中关闭，在接通清洁气流时，系统选择瞬时工况最适合的清洁气流充量，由 ECU 发出信号以一定角度打开清洁阀，清洁气流吸收一定比例的燃油蒸气。同时，控制系统减少喷油持续时间以补偿清洁气流中的预期燃油消耗量 [62]。

9.3.2　车载加油回收装置

燃油蒸发排放控制系统可以将车辆停止和运行过程中的燃油蒸气回收利用，但在汽车加油过程中，油箱中的燃油蒸气仍然可以进入大气，造成环境污染和资源浪费。根据文献报道 [63]，大约 0.26% 的燃油损耗是由于加油过程中的燃油蒸发排放造成的。现已提出的加油过程中的燃油蒸发排放控制策略有两种：二阶段油气回收系统和车载加油蒸汽回收装置（on board refueling vapor recovery，ORVR）[64]。二阶段油气回收系统通常包含一个安装在加油站汽油分配器中的真空泵，它能将加油过程中产生的汽油蒸气吸入地下储罐中，二阶段油气回收系统在欧洲广泛使用。ORVR 是由美国环境保护署推出的替代二阶段油气回收系统的一种排放控制系统，安装在车辆上，形成汽油管道的密封系统。在 ORVR 中，额外的汽油蒸气在加油过程中被推入并吸附在炭罐中，在驾驶时将从炭罐中释放并吸入发动机。ORVR 能够回收加油过程中的大部分燃油蒸气，减少加油过程中的燃油蒸气排放量 [65-66]。在中国，第二阶段油气回收于 2008 年 5 月 1 日在北京和天津开始实施，2015 年 1 月 1 日在全国范围内实施。然而，由于维护真空泵和加油口密封的成本太高且监管不到位，因此第二阶段油气回收的控制效率有限。因此，生态环境部于 2016 年制定并于 2020 年实施的《国六标准》要求所有新汽油车均安装 ORVR，以控制加油排放。

1. 车载加油回收装置原理

ORVR 的功能是收集并储存加油过程中的燃油蒸气，然后脱附到发动机中燃烧，减少燃油蒸气对空气的污染，同时节约能源。在加油过程中，当燃油储量小于 95% 时，燃料先经过单向阀流向油箱，油箱里的燃油蒸气和少量空气依次通过两级控制阀和导管流到炭罐储存起来。当加油量大于 95% 时，由于单向阀的单向性，油箱里的高压燃油蒸气不能通过单向阀，只能通过 ORVR 系统中的坡度阀流到炭罐储存起来。当炭罐中的燃油蒸气储存到一定量时，就脱附到发动机中燃烧 [63]。

2. 车载加油回收装置结构

ORVR 关键部件包括单向阀、两级控制阀和坡度阀，其具体组成部件如图 9-3 所示。

单向阀是止回阀的一种，安装在加油管中，主要部件包括阀体、阀芯、弹簧和阀座。单向阀是常闭阀，通常情况下属于关闭状态。当加油枪向加油管中喷油时，阀门在燃油冲力和自身重力的作用下克服弹簧的预紧力和气体作用力后打开。阀门顶部呈圆锥导流形状，能有效减少燃油的冲击和飞溅 [67-68]。

两级控制阀可根据加油过程中进入油箱的燃油量，使油箱内的燃油蒸气压力增加，对燃油蒸气排出进行两次连续控制，防止油箱内的燃油蒸气压力无限增加。当油箱内的燃油量很少时，向油箱加油，两级控制阀处于完全打开状态，燃油量不断增加，油箱里的蒸气压力也越来越大，从而推动浮子向上运动，使得浮子最上面的密封圈密封两级控制阀的大节流孔，实现第 1 级控制。此时两级控制阀的小节流孔仍处于开启状态，油箱的部分蒸气还可以通过小节流孔通向炭罐。随着压力进一步提高，浮子继续上升，最后挤压弹簧使得第 2 级密封圈密封小节流孔，这时两级控制阀完全关闭实现第 2 级控制。

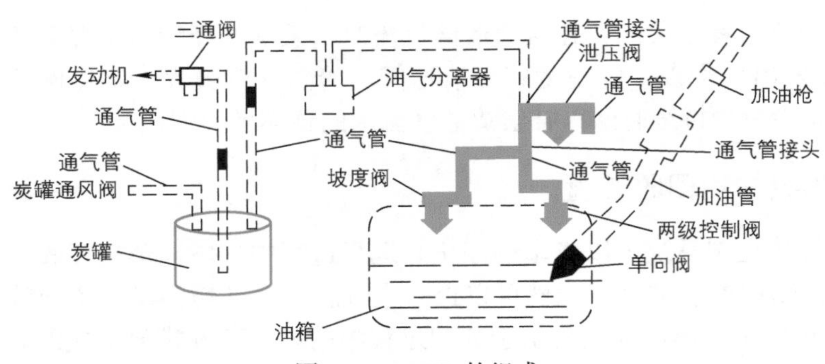

图 9-3 ORVR 的组成

坡度阀的功能是加油结束后使油箱气压恢复，并保证汽车倾斜角度过大时油箱中的燃油不会进入活性炭罐中。通常情况下，坡度阀关闭，只允许少量汽油蒸气由常通孔排出。当油箱内外气体的压力差超过限制时，坡度阀开启，从坡度阀流出的汽油蒸气流量稍增大，使油箱内气体压力的增大比较平缓。当汽车倾斜角度较大或者翻车时，阀体中的浮子推动阀门压靠在排气孔上，坡度阀关闭，阻止燃油通过坡度阀进入活性炭罐，防止燃油泄漏。

9.4 汽车环保材料

VOCs 是新车内的主要空气污染物。塑料、橡胶、天然或人造皮革、纺织品、纤维、聚氨酯泡沫、涂料和黏合剂等材料都是车内 VOCs 的来源[69]。这些材料通常用于仪表盘、转向盘、绝缘材料、座椅、转向盘包裹材料、内饰、隔声、顶棚、地垫和座套等部件的制造。车内空气质量与材料的种类以及制造工艺直接相关。大分子链在加工过程中发生熔融降解、氧化反应降解和光反应降解，释放出小分子物质，残留在零部件中，在后续过程中不断释放。为了降低车内 VOCs 含量，提高车内空气质量，汽车制造商、材料供应商以及材料科技人员均在持续寻找更加环保的车用材料，现已开发的汽车环保材料类型如图 9-4 所示。

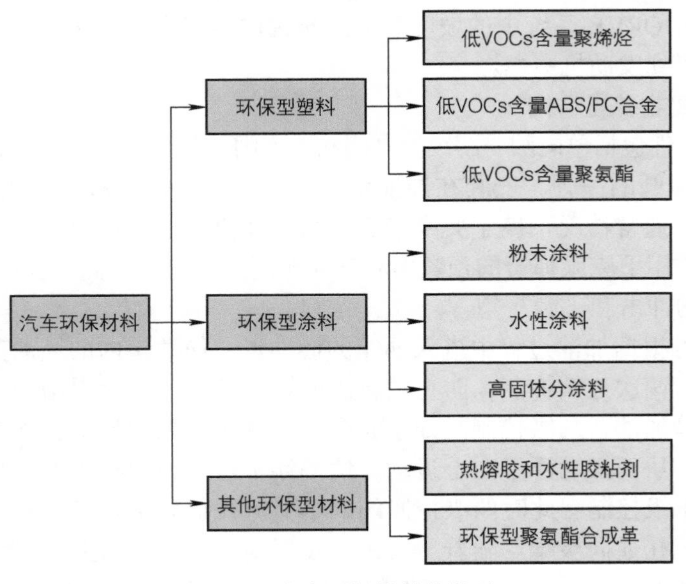

图 9-4 汽车环保材料的类型

9.4.1　环保型塑料

为了实现汽车轻量化，车上的塑料零部件越来越多。据统计，2020 年汽车上塑料的用量约占整车的 1/3 以上，塑料作为汽车内饰的主要组成部分，在汽车内饰材料中的占比已达到 60%，其 VOCs 挥发量占比很大[70]。VOCs 的挥发会直接影响乘员的身体健康，因此需要大力研究和开发安全环保的内饰材料。

用于汽车工程领域的塑料包括聚乙烯、聚氯乙烯、聚丙烯、聚苯乙烯、丙烯腈 - 丁二烯 - 苯乙烯（acrylonitrile-butadiene-styrene，ABS）、聚酰胺、聚酯、聚氨酯、聚碳酸酯（polycarbonate，PC）和聚缩醛等[71-72]。出于对人类健康和环境保护的考虑，降低车用塑料的 VOCs 含量已成为汽车工程领域和材料制备加工领域亟待解决的问题。

1. 低 VOCs 含量聚烯烃

聚乙烯、聚丙烯、聚氯乙烯、ABS 塑料等聚烯烃塑料是汽车工程领域最常用的塑料。材料的结构、组成和性能与材料的制备密切相关，因此降低车用塑料 VOCs 的含量可以从材料制备方面入手，包括单体的精制，催化剂、溶剂和聚合方法的选择等方面[73]。在制备聚烯烃的过程中，选用的单体的纯度和硫化物含量、催化剂和共聚单体的类型以及溶液聚合时选用的溶剂均会影响聚合物的等规度、分子量、低聚物含量以及催化剂和溶剂残留量等，这些物质难以通过后续的加工或纯化手段去除，只能在材料的制备阶段进行优化。降低材料 VOCs 的方法主要有：

1）对聚合手段进行优化。例如，在制备高表观密度聚氯乙烯树脂时，采用升温聚合法，提高反应釜的生产能力，缩短聚合时间，使反应过程在每个阶段最大限度的进行，能够减少未反应的小分子有害物质的残留[73]。

2）选用合适的母料和助剂。在塑料制备过程中，为了进一步改善材料的强度、韧性、抗老化性等性能，通常会在母料中添加不同助剂，而助剂的类型会对 VOCs 含量产生很大的影响。例如，在聚氯乙烯的加工过程中，选择合适的稳定剂能够抑制聚氯乙烯分子降解成小分子挥发性有害物质，降低 VOCs 的含量。

3）在塑料改性过程中加入气味吸附剂和气味萃取剂。气味吸附剂主要是一些多孔材料（例如活性炭、多孔氧化铝、硅藻土等），能够将 VOCs 物质束缚在材料内部，使其在较高温度下也不会解吸，从而降低 VOCs 的含量。气味萃取剂则是利用低沸点物质的共沸特性将 VOCs 从材料内部萃取出来，降低材料的 VOCs 含量[74]。

4）开发免喷涂塑料。免喷涂塑料一次注塑品即为最终产品，可以降低由于涂装过程中引入的 VOCs。例如，庄梦梦等人[73]利用颜料分散剂 PDA-1 制备的一种免涂装聚丙烯材料，其 VOCs 含量可降至大众汽车标准 PV3925《甲醛散发性试验》所要求的范围内。

2. 低 VOCs 含量 ABS/PC 合金

ABS 和 PC 可共混成 PC/ABS 合金塑料，PC/ABS 合金结合了 ABS 材料的成型性和 PC 的力学性能以及耐温和抗紫外线等性质，广泛应用于汽车内外饰上。ABS/PC 合金塑料中也含有大量有害 VOCs，包括芳香烃、脂肪烃和烯烃类等，这些物质在高温下挥发更明显。ABS/PC 合金组分较为复杂，目前针对这类材料的 VOCs 调控研究相对较少。与聚烯烃材料类似，影响 ABS/PC 合金材料 VOCs 含量的主要因素也包括母料和助剂等，同样可以通过选用合适的母料和助剂等来控制材料的 VOCs 含量[75]。申娟[76]研究了不同原料对 ABS/PC 合金中 VOCs 含量的影响，结果表明，以 ABS 8319 和 PC 1100 为母料、以聚烯烃弹性体 8150 为增韧剂、以 2，6- 二叔丁基 -4- 甲基苯酚为抗氧剂，能有效降低 ABS/PC 合金中的 VOCs 含量。经过对原料筛选后，加入气味吸收剂可以进一步降低 ABS/PC 合金的 VOCs 含量。

3. 低 VOCs 含量聚氨酯

聚氨酯在汽车工程领域中应用得也较多，其产品种类丰富，包括聚氨酯硬泡、聚氨酯软泡以及聚氨酯弹性体等，可用作汽车隔热层、汽车座椅座垫和汽车内饰织物等[77]。聚氨酯材料的加工方法与聚烯烃和 ABS/PC 合金的加工方法不同，尤其是泡沫塑料生产过程中需加入发泡剂，因此 VOCs 含量调控也更复杂。配方优化是调控聚氨酯材料 VOCs 含量的首选方法。例如，为了降低聚氨酯泡沫的 VOCs 含量，刘恩[78]优化了发泡料配方，不使用聚合物多元醇、胺类催化剂和泡沫稳定剂等聚氨酯泡沫 VOCs 和气味主要来源的原材料，而选用聚醚多元醇、异氰酸酯、抗氧剂、除醛剂、复合扩链剂、复合酸类抑制剂和复合有机锡催化剂等原材料，结合工艺优化降低了聚氨酯泡沫的 VOCs 含量。目前，有关聚氨酯材料 VOCs 调控工作的大部分集中于对聚氨酯涂料 VOCs 调控的研究，而有关聚氨酯塑料和弹性体的 VOCs 调控研究很少。制备低 VOCs 含量的聚氨酯塑料将是汽车工程和材料制备与加工领域的研究重点。

9.4.2 环保型涂料

传统涂料由高分子物质和配料混合在一起，使用了大量有机溶剂、一定毒性的防腐剂、多种助剂以及含有各类金属的颜料填料。传统涂料直接涂覆在基材表面，形成牢固的涂膜，在很长时间内都是有毒性的，无任何安全保障。涂料中加入的添加剂具有毒性和刺激性，会对人体健康造成极大危害。因此近年来，低污染或无污染的环保型涂料越来越受到人们的重视，环保型涂料是目前涂料工业发展的主要方向。如今，有关环保涂料的研究主要集中于粉末涂料、水性涂料和高固体分涂料[79]。

1. 粉末涂料

粉末涂料由聚合物、颜料和添加剂组成，是百分之百的固体分涂料，其分散介质不是溶剂和水，而是空气，以粉末形态进行涂装。粉末涂料在涂装过程中，喷溢出来的部分可以回收利用，也不存在溶剂挥发等情况，具有无溶剂污染、100% 成膜以及能耗低的特点[80]。此类涂料品种发展迅猛。热塑性和热固性属于粉末涂料的两种类型。热塑性粉末涂料中含有具有很高分子量的热塑性树脂作为成膜物质，成本较高，其涂膜外观较差，与金属间的附着力也差，在汽车涂装领域中应用极少，但其耐化学性和韧性很强，可用作功能性涂层。热固性粉末涂料以热固性树脂和固化剂为成膜物质，由于热固性树脂和固化剂的分子量比热塑性树脂分子量低，在其固化的时候，低分子物质的流动性比较平稳，其表面的浸润性也比较好，对底材的黏附力力道很强，涂膜的外观也比较漂亮，因此汽车涂装一般采用热固性粉末涂料[79]。

2. 水性涂料

水性涂料以清水作为稀释剂，其组成中 70% ~ 90% 是水，不含有苯、卤代烃和甲醛等有毒有机溶剂以及铅、铬等重金属化合物，无毒无刺激，对人类和环境的影响较小，是一种安全无污染的环保型涂料，其替代溶剂型涂料应用于不同领域，可大幅度降低 VOCs 的排放量 [81-82]。水性涂料种类较多，包含电泳涂料、水性防锈涂料、水性中涂漆和水性底色漆等多种不同的类型。尽管水性涂料的优点较多，但现阶段水性涂料的研发工艺还不够成熟，加上高生产成本和水性涂料在物理性能上的局限性，使得推广水性涂料具有一定难度 [83]。

3. 高固体分涂料

高固体分涂料指含有高固体成分的溶剂型涂料，比传统溶剂型热固性涂料的体积的固体分通常高约 75% ~ 85%，比热塑性涂料高更多。在我国，高固体分涂料指固体分大于或等于 75% 的涂料，包括聚酯高强度硬漆、高阿基德硬涂层、丙烯酸高固体涂料和聚氨酯高固体涂料等，此类涂料在不降低涂料施工和成膜性能的同时减少了有机溶剂的使用量，降低了污染 [84]。高固体分涂料的核心技术是设法降低类似于中低固含成膜物质的相对分子质量，降低黏度，提高其溶解性，在成膜过程中靠有效的交联反应使最终的涂层质量达到甚至优于中低固性溶剂型涂料。

绿色环保涂料正朝着水性化、粉末化、高固化等低污染、无公害的方向发展。由于目前研究还不够充分，应用也还不够广泛，绿色环保涂料仍存在一些问题，但随着技术和材料的不断进步，这些问题将会被逐个解决。环保型涂料必将替代传统涂料，成为涂料领域发展的首要方向。

9.4.3　其他环保型材料

除了塑料和涂料外，胶黏剂以及皮革也是汽车 VOCs 的重要来源。据统计，一辆汽车使用的胶粘剂平均为 10 ~ 20kg。传统胶粘剂多是溶剂型，溶剂和其他小分子物质容易挥发，应用在胶粘面中间的胶粘剂的 VOCs 挥发缓慢，会长时间污染车内空气。与传统溶剂型胶粘剂相比，热熔胶和水性胶粘剂更环保，其替代溶剂型胶粘剂能大大降低胶粘剂对车内 VOCs 排放的影响 [85]。

聚氨酯合成革是汽车最常使用的汽车内饰革之一，聚氨酯合成革生产工艺中采用二甲基甲酰胺作为溶剂，可挥发溶剂含量达到 30% ~ 40%，不利于健康和环保。而采用水性树脂、高固含量树脂以及热塑性聚氨酯生产的环保型聚氨酯合成革，由于水性树脂和热塑性聚氨酯不含溶剂，高固含量树脂仅含微量溶剂，因此显著降低了 VOCs 的含量。

9.5　VOCs 净化技术

VOCs 净化技术可分为两类：回收技术和销毁技术。回收技术主要包括吸附、吸收、冷凝和膜分离技术等；销毁技术主要包括催化燃烧、生物降解、光催化、等离子体技术等 [86]（图 9-5）。具体技术的选择主要取决于 VOCs 的种类和浓度。

回收技术通常用于有价值的 VOCs 的回收。销毁技术能够不可逆地将 VOCs 消除。催化燃烧技术能在较低温度下（200 ~ 500℃）将 VOCs 选择性地转化为 H_2O 和 CO_2，适用于低浓度、流量适中的 VOCs 的消除，是治理移动源 VOCs 最有效的方法之一。鉴于 VOCs 种类的多样性，催化燃烧技术需要开发不同种类的催化剂。常用的催化剂包括贵金属催化剂、非贵金属催化剂和钙钛矿型催化剂。

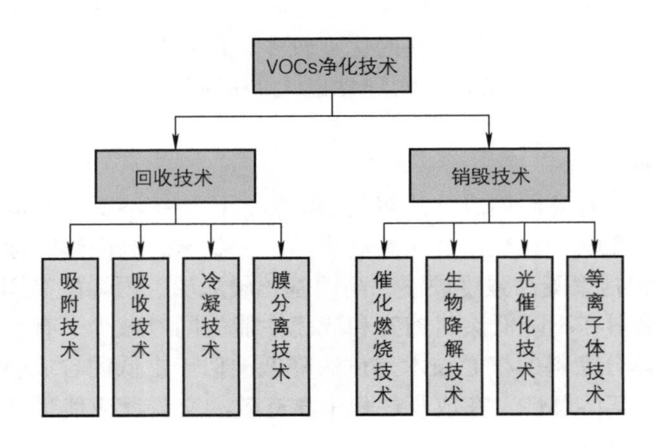

图 9-5　VOCs 净化技术的类型

9.5.1　贵金属催化剂

贵金属催化剂是 VOCs 氧化中使用最多的一类催化剂，这类催化剂通常含有少量（质量分数为 0.1% ~ 0.5%）贵金属（Pt、Pd、Au、Rh 和 Ag 等），其对非卤化 VOCs 的消除具有较高活性。由于贵金属催化剂的性能依赖于尺寸，且价格昂贵，因此通常将贵金属负载于 γ-Al_2O_3、SiO_2 以及沸石等多孔载体上，以增加贵金属颗粒的分散性和比表面积，提高其催化效率。与其他类型的催化剂相比，贵金属催化剂在低温下对 VOCs 的消除效率更高。废气中的某些非 VOCs 物种会影响贵金属催化剂的性质，这些物质可能会“毒害”催化剂或引发副反应。例如，研究发现 CO 对 Pd 催化剂的性能影响很小，但会显著抑制 Pt 催化剂的活性。

过渡金属氧化物可以作为贵金属催化剂的载体和促进剂，其不仅提供较大的比表面积来分散贵金属，还可通过增强晶格氧的迁移率来提高贵金属的催化性能。研究表明，CoO_x 尖晶石型晶体上形成的活性氧可以增强 Al_2O_3 负载的 PdO 的催化氧化作用。

为了融合不同贵金属催化剂的优点，科研人员还开发了一些混合贵金属催化剂，如 Pt-Au、Cu-Au 和 Pd-Au 等。Tabakova 等人 [87] 在 Au 表面沉积 Pd，发现其对苯的催化燃烧性能最好，200℃就能完全消除，稳定性也很好。Lee and Chen[88] 在 CeO_2 表面沉积 Au-Pd 双金属纳米粒子，用于苯的消除。结果表明，由于 Pd 与 Au 之间的协同效应，因此该催化剂表现出比 Au/CeO_2 和 Pd/CeO_2 更好的活性。非贵金属的加入也能提高贵金属催化剂的催化活性。Fiorenza 等人 [89] 制备了 Au-Ag/CeO_2 和 Au-Cu/CeO_2 双金属催化剂，用于乙醇和 CO 的氧化，这两种催化剂对中间产物的选择性都较 Au/CeO_2 高，在 100℃低温条件下对 CO 的转化率更高。

虽然贵金属催化剂对 VOCs 具有较高的催化活性和良好的热稳定性，但贵金属价格昂贵，生产成本高，且 Cl、S、CO 和 H_2O 等会显著抑制其催化性能，受 Cl、S 毒害的贵金属催化剂再生回收困难，不适合处理含 Cl 和含 S 的 VOCs。

9.5.2　非贵金属催化剂

为降低催化剂的成本，现已开发出非贵金属催化剂。已研究的非贵金属催化剂包括过渡金属和稀土金属的衍生物，如 Ti、Cu、Mn、Al、Ce、Co、Fe、Cr 和 V 等。虽然过渡金属催化剂对 VOCs 的催化活性普遍低于贵金属催化剂，但它们具有抗 Cl 和 S 中毒、材料性能可调、成本低、使用寿命长、易再生和对环境影响小等优点。用于 VOCs 消除的非贵金属催化剂有 CuO_x、MnO_2、FeO_x、NiO_x、CrO_x 和 CoO_x 等。

由于晶格中存在可移动的氧化物，因此 Co_2O_3 表现出良好的氧化还原能力。研究表明，Co_2O_3 是苯、甲苯、丙烷和二氯苯催化燃烧最好的催化剂之一。MnO_2 是另一种常用的金属氧化物催化剂，用于正己烷、丙酮、苯、乙醇、甲苯、丙烷、三氯乙烷、乙酸乙酯和 NO_x 的消除。在乙酸乙酯和己烷的催化燃烧中，MnO_2 的活性甚至优于 Pt/TiO_2。CuO_x 是甲烷、甲醇、乙醇和乙醛完全氧化的高效催化剂，其催化活性主要受铜的氧化态和晶格氧的可利用性的影响，加入其他金属氧化物，如 CeO_2，可以显著提高其催化性能。CrO_x 也是一种很有前途的氧化催化剂，尤其是用于卤代 VOCs 的燃烧。对于 CrO_x，高结晶样品比非晶态样品表现出更好的催化活性。Rotter 等人 [90] 的研究表明，以 TiO_2 为载体材料时，CrO_x 对三氯乙烯的催化氧化活性优于 MnO_2、CoO_x 和 FeO_x。将 CrO_x 负载于 SiO_2、Al_2O_3、多孔碳和黏土上，可用于四氯化碳、三氯乙烯、氯苯和过氯乙烯等的消除。然而，由于铬和氯反应生成 Cr_2Cl_2，CrO_x 也会失活。CeO_2 是一种广泛应用于氧化反应的催化剂，但它会由于表面吸附 Cl_2 和 HCs 而失活。耐氯金属氧化物催化剂的设计仍然是一个必须克服的挑战。

使用单一金属氧化物作为 VOCs 氧化催化剂，往往存在催化活性低或催化剂中毒的问题。因此，研究重点转向了 Mn-Ce、Mn-Cu、Co-Ce、Sn-Ce、Mn-Co 和 Ce-Cu 等混合金属氧化物催化剂的开发。将两种不同材料和催化性能的金属氧化物结合在一起，可以实现协同，提高性能。研究表明，VOCs 催化燃烧速率的决速步骤是催化剂晶格中氧的去除，因此混合金属氧化物催化剂设计的目标是提高晶格中氧的可用性。在 CeO_2 中加入 Cu，由于协同效应，可以提高催化效率，使乙酸乙酯、乙醇、丙烷、苯和甲苯高效分解。MnO_x-CeO_2 已被用于乙醇、甲醛、正己烷、苯酚、乙酸乙酯和甲苯的消除。与 MnO_x 和 Co_2O_3 相比，Mn-Co 氧化物对乙酸乙酯和正己烷的催化活性也有所提高。CeO_2-CrO_x 对氯代 VOCs 的分解表现出良好的催化活性，MnO-TiO_2 和 MnO_x-TiO_2-SnO_x 对氯苯的降解效果不仅优于单个氧化物，而且达到了与贵金属催化剂相当的降解效率。合成混合金属氧化物催化剂的制备方法有很多，包括热分解法、浸渍法、共沉淀法和溶胶 - 凝胶法。制备方法的选择取决于催化剂的性质和应用场景。

9.5.3　钙钛矿型催化剂

钙钛矿型氧化物是一种与 $CaTiO_3$ 结构相似的复合氧化物，通式为 ABO_3。常用的改性方法是用 B′ 取代阳离子 B 来调节催化剂的氧化还原能力或提高其稳定性。当阳离子 B 被取代时，晶格会发生畸变，从而使得氧化还原能力增强、稳定性提高。最常用于 VOCs 催化燃烧的钙钛矿是 $LaBO_3$，这里的 B 为 Co、Fe、Ni、Mn 和 Sr 等。

Huang 等人 [91] 用 Sr 部分取代了 $LaCoO_3$ 中的 La，用于丙醇、甲苯和环己烷的催化燃烧，结果表明掺杂后的活性优于掺杂前，并且改性后的催化剂反应稳定。Spinicci 等人 [92] 对比

了 $LaMnO_3$ 和 $LaCoO_3$ 对丙酮、异丙醇和苯的催化燃烧活性，结果表明 $LaMnO_3$ 的活性优于 $LaCoO_3$。在异丙醇氧化反应中，中间产物为丙酮，表面氧在这一过程中起着关键作用。在这些钙钛矿催化剂上，氧压的增加对 VOCs 的催化燃烧是有利的。Sinquin 等人[93]将 $LaMnO_3$ 和 $LaCoO_3$ 应用于 CH_2Cl_2 和 CCl_4 等氯代 VOCs 的催化燃烧，结果表明 $LaMnO_3$ 的抗氯中毒能力优于 $LaCoO_3$。Beauchet 等人[94]将 $LaCoO_3$ 负载于铈锆氧化物上（$Ce_{1-x}Zr_xO_2$，$x = 0 \sim 0.3$），用于苯和甲苯的催化燃烧，结果表明所有负载催化剂表现出比 $Ce_{1-x}Zr_xO_2$ 更好的活性，负载 20% $LaCoO_3$ 的催化剂对甲苯的催化氧化效率比 $LaCoO_3$ 高十倍，其比表面积较大，氧流动性也较好。

钙钛矿型催化剂由于取代 B 原子而具有可调的氧化还原性能，对 VOCs 的低温燃烧表现出良好的催化活性。然而，它们也有一些缺点，如热稳定性较差。钙钛矿催化剂的催化活性和稳定性有待进一步提高。

9.6 本章结语

本章详细介绍了汽车 VOCs 的三大主要来源，包括燃油蒸发排放、车体挥发和尾气排放。然后进一步介绍了国内外针对汽车 VOCs 排放的相关标准以及分别针对整车和内饰材料的 VOCs 含量测试方法。最后，重点介绍了分别针对燃油蒸发排放、汽车内外饰材料 VOCs 挥发以及汽车尾气 VOCs 排放的相应减排措施。

参考文献

[1] 任静 . 浅析 VOCs 的污染与治理技术 [J]. 山西化工 , 2020, 40(5): 180-182.

[2] ALMAIE S, VATANPOUR V, RASOULIFARD M H, et al. Volatile organic compounds (VOCs) removal by photocatalysts: A review[J]. Chemosphere, 2022, 13(56): 55-58.

[3] 马战火 . 汽车维修行业喷漆废气 VOCs 治理现状对比分析 [J]. 绿色科技 , 2018(14): 54-56.

[4] ZHANG K, LI L, HUANG L, et al. The impact of volatile organic compounds on ozone formation in the suburban area of Shanghai[J]. Atmospheric Environment, 2020, 11(75): 11-15.

[5] 安东 . 汽车涂装行业 VOCs 减排途径的研究 [J]. 皮革制作与环保科技 , 2020, 1(19): 71-75.

[6] 江巧文 , 郑莹莹 , 叶太林 . 汽车涂装行业 VOCs 减排路径分析 [J]. 能源与环境 , 2020(6): 78-79.

[7] 代可 , 李保亮 , 陈一 . 汽车涂装车间 VOCs 废气治理形势与技术运用 [J]. 电镀与涂饰 , 2019, 38(22): 1236-1241.

[8] OU R, CHANG C, ZENG Y, et al. Emission characteristics and ozone formation potentials of VOCs from ultra-low-emission waterborne automotive painting[J]. Chemosphere, 2022, 9(5): 804-813.

[9] SONG Y U, SHAO M, LIU Y, et al. Source apportionment of ambient volatile organic compounds in Beijing[J]. Environmental Science & Technology, 2007, 41(12): 4348-4353.

[10] MAN H, LIU H, XIAO Q, et al. How ethanol and gasoline formula changes evaporative emissions of the vehicles[J]. Applied Energy, 2018, 222: 584-594.

[11] 李晓琳 , 邢汶平 . 浅谈汽车涂装车间废气治理技术 [J]. 现代涂料与涂装 , 2017, 20(7): 23-26.

[12] 王华辉 . 汽车企业 VOCs 治理措施探讨 [J]. 当代化工研究 , 2021(24): 109-111.

[13] VANITCHAYA K, SARAWUT T, NATTAPORN P, et al. Comprehensive evaluation of odor-causing VOCs from the painting process of the automobile manufacturing industry and its sustainable management[J].

Atmosphere, 2022, 13(9): 1515.

[14] DONG X, FU J S, TSCHANTZ M F. Modeling cold soak evaporative vapor emissions from gasoline-powered automobiles using a newly developed method. [J]. Journal of the Air & Waste Management Association (1995), 2018, 68(12): 1317-1332.

[15] 王黎 . 浅谈降低车内有害挥发物 (VOC), 实施整车气味管理 [J]. 时代汽车 , 2021(4): 31-33.

[16] LIU Y, ZHONG C, PENG J, et al. Evaporative emission from China 5 and China 6 gasoline vehicles: Emission factors, profiles and future perspective[J]. Journal of Cleaner Production, 2022, 331: 129861.

[17] LI X, ZHANG L, YANG Z, et al. Adsorption materials for volatile organic compounds (VOCs) and the key factors for VOCs adsorption process: A review[J]. Separation and Purification Technology, 2019, 235(C): 116213.

[18] MAN H, LIU H, NIU H, et al. VOCs evaporative emissions from vehicles in China: Species characteristics of different emission processes[J]. Environmental Science and Ecotechnology, 2020(1): 100002.

[19] NOUMURA G, HATA H, YAMADA H, et al. Improvement of the theoretical model for evaluating evaporative emissions in parking and refueling events of gasoline fleets based on thermodynamics[J]. ACS Omega, 2022, 7(36): 31888-31896.

[20] ZHU R, HU J, BAO X, et al. Investigation of tailpipe and evaporative emissions from China Ⅳ and Tier 2 passenger vehicles with different gasolines[J]. Transportation Research Part D: Transport and Environment, 2017, 50: 305-315.

[21] 刘娟 , 王若鑫 , 贾珍珍 . 汽车内饰零部件中 VOCs 散发的快速分析方法研究 [J]. 时代汽车 , 2021(11): 162-163.

[22] 肖青青 . 汽车内饰材料的 VOCs 测试方法与标准探讨 [J]. 四川化工 , 2020, 23(2): 17-19.

[23] 成少鹏 . 汽车零部件喷涂 VOCs 治理技术及应用 [D]. 天津 : 天津科技大学 , 2021.

[24] VERNER J , SEJKOROV M , VESELK P . Volatile organic compounds in motor vehicle interiors under various conditions and their effect on human health[J]. Scientific Journal of Silesian University of Technology. Series Transport, 2020, 107(107): 205-216.

[25] YANG S, YANG X, LICINA D. Emissions of volatile organic compounds from interior materials of vehicles[J]. Building and Environment, 2019, 170: 106599.

[26] 张晖 , 程晋俊 , 叶巡 , 等 . 汽车及零部件行业 VOCs 污染现状及减排对策分析 [J]. 环境监测管理与技术 , 2018, 30(1): 8-10.

[27] 王臻 , 刘杰 , 齐祥昭 , 等 . 汽车制造涂装行业 VOCs 减排方案及潜力分析 (Ⅱ)[J]. 中国涂料 , 2018, 33(2): 1-11.

[28] 任海涛 . 汽车整车制造企业 VOCs 污染对大气环境的影响及防治研究 [J]. 科技创新与应用 , 2022, 12(18): 142-145.

[29] 马灵飞 . 基于汽车尾气排放的大气及土壤中指示性 VOCs 的识别研究 [D]. 兰州 : 西北师范大学 , 2017.

[30] 范嘉睿 . 汽油车可挥发性有机物排放特性的研究 [D]. 天津 : 天津大学 , 2008.

[31] 忻文 . 伊顿 ORVR 技术有效控制油气泄漏 [J]. 汽车与配件 , 2017(23): 56-57.

[32] 辛强 , 宋可 , 王琳 . 车内空气中 VOC 污染来源分析及检测 [J]. 汽车零部件 , 2016(3): 77-79.

[33] 马媛 . 车内空气中 TVOC 浓度检测方法及影响因素研究 [J]. 中国检验检测 , 2021, 29(2): 18-20.

[34] 牛茜 , 蒋琼 , 俞雁 . 浅谈国内外汽车 VOC 法规和检测方法 [J]. 汽车工艺与材料 , 2018(4): 50-60.

[35] 贾晓彦，王玉，马晓龙，等．汽车内饰件 VOC 分析的内部质量控制 [J]. 化学工程与装备，2021(2): 220-222.

[36] 白雪梅，贺智豪．车内空气质量的主要检测方法 [J]. 质量与认证，2021(S1): 155-159.

[37] 张静波．采样袋法测试汽车内饰零部件 VOC 检测结果质量的影响因素 [J]. 上海汽车，2017(7): 48-50.

[38] 庞会霞，王莉，娄金分，等．国内汽车内饰材料 VOC 检测技术研究现状 [J]. 广州化工，2020, 48(17): 21-23.

[39] 王金陵，洪颖，陈建松，等．微池热萃取法 - 热脱附 - 气相色谱质谱法测定汽车零部件及内饰材料中挥发性有机化合物 [J]. 检验检疫学刊，2017, 27(2): 9-13.

[40] 朱晓平，马慧莲，朱秀华，等．热脱附 - 气相色谱 - 质谱法测定环境空气中 67 种挥发性有机物 [J]. 色谱，2019, 37(11): 1228-1234.

[41] ZHOU Z, LU C, TAN Q, et al. Impacts of applying ethanol blended gasoline and evaporation emission control to motor vehicles in a megacity in southwest China[J]. Atmospheric Pollution Research, 2022, 13(5): 101378.

[42] HATA H, YAMADA H, KOKURYO K, et al. Estimation model for evaporative emissions from gasoline vehicles based on thermodynamics[J]. Science of the Total Environment, 2018, 618(15): 1685-1691.

[43] YAMADA H, INOMATA S, TANIMOTO H, et al. Estimation of refueling emissions based on theoretical model and effects of E10 fuel on refueling and evaporative emissions from gasoline cars[J]. Science of the Total Environment, 2018(1): 622-623.

[44] 韦海燕．车载油气回收装置回收理论与方法研究 [D]. 镇江：江苏大学，2010.

[45] 何仁，丁浩．车载加油油气回收装置加油特性试验 [J]. 中国公路学报，2017, 30(9): 142-150.

[46] 石磊．汽车燃油蒸发排放控制系统 [J]. 汽车工程师，2013(1): 50-52.

[47] 孙培栋．国Ⅵ排放法规下的大众车系燃油箱蒸发系统控制原理及故障诊断方法 [J]. 汽车维护与修理，2021(17): 63-65.

[48] MARTINI G, PAFFUMI E, GENNARO M D, et al. European type-approval test procedure for evaporative emissions from passenger cars against real-world mobility data from two Italian provinces[J]. Science of the Total Environment, 2014, 487(1): 506-520.

[49] 王良斌．燃油蒸发排放控制系统及其故障诊断监测 [J]. 汽车维修与保养，2018(7): 89-91.

[50] LI J, GE Y, WANG X, et al. Evaporative emission characteristics of high-mileage gasoline vehicles[J]. Environmental Pollution, 2022, 303: 119127.

[51] 马春悦．燃油蒸发排放控制系统的炭罐结构优化 [J]. 汽车实用技术，2017(24): 30-32.

[52] 谢辰阳．车载加油蒸气回收 ORVR 技术 [J]. 现代经济信息，2016(12): 322.

[53] SAFWAT S M. Performance evaluation of paroxetine adsorption using various types of activated carbon[J]. International Journal of Civil Engineering, 2019, 17(10): 1619-1629.

[54] 宫徽羽．挥发性有机物炭基吸附剂的研究 [D]. 北京：北京工业大学，2021.

[55] 周祥云，张磊，黄敬锋，等．基于国六法规的炭罐脱附流量对蒸发排放性能的影响 [J]. 汽车实用技术，2020(2): 78-80.

[56] 李旋坤，司知蠢，刘丽萍，等．炭罐用活性炭的制备及应用进展 [J]. 科技导报，2016, 34(9): 86-95.

[57] 路少云．车载燃油蒸发排放系统影响因素分析及炭罐改进设计 [D]. 天津：天津职业技术师范大学，2020.

[58] 孟海栗．汽油车蒸发污染物排放控制——以汽车炭罐初始工作能力的试验方法解析与优化为例 [J]. 质

量与标准化, 2018(9): 59-61.

[59] 姚炜屹, 王际童, 乔文明, 等. 活性炭纤维孔结构和表面含氧官能团对甲醛吸附性能的影响 [J]. 华东理工大学学报 (自然科学版), 2019, 45(5): 697-703.

[60] ZHANG R, ZENG L, WANG F, et al. Influence of pore volume and surface area on benzene adsorption capacity of activated carbons in indoor environments[J]. Building and Environment, 2022, 216: 109011.

[61] 何彦彬, 杜晓琳, 刘维峰. 浅析汽车燃油蒸发控制系统 [J]. 汽车实用技术, 201(3): 11-12.

[62] 赵志国, 邵军, 徐蒙, 等. 基于硬件在环的发动机燃油蒸发控制系统策略设计 [J]. 北京汽车, 2017(5): 33-36.

[63] LIU H, MAN H, TSCHANTZ M, et al. VOC from vehicular evaporation emissions: Status and control strategy[J]. Environmental Science & Technology, 2015, 49(24): 14424-14431.

[64] SUN L, ZHONG C, PENG J, et al. Refueling emission of volatile organic compounds from China 6 gasoline vehicles[J]. Science of The Total Environment, 2021, 789: 147883.

[65] 李冬梅, 吕昊, 杨杰. 燃油箱加油控制阀设计与应用 [J]. 现代制造技术与装备, 2020(2): 40-41.

[66] 袁卫. 国 VI 整体控制系统的蒸发和加油排放研究 [J]. 上海汽车, 2019(11): 5.

[67] 何仁, 刘书. 汽车车载油气回收技术的研究与发展 [J]. 汽车安全与节能学报, 2020, 11(2): 161-173.

[68] 秦昊. 基于国六法规的燃油系统 ORVR 解决方案 [J]. 汽车实用技术, 2018(21): 308-310.

[69] 熊芬, 黄江玲, 刘丹丹, 等. 汽车内饰件挥发性有机化合物散发的影响因素研究 [J]. 汽车工艺与材料, 2018(11): 44-48.

[70] 孙艳, 张二勇. 环保新材料在汽车设计中的应用 [J]. 时代汽车, 2021(14): 100-101.

[71] 席军. 新环保塑料材料用于新能源汽车内饰的探讨 [J]. 时代汽车, 2021(13): 129-130.

[72] 王博. 新环保塑料材料用于新能源汽车内饰的分析 [J]. 时代汽车, 2022(12): 120-121.

[73] 庄梦梦, 徐耀宗, 刘雪峰, 等. 车用内饰塑料发展趋势及低 VOC 改进方法 [J]. 绿色科技, 2015(9): 320-321.

[74] 林忠玲, 纪雪洪, 刘尚伟. 车用塑料 VOC 含量及气味调控研究进展 [J]. 工程塑料应用, 2020, 48(11): 159-162.

[75] 褚松茂. 低 VOC 含量塑料制备与加工技术及其在汽车内饰中的应用 [J]. 合成树脂及塑料, 2017, 34(5): 102-105.

[76] 申娟, 苏昱. 高性能低 VOC 环保 PC/ABS 合金材料的制备 [J]. 工程塑料应用, 2016, 44(4): 39-43.

[77] 张松峰, 石德峥, 王梓霖, 等. 汽车内饰用环保型 EPP 材料性能与应用 [J]. 汽车工艺与材料, 2020(3): 14-17.

[78] 刘恩. 单组分聚氨酯低 VOC 和低气味发泡料的研制 [J]. 精细石油化工进展, 2021, 22(4): 30-34.

[79] 周春宇, 李华明, 张仲晦, 等. 环保型涂料的研究及发展前景分析 [J]. 现代涂料与涂装, 2019, 22(8): 24-25.

[80] 曲颖. 从 VOC 减排看我国涂料工业绿色发展 [J]. 化学工业, 2019, 37(3): 1-10.

[81] 孙立方, 田兆会. 涂料水性化及环境友好型涂料探源与讨论 [J]. 中国涂料, 2020, 35(5): 74-76.

[82] 王耀文. 关于汽车水性涂料的环保应用 [J]. 农机使用与维修, 2019(11): 17.

[83] 孟令巧, 史星照, 周志平, 等. 环保型水性涂料研究进展及发展趋势 [J]. 中国胶粘剂, 2019, 28(1): 55-60.

[84] 王静. 绿色环保涂料与人体健康 [J]. 新材料新装饰, 2020, 2(24): 2-3.

[85] 仲岩. 简析水性漆环保涂料在涂装中的应用 [J]. 工程建设与设计, 2019(12): 161-162.

[86] ZHOU L, MA C, HORLYCK J, et al. Development of pharmaceutical VOCs elimination by catalytic processes in China[J]. Catalysts, 2020, 10(6): 668.

[87] TABAKOVA T, ILIEVA L, PETROVA P. Complete benzene oxidation over mono and bimetallic Au-Pd catalysts supported on Fe-modified ceria[J]. Chemical Engineering Journal, 2015, 260: 133-141.

[88] LEE D, CHEN Y. The mutual promotional effect of Au-Pd/CeO_2 bimetallic catalysts on destruction of toluene[J]. Journal of the Taiwan Institute of Chemical Engineers, 2013, 44(1): 40-44.

[89] FIORENZA R, CRISAFULLI C, CONDORELLI G G, et al. Au-Ag/CeO_2 and Au-Cu/CeO_2 catalysts for volatile organic compounds oxidation and CO preferential oxidation[J]. Catalysis Letters, 2015, 145(9): 1691-1702.

[90] ROTTER H, LANDAU M V, HERSKOWITZ M. Combustion of chlorinated VOC on nanostructured chromia aerogel as catalyst and catalyst support[J]. Environmental Science & Technology, 2005, 39(17): 6845-6850.

[91] HUANG H, LIU Y, TANG W, et al. Catalytic activity of nanometer La1-Sr CoO_3 (x = 0, 0. 2) perovskites towards VOCs combustion[J]. Catalysis Communications, 2008, 9(1): 55-59.

[92] SPINICCI R, FATICANTI M , MARINI P , et al. Catalytic activity of $LaMnO_3$ and $LaCoO_3$ perovskites towards VOCs combustion[J]. Journal of Molecular Catalysis A Chemical, 2003, 197(1-2): 147-155.

[93] SINQUIN G, PETIT C, HINDERMANN J P, et al. Study of the formation of $LaMO_3$ (M = Co, Mn) perovskites by propionates precursors: application to the catalytic destruction of chlorinated VOCs[J]. Catalysis today, 2001, 70(1-3): 183-196.

[94] BEAUCHET R, MAGNOUX P, MIJOIN J. Catalytic oxidation of volatile organic compounds (VOCs) mixture (isopropanol/o-xylene) on zeolite catalysts[J]. Catalysis Today, 2007, 124(3-4): 118-123.

第 10 章 移动源典型排放污染控制技术案例

本章从柴油车、汽油车以及船舶三个方面详细总结了近年来我国移动源领域主流的排放后处理产品案例。随着排放法规的日益严苛，移动源排放后处理装置呈现多功能净化单元耦合化、智能化趋势。未来，移动源排放后处理技术除了解决传统尾气污染物之外，还将面临低碳或零碳燃料内燃机新的污染排放净化问题。

10.1 柴油机后处理案例

10.1.1 满足国六标准柴油车后处理技术路线

随着相关排放法规不断加严，我国对柴油车污染物排放提出越来越严格的要求[1]。在国四 / 五阶段，重型柴油车典型的技术路线是“高压共轨技 + 钒基 SCR”技术；在国六阶段，是将选择性催化还原技术（SCR）、柴油颗粒捕集器（DPF）、柴油机氧化催化剂（DOC）等集成组合[2-3]，典型的技术路线为柴油氧化催化器（DOC）+ 颗粒捕集器（DPF）+ 选择性催化还原器（SCR）+ 氨泄漏催化器（ASC）[4-5]，如图 10-1 所示。

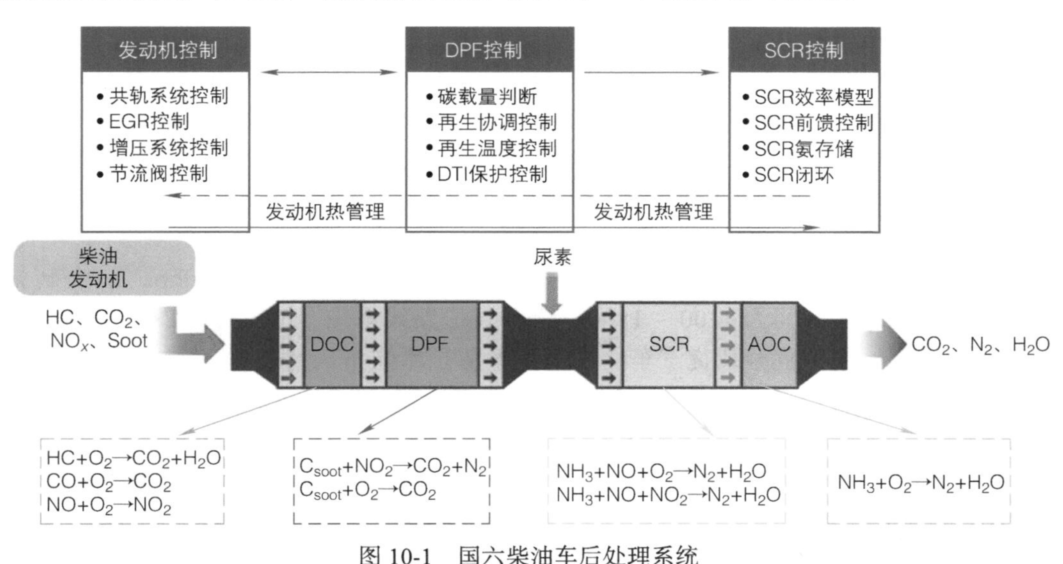

图 10-1　国六柴油车后处理系统

在重型车国六后处理系统中，DOC 通常安装在系统的最前端，其作用是催化氧化去除尾气中的 CO、HC 等气态污染物，以及 PM 中的可溶性有机组分（SOF）；同时，DOC 单元催化 NO 部分转化为 NO_2，辅助 DPF 再生和 NH_3-SCR 反应[6]。DOC 为通流式催化转化器，其催化涂层中的常见的活性组分为铂（Pt）、钯（Pb）或者铑（Rh）等贵金属元素[7]。DPF 是降低柴油车 PM 排放最为有效的技术之一，其利用相邻捕集器孔道前后交替封堵的结构，使尾气从壁面穿过，进而实现 PM 的截留捕集，其研究热点主要集中在载体材料和碳烟再生技术上[8]。目前，常用 DPF 材质为堇青石、碳化硅和钛酸铝等[9-11]。SCR 技术是在催化剂的作用下利用还原剂选择性将 NO_x 还原为 N_2，进而高效去除 NO_x[12-13]。根据还原剂的不同，可分为氨选择性催化还原（NH_3-SCR）、甲醇选择性催化还原（Methanol-SCR）、氢选择性催化还原（H_2-SCR）和碳氢选择性催化还原（HC-SCR）等技术[14-15]。

10.1.2　柴油车后处理案例

截至 2023 年 6 月初，我国共有 729 家企业 18276 个车型（90923 个信息公开编号）80637136 辆车进行轻型车国六环保信息公开，与上阶段汇总环比增加 75 个车型、411231 辆车（符合国六 b 阶段限值的车型占比 100.0%、符合国六 b 阶段限值的车辆占比 100.0%）。其中，国内生产企业 606 家、15974 个车型、76949356 辆，国外生产企业 125 家、2302 个车型、3687780 辆；轻型汽油车企业 684 家、15759 个车型、73289041 辆，轻型混合动力车企业 95 家、868 个车型、6004779 辆，轻型柴油车企业 178 家、1207 个车型、1037356 辆，轻型燃气车企业 19 家、432 个车型、212264 辆，轻型两用燃料车企业 5 家、8 个车型、92546 辆，轻型甲醇单燃料汽车企业 2 家、2 个车型、1150 辆。同时，我国重型车国六环保信息共有 1120 家整车生产企业的 49755 个车型 3361778 辆车进行公开，与上阶段汇总环比增加 155 个车型、26601 辆车（占重型车信息公开环比增加总数 99.0%）。44 家发动机生产企业的 1924 款发动机型按重六标准完成型式检验（重型柴油机 1697 款，重型燃气机 210 款，重型双燃料机 6 款，重型甲醇单燃料发动机 11 款），其中 278 款机型进行了环保信息公开[5]。

1. 潍柴动力股份有限公司（潍柴）

潍柴动力股份有限公司创建于 2002 年，总部位于山东潍坊，拥有"潍柴动力发动机""法士特变速器""汉德车桥""陕汽重卡""林德液压"等品牌。2018 年 10 月，潍柴 WP4.6N 发动机以编号 000001 获得了国家生态环境部的环保信息公开单，成为全国第一台正式认证发函的国六 b 柴油发动机。

（1）道路车辆发动机后处理技术

1）潍柴 WP 系列发动机。WP4.6N 排量为 4.6L，最大可输出 220hp，最大转矩为 800N · m，最大转矩区间为 1200 ~ 1800r/min，技术路线采用"EGR+DOC+DPF+SCR"的组合方式，主要面向中重型载货汽车、校车等车型；潍柴 WP7 发动机，排量为 7.47L，后处理技术路线采用低 EGR+DOC+DPF+VGT+ 进气节流阀 +SCR+ASC；潍柴 WP12 发动机，排量为 11.596L，后处理技术路线采用 DOC+DPF+ 进气节气阀 + 高效 SCR+ASC。

2）小型发动机平台。如 WP2.3N、WP3N、RA428 等机型都已经通过了相关的试验。WP2.3N 后处理技术路线采用"EGR+DOC+DPF"。

3）潍柴 H 发动机平台。潍柴 H 平台是潍柴自主全新开发的柴油机平台，定位欧Ⅵ（国六）标准。目前H平台已经大量投放市场的发动机包括WP9H和WP10H两款机型。其中，WP9H发动机采用了多种技术搭配的模式，首先是高达2000bar的燃油喷射压力，提高了柴油雾化效果，燃烧更充分。同时还有“cEGR+DOC+DPF+高效SCR”的搭配，cEGR即水冷EGR系统（以下简称“CR”），使用水冷EGR可以提高二次循环废气的冷却效率，有利于提升废气再循环的燃烧效果，降低NO_x排放污染物，这也是目前国际上公认的最有效降低污染物排放的技术路线之一。

4）潍柴天然气发动机。潍柴天然气发动机机型包括WP4.1NG、WP5NG、WP7NG、WP10NG、WP12NG、WP13NG等，功率覆盖74～480kW，满足国五、国六不同排放要求，适用于6～18m客车、轻中重载货汽车、工程机械、专用车、船舶动力、发电设备等领域，相关排放后处理技术情况见表10-1。

表10-1 潍柴天然气发动机机型及相应后处理技术路线

机型	排量/L	额定功率/kW/转速/(r/min)	最大转矩/(N·m)/转速/(r/min)	国六后处理技术
WP7NG210E61	7.47	156/2100	950/1100～1500	当量燃烧+EGR+TWC
WP7NG240E61	7.47	177/2100	1000/1100～1500	
WP7NG270E61	7.47	199/2100	1150/1100～1500	
WP13NG400E61	12.54	294/1900	2100/1100～1300	当量燃烧+EGR+TWC
WP13NG430E61	12.54	316/1900	2200/1100～1300	
WP13NG460E61	12.54	338/1900	2300/1100～1300	
WP10HNG336E60	9.5	247/1900	1500/1100～1500	SPI+ER+EGR+TWC
WP10HNG350E60	9.5	257/1900	1600/1100～1500	

（2）非道路工程机械排放后处理技术

潍柴动力拥有全系列的工程机械用动力，发动机排量为2.3～17L，功率范围覆盖36.8～566kW。排放满足中国非道路四阶段、中国道路国六、EU Stage Ⅱ/Ⅲ、EU Ⅴ/VIBS（CEV）Ⅲ、MAR-Ⅰ。潍柴工程机械用发动机（非道路四阶段）技术路线采用电控高压共轨，配套应用于：装载机、挖掘机、推土机、叉车、起重机、履带吊、压路机、平地机、小型多功能机械、高空作业平台、环卫设备、宽体自卸车、大型筑路机械等领域，相关排放后处理技术情况如下：

1）WP2.3N系列工程机械发动机满足非道路四阶段排放标准要求，排放后处理技术路线为CR+TCI+EGR+DOC+DPF。

2）WP3.2系列工程机械发动机配套应用于叉车和挖掘机，采用电控高压共轨+EGR+DOC+DPF后处理技术路线减少污染物排放。

3）WP4.1系列工程机械发动机采用EGR+DOC+DPF后处理技术路线。

4）WP4.6N系列工程机械发动机型号较多，配套应用于20～22t和22～26t压路机、160～170PS和180PS平地机的机型采用CR+DOC+DPF+SCR+ASC技术路线，配套应用于10～13t、13～15t、15～20t、20～22t挖掘机的采用EGR+DOC+DPF技术。此外，WP4.6NG125E475、WP4.6NG210E470机型的后处理技术采用的是CR+DOC+DPF+SCR组合。

5）WP7H、WP10H、WP12、WP13蓝擎、WP14T等系列工程机械发动机均基于柴油车国六典型后处理技术路线，结合高压共轨技术，使之满足法规标准要求。WP15H、WP17、WP17T系列均采用高压共轨技术+后处理技术，WP8、WP9H系列采用高效SCR技术。

（3）农业装备专用发动机后处理技术

潍柴动力农业装备专用发动机排量有 3L、4L、6L、7L、10L、12L、13L，功率范围覆盖 48 ~ 530hp。目前，主要发动机型号包括 WP3.2、WP4.1、WP3.6N、WP4.6N、WP6、WP7、WP7H、WP10、WP13 等系列农业装备用发动机，采用的后处理技术路线情况如下：

1）WP10、WP13 等大排量农用发动机，采用 4 气门进排气结构和博世高压共轨技术，实现燃油量与正时的灵活控制，保证进、排气及燃烧系统的合理匹配，同时达到低排放与低油耗，普遍采用共轨 + 增压中冷 +DOC+SCR 技术路线。

2）WP4.6N 柴油机是潍柴新一代平台机型，采用进排气分开设计，提升充气效率，优化燃烧，动力总成产品油耗更低；采用后置齿轮室，进一步降低振动和噪声；最大转矩提升到 850N · m，转速达到 1500r/min；系列机型采用的后处理技术路线为 CR+DOC+DPF+EGR，满足非道路四阶段排放法规要求。

3）WP3.2、WP3.6N、WP6、WP7、WP7H 等发动机机型满足“非四”标准要求采用相同技术路线，其中 WP3.2 系列采用两种排放控制技术路线，即 CR+EGR+DOC+DPF 和 CR+ 自吸，分别适用于 60 ~ 100hp 拖拉机和 50hp 拖拉机。WP3.6N 系列机型采取增压中冷进气方式，结合 CR+EGR+DOC+DPF 技术，实现 NO_x 和 PM 的高效减排。WP6、WP7、WP7H 系列机型参考道路国六后处理技术路线，在 DOC+DPF+SCR+ASC 基础上，结合高压共轨技术，未来可进一步升级至满足非道路五阶段和 EU Stage-V 阶段排放要求。

2020 年，潍柴发布的突破 50% 热效率的商业化柴油机在陕汽重卡德龙 X6000 实现搭载，标志着潍柴突破 50% 热效率柴油机实现商业化配套。2022 年 11 月，潍柴继 1 月突破 51.09% 的基础上，再一次创造了商业化柴油机本体热效率 52.28% 的全球新纪录，预计每年可为我国节油 1900 万 t、减少二氧化碳排放量 6000 万 t。

2. 广西玉柴机器股份有限公司（玉柴）

广西玉柴机器集团有限公司始建于 1951 年，发动机产品型谱齐全，实现低速、中速、高速，轻型、中型、重型、大型全覆盖，广泛配套应用于载货车、客车、乘用车、农业机械、工程机械、船舶、发电机、机车、特种车等领域。2018 年初，玉柴发布了 14 款国六阶段发动机，包括 S、K、Y3 大技术平台 6 大产品平台 11 大系列产品。这 14 款产品中，10 款为柴油机，4 款为燃气发动机，功率覆盖 100 ~ 650PS。其中 S 平台为中轻型发动机 YCS04、YCS06、YCS04N，K 平台为中重型发动机 YCK05、YCK08、YCK09、YCK11、YCK13、YCK13N、YCK15N、YCA07N，Y 平台为轻型发动机 YCY20、YCY24、YCY30。与国五相比，玉柴国六产品除了发动机的排放大幅降低外，产品在舒适性、轻量化、外观颜值、可靠性、经济性等方面均比国五产品显著提升。各型号后处理技术路线总结见表 10-2。

3. 安徽全柴动力股份有限公司（全柴）

安徽全柴动力股份有限公司具有 60 万台系列发动机的生产能力，是国内专业的中小缸径发动机研发与制造企业。

全柴 H20 柴油机采用先进的增压技术，燃烧更加充分，低速转矩大，最大转矩覆盖范围广；通过采用四气门和先进的双气道设计，使油耗更低；采用 DOC+DPF+SCR+ASC 技术路线，满足国六 b 阶段排放法规，标定功率 90 ~ 110kW，最大转矩 350N · m，主要配套于 SUV、轻型货车、皮卡。

表 10-2　玉柴国六货车、客车型谱及相应后处理技术路线

机型	排量 /L	额定功率 /kW/ 转速 /（r/min）	最大转矩 /（N·m）/ 转速 /（r/min）	国六后处理技术
YCK15650-60	15.26	478/1800	3000/950 ~ 1350	高压共轨 +DOC+DPF+SCR
6K1360-60	12.94	441/1900	2600/950 ~ 1400	高压共轨 +DOC+DPF+SCR
YCK11500-60	10.98	368/1900	2200/1000 ~ 1400	高压共轨 +EGR+DOC+DPF+SCR
YCK09400-60	9.41	294/1900	1900/1100 ~ 1450	高压共轨 +EGR+DOC+DPF+SCR
YCK08350-60	7.70	257/2200	1450/1300 ~ 1500	高压共轨 +EGR+DOC+DPF+SCR
YCK05240-60	5.13	176/2200	900/1200 ~ 1600	高压共轨 +EGR+DOC+DPF+SCR
YCS06270-60	6.23	199/2300	1050/1200 ~ 1700	高压共轨 +EGR+DOC+DPF+SCR
YCY30165-60	2.97	121/ 2800	500/1400 ~ 2200	高压共轨 +EGR+DOC+DPF+SCR

全柴 H30 柴油机与英国里卡多共同设计，采用电控高压共轨 +DOC+DPF+SCR+ASC 后处理技术路线，排放满足国六 b 标准，B10 寿命达到 100 万 km；通过采用 TVCS 双涡流燃烧系统和高效增压器，使效率更高，油耗更低，转矩储备更大，动力更强劲。标定功率 55 ~ 120kW，最大转矩 500N·m，主要配套于客车、轻型货车、拖拉机、收割机。

全柴 Q 系列发动机满足国六 b 排放法规和整车第三阶段油耗法规，低速转矩大，最大转矩覆盖范围广，B10 寿命达到 30 万 km 以上。标定功率 70 ~ 125kW，最大转矩 240 ~ 650N·m，主要配套于轻型货车、中重型货车等。

全柴 B、C、J 系列柴油机，排量为 1.9 ~ 6.4L，功率覆盖 28 ~ 176.5kW，可配套小型装载机、压路机、摊铺机、挖掘机、空压机等各类工程机械，利用电控燃油系统 + 后处理技术，尾气排放满足非道路国四标准。

4. 昆明云内动力股份有限公司（云内）

昆明云内动力股份有限公司成立于 1999 年，是国内首家产品跨乘用车、商用车及非道路机械领域的大型柴油机生产企业。该公司主导产品分为 DEV 系列和 YN 系列两大类，其后处理技术采用电控高压共轨 +HEGR+DOC+DPF+SCR+ASC。

（1）DEV 系列

DEV 系列是电控高压共轨柴油机，产品共有 D16/D19、D20、D25、D30、D40、D45 及 D65/D67 七大平台，排放达到国五、国六水平，配套车型包括 SUV、MPV、轿车等，同时该系列适配于皮卡、轻中型货车、轻型客车等商用车车型以及高端非道路市场。目前研发的国六发动机包括：

1）D40TCIF 发动机排量 4.0L，进气形式为涡轮增压，发动机形式为单缸四气门、中置凸轮轴、双切向进气道、电控高压共轨燃油喷射系统，此发动机在 2300r/min 时爆发最大功率 140kW，在 1300 ~ 1900r/min 区间爆发最大转矩 680N·m，B10 寿命达到 100 万 km，适配轻型货车、中型货车等多种车型。

2）D25TCIF 发动机排量 2.5L，进气形式为涡轮增压，发动机形式为单缸四气门，双顶置凸轮轴、液力挺柱、电控高压共轨燃油喷射系统，此发动机在 3000r/min 爆发最大功率 110kW，在 1400 ~ 2600r/min 区间爆发最大转矩 400N·m，达到国六排放标准，B10 寿命达到 70 万 km，适配轻型货车车型。

3）D20TCIF 发动机排量 2.0L，进气形式为涡轮增压，发动机形式为单缸四气门，双

顶置凸轮轴、液力挺柱、电控高压共轨燃油喷射系统，此发动机在 3200r/min 爆发最大功率 94kW，在 1600 ~ 2600r/min 区间爆发最大转矩 320N · m，达到国六排放标准，B10 寿命达到 70 万 km。适配轻型货车车型。

（2）YN 系列

YN 系列达到国五水平，品种齐全、产品配套范围广泛，适配于轻中型货车、工程自卸车、轻型客车；YN 系列非道路电控高压共轨柴油机，排放达到非道路第三、第四阶段要求，目前配套产品主要有叉车、拖拉机、装载机、挖掘机、旋耕机和收割机等。

5. 一汽解放无锡柴油机厂（锡柴）

2017 年 10 月，中国一汽以一汽解放汽车有限公司无锡柴油机厂（下称“一汽解放锡柴”）为主体，整合道依茨一汽（大连）柴油机有限公司、一汽无锡油泵油嘴研究所、一汽技术中心发动机开发所，成立一汽解放发动机事业部，是解放公司重、中、轻型发动机研发和生产基地，主要产品为柴油机、燃气机、运动件、再制造产品和共轨系统。

锡柴国六产品在柴油、燃气平台全线布局，满足 9 个平台机型，柴油发动机排量为 2 ~ 13L，天然气发动机排量 5 ~ 13L，功率覆盖 110 ~ 550hp，全系主销产品满足国六 b 阶段排放标准。国六技术采用 EGR 技术路线，排放裕度 > 20%，节油 3% 以上，尿素消耗比低 3% ~ 5%。锡柴奥威 6DM3-E6 发动机，采用 EGR+DOC+DPF+SCR 尾气后处理技术，从而达到了国六排放标准。从数据上看，国六机器延续了较强的动力标准。最强动力版本机型：最大功率为 550hp，最大转矩为 2600N · m。此外，还有 520hp、500hp、480hp 机型可选，可匹配不同的长途物流运输工况。锡柴 CA6DL3-35E6 是该公司首推的国六重型柴油机。发动机机体集成了 EGR 后处理技术，排量为 8.6L，输出 375hp。其排放后处理技术路线为：EGR+ 进气节流阀 +DOC+DPF+SCR。同时，该款发动机是国内首批通过欧 C 阶段排放测试的柴油机，几乎实现了零排放。

6. 上海柴油机股份公司（上柴）

上海柴油机股份有限公司前身为上海柴油机厂，始建于 1947 年，现隶属于上汽集团，是一家从事发动机、零部件以及发电机组研发、制造的高新技术企业。该公司目前拥有 R、H、D、C、E、G、W 七大系列柴油、天然气发动机，功率覆盖 50 ~ 1600kW，主要应用于工程机械、载货车、客车、发电设备、船舶、农业机械等领域。上柴国六车用发动机系列及相应后处理技术路线总结见表 10-3。

表 10-3　上柴国六车用发动机系列及相应后处理技术路线

型号	排量 /L	功率 /kW/ 转速 /（r/min）	转矩 /（N · m）/ 转速 /（r/min）	国六后处理技术
SC28R150Q6	2.776	110/3000	400/1500 ~ 2400	EGR+DOC+DPF+SCR+ASC
SC4H180Q6	4.3	135/2500	600/1200 ~ 1700	EGR+DOC+DPF+SCR+ASC
SC7H29Q6	6.5	213/2300	1000/1200 ~ 1700	EGR+DOC+DPF+SCR+ASC
SC9DF340Q6	8.8	251/1900	1490/1200 ~ 1500	EGR+DOC+DPF+SCR+ASC
SC10E300Q6	10.4	221/1900	1400/1100 ~ 1400	EGR+DOC+DPF+SCR+ASC
SC12E420Q6	11.8	309/1900	2000/1100 ~ 1400	EGR+DOC+DPF+SCR+ASC

7. 东风朝阳柴油机有限责任公司（朝柴）

东风朝阳朝柴动力有限公司（以下简称朝柴动力），始建于 1960 年，以柴油机为主导产品，现已拥有 4SK、4BK、NGD、H、6BG、4BG、燃气机七个系列产品，产品功率覆盖60～155kW。产品按燃料来分类，包括柴油发动机和燃气发动机；按照应用领域分类，包括车用、非道路工程机械、农用装备用发动机。车用发动机产品全系列达国五标准，并已完成国六排放产品的储备，主要为重汽、东风、江淮、福田等100多家汽车制造企业配套，社会保有量超过260万台，同时单机或随车出口到40多个国家和地区。非道路机械用发动机主要为杭叉、合力、大叉、柳工、龙工等厂家的叉车、装载机、消防水泵等配套销售。朝柴动力具备年产21万台柴油机的生产能力。

朝柴NGD3.0-CS5系列产品是在引进万国公司NGD3.0型柴油机基础上开发的升级产品，通过日本五十铃柴油机专家正向开发指导，在继承原机优良性能及特点的基础上实现动力性、经济性、可靠性升级。其后处理技术路线采用COOLED-EGR+DOC+DPF+SCR的主流技术路线，DPF全工况的主动再生等技术路线，使用博世1800bar喷射系统使NGD3.0发动机排放升级到国Ⅵ。该款发动机适用于高档中型客车、高档轻型货车、SUV、皮卡、越野车。

8. 康明斯在华合资公司

康明斯重型货车柴油发动机包括L、G、M、X和Z五大系列，功率为308～600hp，主要应用在东风、福田、陕汽、江淮、大运、三一等重型货车产品上。中型货车柴油发动机有B、C、D、F四大系列，排量为4.5～8.3L，功率范围为190～315hp，广泛应用于载货车、工程车、专用车等领域。轻型货车柴油发动机目前有F、B、D三大系列，排量包括2.8L、3.8L和4L，功率范围为130～194hp。排量从2.8～15L的上述系列发动机，可满足国六b阶段排放法规的要求。

东风康明斯发动机有限公司的产品包括B、C、D、L、Z系列柴油发动机，可满足车用国五、国六及非道路国四排放标准。发动机排量为3.9L、4.5L、5.9L、6.7L、8.3L、8.9L、9.5L、13L，功率覆盖范围为80～680hp，应用于轻、中、重型载重汽车、中高级城际客车、大中型公交客车、工程机械、船用主辅机、发电机组等领域。康明斯F系列国六发动机是“非EGR机”，即采用了“DOC+DPF+SCR”的后处理技术路线。没有EGR发动机的机体设计更简单，后处理技术路线为DPF+SCR。2021年，东风康明斯完成全系列国六认证，柴油中重型货车国六市场份额领先。

北京福田康明斯发动机有限公司ISF系列2.8L和3.8L轻型发动机为直列四缸高压直喷式，功率范围覆盖为107～168hp，能够满足欧Ⅳ（国四）、欧Ⅴ（国五）及欧Ⅵ排放。X系列产品应用涵盖覆盖牵引车、载货车、自卸车等领域，采用紧凑的国六/欧Ⅵ后处理系统，具体情况见表10-4。

表10-4 福田康明斯X系列发动机情况与后处理技术

型号	排量/L	功率	转矩/（N·m）	后处理技术
X11	10.5	280～340Ps（205～250kW）	1420～1800	DOC+DPF+SCR+ASC
X12	11.8	360～510Ps（265～375kW）	1900～2300	DOC+DPF+SCR+ASC
X13	12.9	520～560Ps（382～412kW）	2400～2600	DOC+DPF+SCR
X15	14.9	530～570Ps（391～421kW）	2500～3200	DOC+DPF+SCR
X11工程版	10.5	280～340Ps（205～250kW）	1420～1800	DOC+DPF+SCR
X12工程版	11.8	360～510Ps（265～375kW）	1900～2300	DOC+DPF+SCR
ISX12N	11.8	350～400Ps（250～279kW）	1500～1700	TWC
X15N	14.5	410～510Ps（298～373kW）	1960～2500	TWC

10.2 汽油机后处理案例

10.2.1 满足国六标准汽油车后处理技术路线

目前，汽油车尾气治理的最有效技术是使用三元催化转化器（TWC）控制污染物的排放[16-18]，其原理是通过电控系统（Electronic control unit，ECU）、采用闭环的方式，控制发动机在化学当量空燃比（约 14.7）附近运转，TWC 催化剂将尾气中 CO、HC 和 NO_x 转化为 CO_2、N_2、H_2O[19]。汽油机颗粒捕集器（GPF）利用壁流式蜂窝陶瓷结构，通过物理过滤可降低 50% ~ 80%[20] 的 PM 排放。与 DPF 类似，GPF 材料需兼具较高的导热系数和较低的热膨胀系数，主要材质包括碳化硅和堇青石。

10.2.2 汽油车后处理案例

安徽艾可蓝环保股份有限公司成立于 2009 年 1 月，从事汽油、柴油和天然气发动机尾气后处理产品的研发与产业化应用。产品与技术适用于汽车、摩托车、通机、工程机械、船用动力、发电机组、农业机械等。艾可蓝对汽油车后处理装置进行了创新，为了满足国六阶段排放标准的实施，汽油机尾气后处理封装采用 TWC+GPF 技术路线。不同法规下汽油车后处理系统如图 10-2 所示。

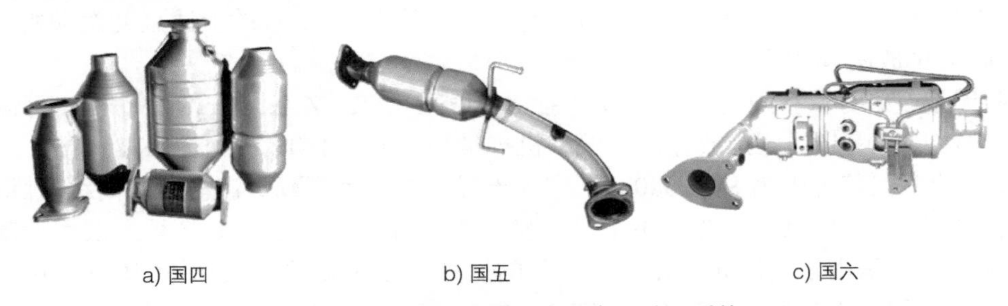

a) 国四　　b) 国五　　c) 国六

图 10-2　不同法规下汽油车后处理系统

合肥神舟催化净化器股份有限公司系中韩合资，成立于 2011 年，并于 2015 年建立工程技术中心。通过引进韩国宜安德催化剂核心技术，合肥神舟建立了集配方研发、涂层研发及制作工艺于一体的催化剂研发中心，产品可满足国五、国六排放要求。国六汽油机后处理封装设计图如图 10-3 所示。

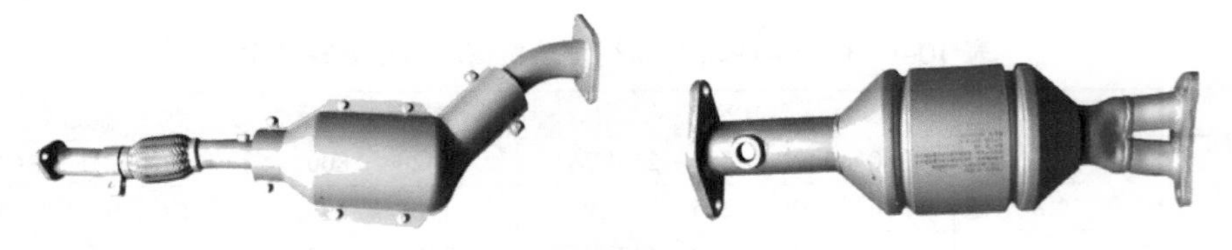

图 10-3　国六汽油机后处理封装设计图

昆明贵研催化剂有限责任公司成立于 2001 年 2 月，是昆明贵金属研究所（集团）所属公司之一。2021 年 9 月，经“机动车催化剂国六生产线升级改造项目”，建成了满足国六 TWC、CGPF、DOC 等不同规格产品生产的全自动化、智能化生产线。

中自环保科技股份有限公司创建于 2005 年，以催化剂技术为核心，设计研发底盘 TWC 催化剂，主要解决高温或高速阶段的污染物排放，具有快速起燃、动态转化能力强、反应窗口宽、使用寿命长等优点。利用 CGPF 解决汽油机 PM 和 PN 排放问题，可在 500℃及以上可以实现碳烟有效再生；通过 CGPF 实现被动再生功能，满足汽油机国六及以上排放标准。

无锡威孚高科技集团股份有限公司的前身为无锡油泵油嘴厂，成立于 1958 年。产品覆盖发动机燃油喷射系统（油泵、喷油器等）、汽车尾气后处理系统（SCR、DPF、DOC、POC 等）、发动机进气系统（增压器）等。无锡威孚力达催化净化器有限责任公司是其控股子公司，以汽车、摩托车、非道路机械尾气处理、工业废气净化为主导产业。2004 年，与外方合资，成立无锡威孚环保催化剂有限责任公司，从事催化剂的研发、生产、销售和技术服务。"威孚力达"的尾气后处理系统技术水平、市场规模和生产能力处于国内领先地位，是中国自主品牌汽车尾气后处理产品的重要供应商。汽车尾气后处理系统产品可满足国六、非道路四阶段排放法规，性能达到国内领先水平，广泛应用于乘用车、商用车、摩托车、通用机械和工业催化领域。针对严格的国六排放标准，开发了基于 TWC、CGPF 的系列汽油车后处理系统（装置），如图 10-4 所示。

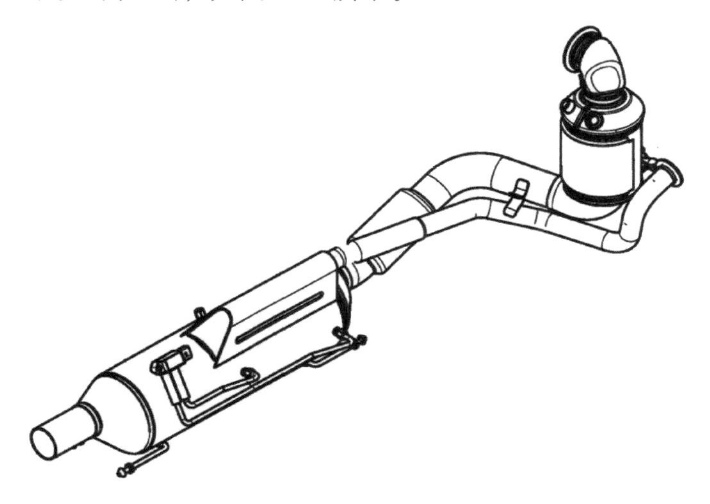

图 10-4　某款带 EGR 取气结构的国六汽油车后处理装置总成设计图

巴斯夫（BASF）是德国著名化工企业，也是世界主要的汽车尾气后处理催化剂生产厂商之一。早在 1885 年，巴斯夫就进入了中国市场。1996 年，巴斯夫（中国）有限公司成立。1999 年，巴斯夫催化剂（上海）有限公司成立，其相关后处理催化剂产品应用于汽油车、柴油车、摩托车等。2006 年，巴斯夫斥巨资收购美国安格公司，扩大其在汽油车三效催化剂领域的产业版图。随着我国排放法规的加严，车用催化剂市场迎来巨大的发展机遇。自 2014 年起，巴斯夫通过催化剂产线扩建、技改升级等方式，不断巩固其在中国市场的垄断地位。面对汽油车国六及更高排放标准要求，巴斯夫开发了三效催化剂（TWC）、四效催化剂（FWC）以及 LGC 稀燃 GDI 催化剂等。汽油车 FWC 工作原理示意图如图 10-5 所示。

庄信万丰（Johnson Matthey）成立于 1817 年，总部位于英国伦敦，是全球顶尖的贵金属催化剂生产厂商之一。1974 年，庄信万丰推出第一款商用催化转化器。2000 年之后，先后设立庄信万丰（上海）化工有限公司、庄信万丰（上海）催化剂有限公司以及庄信万丰雅佶隆（上海）环保技术有限公司，从事汽车尾气催化剂、贵金属和贵金属催化剂的生产和销售业务，产品覆盖三元催化剂、柴油机氧化催化剂、CSF颗粒捕捉器等。相关汽油机后处理产品包括TWC、三效催化捕集器（TWF）。其中，TWF不仅同时具有低背压和高捕集效率，也具有与TWC相当的催化活性，促进灰分燃烧和颗粒捕集器再生，颗粒物数量降低超99%。汽油车TWF工作原理示意图如图10-6所示。

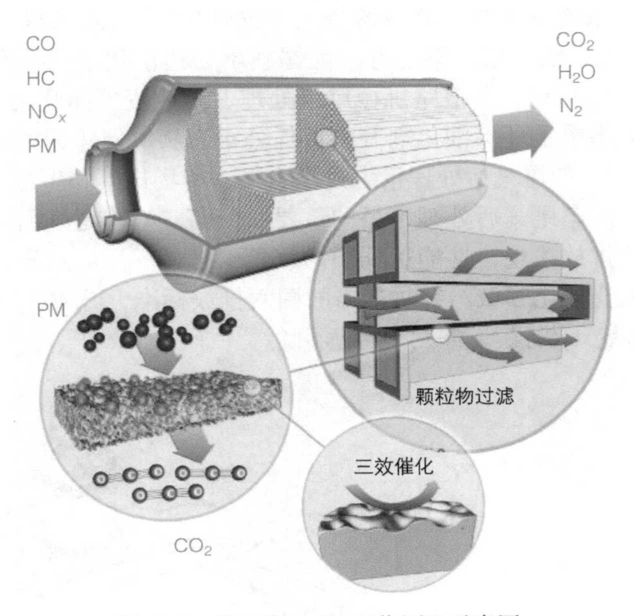

图10-5　汽油车FWC工作原理示意图

图10-6　汽油车TWF工作原理示意图

优美科（Umicore）成立于 1805 年，总部位于比利时，是涉及催化材料、机械设备、能源材料、金属回收等业务的跨国企业。截至今日，优美科在中国设有 9 个工厂，分别位于天津、苏州、江西赣州、广东江门和台湾新竹等。其中，位于苏州的优美科汽车催化剂（苏州）有限公司是其全资子公司，经营范围包括汽车催化剂相关产品。作为三大车用催化剂巨头，优美科与巴斯夫、庄信万丰合计占据全球 72% 的汽车尾气催化剂市场份额，并实施严格的技术封锁。在国六标准阶段，面向传统燃油汽车、混合动力电动汽车和替代燃料汽车等应用端，开发的排放后处理技术包括：三效催化剂（TWC）、电加热催化剂（EHC）、催化汽油颗粒过滤器（cGPF）、碳氢化合物吸附器等。

10.3 船舶后处理案例

10.3.1 船舶典型后处理技术

2021 年 12 月，中国船舶集团旗下中船动力集团所属中船动力研究院有限公司牵头研制的尾气后处理复合装置完成性能试验，该装置由脱硝模块、脱硫模块和颗粒物脱除模块组成，可以有效地去除尾气中的 NO_x、SO_x 和 PM。试验结果显示，尾气后处理复合装置能够使 NO_x 排放满足 IMO Tier Ⅲ排放控制要求，SO_x 排放和颗粒物脱除效率均优于预设指标要求。

2021 年 6 月，中国船舶集团旗下中国动力子公司中国船柴首套高压高硫 SCR 系统成功试验并交付，获曼恩公司颁发的 FTA 产品认可证书。2021 年 8 月，汇舸集团为德国知名航运公司设计、建造的双塔混合式烟气净化系统成功试航并交付。

2018 年 9 月，曼恩发动机公司德国汉堡船舶海事展览会上推出满足 IMO Tier Ⅲ和 US EPA Tier 4 排放标准要求的商用解决方案——模块式废气后处理系统。

10.3.2 零碳燃料技术

由于燃烧时不排放二氧化碳，因此氨气被视为理想的新一代船用燃料，可以减轻航运对全球变暖的影响。氨燃料动力船是实现造船海运业界碳中和目标的可持续解决方案之一，未来极可能引领环保船舶市场[21-22]。

与传统燃料相比，氨动力船舶发动机没有温室气体 CO_2 以及其他含碳污染物的排放问题，尾气后处理系统无需配备脱硫模块、除尘模块。研究表明，纯氨燃料燃烧产生的废气中存在 N_2、H_2O、NH_3、NO 和 N_2O 等物质。其中，尾气中最突出的污染物是未燃氨，其浓度高达 2000~10000ppm，比 NO 和 N_2O 等氮氧化物的浓度高 10 倍以上。因此，纯氨动力船舶的后处理装置，除催化净化氮氧化物的脱硝技术（SCR）之外，还需增加废气脱氨技术。近年来，国内外学者开发出多种脱氨技术，主要包括吸收 / 吸附技术和选择性催化氧化技术等。

吸收技术已被广泛用于固定源氨气脱除，其基本原理是采用吸收剂溶解吸收去除氨气，常见吸收剂包括水、酸性溶液（如稀硫酸等）、离子液体、低共熔溶剂等。该技术操作简便、氨吸收效果好，但吸收装置体积较大、脱氨废液易造成二次污染。相较于固定源，移动源船舶的内部空间有限，采用该技术必须克服吸收剂随船存储与再生困难、投资运行成本高等问题。

考虑到时效性以及实施条件，吸附技术与生物脱除技术无法对排温较高、流量较大的船舶废气进行高效脱氨处理。热氧化技术需将废气加热至1000~1200°C的高温才能获得较好的氨去除效果，不适用于船舶。选择性催化氧化技术是利用催化剂将氨气催化氧化生成无害的氮气和水，反应温度范围为150～500℃，远低于热氧化技术。将选择性催化还原技术与选择性催化氧化技术联用进行脱硝脱氨，这种后处理串联布局已广泛应用于国内外柴油机驱动重型车辆，也将是氨动力船舶实现近零排放的主流后处理技术之一。

目前，氨燃料船舶已成为中国、韩国、和日本船舶行业共同关注和研究的焦点。2021年12月，意大利船级社（Registro Italiano Navale，RINA）为中船动力集团颁发了国内首套船用氨燃料供气系统的原则性认可证书。2022年，中国船舶集团上海船舶研究设计院自主研发设计的氨燃料动力7000车位汽车运输船获得挪威船级社（DET NORSKE VERITAS，DNV）颁发的原则性认可证书。

业界普遍认为氨是航运业重要的绿色燃料之一[23]。在此背景下，青岛双瑞与英国劳氏船级社（Lloyd’s Register of Shipping，LR）签订战略合作协议，在氨燃料等船用清洁能源应用领域开展技术合作，自主研发的船用氨燃料供给系统（marine ammonia fuel supply system，AFSS）全球首获LR及CCS船级社原理性认可证书。

2022年6月8日，韩国三星重工氨燃料船舶在希腊波塞冬国际海事展（Posidonia 2022）上获得了多家船级社认证。其中，氨燃料动力大型集装箱船基本设计获得了美国船级社（American Bureau of Shipping，ABS）颁发原则性认可证书。该公司已于2020年9月获得了英国劳氏船级社颁发的氨燃料动力8.5万～12.5万载重吨级阿芙拉型原油运输船的基本设计原则性认可证书，2021年8月获得了DNV颁发的氨燃料预留基本设计原则性认可证书。

2021年4月，大韩造船与木浦海洋大学、韩国船级社、德国发动机制造商MANES等联合签署了共同开发氨燃料动力船技术的意向协议，将在未来3年多时间内，合作开展11.5万吨级阿芙拉型氨燃料动力油船的最优设计以及共同技术开发。此外，为了满足未来航运对氨燃料的旺盛需求，2021年5月，韩国现代重工集团联合氨燃料生产与储存、造船、航运等领域的专业公司，欲协同打造氨燃料海上运输产业链，抢占海洋氨燃料产业发展先机。

日本也积极开展氨燃料动力船舶研发和布局，2022年6月9日，日本三菱重工集团宣布，子公司三菱造船已经完成了新型LPG动力超大型气体运输船VLGC概念设计，在未来能够使用氨气作为主要燃料。2022年7月11日，日本邮船宣布与株式会社IHI原动机（IHI Power Systems）合作研发的氨燃料拖船设计获得了日本船级社原则性认可氨气运输船协议。

欧洲偏重于氨燃料发动机的研发，MAN公司已参与多家船厂的零排放船舶开发工作，而对于氨动力船型开发相对较少。2021年4月，挪威礼诺航运公司与船舶设计公司Deltamarin合作推出新的Aurora级零排放汽车运输船，配备MAN公司B&W多燃料发动机，未来稍作修改之后，可以过渡到使用氨气等零碳燃料运营。

作为能源大国，俄罗斯积极探究用伴生石油气生产蓝氢的可能。俄罗斯国家石油公司正与合作伙伴共同开发一种使用氨气作为油轮燃料的技术。

10.4 本章结语

本章详细总结了近年来我国移动源领域主流的排放后处理产品案例，具体案例涉及汽油车、柴油车、船舶等方面。随着排放法规的日益严苛，移动源排放后处理装置呈现多功能净化单元耦合化、智能化趋势。“十四五”时期，我国进入协同推进降碳、减污、扩绿、增长，促进经济社会发展全面绿色转型、实现生态环境质量改善由量变到质变的关键时期。未来，移动源排放后处理技术除了解决传统尾气污染物之外，还将面临低碳或零碳燃料内燃机新的污染排放控制问题，开发高性能后处理催化材料以及更加智能的系统集成技术仍是未来的重点方向。

参 考 文 献

[1] 艾会明 . 国Ⅵ柴油车排放法规及排放控制技术路线简介 [J]. 汽车维护与修理 , 2021, 3: 9-13.

[2] 杨文龙 , 汪伟峰 . 重型柴油车后处理技术进展 [J]. 内燃机与配件 , 2021, 21: 46-47.

[3] 贾传德 . 国六重型柴油机后处理技术路线分析 [J]. 科技视界 , 2018, 16: 147-148.

[4] 万川 , 邹笔锋 , 吴星 , 等 . 重型柴油机尾气后处理技术研究现状及趋势 [J]. 内燃机与配件 , 2020, 24: 67-72.

[5] 机动车环保网 . 国六车 (机) 型环保信息公开汇总 (2023 年 05 月 20 日—05 月 26 日)[EB/OL]. (2023-05-26)[2024-02-11]. https: //www. vecc. org. cn/tzggxxgk/4858. html.

[6] GAO B, ZHANG N, ZHANG H W, et al. Effects of platinum high-temperature redispersion on Pt/Al_2O_3 diesel oxidation catalyst for nitric oxide oxidation and its reaction pathway[J]. Journal of Environmental Chemical Engineering, 2022, 10(6): 108669-108679.

[7] WOO B S, JUN L S, MINKYU K, et al. High N_2 selectivity of Pt-V-W/TiO_2 oxidation catalyst for simultaneous control of NH_3 and CO emissions[J]. Chemical Engineering Journal, 2022, 444: 136517-136530.

[8] 王凤艳 , 吴海波 . 柴油车的颗粒捕集器 [J]. 内燃机 , 2008, 4: 25-27.

[9] ZHANG C, LIANG J W, ZHU Y, et al. Effects analysis on soot oxidation performance in the diesel particulate filter based on synergetic passive-active composite regeneration methods[J]. Chemical Engineering Science, 2022, 262: 118013-118021.

[10] 彭美春 , 邹康聪 , 陈越 , 等 . 柴油车道路行驶及颗粒捕集器再生期间颗粒物排放 [J]. 环境污染与防治 , 2021, 43(8): 968-972.

[11] 张霞 , 张博琦 , 夏鸿文 . 柴油机后处理技术发展现状 [J]. 交通节能与环保 , 2014, 10(5): 28-32.

[12] 王奉双 , 侯亚玲 , 高伟 , 等 . 国六柴油机用铜基和钒基 SCR 催化剂特性台架对比研究 [J]. 车用发动机 , 2020, 1: 31-37.

[13] 刘彪 , 姚栋伟 , 吴锋 , 等 . 柴油机 Cu-SSZ-13 分子筛 SCR 催化剂储氨机理研究 [J]. 高校化学工程学报 , 2019, 33(1): 103-109.

[14] WANG Z C, DU H Y, LI K, et al. Experimental Research on Distribution Characteristics of NO_x Conversion Efficiency of a Diesel Engine SCR Catalyst. [J]. ACS omega, 2021, 6(36): 23083-23089.

[15] 施赟 , 王晓祥 , 李素静 , 等 . 柴油车 NH3 选择性催化还原 NO_x 催化剂研究进展 [J]. 高校化学工程学报 , 2019, 33(1): 10-20.

[16] 唐飞，钱叶剑，王朝元，等. 当量比天然气发动机 Pd/Rh 基三元催化器起燃特性研究 [J]. 合肥工业大学学报（自然科学版），2022, 45(7): 878-885.

[17] 张昭良，何洪，赵震. 汽车尾气三效催化剂研究和应用 40 年 [J]. 环境化学，2021, 40(7): 1937-1944.

[18] 麦立强，邹正光，崔天顺. TWC 处理汽车尾气的研究进展 [J]. 桂林工学院学报，1999, 2: 96-100.

[19] BIN B W, YEONG K D, WOO B S, et al. Emission of NH_3 and N_2O during NO reduction over commercial aged three-way catalyst (TWC): Role of individual reductants in simulated exhausts[J]. Chemical Engineering Journal Advances, 2022, 9: 100222-100231.

[20] SEONGIN J, JUNEPYO C, SUHAN P. Exhaust emission characteristics of stoichiometric combustion applying to diesel particulate filter (DPF) and three-way catalytic converter (TWC) [J]. Energy, 2022, 254(PB): 124196-124206.

[21] 申之峰，张华，康争光. 江苏发展零碳氨燃料动力船舶的思考 [J]. 科技中国，2022, 7: 82-87.

[22] 林蓁，郑志敏，杨梦婕. LNG 运输船 /LNG 燃料动力船应急切断 (ESD) 阀的应用 [J]. 船舶，2022, 33(3): 132-138.

[23] 舟丹. 氨燃料的未来机遇 [J]. 中外能源，2022, 27(9): 82.

附录 缩 写 词

中文名称	英文名称	英文缩写
	第 1 章	
一氧化碳	carbonic oxide	CO
碳氢化合物	hydrocarbon	HC
氮氧化物	nitrogen oxide	NO_x
颗粒物	particulate matter	PM
世界贸易组织	world trade organization	WTO
可挥发性有机物	volatile organic compounds	VOCs
挥发性含氧有机物	oxygenated volatile organic compounds	OVOCs
臭氧	ozone	O_3
二氧化硫	sulfur dioxide	SO_2
血红蛋白	hemoglobin	Hb
一氧化氮	nitrogen oxide	NO
二氧化氮	nitrogen dioxide	NO_2
氧化亚氮	nitrous oxide	N_2O
温室气体	greenhouse gas	GHG
全球变暖潜能值	global warming potential	GWP
硝酸甲酯	methyl nitrate	CH_3ONO_2
硝酸	hydrogen nitrate	HNO_3
非甲烷碳氢化合物	non-methane hydrocarbons	NMHC
颗粒物数量	number of particulate matter	PN
氨气	ammonia	NH_3
三元催化剂	three-way catalyst	TWC
汽油机颗粒捕集器	gasoline particle filter	GPF
排气再循环技术	exhaust gas recirculation	EGR
柴油车氧化型催化器	diesel oxidation catalyst	DOC
柴油机颗粒捕集器	diesel particulate filter	DPF
贫燃氮氧化物捕集器	lean NO_x trap	LNT
选择性催化还原	selective catalytic reduction	SCR
氨催化氧化单元	ammonia selective catalyst	ASC
可溶性有机成分	soluble organic fractions	SOF
氮气	nitrogen	N_2
	第 2 章	
环境保护署	environmental protection agency	EPA
联邦测试循环	federal test procedure	FTP
补充联邦测试规程	supplemental federal test procedure	SFTP
乘用车	light-duty vehicle	LDV
轻型货车	light-duty truck	LDT
重型货车	heavy-duty truck	HDT
重型轻型货车	heavy light duty truck	HLDT

（续）

中文名称	英文名称	英文缩写
	第 2 章	
加载车重	loaded vehicle weight	LVW
调整后加载车重	adjusted loaded vehicle weight	ALVW
总碳氢化合物	total hydrocarbons	THC
非甲烷有机气体	non-methane organic gases	NMOG
甲醛	formaldehyde	HCHO
中型乘用车	medium-duty passenger vehicles	MDPV
公路燃料经济性测试循环	highway fuel economy cycle	HWFET
加州大气资源委员会	California Air Resources Board	CARB
车辆总重	gross vehicle weight	GVW
中型车	medium-duty vehicles	MDV
重型车	heavy-duty vehicles	HDV
车载诊断系统	On-Board Diagnostics	OBD
欧洲稳态测试循环	European steady state cycle	ESC
欧洲经济委员会	Economic Commission of Europe	ECE
欧洲经济共同体	European Economic Community	EEC
新欧洲驾驶循环	new European driving cycle	NEDC
全球统一轻型汽车测试循环	worldwide light-duty test cycle	WLTC
市郊驾驶循环	extra urban driving cycle	EUDC
全球统一瞬态循环	world harmonised transient cycle	WHTC
全球统一稳态循环	world harmonised steady-state cycle	WHSC
欧洲稳态测试循环	European transient cycle	ETC
非道路稳态试验循环	non-road steady state cycle	NRSC
非道路瞬态试验循环	non-road transient cycle	NRTC
液化石油气	liquefied petroleum gas	LPG
国际标准化组织	International Standardization Organization	ISO
实际行驶污染物排放	real drive emission	RDE
负荷烟度试验	European load response test	ELR
车载排放测试系统	portable emission measurement system	PEMS
欧盟联合研究中心	joint research center	JRC
国际清洁交通委员会	International Council On Clean Transportation	ICCT
多环芳香烃	polycyclic aromatic hydrocarbons	PAH
中国轻型乘用车工况	China light-duty vehicle test cycle-passenger	CLTC-P
中国轻型商用车工况	China light-duty vehicle test cycle-commercial car	CLTC-C
校准标识	calibration identification	CAL ID
校准验证号	calibration verification number	CVN
中国汽车测试循环	China automotive testing cycle	CATC
	第 3 章	
二次有机气溶胶	secondary organic aerosol	SOA
碳氢组分分析	detailed hydrocarbon analysis	DHA
雷德饱和蒸汽压	Reid vapor pressure	RVP
棉籽主油生物柴油	cottonseed oil biodiesel	CME

（续）

中文名称	英文名称	英文缩写
	第 3 章	
大豆生物柴油	soybean biodiesel	SME
菜籽油生物柴油	rapeseed biodiesel	RME
棕榈油生物柴油	palm oil biodiesel	PME
废食用油生物柴油	waste vegetable oil biodiesel	WME
臭氧生成潜势	ozone formation potential	OFP
高分辨飞行时间气溶胶质谱	high-resolution time-of-flight aerosol mass spectrometer	HR-TOF-AMS
扫描电迁移率颗粒物粒径谱仪	scanning mobility particle sizer	SMPS
	第 4 章	
变稀释度取样法（定容取样法）	constant volume sampling	CVS
非分散红外分析仪	non-dispersive infrared analyzer	NDIR
非分散紫外分析仪	non-dispersive ultraviolet analyzer	NDUV
氢火焰离子型分析仪	flame ionization detector	FID
气相色谱分析法	gas chromatography	GC
化学发光法	chemiluminescent detector	CLD
傅里叶变换红外光谱仪	Fourier transform infrared spectrometer	FTIR
扩散荷电法	diffusion charge	DC
凝结核粒子计数法	condensation kernel particle counting	CPC
轮胎磨损颗粒物	tire wear particles	TWPs
非石棉有机型	non asbestos organic	NAO
低金属型	low metallic	LM
半金属型	semi-metallic	SM
	第 5 章	
芳香烃化合物	aromatic hydrocarbon compound	AHC
汽油缸内直喷式发动机	gasoline direct injection	GDI
	第 6 章	
电控汽油喷射	electronic fuel injection	EFI
电子控制单元	electronic control units	ECU
最小点火提前角优化	minimum advance for best torque	MBT
均质混合气压燃技术	homogeneous charge compression ignition	HCCI
可变气门正时技术	variable valve timing	VVT
曲轴箱强制通风阀	positive crankcase ventilation	PCV
可变涡轮截面增压器	variable geometry turbocharger	VGT
	第 7 章	
低温等离子体	non-thermal plasma	NTP
NO_x 储存还原	NO_x storage reduction	NSR
稀油 NO_x 捕集器	lean NO_x trap	LNT
NO_x 被动吸附剂	passive NO_x adsorbent	PNA
NO_x 存储效率	NO_x storage efficiency	NSE
NO_x 释放效率	NO_x desorption efficiency	NDE
选择性非催化还原	selective non-catalytic reduction	SNCR
连续再生捕集器	continuously regenerating trap	CRT

（续）

中文名称	英文名称	英文缩写
	第 7 章	
金属有机框架	metal-organic frameworks	MOFs
活性炭	activated carbon	AC
活性炭纤维	activated carbon fiber	ACF
	第 8 章	
压缩天然气	compressed natural gas	CNG
液化石油气	liquefied petroleum gas	LPG
计算流体动力学	computational fluid dynamics	CFD
丙烷脱氢	propane dehydrogenation	PDH
未燃烧碳氢化合物	unburned hydrocarbon	UHC
	第 9 章	
世界轻型车辆测试程序	world light vehicle test procedure	WLTP
燃油蒸发排放控制系统	evaporative emission control system	EVAP
车载加油蒸气回收装置	on board refueling vapor recovery	ORVR
丙烯腈 - 丁二烯 - 苯乙烯	acrylonitrile-butadiene-styrene	ABS
聚碳酸酯	polycarbonate	PC
	第 10 章	
意大利船级社	Registro Italiano Navale	RINA
挪威船级社	DET NORSKE VERITAS	DNV
英国劳氏船级社	Lloyd’s Register of Shipping	LR
船用氨燃料供给系统	marine ammonia fuel supply system	AFSS
美国船级社	American Bureau of Shipping	ABS
IHI 原动机	IHI Power Systems	—